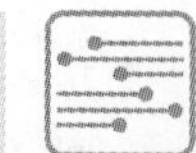

21世纪高等学校计算机
专业实用系列教材

网络互联项目教程

——eNSP仿真模拟实训

◎ 钞小林 主编
高 玲 副主编
董洪华 谢晓锋 赵 林 皮开元 参编

清華大學出版社
北京

内容简介

本书以华为eNSP网络模拟软件为实验平台，循序渐进地设计了一系列贴合实际网络工程的典型案例，分别是项目1认识计算机网络、项目2小型企业网构建、项目3可靠型交换网络构建、项目4网间路由互联与流量过滤、项目5广域网接入、项目6无线局域网、项目7防火墙技术。书中项目均通过"总—分—总"模式先介绍项目整体目标与规划，然后将整个项目拆分成多个功能模块分别设定目标并解析其配置调试过程，再将各模块有机地组合在一起形成项目的整体部署方案，同时每个模块通过"知识准备"部分对相应理论知识做了阐述和剖析，既有利于学习者透彻理解相应理论知识，掌握其应用场景及相应的配置调试技巧，又有利于学习者掌握不同规模网络的基本架构。本书由经验丰富的一线教师执笔，其内容的选择、定位均与行业企业专家进行了充分沟通，为校企共建成果。书中项目具有典型性，可为不同规模的局域网的设计与部署提供借鉴。

本书兼顾了网络宏观架构设计思路和功能细节的配置调试能力的培养，将理论与实践紧密结合起来，适合作为应用型本科及高职院校分层教学的专业教材，也可作为华为认证常用知识的实验教材及网络工程技术人员的参考用书。

图书在版编目（CIP）数据

网络互联项目教程：eNSP仿真模拟实训 / 钞小林主编. -- 北京：清华大学出版社，2025. 1.
（21世纪高等学校计算机专业实用系列教材）. -- ISBN 978-7-302-67637-9

Ⅰ. TP393.4

中国国家版本馆CIP数据核字第20246PB520号

责任编辑：闫红梅　张爱华
封面设计：刘　键
责任校对：韩天竹
责任印制：杨　艳

出版发行：清华大学出版社
　　网　　址：https://www.tup.com.cn，https://www.wqxuetang.com
　　地　　址：北京清华大学学研大厦A座　　邮　　编：100084
　　社 总 机：010-83470000　　邮　　购：010-62786544
　　投稿与读者服务：010-62776969，c-service@tup.tsinghua.edu.cn
　　质量反馈：010-62772015，zhiliang@tup.tsinghua.edu.cn
　　课件下载：https://www.tup.com.cn，010-83470236
印 装 者：三河市龙大印装有限公司
经　　销：全国新华书店
开　　本：185mm×260mm　　印　张：15.75　　字　　数：397千字
版　　次：2025年1月第1版　　印　　次：2025年1月第1次印刷
印　　数：1～1500
定　　价：49.00元

产品编号：101218-01

前　言

1. 本书编写背景

近年来，华为网络设备市场占有率逐年攀升，华为认证大有标准化的趋势，促使越来越多的人学习华为网络设备的组网技术及其配置管理。然而，市场上以华为网络设备为依据的教材并不多。本书以华为 eNSP 网络模拟软件作为实验平台，从不同规模的网络工程案例出发设计了一系列循序渐进的典型项目案例，兼顾了网络宏观架构设计思路和功能细节的配置调试能力的培养，是对华为体系教材的有益补充。相信本书对院校学生和网络工程技术人员的学习、考证及从业都会有所帮助。

2. 本书特点

(1) 体系架构。本书以项目贯穿全书，注重理论与实际的相互渗透，同时非常注重渐进性，每个项目案例均以“总—分—总”模式展开阐述，先将整个项目拆分成多个模块分别突破，再将各模块有机地组合在一起形成项目的整体解决方案，同时每个模块都通过“知识准备”部分对相应理论知识做了剖析和阐述，从而将理论与实践、宏观与微观紧密结合，便于学习者透彻理解理论知识，准确把握配置技巧，并逐步形成不同规模网络的宏观架构设计思路。

(2) 直观易懂。本书通俗易懂，配有 230 多幅图，简洁而严谨地描述了每个项目的功能需求、拓扑设计、总体规划、分模块配置与测试、项目模块整合与测试等各部分的实现思路及实现过程，而且以 Wireshark 辅助对流经网络设备的报文进行分析，可以帮助学习者透彻理解相应网络协议和网络技术工作原理，直观易懂，适合作为应用型本科及高职院校分层教学用书。

(3) 与时俱进。本书内容的选择、编排均与宇信教育等企业的专家进行了充分沟通，缩减了 RIP 等一些科学性、实用性较差的内容，增加了 IPv6、WLAN 及防火墙等内容的比例，加入了 DHCP 服务可靠性设计、一些网络安全防御知识与思想以及课程思政教育教学思想，体现了实用性和时代性。

本书由陕西开放大学(陕西工商职业学院)资深一线教师钞小林执笔并担任主编，宇信教育教学总监高玲担任副主编，全书在内容选择、层次定位等环节均与编写组其他成员(宇信教育华为认证培训专家赵林，蚁景网安实验室专家皮开元及陕西开放大学(陕西工商职业学院)专家董洪华、谢晓锋)进行了充分沟通，吸收了很多有益的建议，宇信教育专家还分担了部分实验视频的录制工作，在此一并表示感谢。本书是陕西省职业技术教育学会 2022 教改课题(编号 2022SZX391)和陕西开放大学(陕西工商职业学院)2022 课程思政示范课研究专项(编号 GJ2210)的研究成果之一，也是宇信教育推荐的实验教材。

本书以华为 eNSP 网络模拟软件作为实验平台，书中所有实验均在编写、审校和视频录制多个环节进行了多次检验，全书内容也经过多次勘误，但仍难免有疏漏之处，恳请广大读者批评指正。

本书配有教学用电子课件、实验源代码，教师可登录清华大学出版社网站(www.tup.com.cn)下载。扫描封底刮刮卡中的二维码，再扫描节中相应章节中的二维码，可观看实验演示视频。

编　者

2024 年 6 月

目　录

项目 1 认识计算机网络

项目介绍

随着网络技术的发展,通过网络获取信息、沟通交流等各种各样的网络应用早已成为人们办公、学习、生活的重要组成部分。本项目通过华为网络模拟软件 eNSP 的使用,介绍相关的计算机网络的基本知识,认识常见的网络设备及网络传输介质。

计算机网络是利用通信设备和传输线路,将分布在不同地理位置的、具有独立功能的多个计算机系统连接起来,通过网络通信协议、网络操作系统实现资源共享及传递信息的系统。图 1-1 所示为用华为 eNSP 网络模拟软件构建的某公司网络拓扑。

1.1 计算机网络

图 1-1 所示网络拓扑由多种网络设备构成,其中图标和分别表示 S5700 交换机和 S3700 交换机,图标表示 USG6000 防火墙等。下面介绍构成计算机网络的常见设备及网络传输介质。

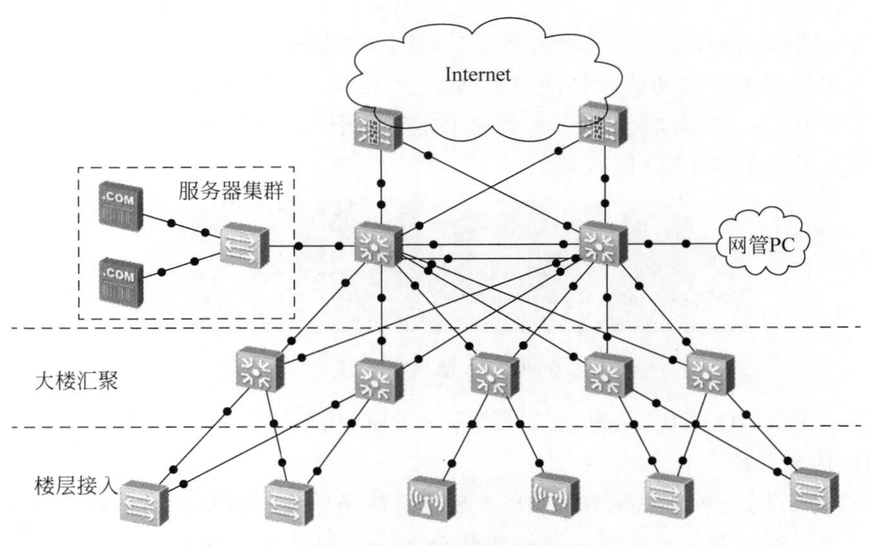

图 1-1 某公司网络拓扑

1.2 计算机网络的构成

1. 常用网络设备

(1) 集线器(Hub)。集线器是一种将计算机等终端设备接入网络的设备,工作在物理层,无须任何配置,其特点是共享带宽,采用广播方式传输数据,现在已基本淘汰(见图 1-2)。

(2) 交换机(Switch)。交换机是局域网的重要成员,分为二层交换机和三层交换机,两类交换机往往共同组成局域网的三层架构,其中,核心层交换机必须是三层交换机,接入层通常是二层交换机,汇聚层则根据实际情况选用二层或三层交换机。关于二层交换机和三层交换机的工作原理将在后续相应项目中介绍。交换机如图 1-3 所示。

图 1-2 集线器

图 1-3 交换机

(3) 路由器(Router)。路由器常用在局域网通向外网的边界或互联网中,用于不同网段及不同类型或不同协议的网络互联,每个接口所在网段均不同。图 1-4 所示为华三(H3C)ER3200G2 企业级路由器。

图 1-4 路由器示例

(4) 防火墙(Firewall)。防火墙通常也是内网和外网的边界设备,可以根据实际需要部署在内网和边界路由器之间或直接面对外网,用于拦截或过滤内外网之间的流量,防止非授权访问及黑客攻击。防火墙也可以部署在内网,用于限制非法流量对敏感数据的访问。图 1-5 所示为华为 USG6330 防火墙。

图 1-5 防火墙示例

(5) IDS/IPS。IDS/IPS 是专业的网络安全设备,用于防御病毒或网络攻击。

2. 网络传输介质

(1) 双绞线(Twisted Pairware,TP)。双绞线是局域网中最常用的传输介质,它将 8 根具有绝缘保护层的不同颜色的铜导线两两绞合在一起封装在绝缘电缆套管中,分为屏蔽双绞线(Shielded TP,STP)和非屏蔽双绞线(Unshielded TP,UTP)。屏蔽双绞线在双绞线与外层绝缘封套之间有一层金属屏蔽膜,可以屏蔽外部电磁干扰,但需要接地,所以除非有特殊需要,通常在综合布线系统中只采用非屏蔽双绞线,目前常用的是超 5 类和 6 类 UTP。

由于信号在传输过程中会逐渐衰减，因此一段双绞线的有效传输距离为100m。双绞线两端的接线方式如果相同，都为568A或568B，则称为直通线，而将两端接线方式不同的双绞线称为交叉线。图1-6所示为非屏蔽双绞线。关于双绞线的接线方式等请查阅双绞线制作文档。

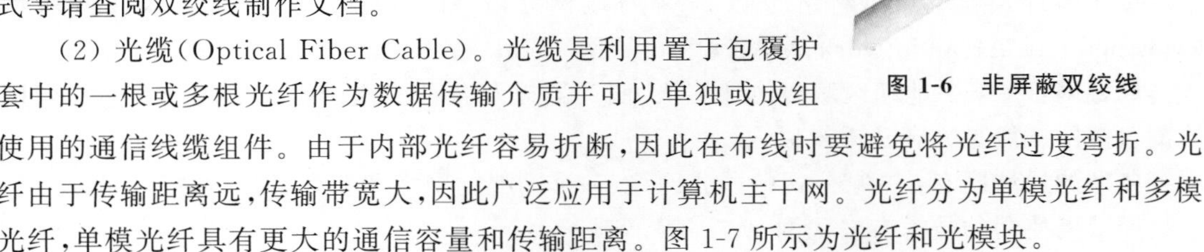

图 1-6　非屏蔽双绞线

（2）光缆（Optical Fiber Cable）。光缆是利用置于包覆护套中的一根或多根光纤作为数据传输介质并可以单独或成组使用的通信线缆组件。由于内部光纤容易折断，因此在布线时要避免将光纤过度弯折。光纤由于传输距离远，传输带宽大，因此广泛应用于计算机主干网。光纤分为单模光纤和多模光纤，单模光纤具有更大的通信容量和传输距离。图1-7所示为光纤和光模块。

（3）同轴电缆（Coaxial Cable）。同轴电缆分为细同轴电缆和粗同轴电缆。常用的同轴电缆有两类：50Ω 和 75Ω 的同轴电缆。75Ω 同轴电缆常用于 CATV（有线电视）网，故称为 CATV 电缆。50Ω 同轴电缆常用于总线型以太网。图1-8所示为同轴电缆。

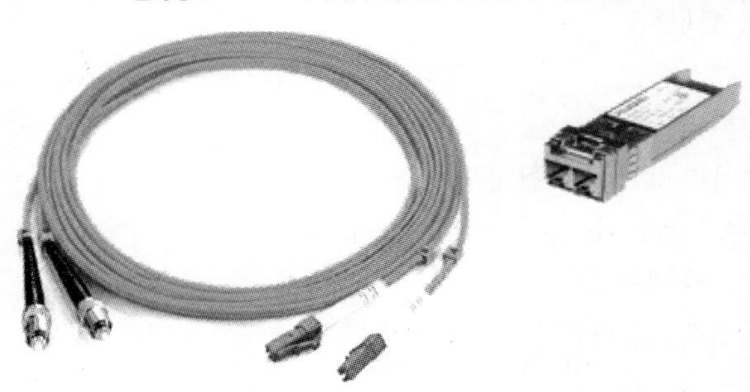

图 1-7　光纤和光模块

图 1-8　同轴电缆

（4）无线传输介质。最常用的无线传输介质有无线电波、微波和红外线等。由于无线传输在复杂的地理环境中较有线部署更为方便，而且支持用户漫游，可以对智能终端提供更好的支持，因此，无线传输介质的使用也越来越广泛。

3. 网卡

网卡（Network Interface Card，NIC）又称网络适配器或网络接口卡，它插在计算机主板插槽中，负责将用户要传递的数据转换为网络上其他设备能够识别的格式，并通过网络介质传输。网卡按传输介质的不同，分为有线网卡和无线网卡，通常每个网卡都要配置有 IP 地址和 MAC 地址。图1-9为有线网卡，图1-10为 PCI 内置无线网卡。

图 1-9　有线网卡

图 1-10　PCI 内置无线网卡

1.3 计算机网络的分类

1. 按照地理覆盖范围划分

按照地理覆盖范围，网络可以分为局域网（Local Area Network，LAN）、城域网（Metropolitan Area Network，MAN）和广域网（Wide Area Network，WAN）。

局域网：在某一地理区域内由计算机、服务器以及各种网络设备组成的网络。局域网的覆盖范围一般是方圆几千米以内。

典型的局域网有：一家公司的办公网络、一个网吧的网络和一个家庭网络等。

局域网使用的技术有以太网、WiFi等。

城域网：在一个城市范围内所建立的计算机通信网络。

典型的城域网有宽带城域网、教育城域网、市级或省级电子政务专网等。

广域网：通常覆盖很大的地理范围，从几十千米到几千千米。它能连接多个城市甚至国家，并能提供远距离通信，形成国际性的大型网络。

典型的广域网有Internet(因特网)。

2. 按照网络拓扑结构划分

按照网络拓扑结构，网络分为总线型、环型、星型、树型、网状型和混合型等。

小范围局域网中通常使用星型网络。例如一个机房或一个办公室多台计算机连接到同一台交换机实现资源共享，这样的网络多为星型网络。

局域网的总体架构往往体现为树型网络，典型的有“接入层→汇聚层→核心层”三层结构网络。

可靠型网络往往体现为网状型网络。任意两个网络节点之间都可以有多条链路。

1.4 网络地址

接入网络的PC或其他设备都需要有特定的地址，以便网络中的其他设备能找到它，与它进行通信，就像我们生活中寄信件和快递需要有寄件人地址和收件人地址一样。网络设备的地址有两种类型：MAC地址和IP地址。

1. MAC地址

MAC地址是由生产厂商在生产时固化在网卡的ROM中的地址，用户不能修改，也称为物理地址。MAC地址由48位二进制数构成，前24位标志生产厂商，后24位是厂商为网卡分配的唯一编号。所以，每一块网卡的MAC地址都是不同的，它能够唯一标识每一块网卡。PC可以在命令提示符窗口输入ipconfig命令查看本机MAC地址，图1-11中Physical address(物理地址)项为eNSP中PC2的MAC地址。MAC地址往往表示为12位十六进制数(换算成二进制数为48位)，每两位为一组，用半字线分隔。物理PC查看MAC地址命令与此处相同，可自行查看物理PC的MAC地址。其他网络设备的MAC地址查看方法和显示方式可能会有所不同。

2. IP地址

IP地址也叫逻辑地址，是向特定机构申请并缴纳费用而取得的一种资源(私有地址除

图 1-11　PC 的 MAC 地址

外)。一个 IP 地址仅用于标识一个三层设备接口,不能重复使用。IP 地址分为 IPv4 和 IPv6 两个版本,IPv4 由 32 位二进制数构成,如 11000000 10101000 00000001 00001010,为提高可读性通常表示为点分十进制格式,即将 32 位分成 4 段,每 8 位用等值的十进制数表示,并用“.”作为段间分隔符,如以上 IP 地址可记为 192.168.1.10。IPv6 为 128 位二进制数,通常写成 8 组,每组为 4 个十六进制数的形式即冒分十六进制格式。如 AD80:0000:0000:0000:ABAA:0000:00C2:0002 是一个合法的 IPv6 地址。目前广泛使用的还是 IPv4 地址,但由于其可用地址已很匮乏,故 IPv6 地址正在逐步推广。下面介绍 IPv4 地址基本知识。

1) IPv4 地址分类

IPv4 地址按照首段地址的大小分为 A 类(首段为 1～127)、B 类(首段为 128～191)、C 类(首段为 192～223)、D 类和 E 类共 5 类,其中,A、B、C 类地址是可分配的,D 类地址和 E 类地址分别作为组播地址和保留地址,如图 1-12 所示。IPv4 地址分为左右两部分,其中,左边部分是网络号,表示具有该 IP 地址的设备或接口的网络地址,右边部分是主机号,表示该网络中的主机地址。A、B、C 类地址的网络位分别是 8 位、16 位、24 位(含前面的固定位),而主机位则分别为 24 位、16 位、8 位。

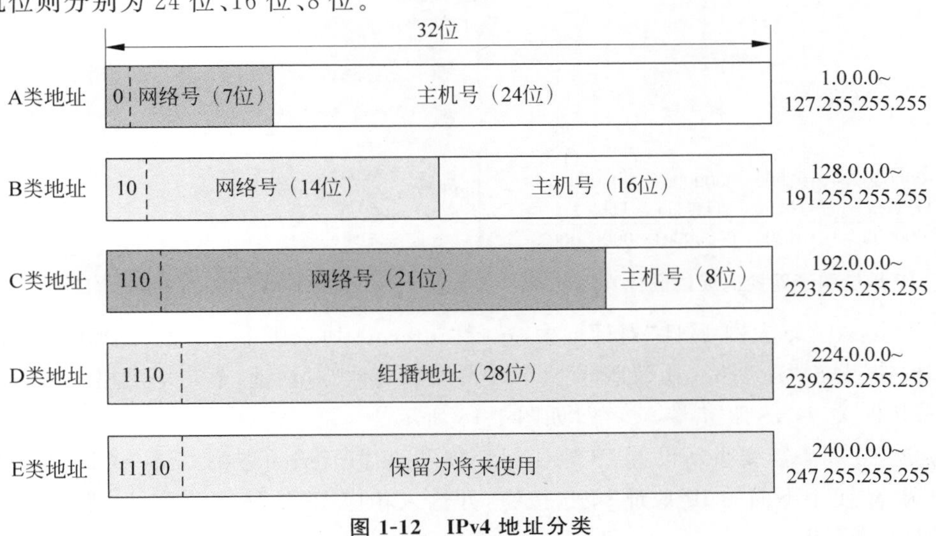

图 1-12　IPv4 地址分类

例如 10.1.1.1，第一段在 1～127 的范围内，是一个 A 类地址，网络号是 10，主机号是 1.1.1，由于 A 类地址的后三段均为主机号，因此该网络可以有 $2^{24}-2$ 个地址可以使用。再如 192.168.10.254，第一段在 192～223 的范围内，是一个 C 类地址，网络号是 192.168.10，主机号是 254，由于 C 类地址主机号只有最后一段(8 位)，故 C 类网络可分配主机号为 $2^{8}-2$ 个。可以看出，A 类地址的主机号最多，B 类地址次之，C 类地址主机号最少；相反，A 类地址的网络号最少，B 类地址次之，C 类地址的网络号最多。

2）子网掩码

IPv4 子网掩码也是 32 位二进制数，而且遵循所有网络位标识为 1，而所有主机位标识为 0 的规则。虽然 A、B、C 类 IP 地址可以用 IP 地址所在分类判断某一 IP 地址的网络位数和主机位数，但实际中由于变长子网掩码(VLSM)的存在，IP 地址的网络位数并不见得是 8/16/24 位，因此更多的是用子网掩码来标识 IP 地址的网络位数和主机位数，或计算给定 IP 地址的网络地址。

例如 IP 地址 192.168.1.10，如果子网掩码为 255.255.255.0，即 11111111 11111111 11111111 00000000，其中前 24 位均为 1，表示这 24 位均为网络位，后 8 位为 0 表示后八位为主机位。那么，该 IP 的网络地址就是 IP 地址和子网掩码逐位进行“与”运算的结果，即 192.168.1.0，如图 1-13 所示。

3）主机 IP 地址配置

接入网络的主机都必须配置 IP 地址、子网掩码、网关和 DNS 服务器 IP 地址等参数。下面以 Windows 10 操作系统为例，简单介绍主机网络参数配置方法。

第 1 步：进入“控制面板”窗口，在类别查看方式下按照“网络和 Internet”→“网络和共享中心”次序进入“网络和共享中心”窗口。

第 2 步：在“网络和共享中心”窗口单击“更改适配器设置”，进入“网络连接”窗口，如图 1-14 所示。

第 3 步：在“网络连接”窗口中右击“以太网”图标，在弹出的快捷菜单中选择“属性”命令，弹出“以太网 属性”对话框，如图 1-15 所示。

```
     11000000  10101000  00000001  00001010
AND  11111111  11111111  11111111  11111111
-------------------------------------------
     11000000  10101000  00000001  00000000
```

图 1-13 IP 地址和子网掩码逐位进行“与”运算

图 1-14 “网络连接”窗口

第 4 步：在“以太网 属性”对话框中，选择“Internet 协议版本 4(TCP/IPv4)”选项，单击“属性”按钮，弹出“Internet 协议版本 4(TCP/IPv4)属性”对话框，显示了主机 IP 地址、子网掩码、默认网关、DNS 服务器等参数，如图 1-16 所示。

第 5 步：如果需要重新设置 IP 地址等参数，可在“Internet 协议版本 4(TCP/IPv4)”对话框中选择“使用下面的 IP 地址”单选按钮，并输入相应 IP 地址等参数，设置完毕单击“确定”按钮保存退出。

以太网 属性
网络
连接时使用:
Intel(R) Ethernet Connection (11) I219-LM
配置(C)...
此连接使用下列项目(O):
Microsoft 网络客户端
VMware Bridge Protocol
Microsoft 网络的文件和打印机共享
QoS 数据包计划程序
Internet 协议版本 4 (TCP/IPv4)
Microsoft 网络适配器多路传送器协议
Microsoft LLDP 协议驱动程序
Internet 协议版本 6 (TCP/IPv6)
安装(N)...
卸载(U)
属性(R)
描述
传输控制协议/Internet 协议。该协议是默认的广域网络协议，用于在不同的相互连接的网络上通信。
确定
取消

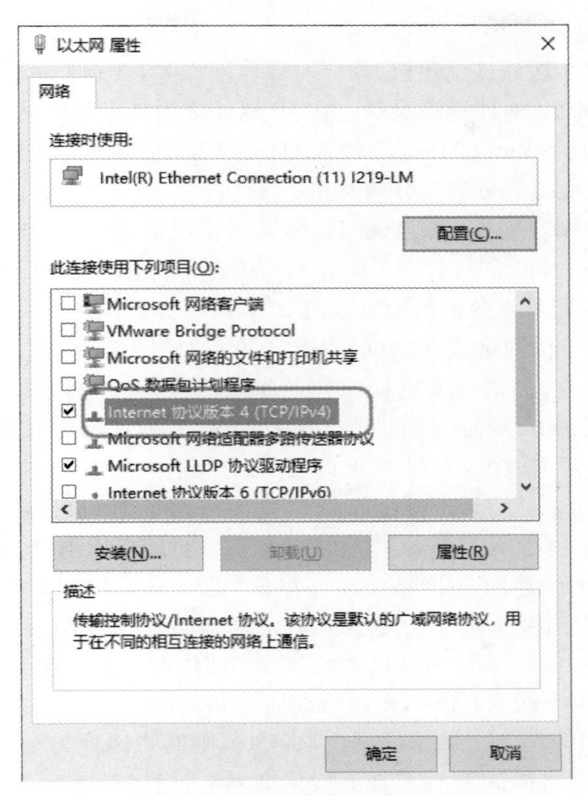

图 1-15 “以太网 属性”对话框

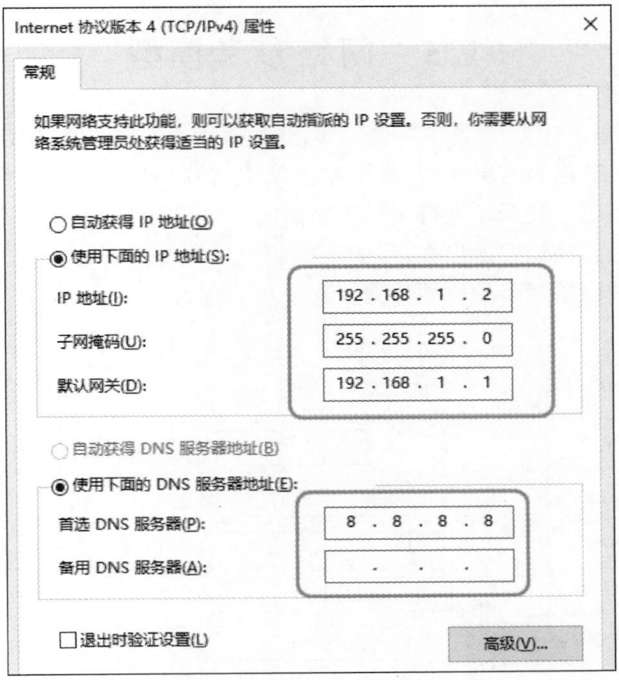

Internet 协议版本 4 (TCP/IPv4) 属性
常规
如果网络支持此功能，则可以获取自动指派的 IP 设置。否则，你需要从网络系统管理员处获得适当的 IP 设置。
自动获得 IP 地址(O)
使用下面的 IP 地址(S):
IP 地址(I):
192 . 168 . 1 . 2
子网掩码(U):
255 . 255 . 255 . 0
默认网关(D):
192 . 168 . 1 . 1
自动获得 DNS 服务器地址(B)
使用下面的 DNS 服务器地址(E):
首选 DNS 服务器(P):
8 . 8 . 8 . 8
备用 DNS 服务器(A):
退出时验证设置(L)
高级(V)...

图 1-16 IP 地址设置

4）可变长子网掩码

“有类编址”的地址划分过于死板，划分的颗粒度太大，会有大量的主机号不能被充分利用，从而造成了大量的 IP 地址资源浪费。在 IP 地址资源越来越匮乏的情况下，可变长子网掩码（Variable Length Subnet Mask，VLSM）应运而生，它将一个大的有类网络划分成若干小的子网，使得 IP 地址得到更为充分的利用。

假设有一个 C 类网段地址 192.168.10.0，默认情况下，网络掩码为 24，表示 24 位网络位，8 位主机位。这样的网络中，有 256 即 2^8 个 IP 地址。由于全 0 的地址用于表示网络，全 1 的地址用于广播，因此可供分配的地址仅有 256－2＝254 个。

现在，将原有的 24 位网络位向主机位“借”1 位，这样网络位就扩充到了 25 位，相对地，主机位就减少到了 7 位，而借过来的这 1 位就是子网位，此时网络掩码就变成了 25 位，即 255.255.255.128，或在 IP 地址后面加上/25 表示该 IP 地址网络号为 25 位。向主机位借来的一位子网位只有两个取值：0 或 1，可以表示两个新的子网。如果子网位取值 0，则网络地址为 192.168.10.0/25；如果子网位取值 1，则网络地址为 192.168.10.128/25。通过计算可知，现在这两个子网络中，每个子网有 128 个 IP 地址，可用 IP 地址为 128－2＝126 个。

类似地，如果将原有的 24 位网络位向主机位“借”2 位，这样网络位就扩充到了 26 位，相对地，主机位就减少到了 6 位，而借过来的这 2 位就成了子网位，此时网络掩码就变成了 26 位，即 255.255.255.192。向主机位借来的 2 位子网位有 4 个取值：00、01、10 或 11，可以表示 4 个新的子网。如果子网位取值 0，则网络地址为 192.168.10.0/26；如果子网位取值 01，则网络地址为 192.168.10.64/26；如果子网位取值 10，则网络地址为 192.168.10.128/26；如果子网位取值 11，则网络地址为 192.168.10.192/26。通过计算可知，在这 4 个子网络中，每个子网有 64 个 IP 地址。

1.5 网络参考模型

1. OSI 参考模型

OSI 参考模型又被称为七层模型，由下至上依次为物理层、数据链路层、网络层、传输层、会话层、表示层、应用层。数据在进行网络传输前需要先进行由上而下逐层封装相应报头/尾，然后由物理层转换为比特流发送出去，目的节点收到报文则进行由下而上逐层解封装取掉报头/尾，最后才看到被层层封装的原始数据。这个封装解封装的过程可用图 1-17 表示。

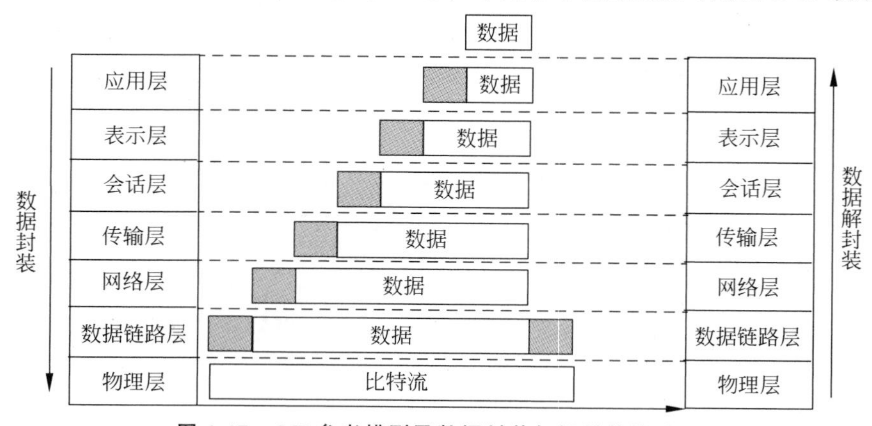

图 1-17　OSI 参考模型及数据封装与解封装的过程

2. TCP/IP 参考模型

因为 OSI 协议栈比较复杂，且 TCP 和 IP 两大协议在业界被广泛使用，所以 TCP/IP 参考模型成为互联网事实上的主流参考模型，它对于数据封装与解封装的过程和 OSI 参考模型类似，只是对 OSI 参考模型层次做了一些简化，两者层次对应关系如图 1-18 所示。

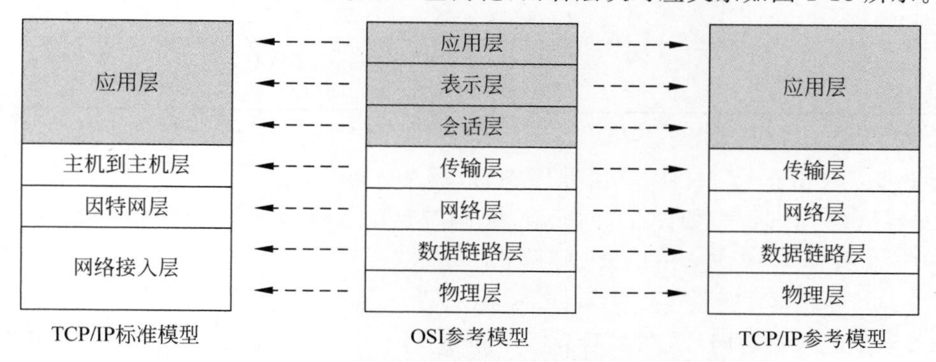

图 1-18 OSI 参考模型与 TCP/IP 参考模型

TCP/IP 协议栈定义了一系列的标准协议，其工作层次如表 1-1 所示。

表 1-1 常用标准协议的工作层次

工作层次	协　议			
应用层	Telnet	FTP	TFTP	SNMP
	HTTP	SMTP	DNS	DHCP
传输层	TCP		UDP	
网络层	ICMP		IGMP	
	IP			
数据链路层	PPPoE			
	Ethernet	IEEE 802.3	PPP	IEEE 802.11
物理层	…			

1.6 eNSP 的使用

eNSP(Enterprise Network Simulation Platform)是一款网络仿真工具平台，可以让广大华为技术爱好者在没有真实设备的情况下能够模拟实验，学习网络技术。

1. eNSP 单机版配置环境

安装 eNSP 之前需要安装 VirtualBox、Wireshark 和 WinPcap 三款软件，否则 eNSP 安装时环境检测不能通过。eNSP 单机版对软硬件环境要求如表 1-2 所示。

表 1-2 eNSP 单机版对软硬件环境要求

序号	项　目	推荐配置
1	CPU	双核 2.0GHz 或以上
2	内存/GB	4 或以上
3	空闲磁盘空间/GB	4 或以上

续表

序号	项　　目	推 荐 配 置
4	操作系统	Windows 7 Professional 及以上，Home 版高级功能受限； Windows 10 Professional 及以上，Home 版高级功能受限； Windows 2008 Server 及以上
5	VirtualBox	Windows 7 要求 VirtualBox 4.2.3 以上； Windows 10 要求 VirtualBox 5.0 以上

2. 安装 eNSP

第 1 步：双击运行 eNSP 应用程序图标，弹出“选择安装语言”对话框，如图 1-19 所示，根据需要选择“中文(简体)”或 English 选项，单击“确定”按钮。

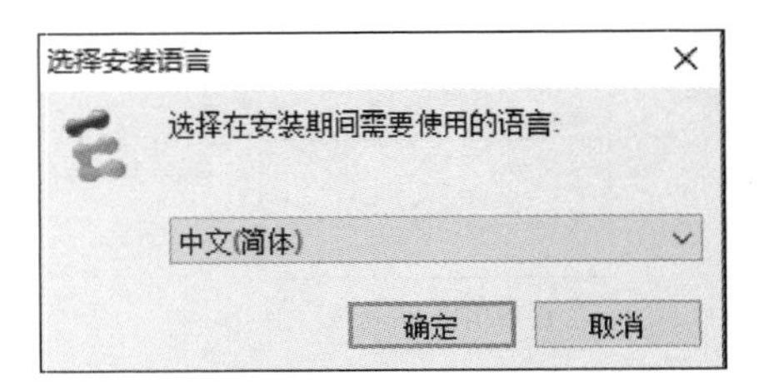

图 1-19　“选择安装语言”对话框

第 2 步：进入安装向导，在欢迎界面中单击“下一步”按钮，在许可协议界面中选择“我愿意接受此协议”单选按钮，单击“下一步”按钮。

第 3 步：选择目标位置。建议将 eNSP 安装到非系统盘的其他存储盘，并且确保路径中不包含非英文字符，如图 1-20 所示，单击“下一步”按钮。

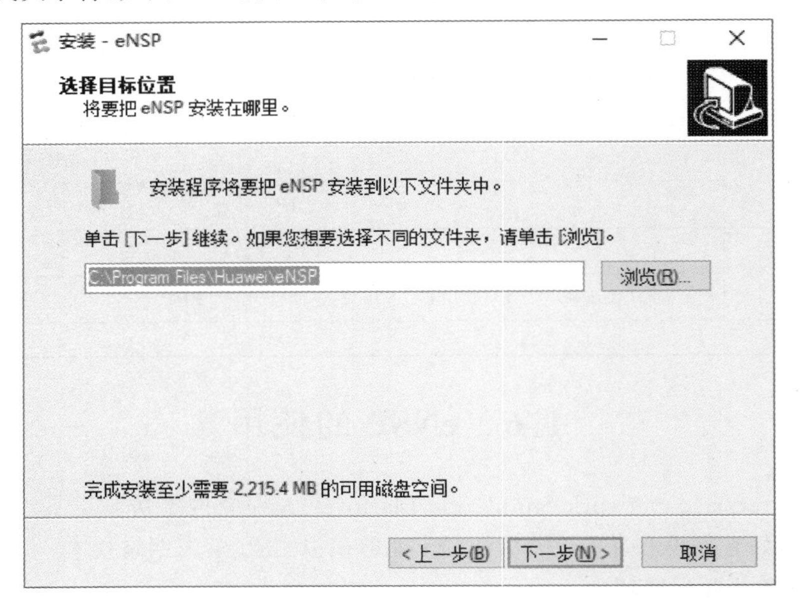

图 1-20　“选择目标位置”界面

第 4 步：选择安装其他程序。如图 1-21 所示，该步骤会检查 WinPcap、Wireshark 和 VirtualBox 三款应用程序是否安装。其中，WinPcap 和 VirtualBox 为 eNSP 正常使用的必备软件，而 Wireshark 为 eNSP 实验中抓取流经网络设备接口数据报文的工具。如果这三项应用程序均已安装，则单击“下一步”按钮继续进行 eNSP 的安装。

第 5 步：正在安装。在准备安装界面单击“安装”按钮进入 eNSP“正在安装”界面如图 1-22 所示。

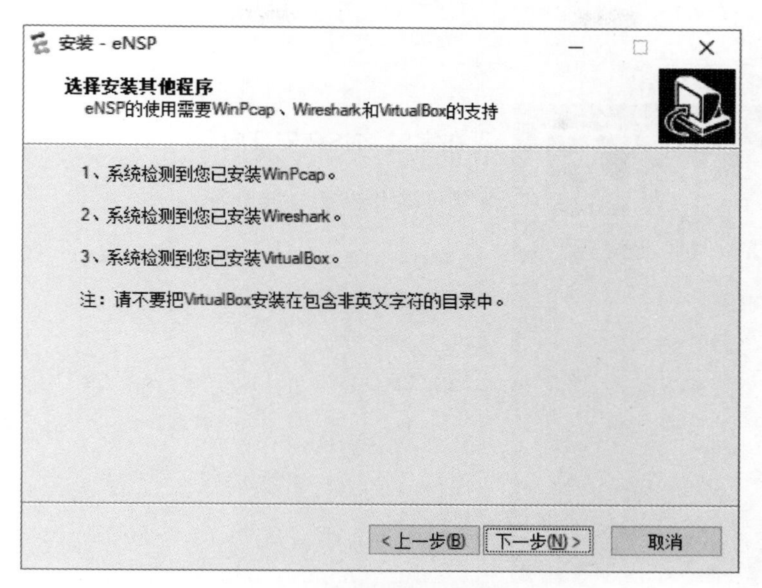

图 1-21 “选择安装其他程序”界面

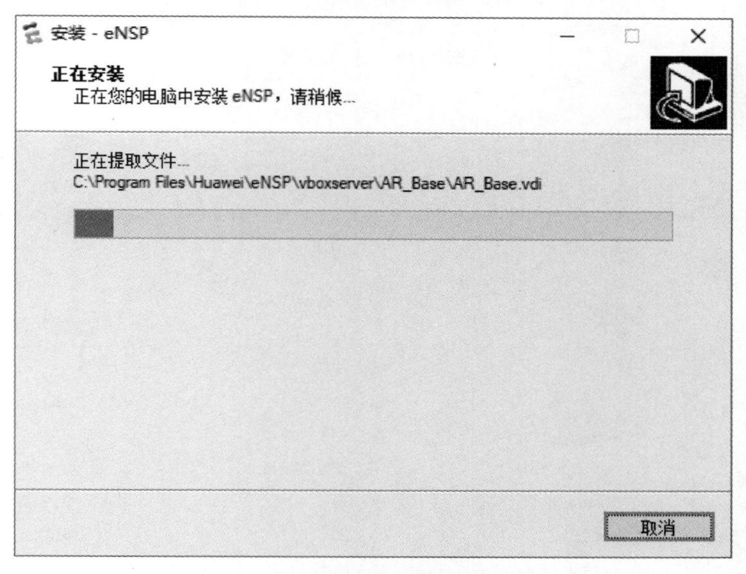

图 1-22 eNSP“正在安装”界面

第 6 步：完成安装。在出现的如图 1-23 所示的“正在完成 eNSP 安装向导”界面根据需要选择是否运行 eNSP、是否显示更新日志(该项不用选)，单击“完成”按钮结束安装。

说明：如需使用 USG6000V 防火墙，可参阅项目 7 导入 USG6000V 设备包。

3. eNSP 的操作

1）认识 eNSP 界面

双击桌面快捷图标启动 eNSP，弹出如图 1-24 所示的初始界面。

单击工具栏中的“新建拓扑”按钮，进入 eNSP 主界面，主界面的主要区域有工具栏、设备类型区、设备型号区，以及主工作区，如图 1-25 所示。

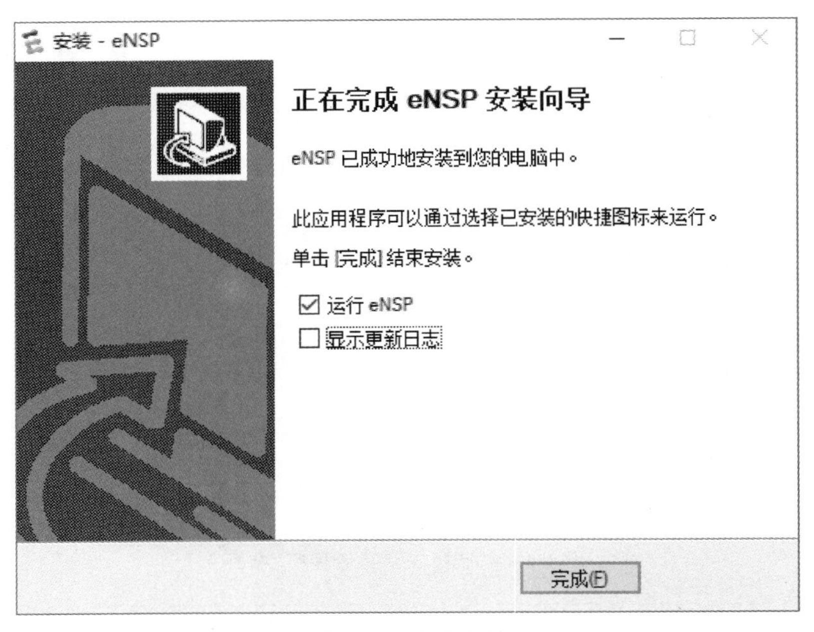

图 1-23　完成安装

图 1-24　eNSP 初始界面

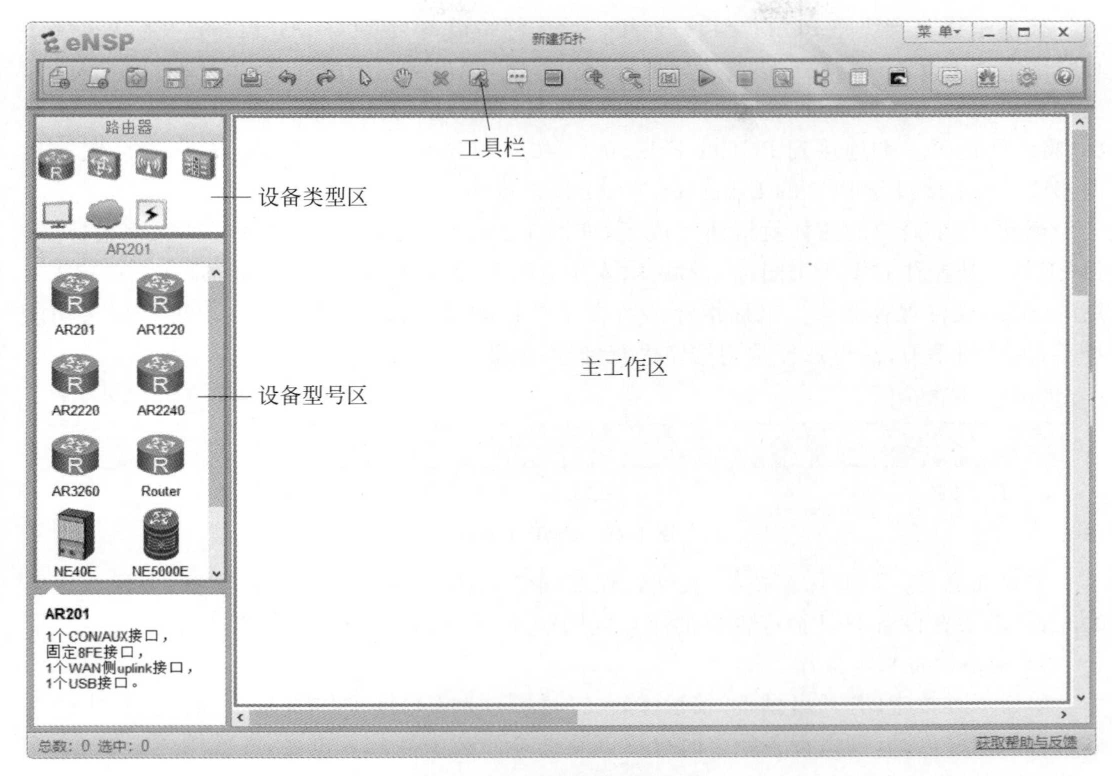

图 1-25　eNSP 主界面的组成

2）搭建简单拓扑

例如要搭建如图 1-26 所示的拓扑，包括 1 台 S5700 交换机和 2 台 PC。

启动 eNSP 后，选择网络设备类型中的“交换机”，再选中网络设备型号区的 S5700 交换机，如图 1-27(a)所示，将交换机 S5700 图标拖入工作区，即可创建 1 台 S5700 交换机，并自动命名为 LSW1，通过单击设备名称可对其进行重命名操作。再选择终端设备类型中的 PC，如图 1-27(b)所示，将其拖入工作区域相应位置，即可创建一台 PC，即 PC1，重复该操作创建 PC2。

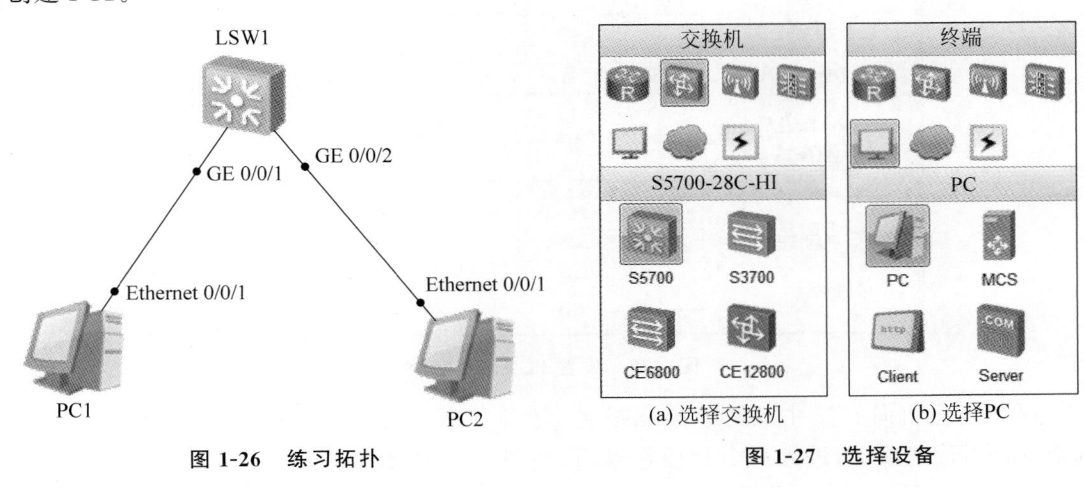

图 1-26　练习拓扑

(a) 选择交换机　(b) 选择PC

图 1-27　选择设备

接下来用双绞线将PC与交换机连接。单击网络设备类型区中的“设备连线”，选择第2种线缆类型Copper(铜线)，移动鼠标指针到工作区，单击刚刚创建的S5700交换机图标，弹出交换机上可选接口菜单，选择“GE 0/0/1”接口，然后移动鼠标指针到PC1，单击PC1图标，将线缆的另一端连接到PC1的Ethernet 0/0/1网络接口上。类似地，将S5700交换机的GE 0/0/1接口与PC2的Ethernet 0/0/1接口连接。

至此，这个简单的拓扑就搭建完成了，如图1-26所示。单击工具栏中的“保存拓扑”按钮(工具栏从左往右第4个图标)，然后输入相应的名称，可以把当前拓扑作为一个eNSP专用的.topo文件保存起来。鼠标指针停留在工具栏的某个按钮上，会自动出现该按钮功能提示，为方便学习，这里选择常用按钮进行标注，如图1-28所示。

图1-28　eNSP工具条

需要注意，这里的“保存拓扑”按钮仅保存网络拓扑，不会保存设备的配置，要保存设备的配置，需要在设备CLI命令窗口的用户视图输入save命令并确认(参见项目2)。

3）网络设备基本操作

单击工具栏中的“开启设备”按钮(绿色三角形)，为工作区中如图1-26所示拓扑中的网络设备加电并启动，网络设备较多时也可以圈选工作区中的部分设备，或选中一台设备，然后单击“开启设备”按钮，分批启动工作区中的网络设备。

在工作区双击PC的图标打开PC设置窗口，选择PC设置窗口的“基础配置”选项卡，如图1-29所示，设置PC1的IPv4地址为192.168.1.1，子网掩码为255.255.255.0。类似地，设置PC2的IP地址和子网掩码分别为192.168.1.2和255.255.255.0。还可以在这里直接查看PC的MAC地址。

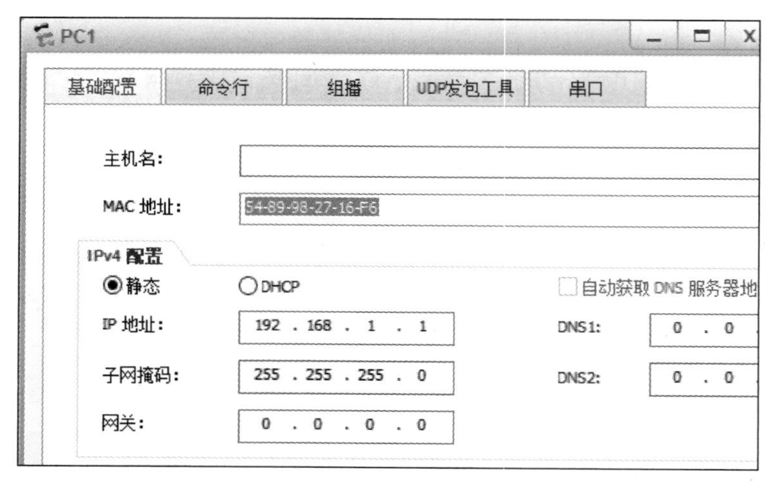

图1-29　设置PC的IP地址

用PC1主机向PC2主机发送ping报文。在工作区双击PC1的图标，进入其操作界面，选择“命令行”选项卡，进入命令行操作界面，如图1-30所示，输入ping 192.168.1.2测试

PC1 与 PC2 的连通性，可以看到由目标地址 192.168.1.2(PC2)返回了应答报文，说明 PC1 已经成功 ping 通 PC2 主机。

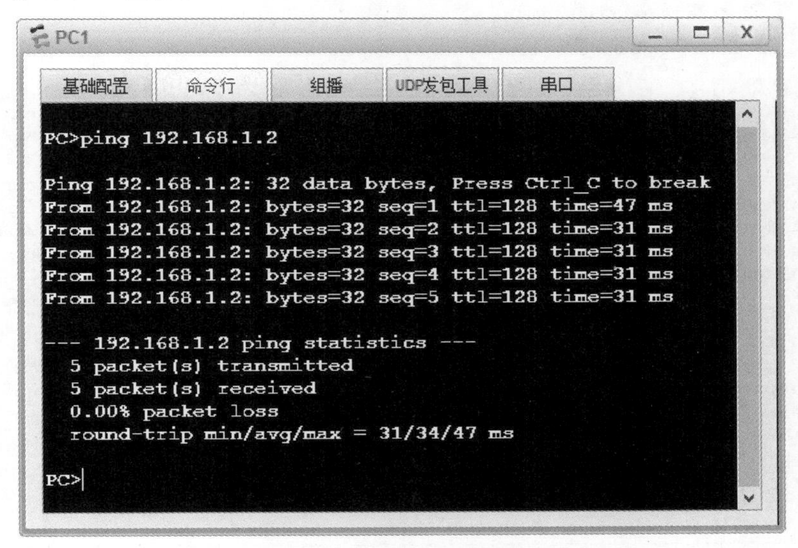

图 1-30　PC1 主机命令行操作界面

4）eNSP 中 Wireshark 的使用

Wireshark 是常用的网络报文分析工具，其主要功能是捕获网络报文，并显示报文的较详细的信息。

Wireshark 配合 eNSP 软件可捕获并查看流经 eNSP 网络链路的数据报文的结构和内容，加强对相关网络技术的理解和掌握。

例如，要捕获图 1-26 所示拓扑中 PC2 访问 PC1 的报文，可右击交换机图标按照图 1-31 所示选择“数据抓包”命令，再选择要抓包的接口即可启动 Wireshark 软件，然后会显示 Wireshark 主界面，如图 1-32 所示。也可以右击相应接口指示灯处，在弹出的快捷菜单中选择“开始抓包”命令，如图 1-33 所示，同样会显示 Wireshark 主界面。

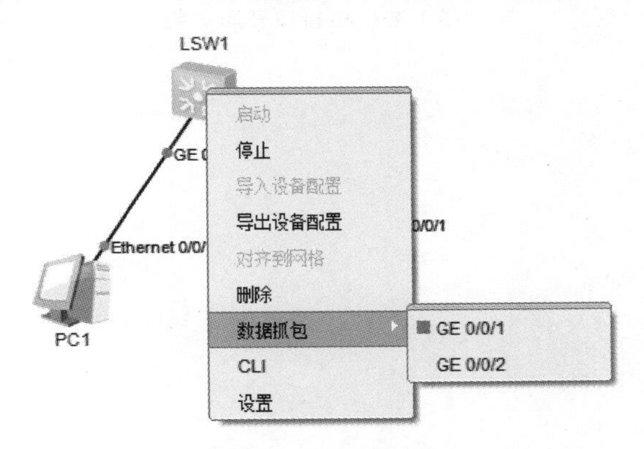

图 1-31　由交换机开启抓包

在后续应用实例中会对 Wireshark 相应的基本操作和分析方法进行讲解，这里不做赘述。

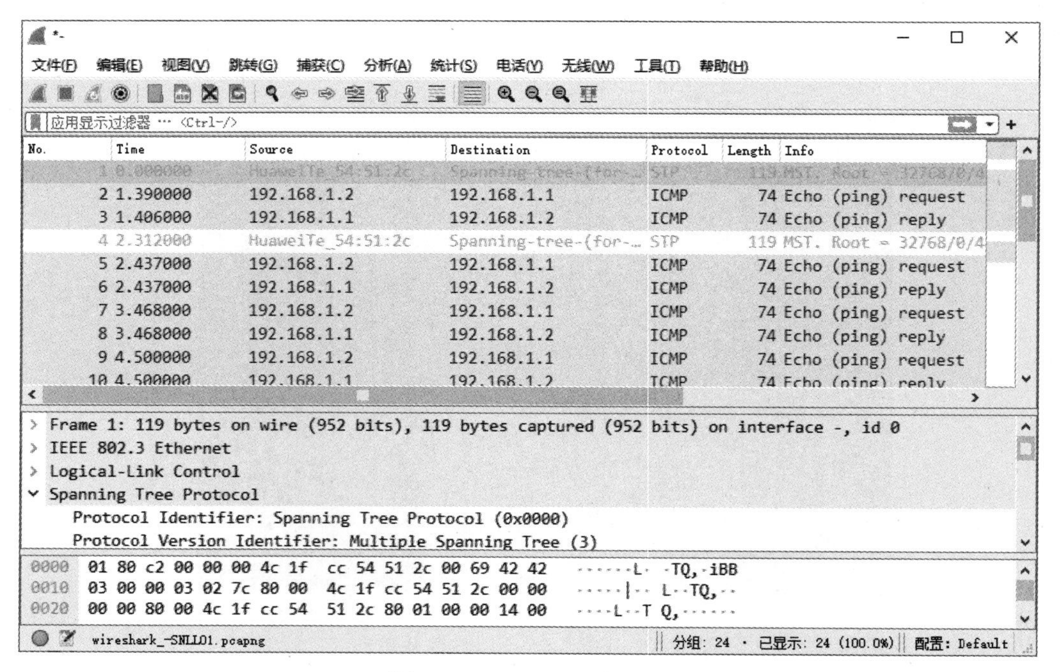

图 1-32 Wireshark 主界面

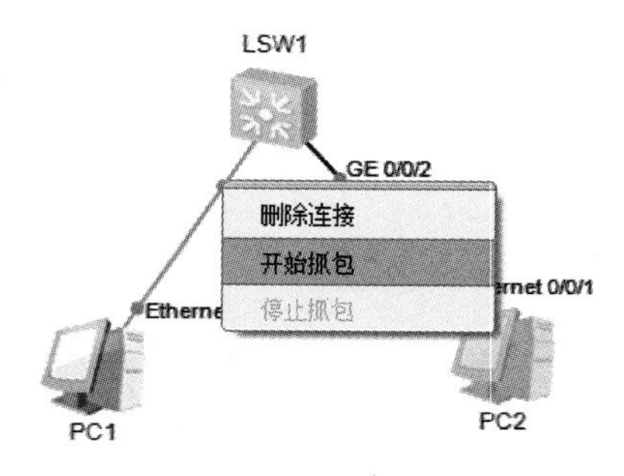

图 1-33 由接口开启抓包

项目 2　小型企业网构建

项目介绍

小型企业网络信息点数量较少，网络结构比较简单。本项目以某小型企业网为例，以"总—分—总"的思路介绍小型企业网的构建与配置方法。该小型企业用户及信息点分布在两个楼层，一楼为购销部和行政部员工办公区，二楼为部门负责人及企业负责人办公区，企业中心机房也部署在二楼。要求同一部门的用户可以相互通信，不同部门用户之间进行二层隔离，但所有用户均可访问服务器，共享资源，且所有用户可以访问互联网。

拓扑设计

根据企业信息点数量及其地理分布情况设计如图 2-1 所示的拓扑。企业的中心机房部署在二楼，LSW1 为企业核心交换机，除向下连接了一楼的交换机 LSW2 外，还直连了服务器 Server1 和企业负责人(CEO)、购销部经理(GXJL)、行政部总管(XZZG)等用户，同时，LSW1 向上连接了边界路由器 R1，由 R1 将内网用户访问互联网的流量汇聚并发往 Internet。一楼 LSW2 向上连接了 LSW1 并直连了行政部用户，如 XZ1 和 XZ2，同时向下连

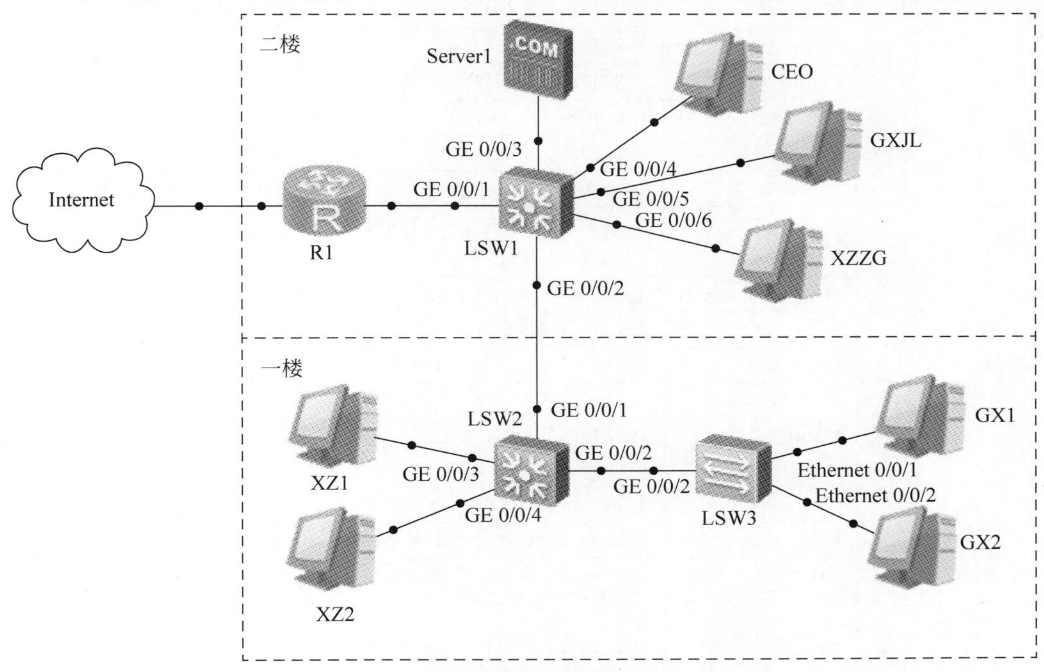

图 2-1　小型企业网络拓扑示例

接了接入层交换机LSW3。LSW3上连接了购销部用户，如GX1和GX2。这种由接入层→汇聚层→核心层的分层组网架构非常典型，学习该实例对企业网的配置实施、管理维护均有很大的借鉴意义。

项目整体规划

为方便项目实施，对如图2-1所示的某小型企业网络拓扑的交换机端口（即接口）类型、所属VLAN及IP地址进行规划：购销部对应VLAN 10，所属网段为192.168.10.0/24；行政部对应VLAN 20，所属网段为192.168.20.0/24；企业负责人对应VLAN 60，所属网段为192.168.60.0/24；服务器对应VLAN 100，所属网段为192.168.100.0/24，交换机各端口应归属相应VLAN或Trunk，并配置相应SVI地址，具体规划如表2-1所示。

表2-1　交换机接口类型、VLAN及IP规划

设　　备	接　　口		接口类型/IP地址	备　　注
R1（AR2220）	GE 0/0/0		200.0.0.1/30	连接Internet
	GE 0/0/1		10.0.0.1/24	连接LSW1
LSW1（S5700）	二层接口	GE 0/0/1	Access类型，属于VLAN 99	连接R1
		GE 0/0/2	Trunk类型，允许VLAN 10、VLAN 20通过	连接LSW2
		GE 0/0/3	Access类型，属于VLAN 100	连接Server1
		GE 0/0/4	Access类型，属于VLAN 60	企业负责人连接接口
		GE 0/0/5	Access类型，属于VLAN 10	购销部经理连接接口
		GE 0/0/6	Access类型，属于VLAN 20	行政部总管连接接口
	三层接口	vlanif 1	192.168.1.1/24	管理IP地址
		vlanif 10	192.168.10.254/24	购销部网关
		vlanif 20	192.168.20.254/24	行政部网关
		vlanif 60	192.168.60.254/24	企业负责人网关
		vlanif 100	172.16.100.254/24	服务器网关
		vlanif 99	10.0.0.2/24	GE 0/0/1对应逻辑接口
LSW2（S5700）	二层接口	GE 0/0/1	Trunk类型，允许VLAN 10、VLAN 20通过	连接LSW1
		GE 0/0/2	Trunk类型，允许VLAN 10通过	连接LSW3
		GE 0/0/3	Access类型，属于VLAN 20	连接XZ1
		GE 0/0/4	Access类型，属于VLAN 20	连接XZ2
	三层接口	vlanif 1	192.168.1.2/24	管理IP地址
LSW3（S3700）	二层接口	GE 0/0/2	Trunk类型，允许VLAN 10通过	连接LSW2
		Ethernet 0/0/1	Access类型，属于VLAN 10	连接GX1
		Ethernet 0/0/2	Access类型，属于VLAN 10	连接GX2
	三层接口	vlanif 1	192.168.1.3/24	管理IP地址

续表

设　　备	接　　口	接口类型/IP 地址	备　　注
Server1	Ethernet 0/0/0	172.16.100.1/24(网关：172.16.100.254)	
PC1(CEO)	Ethernet 0/0/1	192.168.60.1/24(网关：192.168.60.254)	企业负责人
PC2(GXJL)	Ethernet 0/0/1	192.168.10.100/24(网关：192.168.10.254)	购销部经理
PC3(XZZG)	Ethernet 0/0/1	192.168.20.100/24(网关：192.168.20.254)	行政部总管
PC4(GX1)	Ethernet 0/0/1	192.168.20.1/24(网关：192.168.20.254)	行政部
PC5(GX2)	Ethernet 0/0/1	192.168.20.2/24(网关：192.168.20.254)	
PC6(XZ1)	Ethernet 0/0/1	192.168.10.1/24(网关：192.168.10.254)	购销部
PC7(XZ2)	Ethernet 0/0/1	192.168.10.2/24(网关：192.168.10.254)	

项目模块分析与配置

为便于读者理清整个项目的框架与配置思路，这里按照“总—分—总”思路对该项目拓扑进行解析，将整个项目分解为以下几个模块。

(1) 接入同一台交换机的同部门用户(即同 VLAN)互访。如 LSW3 下多个购销部用户均属于 VLAN 10，允许相互通信。

(2) 接入同一台交换机的不同部门用户(即 VLAN 不同)实现二层隔离和三层互访。如接入 LSW1 的企业负责人、购销部部门经理和行政部总管均属于不同 VLAN 的用户，需要进行二层隔离，同时又需要通过三层实现对服务器的访问。

(3) 跨交换机实现同部门用户二层互访及不同部门用户的二层隔离。如行政部用户在 LSW1 和 LSW2 均有接入，允许跨交换机实现互访，而与 LSW2 连接的行政部用户与 LSW1 的直连用户 GXJL 和 CEO 则为二层隔离。

(4) 不同 VLAN 的终端跨网段(即跨 VLAN)实现三层访问。如各 VLAN 用户均需要访问服务器，而服务器所属网段与各部门所属网段均不相同，这就需要跨跨网段(即跨 VLAN)访问。

下面将对各模块的配置与调试方法分别进行介绍。

2.1　模块 1：单台交换机构建同 VLAN 对等网

【教学目标】

知识目标：

- 理解交换机工作原理。
- 明确同 VLAN 终端之间默认二层互通的特点。

➢ 了解VLAN划分方法及把交换机端口归属到VLAN的方法。

技能目标：能通过查看交换机MAC地址表分析交换机工作原理。

思政目标：

➢ 明确MAC地址表的自动学习功能面临的风险，树立维护网络安全的责任意识，保障企事业单位利益不受侵犯。

➢ 培养学生的溯本求源的探究精神及一丝不苟的工匠精神。

2.1.1 模块拓扑

按照图2-1整体规划，一楼接入LSW3的终端GX1和GX2为购销部用户代表，对应VLAN 10，网段为192.168.10.0/24，GX1和GX2地址分别为192.168.10.1/24和192.168.10.2/24。为便于研究交换机工作原理，该模块将LSW3与GX1和GX2组成的网络独立出来单独配置与测试。为实验测试方便，这里再添加两个购销部用户终端GX3和GX4，同样属于VLAN 10，地址分别为192.168.10.3/24和192.168.10.4/24，构建如图2-2所示的拓扑并保存。

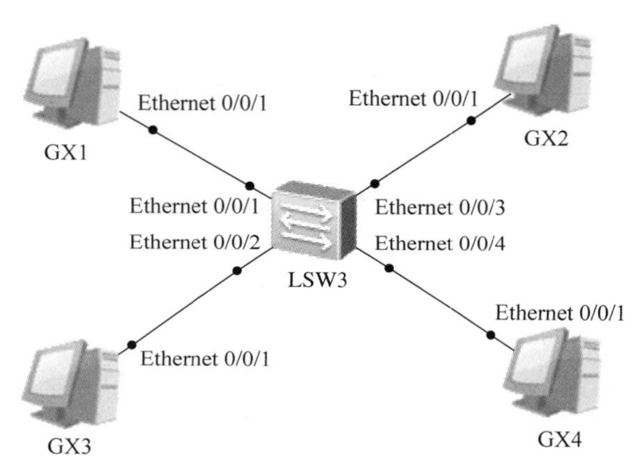

图2-2 单台交换机同VLAN对等网

2.1.2 知识准备

1. 交换机工作原理

交换机的RAM中总是有一张MAC地址表，这张MAC地址表中记录了交换机端口与所连终端的MAC地址及所属VLAN的对应关系，是交换机转发数据帧时寻址的依据。图2-3所示为MAC地址表示例，当交换机收到数据帧时，会按照数据帧的目的MAC地址(即MAC Address)查找MAC地址表，如果在MAC地址表中存在该目的MAC地址，则按照其对应端口(即Port)转发数据帧。

交换机的MAC地址表原本是空的，但交换机有学习功能，只要从某端口收到某终端发来的数据帧，就会将该端口号与该终端的MAC地址及其所属VLAN的对应关系记录在MAC地址表中为后续转发数据帧提供寻址依据，如果这样的对应关系已经存在则会对其进行更新，这个过程称为**学习**。

交换机收到数据帧时如果数据帧的目的MAC地址已经存在于MAC地址表，则按照

```
<Huawei>dis mac-address
MAC address table of slot 0:
------------------------------------------------------------------
MAC Address     VLAN/          PEVLAN CEVLAN Port
                VSI/SI
------------------------------------------------------------------
5489-9886-7ee0  1              -      -      Eth0/0/1
5489-98a6-155d  1              -      -      Eth0/0/2
5489-98ec-5022  1              -      -      Eth0/0/3
5489-9833-40ea  1              -      -      Eth0/0/4
------------------------------------------------------------------
Total matching items on slot 0 displayed = 4
```

图 2-3　交换机 MAC 地址表

其对应的端口转发数据帧，这个过程称为**转发**。由于转发只涉及一个端口对应的一个目的终端，因此这种转发方式也称为**单播**。

对于在 MAC 地址表中查找不到目的 MAC 地址的数据帧(如未知单播帧、广播帧)，交换机会向除接收端口之外的所有端口转发数据帧，这个过程称为**泛洪**。这种转发方式也称为**广播**。广播的范围称为**广播域**。

如果交换机收到的数据帧的源 MAC 和目的 MAC 相同，并且在 MAC 地址表中两个 MAC 地址对应的端口号为同一个端口号，就说明两台计算机都间接连接到交换机同一个端口上，这种情况下交换机不会转发该数据帧，这一过程称为**过滤**。如图 2-4 所示，PC3 和 PC4 先连接到同一台交换机 LSW5(也可以是集线器)，然后交换机 LSW5 再连接到 LSW4 的 GE 0/0/1。这种场景下，PC3 和 PC4 在与 PC1 或 PC2 通信时，会在 LSW4 的 MAC 地址表中产生两条记录，两条记录中 PC3 和 PC4 的两个 MAC 地址都与 LSW4 的 GE 0/0/1 接口对应，如图 2-5 所示。PC3 和 PC4 通信时，数据帧是靠 LSW5 转发的，LSW4 不需要转发该数据帧，即使有 PC3 或 PC4 寻址的广播帧发送到交换机 LSW4，LSW4 也会将其过滤掉。

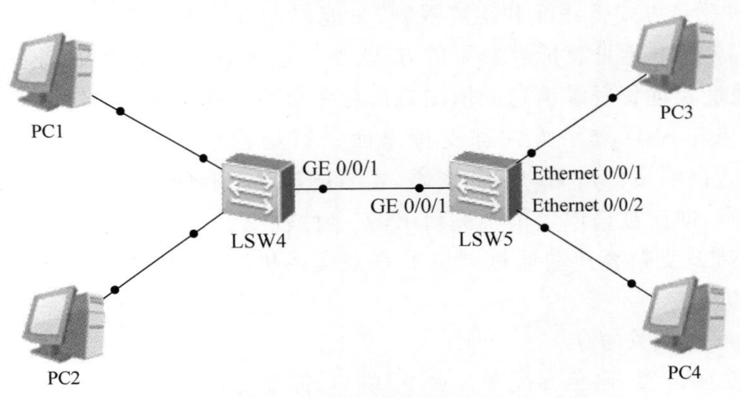

图 2-4　交换机的过滤场景

```
[LSW4]dis mac-address
MAC address table of slot 0:
------------------------------------------------------------------
MAC Address     VLAN/          PEVLAN CEVLAN Port
                VSI/SI
------------------------------------------------------------------
5489-9886-7ee0  1              -      -      Eth0/0/1
5489-9833-40ea  1              -      -      GE0/0/1
5489-98a6-155d  1              -      -      Eth0/0/2
5489-98ec-5022  1              -      -      GE0/0/1
------------------------------------------------------------------
Total matching items on slot 0 displayed = 4
```

图 2-5　同一接口对应两个不同的 MAC 地址

2. 认识VLAN

VLAN(Virtual Local Area Network,虚拟局域网)是利用交换机在一个物理网络上划分多个逻辑网络的技术。通常根据交换机端口所连接的终端所属职能部门或者应用相似群将网络用户划分成多个逻辑工作组,这样就形成了不同的VLAN,这时需要把交换机相应端口归属到对应的VLAN从而使不同端口所连接的终端归属于相应VLAN,这种划分VLAN的方式叫作基于端口划分VLAN,这种方式是最常用的VLAN划分方式。

例如,在该项目中将购销部用户划分到VLAN 10(即将购销部用户所连接的端口归属到VLAN 10),将行政部用户划分到VLAN 20(即将行政部用户所连接的端口归属到VLAN 20)。

也可以根据MAC地址(适用于流动用户)或网络协议等划分VLAN,具体用法可查阅相关资料,此处不再赘述。

交换机默认状态下只有一个VLAN,即VLAN 1,且所有端口默认都属于VLAN 1,所以初始状态下交换机任意端口所连接的终端向交换机发送广播帧,都会被交换机从除接收端口之外的所有端口广播出去。也就是说,交换机初始状态下所有接口都在同一个广播域。这种场景下很容易发生信息泄露等安全问题,并且在有大量广播帧时也会耗费链路带宽。所以,在现实中往往需要根据业务相似性或职能部门划分相应VLAN。在网络设计与部署中,通常一个VLAN对应一个网段,如该项目中VLAN 10和VLAN 20分别对应网段192.168.10.0/24和192.168.20.0/24。

3. 交换机的登录方式

要对交换机进行配置就需要登录交换机。交换机的登录方式主要有Console口登录、Telnet远程登录、SSH远程登录及Web登录方式。

Console口登录方式受线缆和距离限制,只能以约2m的串口线连接交换机现场登录,但这是唯一不需要IP地址就能够登录的方式,所以这种方式常用于设备刚刚购买回来需要配置管理IP地址及远程登录信息的情况或远程登录不上的情况。

Telnet登录和SSH登录方式都支持以命令行远程登录交换机的CLI配置环境,但Telnet登录方式以明文传送用户名和密码,容易被窃取并利用;而SSH登录方式以密文传送用户名和密码,即使被窃取也很难被利用,安全性较高。

Web登录方式支持客户端通过浏览器登录交换机的Web管理页面,以可视化的操作方式管理交换机。

4. VLAN配置相关命令

为了有序实施配置,避免漏配VLAN或端口,需要提前对交换机进行VLAN和端口规划,然后按照规划先添加涉及的所有VLAN,之后把所有已启用端口逐一或分组归属到相应VLAN或设置为Trunk。VLAN的基本配置也是二层交换机的基本配置,可以归纳为**"划VLAN,归端口"**。

(1) 创建VLAN(划VLAN)。

所有交换机默认只有一个VLAN 1,且所有端口均属于VLAN 1,可以根据实际需要创建其他VLAN。命令如下:

```
[huawei]vlan vlan - id
```

其中,*vlan-id*为所创建VLAN的编号,范围为1～4094。如果要删除一个已建立的

VLAN,使用[huawei]undo vlan *vlan-id* 命令即可。

(2) 将端口加入 VLAN(归端口)。

首先需要进入端口配置视图,命令如下:

```
[huawei]interface Ethernet /GigabitEthernet if - id
```

其中,interface 为命令关键字,表示将进入端口配置模式,Ethernet /GigabitEthernet 为端口类型,*if-id* 为端口编号,格式为 slot/portid,如 0/0/1。

说明:如果需要一次性将多个连续端口加入某个 VLAN,可用如下命令:

```
[huawei]port - group group - member if - id1 to if - id2
```

其中,*if-id1* 和*if-id2* 表示多个连续端口的起始 ID 和结束 ID。

然后在端口配置视图利用如下两个命令将端口加入 VLAN:

```
[Huawei - GigabitEthernet0/0/1]port link - type access
[Huawei - GigabitEthernet0/0/1]port default vlan vlan - id
```

其中,port link-type *access* 表示将端口类型定义为 Access 类型(连接终端的端口通常为 Access 端口)。port default vlan *vlan-id* 表示将该端口默认 VLAN 设置为 VLAN 号为 *vlan-id* 的 VLAN,即将该端口加入 VLAN 号为 *vlan-id* 的 VLAN。

(3) 查看 VLAN 配置信息。

创建 VLAN 并分配端口后,可以通过 display 命令查看 VLAN 的配置情况。命令格式如下:

```
< huawei > display vlan [ vlan - id]
```

其中,*vlan-id* 为要查看的 VLAN 编号。[*vlan-id*]以方括号表示此项为可选项,如果无此项,则表示查看所有 VLAN 的信息。

5. 交换机的 Telnet 登录方式及配置

Telnet 虽然以明文方式传送用户名和密码,但易学易用,是网络学习中常用的远程登录方式。

Telnet 登录采用的认证方式有两种:一种是密码认证,即多个远程登录的用户并不需要提供用户名,而且共享一个密码;另一种是 AAA 认证,每个用户登录时需要提供各自的用户名和密码。

密码认证配置示例如下:

```
[LSW1]telnet server enable                                  //启用 Telnet 远程登录服务
[LSW1]user - interface vty 0 4                              //进入远程登录信息配置模式
[LSW1 - ui - vty0 - 4]set authentication password cipher huawei123  //配置远程登录用户共享密码
[LSW1 - ui - vty0 - 4]user privilege level 3                //配置用户权限级别
[LSW1 - ui - vty0 - 4]protocol inbound telnet               //配置允许远程登录的协议
```

AAA 认证配置示例如下:

```
[LSW1]telnet server enable                              //启用 Telnet 远程登录服务
[LSW1]user - interface vty 0 4                          //进入远程登录信息配置模式
[LSW1 - ui - vty0 - 4]authentication - mode aaa         //设置认证模式为 AAA 认证
[LSW1 - ui - vty0 - 4]protocol inbound telnet           //配置允许远程登录的协议
[LSW1]aaa                                               //开启 AAA 认证方式
[LSW1 - aaa]local - user user01 password cipher huawei123  //添加用户 user01,设置密码为 huawei123
[LSW1 - aaa]local - user user01 privilege level 3       //配置用户 user01 权限等级为 3
[LSW1 - aaa]local - user user01 service - type telnet   //为用户 user01 提供 Telnet 服务类型
```

2.1.3 配置与测试

按照图2-2所示的拓扑配置各终端和交换机LSW3，实现任何两个终端能够相互访问，并能够对LSW3进行Telnet远程登录（密码认证方式）并管理。

视频讲解

1. 购销部终端配置

GX1：IP地址为192.168.10.1，掩码为255.255.255.0。

GX2：IP地址为192.168.10.2，掩码为255.255.255.0。

GX3：IP地址为192.168.10.3，掩码为255.255.255.0。

GX4：IP地址为192.168.10.4，掩码为255.255.255.0。

特别提示：相同网段的主机之间通信无须设置网关。

2. 交换机LSW3配置

由于该模块只需实现同VLAN的二层通信，因此交换机LSW3需要做初始配置外，只需做二层基础配置（即"划VLAN，归端口"）即可。这里由于LSW3只连接VLAN 10的用户，也只转发VLAN 10的数据帧，因此只需添加VLAN 10，并将Ethernet 0/0/1～Ethernet 0/0/20端口归属到VLAN 10。

（1）初始配置。

```
<huawei>system-view
[huawei]sysname LSW3                                        //修改交换机名称
[LSW3]interface vlanif 1                                    //进入逻辑接口 VLAN 1 配置模式
[LSW3-Vlanif1]ip address 192.168.1.3 255.255.255.0         //给交换机配置管理 IP 地址
[LSW3-Vlanif1]quit                                          //退回上级视图模式
//Telnet 远程登录信息配置(密码认证方式)
[LSW3]telnet server enable                                  //启用 Telnet 远程登录服务
[LSW3]user-interface vty 0 4                                //进入远程登录信息配置模式
[LSW3-ui-vty0-4]set authentication password cipher huawei123 //配置远程登录密码
[LSW3-ui-vty0-4]user privilege level 15                     //配置用户权限级别
[LSW3-ui-vty0-4]protocol inbound telnet                     //配置允许远程登录的协议
```

（2）划VLAN，归端口。

LSW3作为接入层交换机，通常使用二层交换机（该项目用S3700）。二层交换机常规配置即"划VLAN，归端口"，也就是首先划分出所有相关的VLAN，然后将所有启用的端口归属到相应VLAN或Trunk（后续介绍）。具体配置如下：

```
//划 VLAN
[LSW3]vlan 10                             //划分 VLAN,该模块只需划分 VLAN 10
[LSW3-vlan10]quit
//归端口
[LSW3]port-group group-member Ethernet 0/0/1 to Ethernet 0/0/20    //定义端口组
[LSW3-port-group]port link-type access //将端口组中所有端口设为 Access 类型
[LSW3-port-group]port default vlan 10     //将端口组中所有端口归属到 VLAN 10
```

（3）查看VLAN划分及端口归属情况。

用display命令查询VLAN信息，如图2-6所示，可以看出VLAN 10包含了Ethernet 0/0/1～Ethernet 0/0/20共计20个端口。

```
<LSW3>display vlan
```

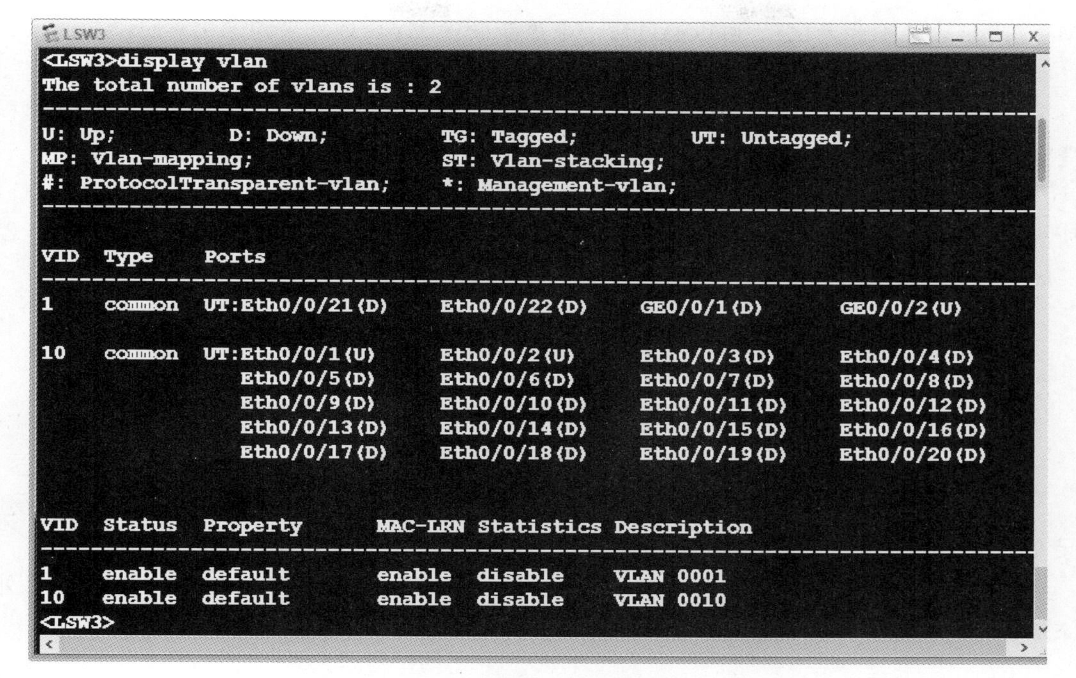

图 2-6　查询 VLAN 信息

（4）保存配置。

在用户视图下输入 save 命令并按 Enter 键，会出现“Are you sure to continue? [Y/N]”的提示，询问是否继续，输入 Y 进行确认，将 LSW3 的配置进行保存。

命令：

```
<LSW3>save
```

（5）测试。

第 1 步：重启交换机，在用户视图下用 display mac-address 命令查看交换机初始的 MAC 地址表信息，发现无任何显示，说明此时 MAC 地址表是空的。

命令：

```
<LSW3>display mac-address
```

第 2 步：依次用 GX1 来 ping GX2、GX3、GX4，每次执行 ping 命令收到应答后即用 display mac-address 命令查看一次交换机 MAC 地址表，发现 GX1 每 ping 一台终端后交换机就会学习到相应终端的 MAC 地址与所连接的端口号的对应关系并记录在 MAC 地址表中。因为每一台终端在响应 ping 命令时都会将回应的数据帧先发往交换机，交换机就会学习该终端与接收端口的对应关系并记录在 MAC 地址表中，然后将回应的数据帧转发给源节点 GX1。

读者也可以用更多的 PC 随机进行 ping 测试，只要连接到交换机的终端发送过数据帧，就会被交换机将其 MAC 地址和对应端口记录在 MAC 地址表中，作为后续转发数据帧的寻址依据。

通常情况下，MAC 地址表的每条记录都是动态学习到的（可根据需要静态绑定），默认 300s 后会自行清除而重新学习，这 300s 时间也称为死亡时间或老化时间（静态绑定的

MAC 地址表项不会老化)。可以通过命令来重新设置 MAC 地址表的老化时间。

(6) Telnet 远程登录 LSW3 实验(密码认证方式)。

对交换机进行 Telnet 远程配置和维护可以突破时空限制,提高运维效率。Telnet 远程登录交换机有两种认证方式,这里介绍密码认证方式的登录方法。

以 Telnet 方式登录交换机最基本的方法就是用 PC 直连交换机的 RJ-45 接口,如图 2-7(a)所示。由于 eNSP 中 PC 的模拟器没有 Telnet 客户端功能,因此可以用路由器代替 PC 以 Telnet 方式登录交换机并对其实施管理,拓扑如图 2-7(b)所示。

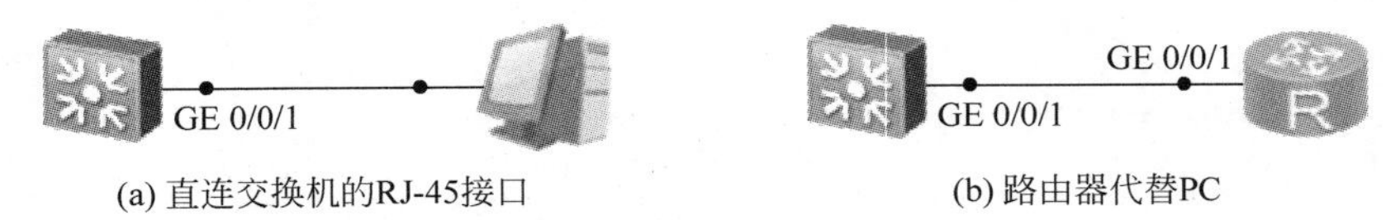

图 2-7　以 Telnet 方式登录交换机

以下是运用以上方法将图 2-2 所示的拓扑中的终端 GX4 以路由器代替并以 Telnet 登录交换机 LSW3 实现对其进行管理的过程。

第 1 步:构建拓扑。将图 2-2 中的一台 PC 替换成路由器,如图 2-8 所示。也可以另外添加一台路由器。

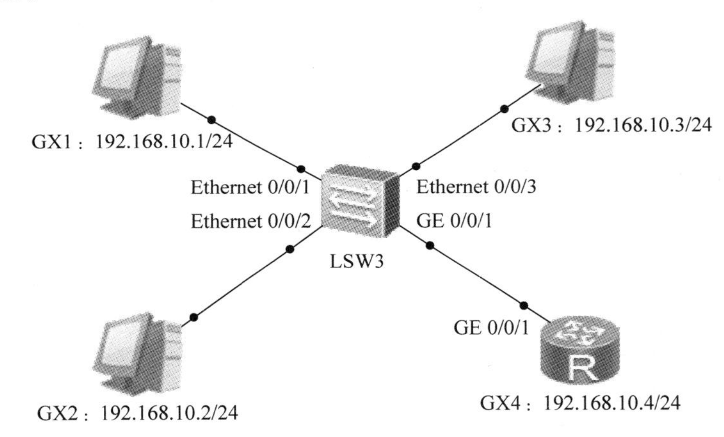

图 2-8　路由器直连 LSW3 的拓扑

第 2 步:为 LSW3 做初始配置。要以 Telnet 方式登录交换机,必须事先配置交换机的管理 IP 及远程登录认证信息。以下是 Telnet 登录交换机 LSW3 的相应配置。

```
[LSW3]interface vlanif 1                              //进入逻辑接口 VLAN 1 配置模式
[LSW3 - Vlanif1]ip address 192.168.1.3 255.255.255.0  //给交换机配置管理 IP 地址
[LSW3 - Vlanif1]quit                                  //退回上级视图模式
//Telnet 远程登录信息配置
[LSW3]telnet server enable                            //启用 Telnet 远程登录服务
[LSW3]user - interface vty 0 4                        //进入远程登录信息配置模式
[LSW3 - ui - vty0 - 4]set authentication password cipher huawei123 //配置远程登录密码
[LSW3 - ui - vty0 - 4]user privilege level 15         //配置用户权限级别
[LSW3 - ui - vty0 - 4]protocol inbound telnet         //配置允许远程登录的协议
```

第 3 步:为路由器做必要配置。要通过路由器以 Telnet 方式登录交换机,必须保证路由器与交换机连接的 GE 0/0/1 接口地址和交换机 LSW3 的管理 IP 在同一网段。故需要给路由器做如下配置：

```
[router]interface GigabitEthernet 0/0/1                        //进入路由器接口配置视图
[router-GigabitEthernet0/0/1]ip address 192.168.1.10 24        //为该接口配置与交换机管理 IP
//同网段的 IP 地址
```

第 4 步：Telnet 登录交换机。在路由器的 CLI 命令行窗口(必须是用户视图)输入 telnet 192.168.1.3 命令并按 Enter 键,弹出输入密码提示信息,如图 2-9 所示,输入设置好的密码后按 Enter 键,这时命令行的引导符由 router 变成了 LSW3,说明已登录到了交换机的 CLI 命令行配置窗口,然后就可以查看或配置交换机了。完成配置后可用 quit 命令退出路由器 CLI 窗口。

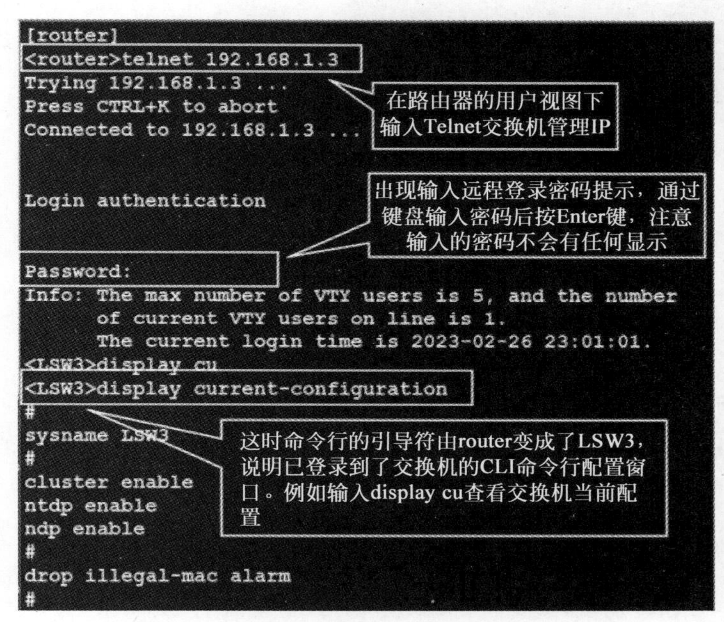

图 2-9　以 Telnet 方式登录交换机

2.1.4　能力提升——ARP 缓存表

细心的读者会发现,ping 命令的目的是 IP 地址,而交换机是根据数据帧的目的 MAC 地址在 MAC 地址表中查找该 MAC 对应的端口来转发数据帧的,那目的 IP 地址和目的 MAC 地址是如何对应或转换的呢?

事实上,每个终端设备内部都会有一张 ARP 缓存表,用于存储所在网络内各终端的 IP 地址和 MAC 地址的对应关系。在终端 A 访问终端 B 时,终端 A 首先会查看自己的 ARP 缓存表中是否存在目的 IP 地址对应的 MAC 地址,如果存在就将该 MAC 地址作为目的 MAC 地址封装在数据帧中然后将数据帧发往交换机,交换机收到数据帧后查找自己的 MAC 地址表,如果存在该目的 MAC 地址则将数据帧从该 MAC 地址对应的端口转发出去,如果不存在该 MAC 地址,则会从除接收端口之外的所有端口广播出去。

那 ARP 缓存表的记录是如何产生的呢?

其实终端的 ARP 缓存表开始也是空的,通常其中的记录也是动态学习产生的(可根据实际需要静态绑定)。

假设终端A和终端B在同一VLAN,由于交换机是按照目的MAC地址来寻址并转发的,当终端A初次访问终端B时,由于终端A不知道终端B的MAC地址,无法对数据帧的目的MAC地址进行封装,因此会首先发送携带目的IP地址的ARP广播帧到交换机,交换机收到广播帧后会将其从除接收端口之外的所有端口广播出去,目的终端收到该帧发现其中目的IP地址和自己的IP地址相同,于是收下该帧,并将自己的MAC地址封装在携带自己IP地址的数据帧中返回应答给终端A,终端A收到应答包就会把其中的IP地址和MAC地址对应关系记录在ARP缓存表中。

例如用图2-2所示的GX1去ping其他终端后,就会学习到目的IP地址和目的MAC地址的对应关系记录在ARP缓存表中。这时,在GX1的命令行模式用 **arp -a** 命令查看其ARP缓存表,可以看到其ARP缓存表已经自动学习到了被访问终端的IP地址和MAC地址的对应关系,如图2-10所示。这样GX1再次访问相应的终端时,就会先将目的IP地址按照其ARP缓存表的记录转换为MAC地址,然后以此MAC地址为目的MAC地址将数据帧发往交换机,交换机再按照其MAC地址表中相应MAC地址对应的端口转发出去,这样就完成了数据帧的转发,每次数据帧的转发都有类似过程。当然,ARP缓存记录也会老化,但老化后也会重新学习。

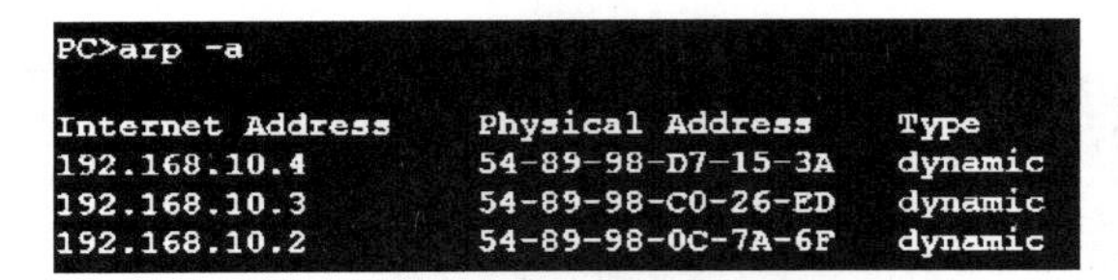
```
PC>arp -a

Internet Address      Physical Address      Type
192.168.10.4          54-89-98-D7-15-3A     dynamic
192.168.10.3          54-89-98-C0-26-ED     dynamic
192.168.10.2          54-89-98-0C-7A-6F     dynamic
```

图2-10　终端的ARP缓存表

☞ **安全警示**

交换机的自动学习机制可能会给网络攻击者提供MAC地址泛洪攻击的机会。假设有攻击者利用攻击工具在短时间伪造大量的不同MAC地址的数据帧发送给交换机,交换机每收到不同MAC地址发来的数据帧就会学习该MAC地址和其对应端口的映射关系,于是交换机MAC地址表会短时间学习到很多条记录甚至很快被全部填满,这样交换机就不能进行正常的学习和转发了,大量正常的数据帧不能被识别,从而采用广播方式转发,使网络资源被严重消耗甚至导致局部网络瘫痪。

可以利用安全端口技术控制交换机端口对应的MAC地址数量,避免攻击者通过某端口发送大量伪造的不同的MAC地址。关于安全端口的具体介绍请参阅项目2模块3的“安全防御—接入控制”部分。

2.2　模块2:单台交换机VLAN间访问

【教学目标】

知识目标:

➢ 掌握划分VLAN并将相应端口添加到相应VLAN的方法,理解划分VLAN对于隔离广播域保障数据安全的意义。

➢ 掌握SVI(vlanif)接口应用的相关配置,理解SVI对于VLAN间实现三层访问的意义。

技能目标:

➢ 能正确划分VLAN并将相应端口添加到相应VLAN。

➢ 能正确进行 SVI 相关配置,实现 VLAN 间的三层访问。

思政目标:

➢ 明确大广播域面临的风险及应对措施,树立维护网络安全的责任意识,保障企事业单位利益。

➢ 培养学生的探究精神及一丝不苟的工匠精神。

2.2.1 模块拓扑

按照如图 2-1 所示项目拓扑,LSW1 连接了 4 个终端,均属于不同 VLAN。为方便研究测试单台交换机上不同 VLAN 间的通信,这里姑且将 LSW1 及与其直连的几个终端组成的模块独立出来,构建如图 2-11 所示的拓扑并保存。按照项目整体规划 Server1 属于 VLAN 100,IP 地址为 172.16.100.1/24;CEO 属于 VLAN 60,IP 地址为 192.168.60.100/24,GXJL 属于 VLAN 10,IP 地址为 192.168.10.100/24,XZZG 属于 VLAN 20,IP 地址为 192.168.20.100/24。交换机 GE 0/0/3 端口连接 Server1 应划分到 VLAN 100,GE 0/0/4 端口连接 CEO 应划分到 VLAN 60,GE 0/0/5 端口应划分到 VLAN 10,GE 0/0/6 端口应划分到 VLAN 20。

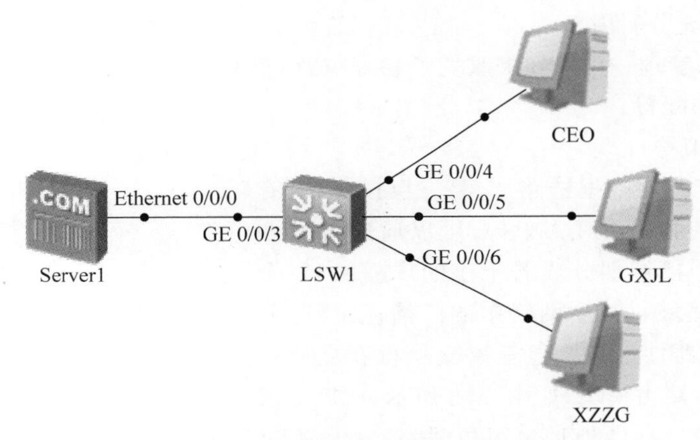

图 2-11 单台交换机 VLAN 间的访问

2.2.2 知识准备

1. 数据帧转发原理

交换机是二层设备,主要负责数据帧的转发(三层交换机还具有数据包的路由转发功能),它是按照 MAC 地址表寻址的,对于收到的数据帧,如果在 MAC 地址表中存在其目的 MAC 地址,就将其从该 MAC 地址对应的端口转发出去;如果不存在其目的 MAC 地址,就将数据帧从除接收端口之外的所有端口广播出去。

参与数据转发过程的还有终端的 ARP 缓存表,在某终端访问某特定 IP 地址的目的节点时,源节点首先会查看自己的 ARP 缓存表,将目的 IP 地址转换为目的 MAC 地址,然后将该 MAC 封装在数据帧中并将数据帧发往交换机,由交换机按照其 MAC 地址表进行转发。如果终端的 ARP 缓存表中没有相应记录,则首先会发送广播帧去探测目标是否存在并询问目的 IP 地址对应的 MAC 地址,如果收到对方应答就会学习目的 IP 地址和 MAC 地址的对应信息并将其添加到ARP缓存表中。

2. VLAN特点

利用VLAN技术可以把一个物理网络划分成多个逻辑网络，即多个VLAN。通常同一VLAN内的用户(IP地址在同一网段)处于同一广播域，可以二层互访；不同VLAN的用户处于不同的广播域，不能进行二层互访(即二层隔离)。所以VLAN具有如下特点。

(1) 控制广播范围。每个VLAN是一个单独的广播域，广播帧、未知单播帧及组播帧只在同一VLAN范围内进行广播，所以VLAN可以在控制广播范围的同时减少网络中的广播流量。

(2) 提高网络安全性。不同VLAN的用户通常是不允许相互访问的(二层隔离)，所以可以按照资源共享群或职能部门划分VLAN，使不共享资源的群之间具有隔离性，以提高数据的安全性。对一些需要数据保密的用户可单独划分VLAN，这样可以通过VLAN的二层隔离特点阻挡二层的非授权访问。如果某些数据确实需要对某些用户开放，则可以通过三层设备的路由功能及访问控制策略来实现。

(3) 提高设备利用率。交换机默认只有一个VLAN，所有接口均在VLAN 1。通过VLAN划分，可以在同一台交换机上划分出不同的VLAN来，也就可以接入不同VLAN的终端，使设备得到充分利用。

(4) 简化网络管理。用户如果改变了物理位置，但只要VLAN不变，就不需要更新物理链路及交换机的配置。

3. 交换机虚拟接口

交换机默认工作在数据链路层，是二层设备，所有端口属于同一个广播域(VLAN 1)，可以通过VLAN划分将一个大的广播域划分成若干小的广播域(每个VLAN为一个广播域)，减少网络中的广播流量，并隔离VLAN间的链路层互访。但三层交换机在二层交换机基础上集成了路由模块，如图2-12所示，所以三层交换机内部除了有MAC地址表可以进行二层MAC寻址转发之外，还有一张路由表可以进行三层IP地址寻址转发(即路由)。故在三层交换机启用路由功能并做三层相应配置之后，原本被VLAN进行二层(数据链路层)隔离的网络，可以实现VLAN间的三层(即网络层)互访，相当于是在不能互通的二层网络之上架起了处于三层网络的立交桥。

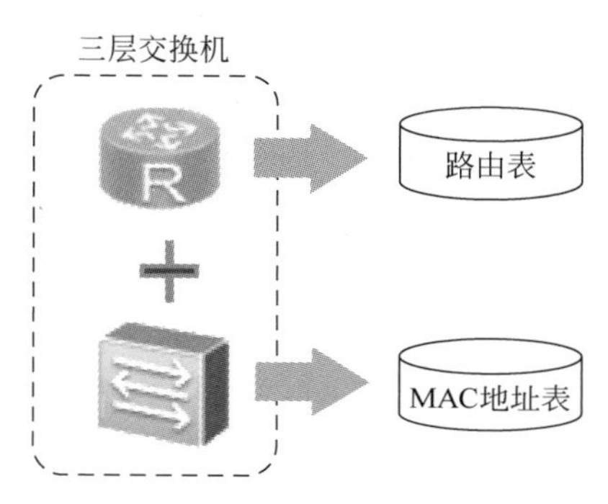

图2-12 三层交换机的功能

三层交换机的VLAN间访问是通过交换机虚拟接口(Switch Virtual Interface，SVI)实现的，交换机的SVI与交换机上的VLAN相对应，每个VLAN有且仅有一个虚拟的vlanif接口(即SVI)，vlanif接口是三层逻辑接口，可以配置IP地址，可以实现路由功能。

在三层交换机启用路由功能的情况下，如果需要VLAN间通信就需要给相应vlanif(SVI)配置IP地址，并将SVI的IP地址作为相应VLAN的终端的"网关"。如图2-13所示，4个终端分别属于4个VLAN，其"网关"为交换机LSW1上对应VLAN的SVI地址。配置了各VLAN的SVI地址的三层交换机上会自动产生直连路由(可通过display ip routing-table命令查看路由表)，使不同VLAN的终端之间能够相互通信。

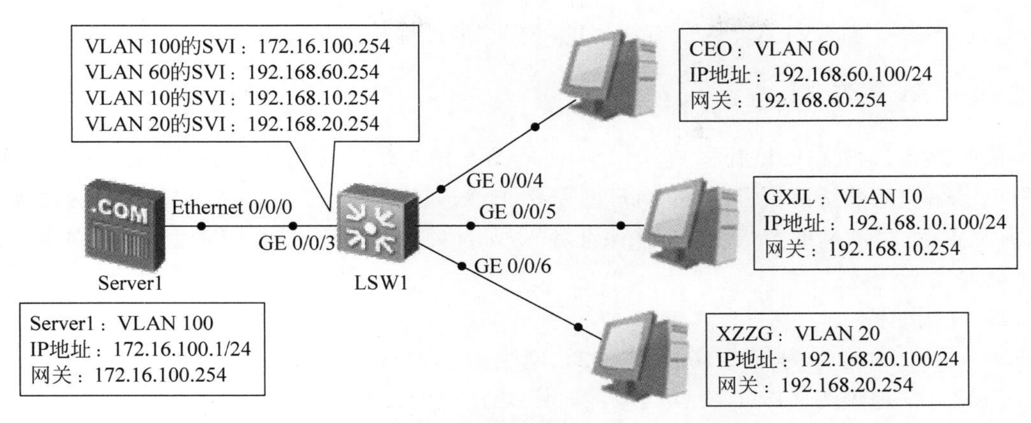

图 2-13　不同 VLAN 的终端通过 SVI 实现三层通信

VLAN 间的三层互访的实现需要做如下两项配置。

(1) 在交换机上建立虚拟接口 SVI(即 vlanif)并给 vlanif 配置相应 IP 地址。配置命令示例如下：

```
[LSW1]interface vlanif 10                        //建立 VLAN 10 的虚拟接口并进入其配置模式
[LSW1 - Vlanif10]ip address 192.168.10.254 24   //给虚拟接口配置 IP 地址
```

eNSP 中 IP 地址的掩码可以写成点分十进制格式,也可以直接写网络位数。例如示例中 24 表示 192.168.10.254 的网络位数为 24,等效于 255.255.255.0。

(2) 在对应 VLAN 的终端设备上将其"网关"设置为交换机上 vlanif 接口的地址。如图 2-14 所示,将 GXJL 的"网关"设置为 192.168.10.254。

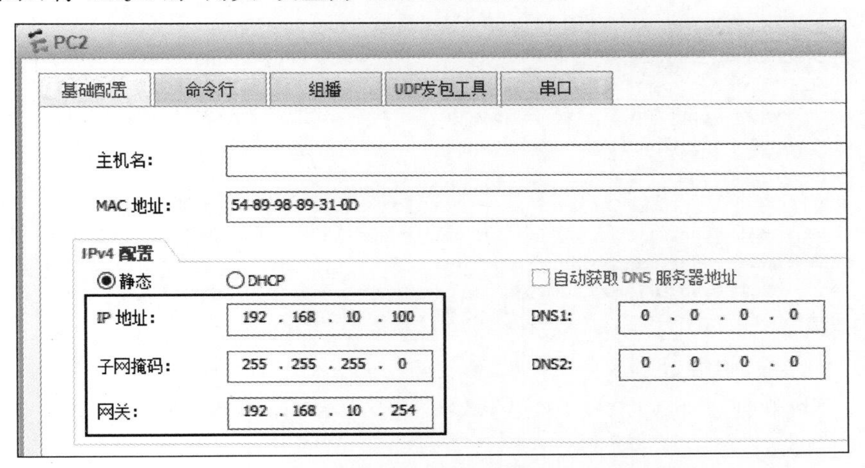

图 2-14　终端 IP 地址及网关设置

特别强调："网关"是一个网段内所有终端(即一个 VLAN 内所有终端)通往别的网段(VLAN)的统一出口,终端在跨网段访问时首先会将数据包发往"网关"(vlanif 接口地址所在设备,即 SVI 地址所在设备),然后由网关设备转发给别的网段。图 2-13 所示的拓扑中 LSW1 上配置了各 VLAN 的 SVI 地址,所以为各 VLAN 的网关设备,各 VLAN 的终端需要跨网段(即跨 VLAN)访问时,都会先将数据包发往其网关设备 LSW1,然后由网关设备 LSW1 按照路由表将数据包发往目的网段。需要注意,交换机上某个 VLAN 的 vlanif 接口

(SVI)地址必须与该VLAN内所有终端的"网关"地址保持一致。

2.2.3 配置与测试

按照图2-13所示的拓扑完成该模块中LSW1和各终端的相应配置,实现不同VLAN的用户终端均能够访问服务器Server1。需要注意,该模块中LSW1为各VLAN的网关设备,需配置各VLAN的SVI地址,并保证各VLAN终端的网关与LSW1上相应VLAN的SVI地址完全一致。

视频讲解

1. 终端配置

Server1:IP地址为172.16.100.1/24,网关为172.16.100.254。

CEO:IP地址为192.168.60.100/24,网关为192.168.60.254。

GXJL:IP地址为192.168.10.100/24,网关为192.168.10.254。

XZZG:IP地址为192.168.20.100/24,网关为192.168.20.254。

特别强调:要实现跨网段的通信,终端必须配置"网关",并使终端"网关"与网关设备上的相应VLAN的SVI地址保持一致。

2. 交换机LSW1配置

(1) 初始配置。

```
<huawei>system-view
[huawei]sysname LSW1
[LSW1]interface vlanif 1                         //进入逻辑接口 vlanif 1
[LSW1-Vlanif1]ip address 192.168.1.1 24          //给 vlanif 1 配地址,作为交换机管理地址
[LSW1-Vlanif1]quit
//Telnet 远程登录信息配置(AAA 认证方式)
[LSW1]telnet server enable                       //启用 Telnet 远程登录服务
[LSW1]user-interface vty 0 4                     //进入远程登录信息配置模式
[LSW1-ui-vty0-4]authentication-mode aaa          //设置认证模式为 AAA 认证
[LSW1-ui-vty0-4]protocol inbound telnet          //配置允许远程登录的协议
[LSW1-ui-vty0-4]quit
[LSW1]aaa                                        //开启 AAA 认证方式
[LSW1-aaa]local-user user01 password cipher huawei123   //添加用户 user01,密码为 huawei123
[LSW1-aaa]local-user user01 privilege level 3    //配置用户 user01 权限等级为 3
[LSW1-aaa]local-user user01 service-type telnet  //为用户 user01 提供 Telnet 服务类型
[LSW1-aaa]quit
```

(2) 划VLAN,归端口。

按照该模块规划添加VLAN 100、VLAN 60、VLAN 10和VLAN 20,并把相应端口划归到相应VLAN。

特别强调:每一个启用的接口都要做"归端口"的配置,通常连接终端的端口归到Access类型,连接交换机的端口归到Trunk类型(后续介绍)。

```
[LSW1]vlan batch 100 60 10 20                    //批量划分 VLAN
[LSW1]interface GigabitEthernet 0/0/3
[LSW1-GigabitEthernet0/0/3]port link-type access
[LSW1-GigabitEthernet0/0/3]port default vlan 100 //将该端口划归到 VLAN 100
[LSW1-GigabitEthernet0/0/3]quit
[LSW1]interface GigabitEthernet 0/0/4
[LSW1-GigabitEthernet0/0/4]port link-type access
[LSW1-GigabitEthernet0/0/4]port default vlan 60 //将该端口划归到 VLAN 60
```

```
[LSW1 - GigabitEthernet0/0/4]quit
[LSW1]interface GigabitEthernet 0/0/5
[LSW1 - GigabitEthernet0/0/5]port link - type access
[LSW1 - GigabitEthernet0/0/5]port default vlan 10 //将该端口划归到 VLAN 10
[LSW1 - GigabitEthernet0/0/5]quit
[LSW1]interface GigabitEthernet 0/0/6
[LSW1 - GigabitEthernet0/0/6]port link - type access
[LSW1 - GigabitEthernet0/0/6]port default vlan 20 //将该端口划归到 VLAN 20
[LSW1 - GigabitEthernet0/0/6]quit
[LSW1]display vlan
```

用 display 命令查看 VLAN 信息，结果如图 2-15 所示，端口 GE 0/0/5 属于 VLAN 10，端口 GE 0/0/6 属于 VLAN 20，端口 GE 0/0/4 属于 VLAN 60，端口 GE 0/0/3 属于 VLAN 100。

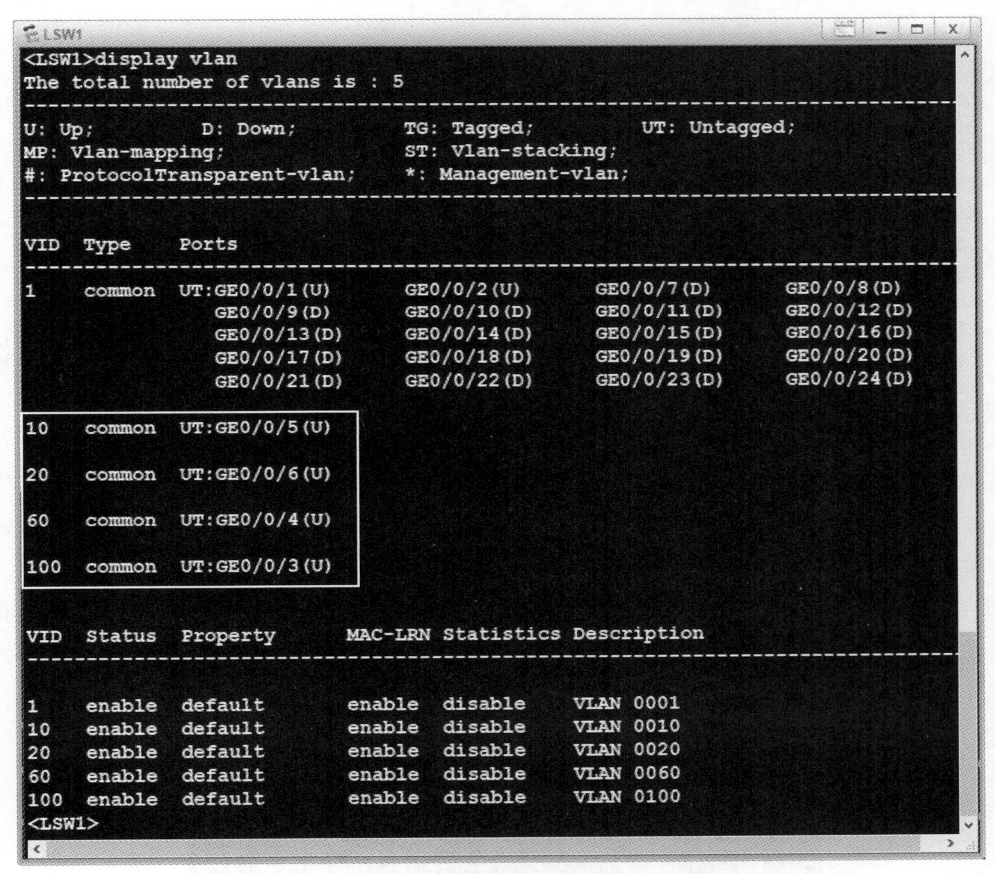

图 2-15　VLAN 与端口的映射关系

下面测试 VLAN 的二层隔离特性。

用 CEO、GXJL、XZZG 三个终端 ping 服务器 Server1，均不能 ping 通，如图 2-16 所示。这是因为三个终端与 Server1 均处于不同 VLAN，而 VLAN 具有二层隔离功能，不在同一 VLAN 是不能实现二层互通的。

(3) 启路由，配网关。

LSW1 为 S5700 交换机，默认启用了路由功能，所以“启路由”的配置可以省略。“配网关”即创建 vlanif 虚拟接口(SVI)并配置相应 IP 地址，并将该 IP 地址作为相应 VLAN 的终

```
PC>ping 172.16.100.1

Ping 172.16.100.1: 32 data bytes, Press Ctrl_C to break
From 92.168.20.100: Destination host unreachable
From 92.168.20.100: Destination host unreachable
From 92.168.20.100: Destination host unreachable
From 92.168.20.100: Destination host unreachable
From 92.168.20.100: Destination host unreachable

--- 192.168.20.254 ping statistics ---
  5 packet(s) transmitted
  0 packet(s) received
  100.00% packet loss
```

图 2-16 VLAN 的二层隔离作用

端的"网关"。

```
[LSW1]interface vlanif 10
[LSW1-Vlanif10]ip address 192.168.10.254 24      //VLAN 10 所有终端的网关
[LSW1-Vlanif10]quit
[LSW1]interface vlanif 20
[LSW1-Vlanif20]ip address 192.168.20.254 24      //VLAN 20 所有终端的网关
[LSW1-Vlanif20]quit
[LSW1]interface vlanif 60
[LSW1-Vlanif60]ip address 192.168.60.254 24      //VLAN 60 所有终端的网关
[LSW1-Vlanif60]quit
[LSW1]interface vlanif 100
[LSW1-Vlanif100]ip address 172.16.100.254 24     //VLAN 100 所有终端的网关
[LSW1-Vlanif100]quit
[LSW1]quit
<LSW1>save
```

下面测试通过逻辑接口SVI(vlanif)实现跨VLAN的三层访问。

再次用CEO、GXJL、XZZG三个终端去ping服务器Server1，发现给交换机配置各VLAN的vlanif接口IP地址后原本不能ping通Server1(见图2-16)现在却可以ping通(见图2-17)，这是因为交换机配置了各vlanif(VLAN逻辑接口SVI)地址后，交换机上自动产生了直连路由，就相当于在不能相互访问的二层网络之上架设了处于三层网络的立交桥，从而实现了三层(网络层)互访。

```
PC>ping 172.16.100.1

Ping 172.16.100.1: 32 data bytes, Press Ctrl_C to break
From 172.16.100.1: bytes=32 seq=1 ttl=254 time=15 ms
From 172.16.100.1: bytes=32 seq=2 ttl=254 time=31 ms
From 172.16.100.1: bytes=32 seq=3 ttl=254 time=47 ms
From 172.16.100.1: bytes=32 seq=4 ttl=254 time=15 ms
From 172.16.100.1: bytes=32 seq=5 ttl=254 time=16 ms

--- 172.16.100.1 ping statistics ---
  5 packet(s) transmitted
  5 packet(s) received
  0.00% packet loss
  round-trip min/avg/max = 15/24/47 ms
```

图 2-17 VLAN 的三层访问

要点提炼：在交换机LSW1只做了二层配置(划VLAN，归端口)时，VLAN之间是隔离的，不同VLAN的用户是不能相互通信的；在二层配置基础上追加了三层配置(启路由，配网关)后，不同VLAN的用户之间又可以实现相互通信了，但这时不同VLAN的用户是通过三层(网络层)通信的,二层(数据链路层)仍然处于隔离状态。

(4) 以 Telnet 方式远程登录 LSW1(AAA 认证方式)。

这里介绍交换机 AAA 认证方式的 Telnet 登录方法。

第 1 步:构建拓扑。在图 2-11 所示的拓扑中添加一台路由器,构建如图 2-18 所示的拓扑并保存。

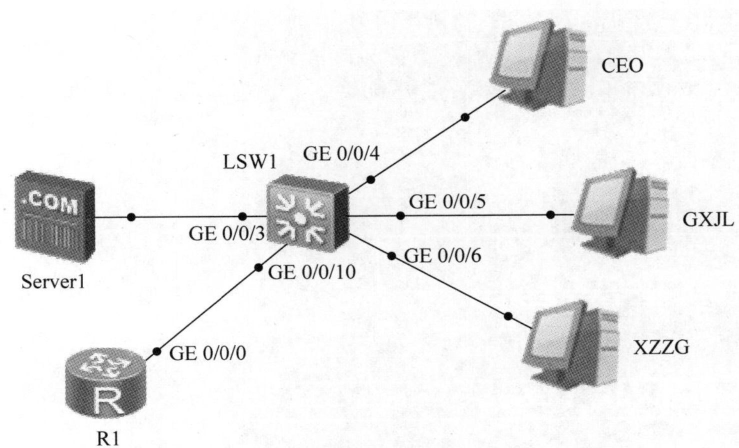

图 2-18 以 Telnet 方式远程登录 LSW1 拓扑

第 2 步:为 LSW1 做初始配置。要 Telnet 远程登录 LSW1,需为其配置 IP 地址,并启用 Telnet 服务,同时做好认证模式、账户密码等远程登录信息配置,然后就可以从终端 R1 登录交换机了。

```
[LSW1]interface vlanif 1
[LSW1 - Vlanif1]ip address 192.168.1.1 24
[LSW1 - Vlanif1]quit
//Telnet 远程登录信息配置(AAA 认证方式)
[LSW1]telnet server enable                          //启用 Telnet 远程登录服务
[LSW1]user - interface vty 0 4                      //进入远程登录信息配置模式
[LSW1 - ui - vty0 - 4]authentication - mode aaa     //设置认证模式为 AAA 认证
[LSW1 - ui - vty0 - 4]protocol inbound telnet       //配置允许远程登录的服务
[LSW1 - ui - vty0 - 4]quit
[LSW1]aaa                                           //开启 AAA 认证方式
[LSW1 - aaa]local - user user01 password cipher huawei123  //设置用户 user01 密码为 huawei123
[LSW1 - aaa]local - user user01 privilege level 15   //配置用户 user01 管理等级为 15
[LSW1 - aaa]local - user user01 service - type telnet  //为用户 user01 开启 Telnet 服务类型
[LSW1 - aaa]quit
```

第 3 步:为终端路由器 R1 做 Telnet 登录的必要配置。要通过路由器以 Telnet 方式登录交换机,必须保证路由器连接交换机的 GE 0/0/0 端口地址与交换机 LSW1 的管理 IP 地址在同一网段。故需要给路由器做如下配置:

```
[Huawei]sysname router
[router]interface GigabitEthernet 0/0/0     //进入路由器接口配置视图
[router - GigabitEthernet0/0/0]ip address 192.168.1.10 24
                                            //为该接口配置与交换机管理 IP 同网段的 IP 地址
[router]ip route - static 0.0.0.0 0.0.0.0 192.168.1.1
                                            //如果需要跨网段访问,须配置默认路由,相当于网关
```

第 4 步:以 Telnet 方式登录交换机。在路由器的 CLI 命令行窗口的用户视图下输入

telnet 192.168.1.1 命令并按 Enter 键，弹出输入密码提示信息，如图 2-19 所示，输入设置好的用户名和密码后，这时命令行的引导符由 router 变成 LSW1，说明已成功登录到了交换机 LSW1 的 CLI 命令行配置窗口，然后就可以查看或配置交换机了。完成配置后可用 quit 命令退出路由器 CLI 命令行窗口。

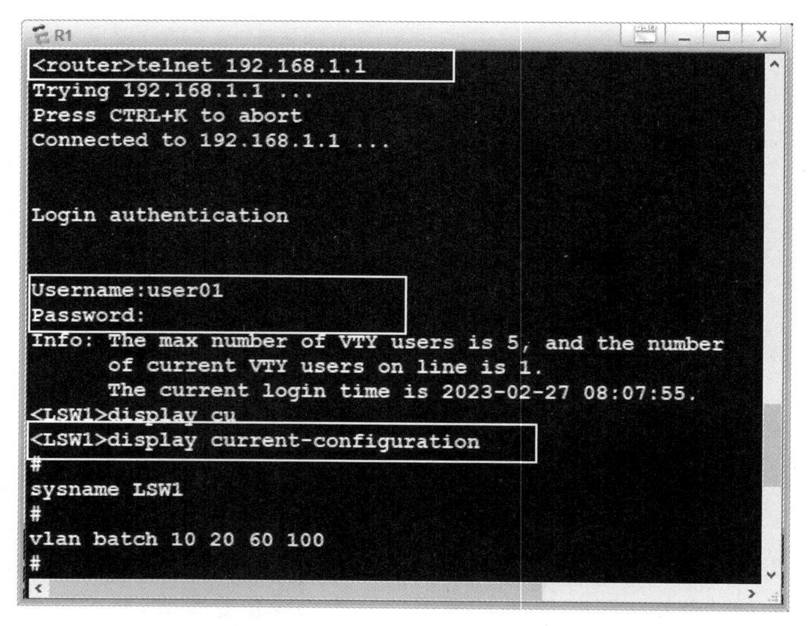

图 2-19 以 Telnet 方式登录交换机

2.2.4 能力提升——交换机工作层次辨析

1. 交换机的二层隔离作用

交换机默认工作在数据链路层（二层），默认只有一个 VLAN 1，其所有端口均默认属于 VLAN 1，所以整个 VLAN 1 为一个广播域，可以根据实际需要将相应端口重新划分至相应的 VLAN。

根据前面的学习，可以认识到同 VLAN 用户往往属于同一网段，这种同 VLAN 同网段的用户是允许通过交换机 MAC 地址表进行 MAC 寻址实现二层通信的，而不同 VLAN 的用户则不能实现二层互访。利用交换机的这个特点可以实现二层安全域（即 VLAN）的划分，减小广播域，增加数据安全性，也减少对网络资源的消耗。

为验证交换机二层隔离机制，下面对 VLAN 划分前和 VLAN 划分后的广播域进行对比分析。

构建如图 2-20 所示的拓扑（交换机保持默认状态），启用所有设备，给 PC1～PC6 配置 192.168.1.0/24 网段的不重复地址，在交换机 MAC 地址表为空的情况下（如果不为空，则可用 reboot 命令重启交换机），各端口开启 Wireshark 抓包功能，然后选择任何两台 PC 进行 ping 测试，可以看到交换机除接收端口之外的各端口都收到了广播帧，说明交换机在默认状态下所有端口在同一个广播域。

对图 2-20 所示拓扑中的交换机 LSW1 在用户模式下用 reboot 命令重启交换机，使交换机 MAC 地址表清空，然后给交换机添加 VLAN 10、VLAN 20 和 VLAN 100，并把端口 GE 0/0/1～

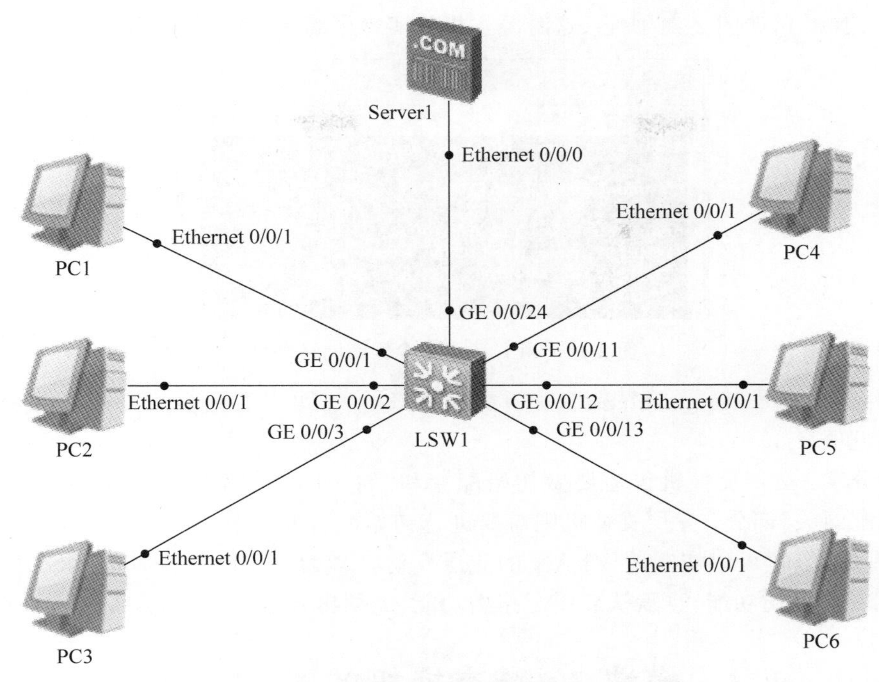

图 2-20　VLAN 对广播域的划分

GE 0/0/10 归属到 VLAN 10(192.168.10.0/24 网段),把端口 GE 0/0/11～GE 0/0/20 归属到 VLAN 20(192.168.20.0/24 网段),把端口 GE 0/0/24 归属到 VLAN 100(192.168.100.0/24 网段),注意此时不要配置 vlanif 的 IP 地址(三层配置),只做以上二层配置(划 VLAN,归端口)即可。给 PC1～PC3 配置 192.168.10.0/24 网段地址,给 PC4～PC6 配置 192.168.20.0/24 网段地址,给 Server1 配置 192.168.100.1/24,在交换机各端口开启 Wireshark 抓包功能,然后用其中一台 PC 去 ping 别的 PC,发现与该 PC 在同一 VLAN 的端口抓到了该 PC 发送的 ARP 广播报文,而与该 PC 在不同 VLAN 的端口则没有抓取到 ARP 广播报文,说明 ARP 广播范围仅限于同 VLAN 内部,验证了 VLAN 具有隔离广播域的作用。

2. 交换机的三层路由作用

有些交换机相当于二层交换机和路由器的组合,不仅具有二层数据帧的转发及二层 VLAN 的隔离作用,还能够利用路由模块实现 VLAN 间的访问,这类带有路由功能的交换机称为三层交换机。

三层交换机内部既有 MAC 地址表也有路由表,MAC 地址表负责同 VLAN(同网段)的二层转发,路由表则负责不同 VLAN(不同网段)的三层转发。被二层隔离的数据报文如果三层路由互通,是可以通过三层转发的。

如图 2-20 所示的拓扑结构中,交换机 LSW1(S5700)为三层交换机,只要在二层配置(划 VLAN,归端口)基础上,再加上三层配置(启路由,配网关),即给各 vlanif 接口(SVI)配置 IP 地址,就可以实现跨 VLAN(即跨网段)访问了。可以用 VLAN 10 的终端 ping VLAN 20 和 VLAN 100 的终端(即跨网段访问),发现可以通信。再在不同 PC 的"命令行"选项卡用 tracert 172.16.100.1 命令跟踪到达目的 IP 地址(服务器)所经过的每一跳,会发现源主机首先会将数据包发给其网关,然后交换机通过其路由功能将数据包转发给目的地

址 172.16.100.1，如图 2-21 所示，这时源主机就实现了跨 VLAN 访问服务器。

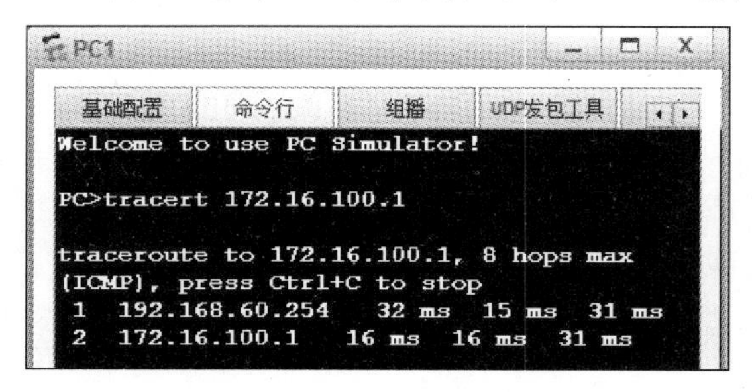

图 2-21　用 tracert 命令跟踪网络路径

用 display ip routing-table 命令查看交换机路由表，可以看到多条直连路由表项（路由详细介绍见项目 4）。

经验分享：二层交换机仅需要做初始配置和"划 VLAN，归端口"配置即可，无须配置"启路由，配网关"部分；三层交换机则需要进行初始配置和"划 VLAN，归端口，启路由，配网关"所有配置，才可以实现跨 VLAN 的三层互访。华为 eNSP 中 S3700 和 S5700 都具备 VLAN 间三层互访功能，且默认启用了路由功能，无须再开启。

2.3　模块 3：跨交换机的 VLAN 隔离

【教学目标】

知识目标：

➢ 理解 Trunk 类型端口的应用场景及工作机制。

➢ 掌握 Trunk 端口的配置方法。

技能目标：能根据实际场景正确配置 Trunk 端口。

思政目标：

➢ 明确 Trunk 端口尤其是 PVID 面临的风险及应对措施，树立维护网络安全的责任意识，保障企事业单位利益不受损失。

➢ 培养学生的探究精神及一丝不苟的工匠精神。

2.3.1　模块拓扑

按照如图 2-1 所示的项目整体规划，LSW2 向上连接了 LSW1，同时直连了行政部终端 XZ1 和 XZ2，LSW1 直连了 Server1、CEO、GXJL 和 XZZG。行政部用户 XZ1 和 XZ2 需要跨交换机实现与行政主管 XZZG 的二层通信，而与其他 VLAN 用户则应进行二层隔离，但又需要实现对服务器的三层通信。这里姑且将 LSW1 和 LSW2 及其连接的终端组成的模块独立出来单独配置与测试，以便于研究 VLAN 跨交换机的通信机制。用华为 eNSP 模拟器搭建如图 2-22 所示的拓扑并保存。

2.3.2　知识准备

1. IEEE 802.1Q 标准

IEEE 802.1Q 标准是 IEEE 关于虚拟局域网定义的标准。IEEE 802.1Q 帧格式是在

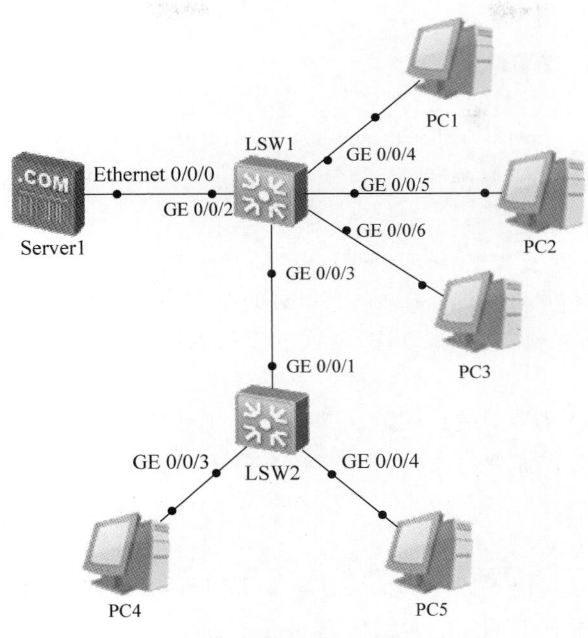

图 2-22　跨交换机的 VLAN 隔离

以太网帧格式中源地址和长度字段间插入 4 字节，如图 2-23 所示。其中，前 2 字节为 IEEE 802.1Q 标识，值总是设置为 0X8100，后 2 字节中前 3 位为优先级，接着是 1 位标记位，值为 1，最后 12 位是 VID，标识该数据帧属于哪个 VLAN。当交换机检测到 MAC 帧的源地址后面 2 字节的值是 0X8100 时，就知道这个帧是带有 VLAN 标记的数据帧，就会检查后 2 字节，从而判断该数据帧所属 VLAN。

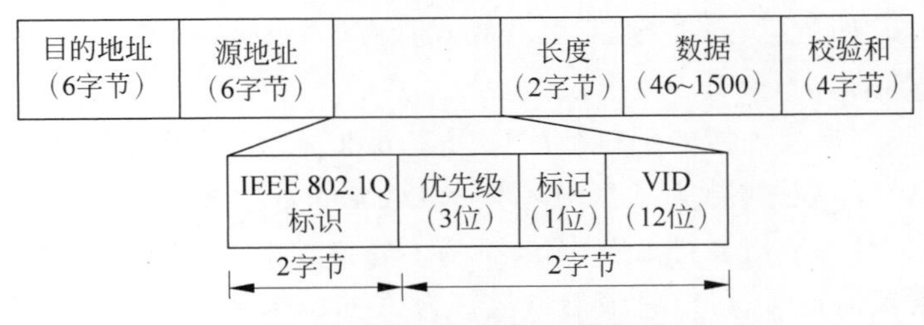

图 2-23　IEEE 802.1Q 帧格式

2. Tag VLAN

在网络工程中，常常需要划分多个 VLAN，为了能够使数据帧在传输过程中能被交换机正确识别其所属 VLAN，在交换机端口收到数据帧时，就需要给数据帧打上标记，即在以太网数据帧中插入 Tag(标签)，形成 IEEE 802.1Q 数据帧，这就是 Tag VLAN。如果多个 VLAN 的数据帧需要跨交换机传输，则需要在交换机之间建立 Trunk(干道)链路，即把交换机之间用于传输多 VLAN 数据帧的链路两端的端口设置为 Trunk 模式。这样，发送交换机从 Trunk 端口转发数据帧时就会将数据帧打上标签然后再发往接收方，接收交换机收到数据帧就会判断该数据帧属于哪个 VLAN，然后查找其 MAC 地址表进行数据转发，由于主机不具有识别标签的功能，因此交换机从发送端口将数据帧发往主机时会剥去数据帧中的标签，将其转换为以太网数据帧。将交换机之间的 Trunk 干道两边的端口设置为 Trunk

的命令如下。

(1) 进入相应端口或端口组。

```
[huawei]interface Ethernet/GigabitEthernet if - id   //进入单个端口
[huawei]port - group group - member Ethernet/GigabitEthernet if - id1 to if - id2   //进入端口组
```

(2) 将端口设置为Trunk模式。

```
[huawei - GigabitEthernet0/0/1]port link - type trunk
[huawei - GigabitEthernet0/0/1]port trunk allow - pass vlan all
```

其中,port trunk allow-pass vlan后面可以为all,表示所有VLAN都可以通过,也可以给定允许通过的VLAN列表。端口组的设置可参照该实例。

3. PVID

PVID(Port VLAN ID)即端口的默认VLAN。通过以上学习,可以知道在Trunk干道链路中传输数据帧的时候需要打上标签,以区分各VLAN的数据帧,但是为了提高传输效率,允许一个VLAN不打标签,这个不打标签的VLAN就称为默认VLAN,即PVID。默认情况下,PVID为VLAN 1。

可以根据需要设置其他VLAN为PVID。但是Trunk链路两端的PVID必须相同,否则会发生传递错误。配置PVID的实例代码如下:

```
[huawei]interface GigabitEthernet 0/0/24
[huawei - GigabitEthernet0/0/24]port trunk pvid vlan 10
```

如果要把Trunk端口的PVID改回默认的VLAN 1,使用undo port trunk pvid vlan命令即可。

4. 交换机的端口类型

交换机端口分为3种类型:Access类型、Trunk类型和Hybrid类型。

通常连接终端(如主机、服务器、路由器等)的端口为Access类型,这种类型端口收发数据帧时是不打标签的。

通常交换机与交换机连接的端口被配置为Trunk类型,由于这种类型的端口往往会同时收发多个VLAN的数据帧,为了区分不同VLAN的数据帧,除了属于PVID的VLAN不打标签外,其余VLAN均会打上VLAN标签。特殊情况下,与交换机相连的端口仅有一个VLAN的数据帧通过时,可以将该端口设置为Access类型。

Hybrid类型是华为交换机默认的端口类型,该类型端口允许多个Tag VLAN的数据帧通过,同时也允许多个Untag VLAN数据帧通过。利用Hybrid端口的这个特性可以不使用三层交换机就能实现跨VLAN的访问。

视频讲解

2.3.3 配置与测试

为方便配置,按照如图2-22所示的模块拓扑的规划,对各设备IP进行标示,如图2-24所示。

目标:行政部用户XZ1和XZ2需要跨交换机实现与行政主管XZZG的二层通信,而与其他VLAN用户则应进行二层隔离。

分析:由于LSW1为核心交换机,LSW2为汇聚/接入层交换机,两台交换机之间的链路除传输行政部用户跨交换机通信的数据帧外,还可能有其他VLAN的数据通过,因此,将

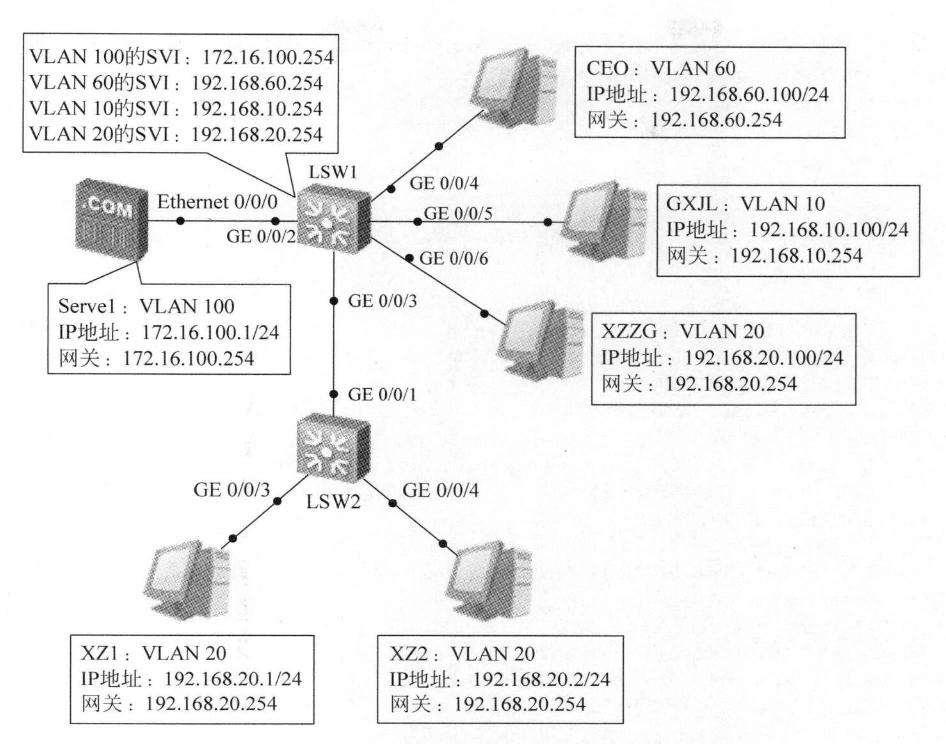

图 2-24　模块拓扑各设备 IP 信息

LSW1 和 LSW2 互联的两个端口均设置为 Trunk，而将连接终端的所有交换机端口设置为 Access。

1. 终端配置（只实现二层访问，可以不配网关）

Server1：IP 地址为 172.16.100.1/24，网关为 172.16.100.254。

PC1(CEO)：IP 地址为 192.168.60.100/24，网关为 192.168.60.254。

PC2(GXJL)：IP 地址为 192.168.10.100/24，网关为 192.168.10.254。

PC3(XZZG)：IP 地址为 192.168.20.100/24，网关为 192.168.20.254。

PC4(XZ1)：IP 地址为 192.168.20.1/24，网关为 192.168.20.254。

PC5(XZ2)：IP 地址为 192.168.20.2/24，网关为 192.168.20.254。

2. LSW1 交换机配置

(1) 初始配置。

```
<huawei>system-view
[huawei]sysname LSW1
[LSW1]interface vlanif 1                          //进入管理接口 vlanif 1
[LSW1-Vlanif1]ip address 192.168.1.1 24           //配置管理 IP
[LSW1-Vlanif1]quit
//Telnet 远程登录信息配置(AAA 认证方式)
[LSW1]telnet server enable                        //启用 Telnet 远程登录服务
[LSW1]user-interface vty 0 4                      //进入远程登录信息配置模式
[LSW1-ui-vty0-4]authentication-mode aaa           //设置认证模式为 AAA 认证
[LSW1-ui-vty0-4]protocol inbound telnet           //配置允许远程登录的协议
[LSW1-ui-vty0-4]quit
[LSW1]aaa                                         //开启 AAA 认证方式
```

```
[LSW1 - aaa]local - user user01 password cipher huawei123 //设置用户 user01 密码为 huawei123
[LSW1 - aaa]local - user user01 privilege level 15        //配置用户 user01 管理等级为 15
[LSW1 - aaa]local - user user01 service - type telnet     //为用户 user01 开启 Telnet 服务类型
[LSW1 - aaa]quit
```


(2) 划 VLAN,归端口。

```
//划 VLAN
[LSW1]vlan batch 10 20 60 100
//归端口
[LSW1]interface GigabitEthernet 0/0/2
[LSW1 - GigabitEthernet0/0/2]port link - type access              //设置该端口类型为 Access
[LSW1 - GigabitEthernet0/0/2]port default vlan 100                //将该端口划归到 VLAN 100
[LSW1 - GigabitEthernet0/0/2]quit
[LSW1]interface GigabitEthernet 0/0/3
[LSW1 - GigabitEthernet0/0/3]port link - type trunk               //设置该端口类型为 Trunk
[LSW1 - GigabitEthernet0/0/3]port trunk allow - pass vlan 10 20   //将该端口划归到 Trunk
[LSW1 - GigabitEthernet0/0/3]quit
[LSW1]interface GigabitEthernet 0/0/4
[LSW1 - GigabitEthernet0/0/4]port link - type access              //设置该端口类型为 Access
[LSW1 - GigabitEthernet0/0/4]port default vlan 60                 //将该端口划归到 VLAN 60
[LSW1 - GigabitEthernet0/0/4]quit
[LSW1]interface GigabitEthernet 0/0/5
[LSW1 - GigabitEthernet0/0/5]port link - type access              //设置该端口类型为 Access
[LSW1 - GigabitEthernet0/0/5]port default vlan 10                 //将该端口划归到 VLAN 10
[LSW1 - GigabitEthernet0/0/5]quit
[LSW1]interface GigabitEthernet 0/0/6
[LSW1 - GigabitEthernet0/0/6]port link - type access              //设置该端口类型为 Access
[LSW1 - GigabitEthernet0/0/6]port default vlan 20                 //将该端口划归到 VLAN 20
[LSW1 - GigabitEthernet0/0/6]quit
[LSW1]display vlan
```

从 display vlan 命令查询的结果可以看出 VLAN 与端口的映射关系。

3. LSW2 交换机配置

(1) 初始配置。

```
<huawei>system - view
[huawei]hostname LSW2
[LSW2]interface vlanif 1                                  //进入管理接口 vlanif 1
[LSW2 - Vlanif1]ip address 192.168.1.2 255.255.255.0      //配置管理 IP 地址
[LSW2 - Vlanif1]quit
//配置远程管理信息(密码认证方式)
[LSW2]telnet server enable
[LSW2]user - interface vty 0 4
[LSW2 - ui - vty0 - 4]set authentication password cipher huawei123
[LSW2 - ui - vty0 - 4]user privilege level 15
[LSW2 - ui - vty0 - 4]protocol inbound telnet
```

(2) 划 VLAN,归端口。

```
//划 VLAN
[LSW2]vlan 20                                             //添加购销部对应 VLAN 20
[LSW2 - vlan20]quit
//归端口
[LSW2]interface GigabitEthernet 0/0/1
[LSW2 - GigabitEthernet0/0/1]port link - type trunk   //将该端口划归到 Trunk
[LSW2 - GigabitEthernet0/0/1]port trunk allow - pass vlan 10 20
[LSW2 - GigabitEthernet0/0/1]quit
```

```
[LSW2]interface GigabitEthernet 0/0/3
[LSW2-GigabitEthernet0/0/3]port link-type access
[LSW2-GigabitEthernet0/0/3]port default vlan 20        //将该端口划归到 VLAN 20
[LSW2-GigabitEthernet0/0/3]quit
[LSW2]interface GigabitEthernet 0/0/4
[LSW2-GigabitEthernet0/0/4]port link-type access
[LSW2-GigabitEthernet0/0/4]port default vlan 20        //将该端口划归到 VLAN 20
[LSW2-GigabitEthernet0/0/4]quit
[LSW2]display vlan
```

4. 二层访问测试

在仅做以上二层配置的情况下，测试 VLAN 跨交换机的通信情况。用 XZ1 或 XZ2 去 ping XZZG(192.168.20.100)，目标主机返回应答，如图 2-25 所示，说明允许同 VLAN 主机跨交换机二层访问。

```
PC5
基础配置 命令行 组播 UDP发包工具 串口

PC>ping 192.168.20.100

Ping 192.168.20.100: 32 data bytes, Press Ctrl_C to break
From 192.168.20.100: bytes=32 seq=1 ttl=128 time=63 ms
From 192.168.20.100: bytes=32 seq=2 ttl=128 time=62 ms
From 192.168.20.100: bytes=32 seq=3 ttl=128 time=63 ms
From 192.168.20.100: bytes=32 seq=4 ttl=128 time=62 ms
From 192.168.20.100: bytes=32 seq=5 ttl=128 time=63 ms

--- 192.168.20.100 ping statistics ---
  5 packet(s) transmitted
  5 packet(s) received
  0.00% packet loss
  round-trip min/avg/max = 62/62/63 ms
```

图 2-25　跨交换机同 VLAN 主机通信

继续用 XZ1 或 XZ2 去 ping Server1(172.16.100.1)，返回目标主机不可达(Destination host unreachable)，如图 2-26 所示，说明不同 VLAN 的终端跨交换机仍然不能进行二层通信(即二层隔离)。

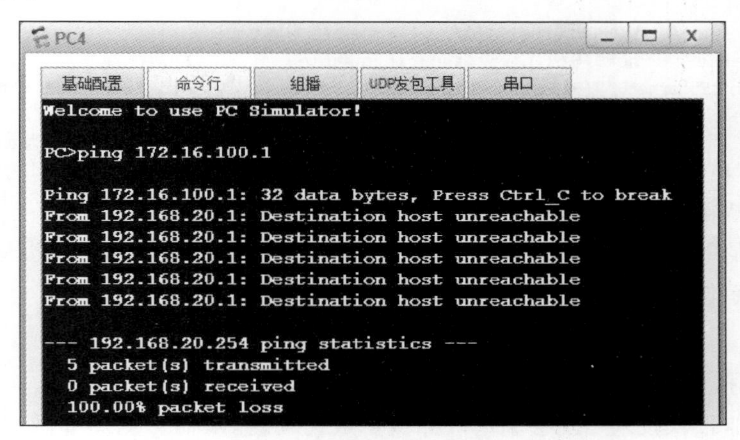

图 2-26　跨交换机的 VLAN 隔离

特别强调：如果需要实现跨交换机跨 VLAN 访问，则两台交换机中必须有一台三层交换机承担路由任务。这时就需要在三层交换机启用路由功能的情况下，进行相应 vlanif

(SVI)的IP地址配置，并将相应VLAN内主机的“网关”配置为交换机相应vlanif接口地址。

2.3.4 安全防御——接入控制

交换机MAC地址表的自动学习功能存在被非授权接入者利用而进行MAC地址泛洪攻击的可能，PVID(默认为VLAN 1)也存在被非授权接入者利用而窃取信息或实施网络攻击的可能，诸如此类非授权接入导致的安全隐患甚多。所以，应严格对交换机接入端进行控制，谨防非授权接入。首先应该关闭不常用的存在非授权接入可能的端口，此外，以下也是常用的接入控制方法。

1. 终端接入安全——安全端口

设置安全端口可以通过MAC地址与端口绑定或设置接入端黑白名单、接入数量等方法予以控制。

(1) 绑定交换机安全端口与终端MAC地址。

交换机的MAC地址表具有动态学习功能，但交换机在学习MAC地址时由于不能提供认证而使非授权用户也可以接入交换机并被交换机学习到其MAC地址，这样就存在安全隐患。

非授权用户可以冒充网关来窃取网络中的信息，实施中间人攻击，也可以伪造大量不同MAC地址发起MAC泛洪攻击等，这些威胁都是利用了交换机的动态学习机制。所以，将交换机端口号与授权用户的MAC地址绑定可以有效预防这些攻击。命令示例如下：

```
[SW1]mac - address static 54FD - 5654 - GH69 GigabitEthernet0/0/1 vlan 1
```

(2) 设置安全端口最大连接数。

MAC地址泛洪攻击往往是在交换机同一个端口上发送大量不同MAC地址，每个MAC地址经交换机学习后都会产生一条MAC地址表项，可以短时间填满MAC地址表，使其不能再学习，严重影响交换机的正常工作。设置安全端口的最大连接数(例如某端口只允许连接一个可信终端)可以使这种攻击方式无用武之地。配置命令示例如下：

```
[LSW2]interface GigabitEthernet 0/0/3
[LSW2 - GigabitEthernet0/0/3]port - security enable            //使能端口安全功能
[LSW2 - GigabitEthernet0/0/3]port - security max - mac - num 1 //限制端口安全 MAC 地址最大数量为 1
[LSW2 - GigabitEthernet0/0/3]port - security protect - action shutdown
                                  //设置超过 MAC 地址最大数量执行的惩罚动作为关闭该端口
[LSW2 - GigabitEthernet0/0/3]port - security aging - time 300//设置安全端口老化时间
```

(3) 设置黑洞MAC地址。

对不信任的MAC地址可以配置为黑洞MAC地址，从而拒绝接收来自该MAC地址的数据帧。命令示例如下：

```
[SW1]mac - address blackhole 54FD - 5654 - GH69 vlan 1
```

2. 交换机接入安全

交换机的非授权接入可能会引起环路或生成树动荡，从而影响局部网络的稳定性和通畅性。所以，应采取根保护等措施维护交换网络的稳定(可参阅项目3)。

3. 网关服务接入安全

每个VLAN内的主机在跨网段访问时，都会将数据帧发往统一的网关地址。如果有黑客仿冒某个 VLAN 的网关，就可以使该 VLAN 的所有终端将数据发给自己从而窃取该 VLAN 内所有用户发送的数据。

DHCP 服务器的非授权接入也可能导致终端获取错误的 IP 地址和网关，导致数据被窃取或网络故障。

为避免因仿冒网关导致的信息泄露等问题，可以用上文所讲的将网关的 MAC 地址和其 IP 地址静态绑定的方法，对 DHCP 非授权接入导致网关等参数错误还可以用 DHCP snooping 功能进行防御(参见 3.4.4 节)。

2.4 模块整合与项目整体部署

【教学目标】

知识目标：

- 掌握交换网络的典型架构。
- 掌握交换机的基本配置与调试方法。

技能目标：能根据实际需求设计部署简单的交换网络。

思政目标：

- 树立维护网络安全的责任意识，采取必要措施加强企事业单位网络安全。
- 培养学生的探究精神及一丝不苟的工匠精神。

2.4.1 模块拓扑

由于前文通过几个由小到大的模块基本上已逐步完成了各交换机的配置，该模块将整合前面各模块的功能和配置，对项目 2 的整体配置思路进行梳理，并完成项目 2 的整体配置，故该模块采用项目 2 的完整拓扑，如图 2-1 所示。

2.4.2 知识准备

该模块所用知识在前 3 个模块中均已介绍，可以总结为以下几点。

(1) 通常一个 VLAN 对应一个网段，同 VLAN(同网段)的终端可以相互通信，不同 VLAN(通常网段不同)的终端之间不能通信(即二层隔离)。

(2) 在二层隔离的基础上，如果交换机(三层)启用了路由功能，并做了“网关”(SVI 接口 IP)相应配置，可以实现 VLAN 之间的三层通信。

(3) 在交换网络中，二层交换机往往作为接入设备，不启用三层路由功能或没有路由功能，只需要做初始配置+“划 VLAN，归端口”的基础配置(如果参与生成树计算还需配置生成树，关于生成树可参阅项目 3)；而三层交换机如果做网关，则需要在初始配置+“划 VLAN，归端口”基础上，加上“启路由，配网关”的相应配置(如果参与生成树计算也需配置生成树)。如果三层交换机不进行三层转发，则可当作二层交换机。

视频讲解

2.4.3 配置与测试

1. 终端配置

Server1：IP 地址为 172.16.100.1/24，网关为 172.16.100.254。

PC1(CEO)：IP 地址为 192.168.60.100/24，网关为 192.168.60.254。

PC2(GXJL)：IP 地址为 192.168.10.100/24，网关为 192.168.10.254。

PC3(XZZG)：IP 地址为 192.168.20.100/24，网关为 192.168.20.254。

PC4(XZ1)：IP 地址为 192.168.20.1/24，网关为 192.168.20.254。

PC5(XZ2)：IP 地址为 192.168.20.2/24，网关为 192.168.20.254。

PC6(GX1)：IP 地址为 192.168.10.1/24，网关为 192.168.10.254。

PC7(GX2)：IP 地址为 192.168.10.2/24，网关为 192.168.10.254。

2. 交换机配置

(1) 初始配置。

LSW1 的初始配置。

```
<huawei>system-view
[huawei]sysname LSW1
[LSW1]undo info-center enable                //关闭信息中心
[LSW1]interface vlanif 1                     //进入逻辑接口 vlanif 1
[LSW1-Vlanif1]ip address 192.168.1.1 24      //给 vlanif 1 配地址,作为交换机管理地址
[LSW1-Vlanif1]quit
//Telnet 远程登录信息配置(AAA 认证方式)
[LSW1]telnet server enable                   //启用 Telnet 远程登录服务
[LSW1]user-interface vty 0 4                 //进入远程登录信息配置模式
[LSW1-ui-vty0-4]authentication-mode aaa      //设置认证模式为 AAA 认证
[LSW1-ui-vty0-4]protocol inbound telnet      //配置允许远程登录的协议
[LSW1-ui-vty0-4]quit
[LSW1]aaa                                    //开启 AAA 认证方式
[LSW1-aaa]local-user user01 password cipher huawei123 //设置用户 user01 密码为 huawei123
[LSW1-aaa]local-user user01 privilege level 15   //配置用户 user01 管理等级为 15
[LSW1-aaa]local-user user01 service-type telnet //为用户 user01 开启 Telnet 服务类型
[LSW1-aaa]quit
```

LSW2 和 LSW3 的初始配置参照 LSW1 的初始配置，应注意修改相应设备名称和管理 IP(LSW2 为 192.168.1.2，LSW3 为 192.168.1.3)。

(2) 划 VLAN，归端口。

① LSW1 配置。

```
[LSW1]vlan batch 10 20 60 100                        //批量划分 VLAN
[LSW1]interface GigabitEthernet 0/0/3
[LSW1-GigabitEthernet0/0/3]port link-type access
[LSW1-GigabitEthernet0/0/3]port default vlan 100 //将该端口划归到 VLAN 100
[LSW1-GigabitEthernet0/0/3]quit
[LSW1]interface GigabitEthernet 0/0/2
[LSW1-GigabitEthernet0/0/2]port link-type trunk //将该端口划归到 Trunk
[LSW1-GigabitEthernet0/0/2]port trunk allow-pass vlan 10 20   //配置允许 VLAN 10 和 VLAN 20
//通过 Trunk 链路
[LSW1-GigabitEthernet0/0/2]quit
[LSW1]interface GigabitEthernet 0/0/4
[LSW1-GigabitEthernet0/0/4]port link-type access
[LSW1-GigabitEthernet0/0/4]port default vlan 60 //将该端口划归到 VLAN 60
[LSW1-GigabitEthernet0/0/4]quit
[LSW1]interface GigabitEthernet 0/0/5
[LSW1-GigabitEthernet0/0/5]port link-type access
[LSW1-GigabitEthernet0/0/5]port default vlan 10 //将该端口划归到 VLAN 10
[LSW1-GigabitEthernet0/0/5]quit
```

```
[LSW1]interface GigabitEthernet 0/0/6
[LSW1 - GigabitEthernet0/0/6]port link - type access
[LSW1 - GigabitEthernet0/0/6]port default vlan 20 //将该端口划归到 VLAN 20
[LSW1 - GigabitEthernet0/0/6]quit
[LSW1]display vlan
```

用 display vlan 命令查询的结果如图 2-27 所示,可以看出 VLAN 与端口的映射关系、端口状态及 VLAN 是否打标签等信息。

② LSW2 配置。

```
[LSW2]vlan batch 10 20    //批量划分 VLAN
[LSW2]interface GigabitEthernet 0/0/1
[LSW2 - GigabitEthernet0/0/1]port link - type trunk //将该端口划归到 Trunk
[LSW2 - GigabitEthernet0/0/1]port trunk allow - pass vlan 10 20 //配置允许 VLAN 10 和 VLAN 20 通
//过 Trunk 链路
[LSW2 - GigabitEthernet0/0/1]quit
[LSW2]interface GigabitEthernet 0/0/2
[LSW2 - GigabitEthernet0/0/2]port link - type trunk //将该端口划归到 Trunk
[LSW2 - GigabitEthernet0/0/2]port trunk allow - pass vlan 10 //配置允许 VLAN 10 通过 Trunk 链路
```

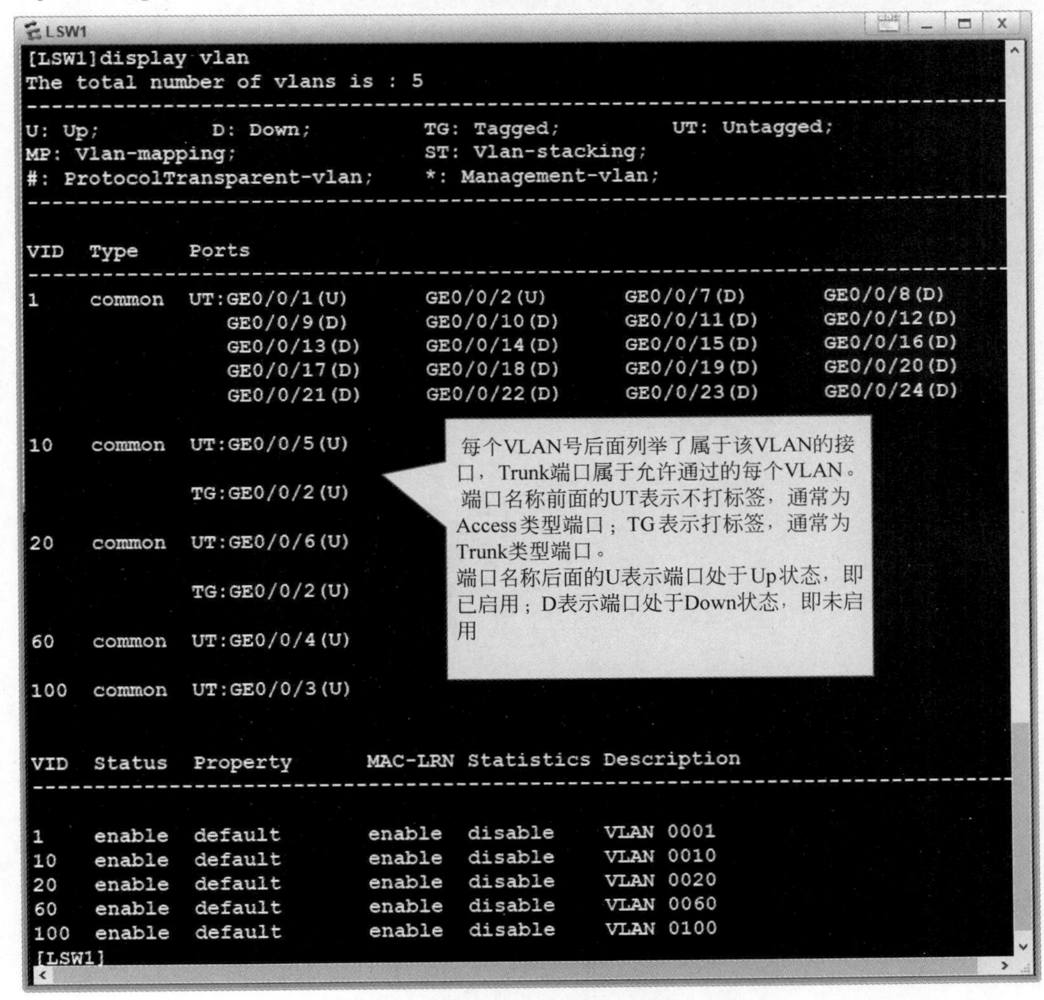

图 2-27　LSW1 的 VLAN 信息

```
[LSW2 - GigabitEthernet0/0/2]quit
[LSW2]interface GigabitEthernet 0/0/3
[LSW2 - GigabitEthernet0/0/3]port link - type access
[LSW2 - GigabitEthernet0/0/3]port default vlan 20 //将该端口划归到 VLAN 20
[LSW2 - GigabitEthernet0/0/3]quit
[LSW2]interface GigabitEthernet 0/0/4
[LSW2 - GigabitEthernet0/0/4]port link - type access
[LSW2 - GigabitEthernet0/0/4]port default vlan 20 //将该端口划归到 VLAN 20
[LSW2 - GigabitEthernet0/0/4]quit
[LSW2]display vlan
```

用 display vlan 命令查询的结果如图 2-28 所示，可以看出 VLAN 与端口的映射关系、端口状态及 VLAN 是否打标签等信息。

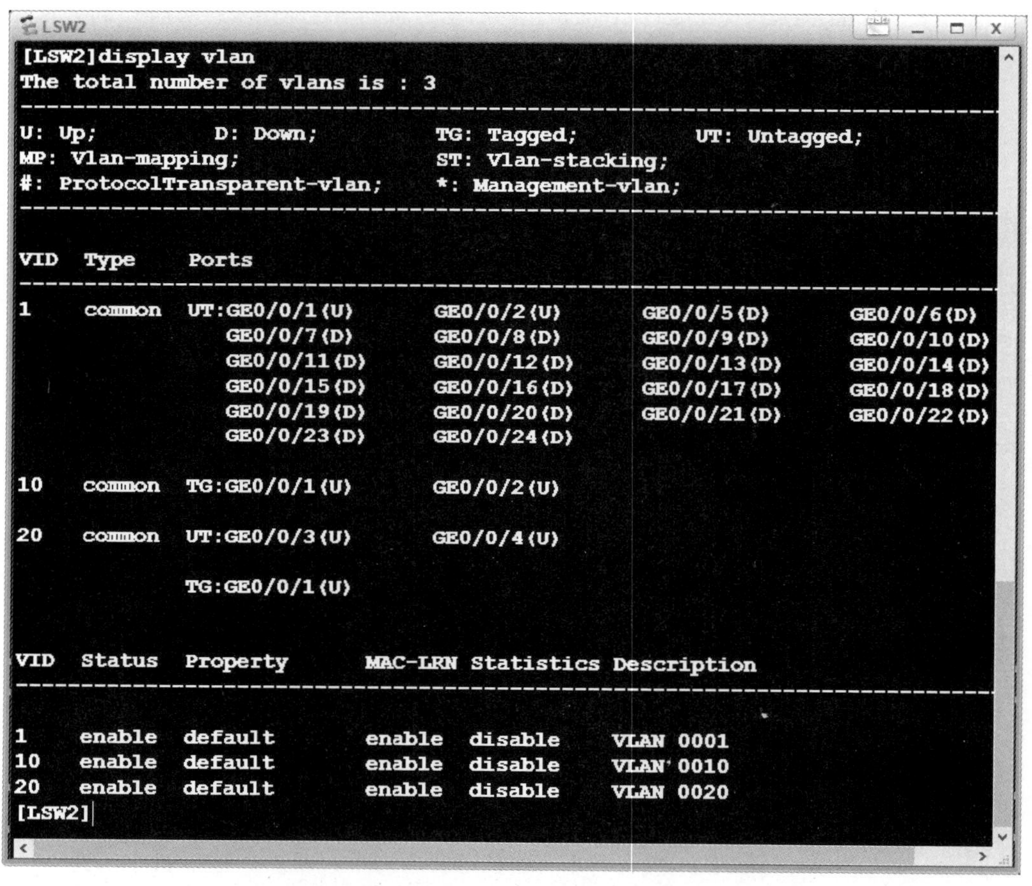

图 2-28　LSW2 的 VLAN 信息

③ LSW3 配置。

```
//划 VLAN
[LSW3]vlan 10 //划分 VLAN,该交换机只需划分 VLAN 10
[LSW3 - vlan10]quit
//归端口
[LSW3]port - group group - member Ethernet 0/0/1 to Ethernet 0/0/20 //定义接口组
[LSW3 - port - group]port link - type access        //将端口组中所有接口设为 Access 类型
[LSW3 - port - group]port default vlan 10           //将端口组中所有接口归属到 VLAN 10
[LSW3 - port - group]quit
```

```
[LSW3]interface GigabitEthernet 0/0/2
[LSW3 - GigabitEthernet0/0/2]port link - type trunk          //将该接口划归到 Trunk
[LSW3 - GigabitEthernet0/0/2]port trunk allow - pass vlan 10 //配置允许 VLAN 10 通过 Trunk 链路
[LSW3 - GigabitEthernet0/0/2]quit
[LSW3]quit
```

这时用相同 VLAN 的终端进行 ping 测试，能够 ping 通；用不同 VLAN 的终端进行 ping 测试，发现不能 ping 通(二层隔离)，可见在当前仅有二层配置的情况下 VLAN 间是不能访问的。

(3) 启路由，配网关。

该项目中 LSW1(型号为 S5700)是核心交换机，具有路由功能，所以可以利用该交换机的路由功能实现跨 VLAN 的访问。与 LSW2 和 LSW3 连接的终端均需要跨交换机对 Server1 进行跨 VLAN(跨网段)的访问。在这样的网络中，应该选择直连服务器的 LSW1 作为各终端的网关设备，配置 SVI 地址，实现跨 VLAN 访问，故该部分只需对 LSW1 追加如下配置：

```
[LSW1]interface vlanif 10
[LSW1 - Vlanif10]ip address 192.168.10.254 24
[LSW1 - Vlanif10]quit
[LSW1]interface vlanif 20
[LSW1 - Vlanif20]ip address 192.168.20.254 24
[LSW1 - Vlanif20]quit
[LSW1]interface vlanif 60
[LSW1 - Vlanif60]ip address 192.168.60.254 24
[LSW1 - Vlanif60]quit
[LSW1]interface vlanif 100
[LSW1 - Vlanif100]ip address 172.16.100.254 24
[LSW1 - Vlanif100]quit
[LSW1]display ip interface brief    //查看接口概要信息
```

查看结果如图 2-29 所示，各 vlanif 接口均有了 IP 地址并已经启用(Up)。

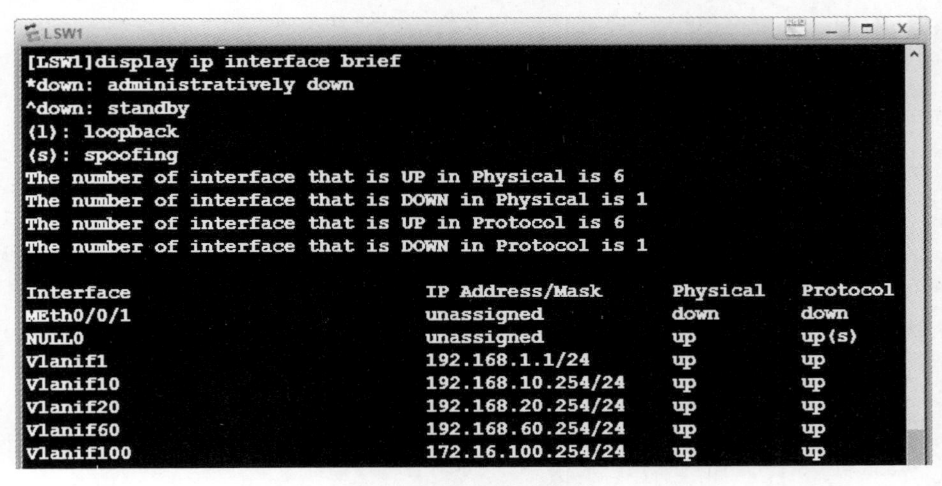

图 2-29 查看接口信息

LSW1 配置完成后可以通过命令 display current-configuration 查看其当前所有配置。

```
<LSW1>display current - configuration    //查看当前配置文件
```

显示结果如下(主要截取配置变更部分)：

```
#
sysname LSW1                      //修改设备名称
#
undo info-center enable .     //关闭信息中心
#
vlan batch 10 20 60 100          //批量划分 VLAN
#
//配置 AAA 认证信息
aaa
authentication-scheme default
authorization-scheme default
accounting-scheme default
domain default
domain default_admin
local-user admin password simple admin
local-user admin service-type http
local-user user01 password cipher -J&7(SW'E2AI>,Z,88J\:Q!!
local-user user01 privilege level 15
local-user user01 service-type telnet
#
//配置 SVI 接口地址,作为相应 VLAN 的网关
interface Vlanif1
 ip address 192.168.1.1 255.255.255.0
#
interface Vlanif10
 ip address 192.168.10.254 255.255.255.0
#
interface Vlanif20
 ip address 192.168.20.254 255.255.255.0
#
interface Vlanif60
 ip address 192.168.60.254 255.255.255.0
#
interface Vlanif100
 ip address 172.16.100.254 255.255.255.0
#
interface MEth0/0/1
#
interface GigabitEthernet0/0/1
#
//将所有启用的物理端口归属到相应 VLAN 或 Trunk,即"划 VLAN,归端口"
interface GigabitEthernet0/0/2
 port link-type trunk
 port trunk allow-pass vlan 10 20
#
interface GigabitEthernet0/0/3
 port link-type access
 port default vlan 100
#
interface GigabitEthernet0/0/4
 port link-type access
 port default vlan 60
#
interface GigabitEthernet0/0/5
 port link-type access
 port default vlan 10
```

```
#
interface GigabitEthernet0/0/6
 port link - type access
 port default vlan 20
#
//配置远程登录方式为 AAA 认证方式
user - interface vty 0 4
 authentication - mode aaa
#
```

再次用各终端对 Server1(172.16.100.1)进行 ping 测试，发现均已能够 ping 通，可见要实现 VLAN 间访问就必须给各 vlanif 接口(SVI)配置 IP 地址，作为相应 VLAN 的网关。这样三层交换机上才能形成直连路由(可参阅项目 4)，实现不同网段(不同 VLAN)间的访问。

以上是内部交换网络的配置，由于连接外网的相关知识尚未讲解，故这里对接入外网的相关配置不做介绍，但仍有必要通过图 2-1 了解小型企业网络的整体架构。

2.4.4 能力提升——交换网络的层次结构

局域网的主体架构主要由多台交换机按照相应的层次结构组成。交换网络通常被由下到上分为 3 层，即接入层、汇聚层和核心层，如图 2-30 所示。

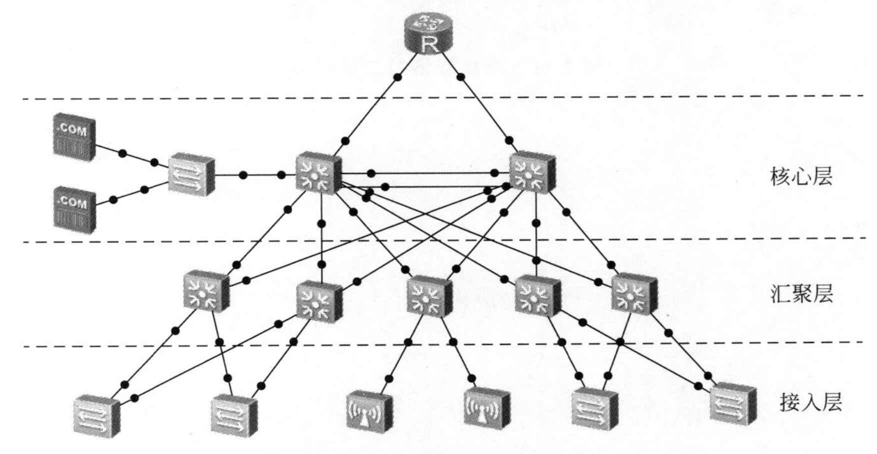

图 2-30 交换网络的三层结构

接入层交换机通常指用于终端接入的交换机，通常使用二层交换机即可。根据网络规模的不同，接入层交换机的数量和连接方式有所不同，但功能配置有很大相似性。由于接入层交换机通常不需要使用路由功能，因此其基础配置只需要做初始配置＋“划 VLAN，归端口”即可。

汇聚层交换机根据网络规模不同可以是一个楼层或一栋建筑的所有接入层交换机汇聚的中心，可根据实际需要选择二层交换机或三层交换机，功能配置上会因网络规模大小或实际需求而不同。通常规模较小的网络通常核心层交换机做网关，汇聚层交换机不需要使用路由功能，选用二层交换机即可，其基础配置也只需要做初始配置＋“划 VLAN，归端口”即可；但对于规模较大的网络，汇聚层交换机很可能作为终端的网关设备，则必须选用三层交换机，这时就需要启用路由功能，基础配置需要在初始配置＋“划 VLAN，归端口”基础上，加上“启路由,配网关”的配置。

核心层交换机往往需要使用路由功能,所以一定要选用三层交换机,功能配置上也要根据网络规模和实际需求而定。通常在较小规模的网络中,核心层交换机作为网关设备使用;在较大规模网络中,如果由汇聚层交换机充当网关设备,则核心层交换机就当路由器使用。三层交换机的基础配置通常需要做初始配置+“划VLAN,归端口,启路由,配网关”。

在小规模交换网络中,往往只有两个层次,这时核心层交换机和汇聚层交换机合二为一,如图2-31所示。

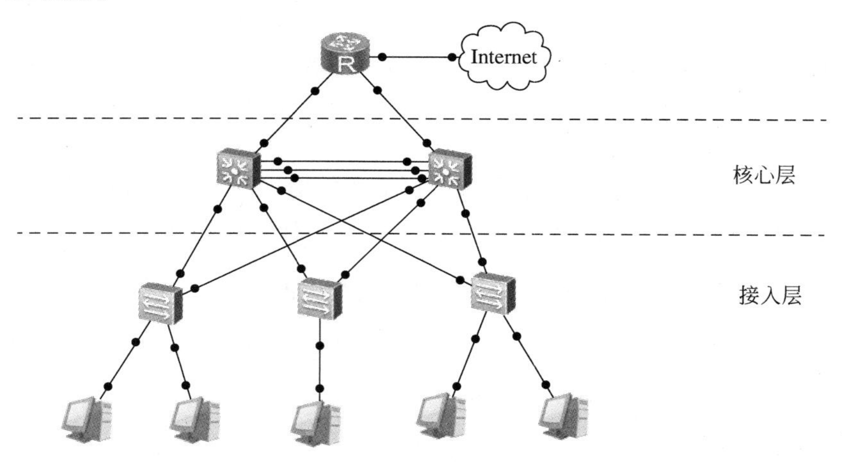

图2-31　交换网络的二层结构

项目3 可靠型交换网络构建

项目介绍

互联网应用的飞速发展使许多传统的业务都被互联网+的方式取代，而企业各种信息和商机的获取也对互联网有着很强的依赖性，即使网络发生故障，也希望能马上启用备用链路或备用设备，使用户对网络故障几乎无感知，不影响正常业务。所以，网络可靠性越来越受到企业的重视。作为网络工程设计与部署人员或者网络运维人员，一定要有灾备意识，组建科学可靠的网络架构，避免单点故障或单链路故障等导致企事业单位利益受损。常用的局域网冗余方案有 MSTP+VRRP+Eth-Trunk（多生成树+网关冗余+链路聚合）和 iStack/CSS+Eth-Trunk（堆叠/集群+链路聚合）。本项目通过 MSTP+VRRP+Eth-Trunk+DHCP 的典型综合应用案例，以“总—分—总”的思路介绍可靠型交换网络的构建。

拓扑设计

根据该项目的可靠性等需求设计如图 3-1 所示的拓扑。该案例中 5 个业务部门分别对

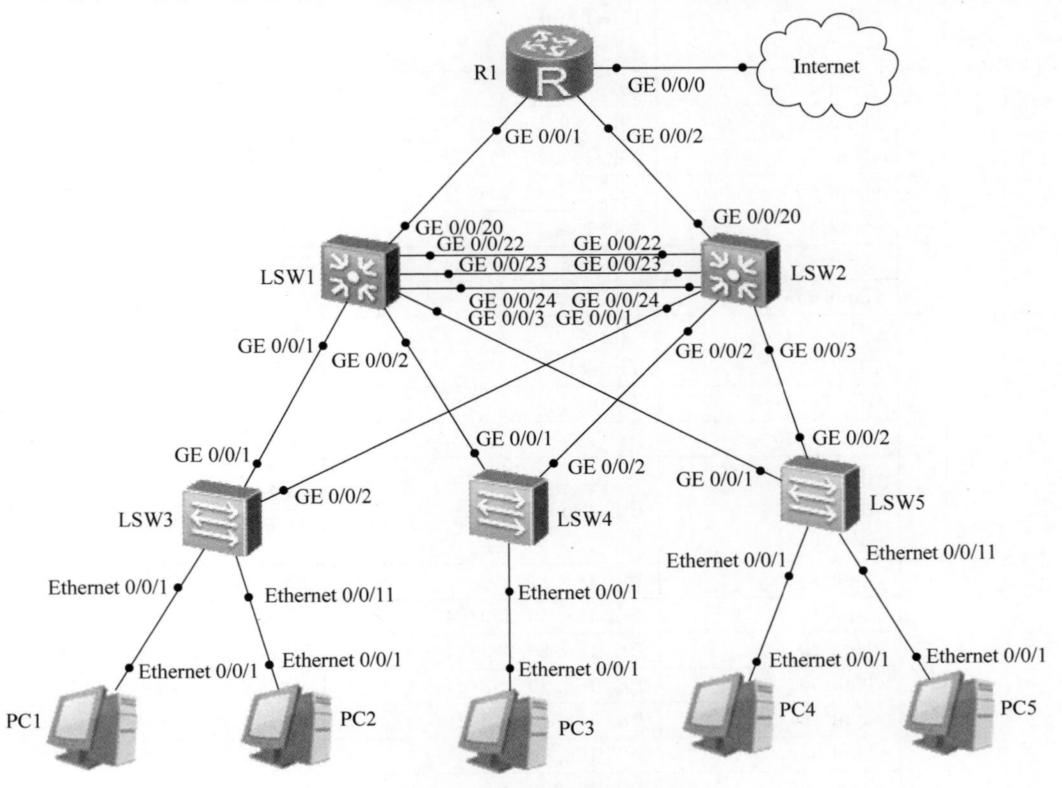

图 3-1 可靠型交换网络实例拓扑

应 VLAN 10、VLAN 20、VLAN 30、VLAN 40、VLAN 50，管理 VLAN 为 VLAN 1。PC1 属于 VLAN 10，PC2 属于 VLAN 20，PC3 属于 VLAN 30，PC4 属于 VLAN 40，PC5 属于 VLAN 50，5 台 PC 分别接入接入层交换机 LSW3、LSW4、LSW5，3 台核心交换机又以双链路分别接入核心交换机 LSW1 和 LSW2，形成双链路备份的部署方式，两台汇聚层交换机 LSW1、LSW2 通过 3 条链路相连并将这 3 条链路聚合成一条链路，以增加网络的带宽和可靠性，LSW1、LSW2 向上连接边界路由器 R1，最终通向外网。

项目整体规划

为方便项目实施和配置，对如图 3-1 所示的网络拓扑中各设备的端口（即接口）类型、VLAN 及 IP 地址规划如表 3-1 所示。

表 3-1　项目 3 接口类型、VLAN 及 IP 地址规划

设备	接口		接口类型/IP 地址	备注
R1 (AR2220)	GE 0/0/1		172.16.1.1/24	连接 LSW1
	GE 0/0/2		172.16.2.1/24	连接 LSW2
核心交换机 LSW1 (S5700)	二层接口	GE 0/0/1	Trunk	连接 LSW3
		GE 0/0/2	Trunk	连接 LSW4
		GE 0/0/3	Trunk	连接 LSW5
		GE 0/0/20	Access	连接路由器 R1
		GE 0/0/22 GE 0/0/23 GE 0/0/24	Eth-Trunk 1	聚合端口，连接 LSW2，允许通过所有 VLAN
	三层接口	vlanif 1	192.168.1.1	LSW1 的管理 IP 地址
		vlanif 10	192.168.10.254/24	VLAN 10 网关
		vlanif 20	192.168.20.254/24	VLAN 20 网关
		vlanif 30	192.168.30.254/24	VLAN 30 网关
		vlanif 40	192.168.40.254/24	VLAN 40 网关
		vlanif 50	192.168.50.254/24	VLAN 50 网关
		vlanif 666	172.16.1.2/24	GE 0/0/20 对应逻辑接口
核心交换机 LSW2 (S5700)	二层接口	GE 0/0/1	Trunk	连接 LSW3
		GE 0/0/2	Trunk	连接 LSW4
		GE 0/0/3	Trunk	连接 LSW5
		GE 0/0/20	Access	连接路由器 R1
		GE 0/0/22 GE 0/0/23 GE 0/0/24	Eth-Trunk 1	聚合端口，连接 LSW1，允许通过所有 VLAN
	三层接口	vlanif 1	192.168.1.2	LSW2 的管理 IP 地址
		vlanif 10	192.168.10.253/24	VLAN 10 备用网关
		vlanif 20	192.168.20.253/24	VLAN 20 备用网关
		vlanif 30	192.168.30.253/24	VLAN 30 备用网关
		vlanif 40	192.168.40.253/24	VLAN 40 备用网关
		vlanif 50	192.168.50.253/24	VLAN 50 备用网关
		vlanif 666	172.16.2.2/24	GE 0/0/20 对应逻辑接口

续表

设备	接　　口	接口类型/IP 地址	备　　注
LSW3（S3700）	GE 0/0/1	Trunk	连接 LSW1
	GE 0/0/2	Trunk	连接 LSW2
	Ethernet 0/0/1	Access	连接 VLAN 10 的终端 PC1
	Ethernet 0/0/11	Access	连接 VLAN 20 的终端 PC2
	vlanif 1	192.168.1.3	LSW3 的管理 IP 地址
LSW4（S3700）	GE 0/0/1	Trunk	连接 LSW1
	GE 0/0/2	Trunk	连接 LSW2
	Ethernet 0/0/1	Access	连接 VLAN 30 的终端 PC3
	vlanif 1	192.168.1.4	LSW4 的管理 IP 地址
LSW5	GE 0/0/1	Trunk	连接 LSW1
	GE 0/0/2	Trunk	连接 LSW2
	Ethernet 0/0/1	Access	连接 VLAN 40 的终端 PC4
	Ethernet 0/0/11	Access	连接 VLAN 50 的终端 PC5
	vlanif 1	192.168.1.5	LSW5 的管理 IP 地址
PC1	Ethernet 0/0/1	192.168.10.1/24（网关：192.168.10.252/24）	VLAN 10 的终端
PC2	Ethernet 0/0/1	192.168.20.1/24（网关：192.168.20.252/24）	VLAN 20 的终端
PC3	Ethernet 0/0/1	192.168.30.1/24（网关：192.168.30.252/24）	VLAN 30 的终端
PC4	Ethernet 0/0/1	192.168.40.1/24 网关：192.168.40.252/24	VLAN 40 的终端
PC5	Ethernet 0/0/1	192.168.50.1/24 网关：192.168.50.252/24	VLAN 50 的终端

项目模块分析与配置

为剖析 Eth-Trunk、MSTP 和 VRRP 三大技术在项目中的作用及功能实现，从而掌握 MSTP＋VRRP＋Eth-Trunk 的典型部署方案，这里按照“总—分—总”思路对本项目如图 3-1 所示的拓扑进行分析。首先将整个项目分解为 Eth-Trunk、MSTP 和 VRRP 这 3 大功能模块分别介绍，最后将各模块整合起来对项目整体进行实施部署。下面分别介绍各模块相关知识及配置与调试方法。

3.1　模块 1：链路聚合

【教学目标】

知识目标：

- 了解链路聚合的意义。
- 掌握链路聚合的模式。
- 理解 LACP 模式的链路聚合协商过程。
- 掌握链路聚合手工模式和 LACP 模式的配置方法。

➢ 了解 iStack 和 CSS 的原理与优点。
➢ 了解链路聚合与堆叠技术常见应用场景与组网方式。

技能目标：能够正确配置链路聚合，运用链路聚合技术解决单链路故障和带宽不足的问题。

思政目标：

➢ 明确单链路面临的风险，树立维护网络安全的责任意识，保障企事业单位利益。
➢ 培养学生溯本求源的探究精神及一丝不苟的工匠精神。

3.1.1 模块拓扑

为了避免单链路故障或带宽不足给企业带来网络故障或丢包等风险，往往会在交换机之间增加备份链路。如图 3-1 在 LSW1 与 LSW2 之间连接了 3 条链路，并将 3 条链路捆绑为一条链路，使得链路带宽得到扩展，实现负载分担，而且其中某条链路故障时仍能由其他链路进行数据转发。那么链路聚合如何实现呢？

这里将 LSW1 和 LSW2 组成的链路聚合模块独立出来，介绍链路聚合的相关知识及部署。在 eNSP 中构建如图 3-2 所示的拓扑并保存。

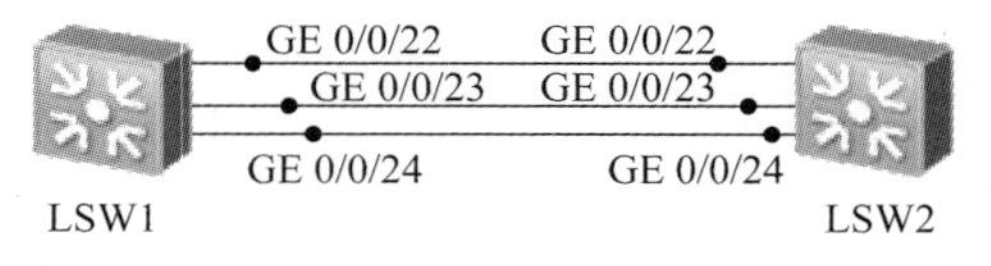

图 3-2 链路聚合拓扑

3.1.2 知识准备

1. 链路聚合的意义

链路聚合即端口聚合，通过将多个物理端口捆绑成一个逻辑端口 Eth-Trunk，以达到增加链路带宽、提高链路可靠性的目的。如图 3-2 所示，假设 LSW1 的 3 个端口都是 GE 端口，每个端口带宽是 1000Mb/s，3 个端口捆绑在一起就是 3000Mb/s，而且 3 条链路可以实现负载均衡，即使其中的一条或多条链路故障了，剩下的链路会继续转发数据，从而增强了网络的可靠性。

2. 链路聚合相关概念

(1) Eth-Trunk 端口及成员端口。将多条链路捆绑在一起形成一条逻辑链路是通过将交换机的多个物理端口加入同一个逻辑接口 Eth-Trunk 实现的，这个逻辑端口又称为聚合端口或 Eth-Trunk 端口。加入 Eth-Trunk 端口的每个物理端口被称为成员端口，每个成员端口对应的每一条链路称为成员链路。如图 3-2 所示，LSW1 和 LSW2 都把 GE 0/0/22～GE 0/0/24 加入 Eth-Trunk 1 端口，则 Eth-Trunk 1 端口为聚合端口（Eth-Trunk 端口），GE 0/0/22、GE 0/0/23 和 GE 0/0/24 称为成员端口，3 个端口对应的 3 条链路称为成员链路。

(2) 活动端口和活动链路。执行数据转发的成员端口称为活动端口，每个活动端口对应的链路被称为活动链路。相对地，不执行数据转发的端口就称为非活动端口，非活动端口对应的链路就称为非活动链路。

(3) 聚合模式。链路聚合有两种模式：一种为纯手工配置模式，这种模式下聚合链路两端均需要手工配置，无主备协商功能；另一种为根据链路聚合控制协议，（Link Aggregation Control Protocol，LACP）进行主备协商的一种配置模式，这种模式下可以通过配置优先级使聚合链路两端形成主备关系，然后在主设备做相应配置，备用设备会自动从主设备学习相应配置而无须手工配置。

(4) 负载分担模式。Eth-Trunk 负载分担支持基于包的负载分担方式和基于流的负载分担方式。基于包的负载分担可能导致数据帧到达对端时间不一致，从而引起数据乱序，所以对于 Eth-Trunk 推荐采用基于流的负载分担方式，即同一条数据流的所有报文在同一条物理链路转发，而将不同的流分发到不同的物理链路上，这样就实现了流量在聚合组内的各物理链路上的负载分担。基于流的负载分担常见的模式有基于源 IP 地址、源 MAC 地址、目的 IP 地址、目的 MAC 地址、源目 IP 地址、源目 MAC 地址的负载分担，实际业务中用户可以根据业务流量特征选择合适的负载分担方式并做相应配置。

3. 端口聚合模式

(1) 手工模式配置。

聚合链路两端 Eth-Trunk 的建立、成员端口的加入等均由手工配置，链路两端之间不使用协议进行协商。这种模式下每条成员链路均为活动链路，参与数据转发，实现负载均衡，如果某条活动链路故障，链路聚合组自动会在剩余活动链路中进行流量的负载均衡。这种方式适用于链路两端设备厂商不同或型号不兼容、不支持 LACP 模式的情况。

(2) LACP 模式。

LACP 模式是通过手工配置优先级确定主动端及主动端活动端口，然后让另一端(被动端)通过 LACP 协商根据主动端的活动端口来选择对应端口作为活动端口的一种模式。

该模式下主动端的活动端口是根据端口优先级(默认为 32 768)在成员端口中进行优选的，优先级越小越优先，端口优先级相同则按照端口编号选择活动端口。由于主动端的选举和主动端活动端口选举都是通过比较优先级竞选的，因此可以通过手工配置优先级的方式指定主动端和主动端的活动端口。活动端口数量可以通过命令配置，与主动端的活动端口相连的被动端端口会被自动确认为被动端的活动端口。活动链路发生故障时非活动链路会自动替换故障的链路，实现数据转发的不间断。LACP 模式下所有活动链路参与负载均衡。

4. 链路聚合使用场景

(1) 用于在交换机之间部署多条物理链路并使用 Eth-Trunk 扩充带宽和加强可靠性。

(2) 用于将服务器两个或者更多的物理网卡聚合成一个网卡组，然后与接入交换机建立链路聚合，从而扩展接入带宽，加强链路可靠性。

(3) 可用于将某交换机的多个端口与堆叠系统中的不同交换机的相应端口进行链路聚合，组建高可靠的无环的网络。

(4) 在防火墙双机热备场景中部署 Eth-Trunk 作为状态检测的心跳线，防止单端口、单链路故障导致状态检测错误。

5. 配置命令

(1) 创建链路聚合组。

```
[Huawei] interface eth - trunk trunk - id
```

其中，trunk-id 为聚合端口编号，可以是 0～63 的一个整数。

(2) 配置链路聚合模式。

```
[Huawei - Eth - Trunk1] mode {lacp - static | manual}
```

其中，lacp-static 为 LACP 模式，manual 为手工模式(默认模式，可不申明)。

注意，需要保持两端链路聚合模式一致。

(3) 将端口加入链路聚合组中(以太网端口视图)。

```
[Huawei-GigabitEthernet0/0/1] eth-trunk trunk-id
```

(4) 将端口加入链路聚合组中(Eth-Trunk 视图)。

```
[Huawei-Eth-Trunk1] trunkport interface-type { interface-number}
```

(5) 配置系统 LACP 优先级，用于确定主动端。

```
[Huawei] lacp priority priority
```

(6) 配置端口 LACP 优先级，用于确定主动端的活动端口。

```
[Huawei-GigabitEthernet0/0/1] lacp priority priority
```

(7) 配置最大活动端口数。

```
[Huawei-Eth-Trunk1] max active-linknumber {number}
```

视频讲解

3.1.3 配置与测试

目的：扩展 LSW1 和 LSW2 两台交换机之间的带宽，并加强链路可靠性，实现负载均衡。

策略：为 LSW1 和 LSW2 分别配置管理 IP 地址 192.168.1.1 和 192.168.1.2，并分别将两台交换机的 GE 0/0/22～GE 0/0/24 端口加入聚合端口 Eth-Trunk 1，使两台交换机能够通过 Eth-Trunk 1 进行通信。

说明：为加强网络安全性、可靠性，该项目中设备远程登录认证均采用 AAA 认证方式。

1. LSW1 配置

(1) 初始配置。

```
<huawei>syatem-view
[huawei]sysname LSW1
//设置 Telnet 远程登录的认证方式(AAA)及认证信息
[LSW1]telnet server enable
[LSW1]user-interface vty 0 4
[LSW1-ui-vty0-4]authentication-mode aaa            //配置远程登录认证模式为 AAA 认证模式
[LSW1-ui-vty0-4]quit
[LSW1]aaa                                          //进入 AAA 认证模式配置
[LSW1-aaa]local-user user1 password cipher huawei123  //设置远程登录账号和密码
[LSW1-aaa]local-user user1 service-type telnet     //设置面向远程登录用户提供的服务类型
[LSW1-aaa]local-user user1 privilege level 3       //设置远程登录用户的权限级别
[LSW1-aaa]quit
[LSW1]interface vlanif 1
[LSW1-Vlanif1]ip address 192.168.1.1 24            //配置管理 IP 地址
[LSW1-Vlanif1]quit
[LSW1]
```

(2) 划 VLAN，归端口(这里重点研究链路聚合的两种模式及其配置方法，除聚合端口 Eth-Trunk 外其他端口可暂不配置)。

```
//手工模式的链路聚合配置(默认模式，可不申明)
[LSW1]interface Eth-Trunk 1 //创建聚合端口 Eth-Trunk 1 并进入其配置视图
[LSW1-Eth-Trunk1]mode manual
```

```
[LSW1 - Eth - Trunk1]trunkport GigabitEthernet 0/0/22 to 0/0/24 //给 Eth - Trunk 1 添加成员端口
[LSW1 - Eth - Trunk1] port link - type trunk
[LSW1 - Eth - Trunk1] port trunk allow - pass vlan all
[LSW1 - Eth - Trunk1] quit
```

或者

```
//LACP 模式的链路聚合配置(以下是主动端 LSW1 配置,被动端配置见 LSW2)
[LSW1]interface Eth - Trunk 1                    //创建聚合端口 Eth - Trunk 1 并进入其配置视图
[LSW1 - Eth - Trunk1]mode lacp - static          //设置链路聚合模式为 LACP 模式
[LSW1 - Eth - Trunk1]max active - linknumber 2   //配置最大活动端口数为 2
[LSW1 - Eth - Trunk1]lacp preempt enable         //使能主设备抢占功能
[LSW1 - Eth - Trunk1]trunkport GigabitEthernet 0/0/22 to 0/0/24   //添加成员端口
[LSW1 - Eth - Trunk1]quit
[LSW1]lacp priority 100                          //配置系统 LACP 优先级
[LSW1]interface GigabitEthernet 0/0/22
[LSW1 - GigabitEthernet0/0/22]lacp priority 100  //配置端口 LACP 优先级
[LSW1 - GigabitEthernet0/0/22]quit
[LSW1]interface GigabitEthernet 0/0/23
[LSW1 - GigabitEthernet0/0/23]lacp priority 100  //配置端口 LACP 优先级
[LSW1 - GigabitEthernet0/0/23]quit
[LSW1]interface GigabitEthernet 0/0/24
[LSW1 - GigabitEthernet0/0/24]lacp priority 100  //配置端口 LACP 优先级
[LSW1 - GigabitEthernet0/0/24]quit
[LSW1]quit
<LSW1 > save
```

2. LSW2 配置

(1) 初始配置。

```
< huawei > syatem - view
[huawei]sysname LSW2
//设置 Telnet 远程登录的认证方式(AAA)及认证信息
[LSW2]telnet server enable
[LSW2]user - interface vty 0 4
[LSW2 - ui - vty0 - 4]authentication - mode aaa
[LSW2 - ui - vty0 - 4]quit
[LSW2]aaa
[LSW2 - aaa]local - user user1 password cipher huawei123
[LSW2 - aaa]local - user user1 service - type telnet
[LSW2 - aaa]local - user user1 privilege level 3
[LSW2 - aaa]quit
[LSW2]interface vlanif 1
[LSW2 - Vlanif1]ip address 192.168.1.2 24     //配置管理 IP 地址
[LSW2 - Vlanif1]quit
```

(2) 划 VLAN,归端口(这里重点研究链路聚合,除 Eth-Trunk 外其他端口可暂不配置)。

(3) 链路聚合配置(两种模式选择一种即可,所选模式要与对端 LSW1 相同)。

```
//手工模式的链路聚合配置(默认模式,不用申明)
[LSW2]interface Eth - Trunk 1 //创建聚合端口 Eth - Trunk 1 并进入其配置视图
[LSW2 - Eth - Trunk1]mode manual
[LSW2 - Eth - Trunk1]trunkport GigabitEthernet 0/0/22 to 0/0/24 //给 Eth - Trunk 1 添加成员端口
[LSW2 - Eth - Trunk1] port link - type trunk
[LSW2 - Eth - Trunk1] port trunk allow - pass vlan all
[LSW2 - Eth - Trunk1] quit
```

或者

```
//LACP 模式的链路聚合被动端配置
[LSW2]interface Eth-Trunk 1                         //创建聚合端口 Eth-Trunk 1 并进入其配置视图
[LSW2-Eth-Trunk1]mode lacp-static                   //设置链路聚合模式为 LACP 模式
[LSW2-Eth-Trunk1]max active-linknumber 2            //配置最大活动端口数为 2
[LSW2-Eth-Trunk1]trunkport GigabitEthernet 0/0/22 to 0/0/24     //添加成员端口
[LSW2-Eth-Trunk1]quit
[LSW2]quit
<LSW2>save
```

3. 测试

用 LSW2 ping LSW1 的管理地址 192.168.1.1,能够 ping 通,说明两端通信正常。

在 LSW1 上用 display eth-trunk 1 命令查看 Eth-Trunk 相关信息,也可以看到该聚合端口当前状态正常(为 Up),包含 3 个成员:GigabitEthernet 0/0/22～GigabitEthernet 0/0/24,如图 3-3 所示。

在 LSW1 上用 display interface eth-trunk 1 命令查看 Eth-Trunk 相关信息,可以看到该聚合端口当前状态正常为 Up,包含 3 个成员:GigabitEthernet 0/0/22～GigabitEthernet 0/0/24,如图 3-4 所示。

```
<LSW1>display eth-trunk 1
Eth-Trunk1's state information is:
WorkingMode: NORMAL           Hash arithmetic: According to
Least Active-linknumber: 1    Max Bandwidth-affected-linknum
Operate status: up            Number Of Up Port In Trunk: 3
--------------------------------------------------------------
PortName                      Status      Weight
GigabitEthernet0/0/22         Up          1
GigabitEthernet0/0/23         Up          1
GigabitEthernet0/0/24         Up          1
```

图 3-3　查看 Eth-Trunk 信息

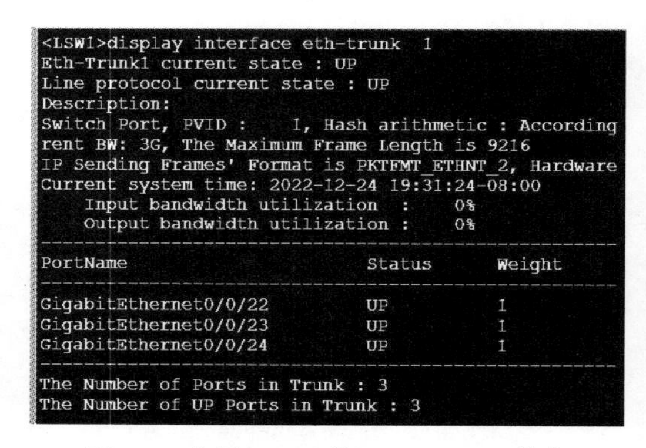

```
<LSW1>display interface eth-trunk  1
Eth-Trunk1 current state : UP
Line protocol current state : UP
Description:
Switch Port, PVID :     1, Hash arithmetic : According
rent BW: 3G, The Maximum Frame Length is 9216
IP Sending Frames' Format is PKTFMT_ETHNT_2, Hardware
Current system time: 2022-12-24 19:31:24-08:00
    Input bandwidth utilization  :    0%
    Output bandwidth utilization :    0%
--------------------------------------------------------
PortName                       Status      Weight
--------------------------------------------------------
GigabitEthernet0/0/22          UP          1
GigabitEthernet0/0/23          UP          1
GigabitEthernet0/0/24          UP          1
--------------------------------------------------------
The Number of Ports in Trunk : 3
The Number of UP Ports in Trunk : 3
```

图 3-4　查看 LSW1 的 Eth-Trunk 1 信息

在 LSW2 上用 display interface eth-trunk 1 命令查看 Eth-Trunk 相关信息,也可以看到该聚合端口当前状态正常为 Up,包含 3 个成员:GigabitEthernet 0/0/22～GigabitEthernet 0/0/24,如图 3-5 所示。

```
<LSW2>display interface eth-trunk 1
Eth-Trunk1 current state : UP
Line protocol current state : UP
Description:
Switch Port, PVID :     1, Hash arithmetic : According
rent BW: 3G, The Maximum Frame Length is 9216
IP Sending Frames' Format is PKTFMT_ETHNT_2, Hardware
Current system time: 2022-12-25 08:13:32-08:00
    Input bandwidth utilization  :    0%
    Output bandwidth utilization :    0%
--------------------------------------------------------
PortName                       Status      Weight
--------------------------------------------------------
GigabitEthernet0/0/22          UP          1
GigabitEthernet0/0/23          UP          1
GigabitEthernet0/0/24          UP          1
--------------------------------------------------------
The Number of Ports in Trunk : 3
The Number of UP Ports in Trunk : 3
```

图 3-5　查看 LSW2 的 Eth-Trunk 1 信息

3.1.4 知识拓展——堆叠/集群

1. 堆叠

堆叠即多台支持堆叠(iStack)特性的盒式交换机通过堆叠线缆连接在一起,从逻辑上变成一台交换设备,作为一个整体参与数据转发的技术,其工作原理如图 3-6 所示。

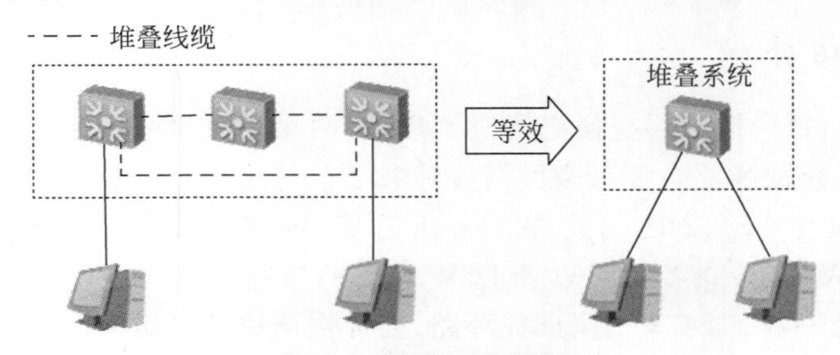

图 3-6 堆叠工作原理

2. 集群

将两台支持集群(Cluster LSWitch System,CSS)特性的框式交换机组合在一起,从逻辑上组合成一台交换设备的技术,其工作原理如图 3-7 所示。

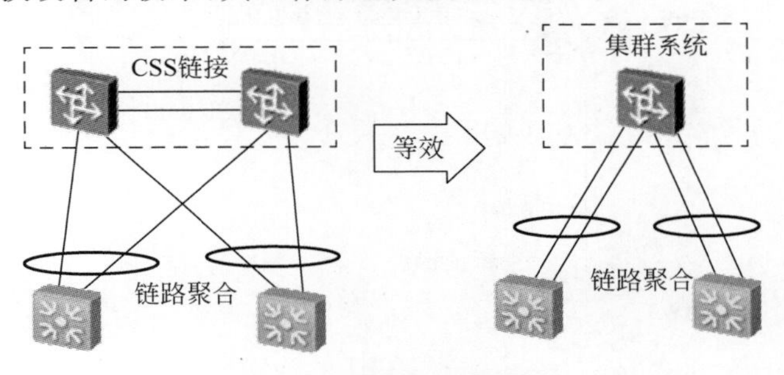

图 3-7 集群工作原理

堆叠和集群将多台或两台交换机逻辑上组合成一台交换机,不仅可以简化运维,方便管理,而且在一台设备发生故障时,其他设备可以接管转发、控制平台,避免了单点故障引发的风险,还可以在接入层设备上使用堆叠扩展端口及带宽。堆叠和集群与 Eth-Trunk 结合使用可以实现跨设备的链路聚合,消除环路,简化配置。在设计网络架构时要仔细分析需求、科学部署网络,使网络效能达到最优,保障企事业单位利益。

3.2 模块 2:生成树与快速生成树

【教学目标】

知识目标:

- 了解二层环路的危害。
- 掌握生成树基本概念。
- 理解生成树的工作原理,了解其应用场景。
- 理解快速生成树对于生成树的改进。
- 掌握生成树与快速生成树的配置方法。

技能目标：能对存在简单物理环路的交换网络部署生成树或快速生成树。

思政目标：

➢ 明确二层环路面临的风险，明确生成树的稳定性的重要性，树立维护网络安全稳定的责任意识，保障生成树的稳定和可靠，维护企事业单位利益。

➢ 培养学生溯本求源的探究精神及一丝不苟的工匠精神。

3.2.1 模块拓扑

如图 3-1 所示，每台接入层交换机通过 GE 0/0/1 口上行接入上游设备 LSW1，为了解决单点故障和单链路故障给企业带来网络故障或丢包等风险，增加了备份设备 LSW2，并在每台接入层交换机与 LSW2 之间建立了备份链路，使得下游各终端经接入层交换机如 LSW3 向上游 LSW1 转发的数据可以经 LSW3—LSW2 链路转发。由于设备备份和链路备份后会在 LSW1、LSW2、LSW3 之间形成环路，会导致严重的网络拥塞等问题。为了解决这些问题，应在构成环路的各台交换机部署生成树，从逻辑上消除环路，保证数据的高效转发。这里为了便于生成树工作原理的分析，将 LSW1、LSW2、LSW3 及之间的链路和连接的终端构成的模块独立出来，形成如图 3-8 所示的拓扑。

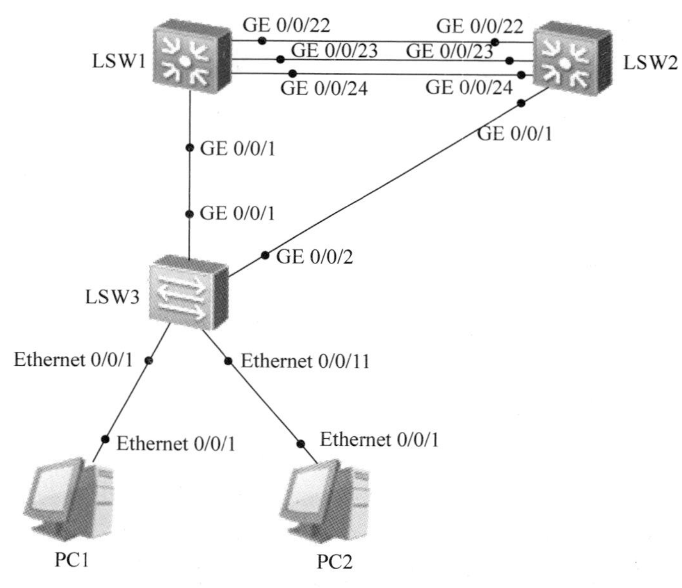

图 3-8　生成树＋Eth-Trunk 拓扑

注意，该拓扑中 LSW1 和 LSW2 之间有 3 条链路，所以该模块的配置应在模块 1 链路聚合的基础上进行，把 LSW1 和 LSW2 之间看成用 Eth-Trunk 端口连接的单链路，再来研究生成树的应用与配置。通过该模块可以学习链路聚合和生成树的综合应用，在实践中这两种技术也往往是结合使用的。如果仅仅是研究生成树工作原理，也可以在 LSW1 和 LSW2 之间仅保留一条链路。

3.2.2 知识准备

1. 广播风暴

在传统的交换网络中，网络设备之间通过单条链路进行连接，当某个节点或某条链路发生故障时将导致严重的网络故障，解决单点故障或单链路故障的方法是在网络中提供冗余链路及冗余设备，但是交换网络中的冗余链路容易引发广播风暴、数据帧重复、MAC 地址表振荡等问题，消耗大量 CPU、内存及带宽资源，使网络性能严重下降，甚至导致网络瘫痪。

如图 3-9 所示，PC1 将一个广播帧发送到交换机 LSW1，LSW1 收到广播帧后会向除接收端口之外的所有端口如 GE 0/0/23 和 GE 0/0/24 转发，这样交换机 LSW2 就会分别从 GE 0/0/23 和 GE 0/0/24 收到 LSW1 转发的广播帧，于是它将从 GE 0/0/23 收到的广播帧再广播给 GE 0/0/24 和 PC2，同时还将从 GE 0/0/24 收到的广播帧再广播给 GE 0/0/23 和 PC2，这时 PC2 会重复收到同样的帧，而 LSW1 又会收到 LSW2 广播回来的广播帧，然后对每个广播帧继续从除接收端口之外的所有端口广播出去，这样就会导致广播帧在 LSW1 和 LSW2 之间不停地转发，就会形成可怕的广播风暴，引发 MAC 地址表振荡。

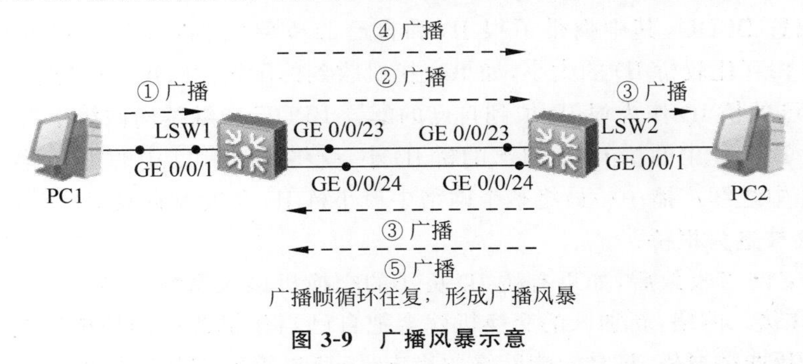

图 3-9　广播风暴示意

提示：可用两三台交换机构建有环路的网络并关闭生成树协议，然后用所连接的终端进行 ping 测试，抓取环路上的报文（发现数量庞大，也可能不久后链路被拥塞），体验广播风暴的危害。

2. 生成树概述

生成树协议（Spanning Tree Protocol，STP）可以在物理上存在环路的网络上使用生成树算法计算出逻辑上无环路的树型结构网络，并使树型结构网络之外的链路处于备用状态（暂时通过阻塞该链路上某个端口阻止数据经过该链路），这样网络上任何两个节点之间不论物理上有几条链路相通，但在逻辑上都只保留一条链路，从而可以避免物理环路引发的广播风暴等问题。

生成树协议的计算及阻塞相应端口等处理过程结束后，网络中的环路被消除，网络会趋于稳定状态，这个过程称为收敛。网络拓扑发生变更或网络局部故障时，会重新引发生成树计算和收敛过程，原来阻塞的端口可能被启用，原来备份的链路或设备可能成为工作链路或工作设备。

3. 生成树协议的工作过程

生成树的计算收敛过程主要经历了 4 步：第 1 步，选举根桥；第 2 步，在每个非根桥上选举一个根端口；第 3 步，在每条链路上选举一个指定端口；第 4 步，阻塞非根、非指定端口。下面分别介绍各步的处理机制。

第 1 步：选举根桥（Root Bridge，RB）。

网络内具有最小桥 ID（BID）的交换机将被选举为该生成树的根桥（即根交换机），作为生成树的树根。

桥ID由桥优先级和MAC地址两部分组成，竞选根桥时先比较各交换机桥ID的优先级，一个网络中桥ID优先级最小的交换机会被选举为根桥，如果所有交换机桥ID相同(每台交换机默认桥ID均为32 768)则比较MAC地址，MAC地址最小的会被选为根桥。桥优先级必须为4096的倍数，默认值为32 768，最小为0，最大值为61 440。在一个网络中，处于核心位置而且转发性能较强的交换机往往是理想的根桥，但如果让交换机自由选举，因优先级均相同，往往会依据MAC地址选举，这样选举出来的根桥通常是不理想的。所以在实际中，往往通过手工修改桥优先级为较小值使某交换机成为根桥，或直接用命令指定根桥，也可以用类似的方法指定备用根桥。

根桥的选举是通过交换机相互交换配置BPDU(Bridge Protocol Data Unit，网桥协议数据单元)，比较配置BPDU中携带的桥ID的大小实现的。每台交换机启动后，会向所在的网络广播配置BPDU，其中携带了根ID和自己的桥ID(此时暂以自己的桥ID作为根ID)，供交换机相互比较桥ID的大小，如果交换机收到的配置BPDU中的桥ID比自己的桥ID大，就将自己的桥ID作为根ID填到自己的配置BPDU中继续向网络中发送；如果交换机收到的配置BPDU中的桥ID比自己的桥ID小，就将该BPDU中的桥ID作为根ID填到自己的BPDU中继续广播……最终整个网络中最小桥ID会被填到根ID字段，具有最小桥ID的交换机会被选为根桥。

安全警示：网络收敛后，如果有桥ID更小的交换机接入网络，或者有攻击者故意修改桥ID为更小并接入网络，新加入的交换机就会把自己当作根桥向网络中广播配置BPDU，这时网络会重新选举根桥，将会影响网络的稳定性，所以除非实际需要更换根桥，否则应采取相应的保护根桥的措施，如将相应端口开启BPDU防护功能(参见3.2.4节)，维护网络的稳定性。

第2步：选举根端口(Root Port，RP)。

根端口即非根交换机上所有端口中去往根桥路径开销最小的端口。每个非根桥上均须选举一个根端口，且仅可选一个根端口，根桥上没有根端口。

路径开销(Path Cost)即一个网络节点到另一个网络节点的整条链路中每段链路的开销之和。每段链路的开销是由链路的端口开销(Cost)决定的。端口开销与端口速率和工作模式有关，还与交换机使用的STP Cost计算标准有关。华为交换机支持3种端口开销计算标准，以便与其他厂商设备兼容，如在IEEE 802.1t标准下，速率为1000Mb/s的端口在全双工(Full-Duplex)模式下端口开销值为20 000。端口开销值可以通过命令修改，其默认值请参考表3-2。

表3-2 不同端口默认Cost值参考

端口速率	端口模式	STP开销(默认值)		
		IEEE 802.1d—1998标准	IEEE 802.1t—2001标准	华为计算方法
100Mb/s	Half-Duplex	19	200 000	200
	Full-Duplex	18	199 999	199
1000Mb/s	Full-Duplex	4	20 000	20
10Gb/s	Full-Duplex	2	2000	2
40Gb/s	Full-Duplex	1	500	1
100Gb/s	Full-Duplex	1	200	1

根路径开销(Root Path Cost,RPC)即非根交换机的某一个端口到达根桥的"成本",其值等于从根桥到该设备沿途所有入方向端口的 Cost 值的累加。如图 3-10 所示,LSW3 从 GE 0/0/3 端口到达根桥 LSW1 的 RPC 等于端口①的 Cost 值加上端口②的 Cost 值。

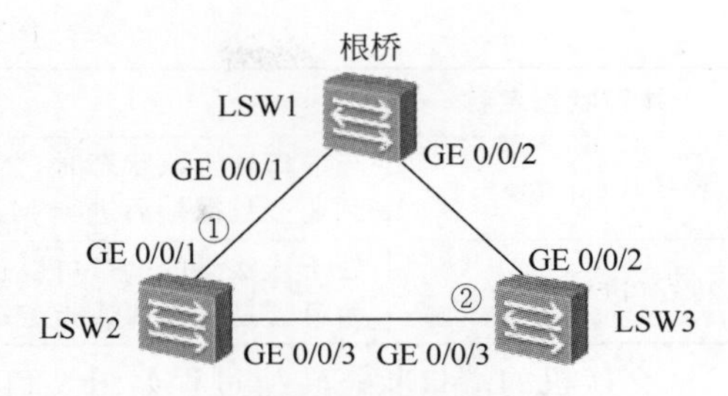

图 3-10 根路径开销计算示意

如果非根交换机上的两个端口的 RPC 相等,可以继续比较发送端桥 ID,发送端桥 ID 小的会被选举为根端口(也可以使用命令修改端口的 Cost 值以改变相应端口的 RPC,使根端口的选择更符合网络规划)。如果发送端桥 ID 也相同,则比较发送端的端口 ID,发送端的端口 ID 小的会被选为根端口。

端口 ID 由端口优先级和端口号组成,端口优先级为 16 的倍数,默认值为 128,可以通过命令修改端口优先级的值。端口优先级越小越优先,端口优先级相同则端口号越小越优先。

如上所述,选择根端口依据的顺序如下。

(1) 根路径开销最小。

(2) 发送端桥 ID 最小。

(3) 发送端口 ID 最小。

第 3 步:选举指定端口(Designated Port,DP)。

每条链路上都要选择一个指定端口,选择指定端口依据的顺序如下。

(1) 根路径开销最小。

(2) 所在交换机桥 ID 最小。

(3) 发送端口 ID 最小。

由于根桥上各端口的根路径开销为 0,因此根桥上的所有端口均为指定端口。

第 4 步:阻塞非根、非指定接口。

以上选举过程中,既没被选举为根端口也没被选举为指定端口的端口将会被阻塞,那么该端口所在链路也就被阻塞了,于是网络中的二层环路就此被消除,形成逻辑上无环的树型网络。

4. 生成树的端口状态

生成树端口有 5 种状态,如表 3-3 所示。

表 3-3 生成树端口状态

端口状态名称	端口状态描述
禁用(Disable)	该端口因故障或被设定为 Down,不能收发 BPDU,也不能收发业务数据帧
阻塞(Blocking)	该端口被 STP 阻塞。处于阻塞状态的端口不能发送 BPDU,不能收发业务数据帧,也不会进行 MAC 地址学习,但是会持续侦听 BPDU,该状态默认会停留 20s
监听(Listening)	当端口处于该状态时,表明 STP 初步认定该端口为根端口或指定端口,但端口依然处于 STP 计算的过程中,此时端口可以收发 BPDU,但是不能收发业务数据帧,也不会进行 MAC 地址学习,该状态默认会停留 15s

续表

端口状态名称	端口状态描述
学习(Learning)	当端口处于该状态时,会侦听业务数据帧(但是不能转发业务数据帧),并且在收到业务数据帧后进行 MAC 地址学习,该状态默认会停留 15s
转发(Forwarding)	处于该状态的端口可以正常地收发业务数据帧,也会进行 BPDU 收发。端口的角色需是根端口或指定端口才能进入转发状态

交换机的端口状态转换过程如图 3-11 所示。

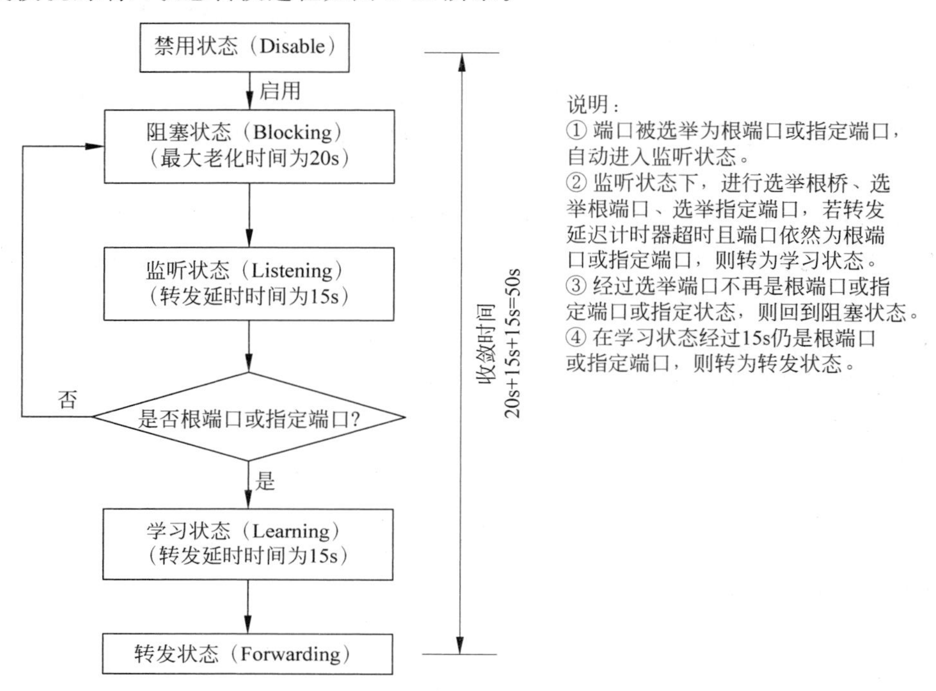

图 3-11 交换机的端口状态转换过程

5. 生成树拓扑变化

在部署生成树后,交换机之间通过根桥、根端口、指定端口的选举最后阻塞相应端口消除逻辑上的环路,使网络收敛。当网络收敛后,生成树中所有交换机端口都处于转发状态或阻塞状态,转发端口接收和发送用户数据和 BPDU,阻塞端口则只接收 BPDU。

当生成树状态发生变化时,最先感知到变化的交换机还会周期性发送 TCN BPDU(拓扑变更通告),上游交换机收到 TCN BPDU 后继续向上游传递 TCN BPDU,直到根交换机收到 TCN BPDU,然后将配置 BPDU 的 Flags 字段的 TC(拓扑变更)位置 1 后发往下游交换机,通知下游交换机把 MAC 地址表项的老化时间由默认的 300s 修改为 15s,于是下游交换机 15s 后 MAC 地址表项会被自动清除,然后重新开始 MAC 表项的学习。

6. RSTP 对 STP 的改进

STP 收敛速度慢,也不能及时响应网络拓扑的变化。RSTP 对 STP 进行了优化,收敛速度快,而且能够兼容 STP。以下是 RSTP 对 STP 的改进分析。

(1) RSTP 引入了新的端口角色——替代端口和备份端口,使非根交换机的根端口或指定端口失效时,均能够快速切换,秒级收敛。

(2) RSTP还根据端口是否转发用户流量和学习MAC地址把STP的5种端口状态缩减为3种：Discarding、Learning和Forwarding，如表3-4所示，从而缩减了端口状态转换时延。而且，RSTP还引入了边缘端口的概念，使交换机连接终端的端口在启用后无须等待直接进入转发状态。

(3) RSTP改进了配置BPDU格式，其Flags字段能够表名端口的角色，配置BPDU还使用了更短的超时计时，发送方式也进行了改进。

(4) 相比STP，RSTP对拓扑变化的处理机制进行了改进，能更快地响应拓扑变更。

表3-4　STP与RSTP端口状态比较

STP端口状态	RSTP端口状态	端口在拓扑中的角色
Forwarding	Forwarding	包括根端口、指定端口
Learning	Learning	包括根端口、指定端口
Listening	Discarding	包括根端口、指定端口
Blocking		包括Alternate端口、Backup端口
Disable		包括Disable端口

7. 配置命令

(1) 配置生成树工作模式。

```
[Huawei] stp mode { stp | rstp | mstp }
```

说明：交换机支持STP、RSTP和MSTP(Multiple Spanning Tree Protocol)3种生成树工作模式，默认情况工作在MSTP模式。

(2) 配置根桥和备份根桥。

```
[Huawei] stp root primary
[Huawei] stp root secondary
```

说明：配置根桥后该设备优先级数值自动为0，配置备份根桥后该设备优先级数值自动为4096，并且不能更改设备优先级。

(3) 配置交换机的STP优先级。

```
[Huawei] stp priority priority
```

说明：优先级数值须为4096的倍数，最小为0。

(4) 配置端口路径开销。

```
[Huawei] stp pathcost-standard {dot1d-1998 |dot1t |legacy }
```

说明：配置端口路径开销计算方法。默认情况下，路径开销值的计算方法为IEEE 802.1t(dot1t)标准。同一网络内所有交换机的端口路径开销应使用相同的计算方法。

```
[Huawei-GigabitEthernet0/0/1] stp cost cost
```

说明：设置当前端口的路径开销值。

(5) 配置端口优先级。

```
[Huawei-intf] stp priority priority
```

(6) 启用STP/RSTP/MSTP。

```
[Huawei] stp enable
```

(7) 配置边缘端口实例。

```
[LLSW1 - GigabitEthernet0/0/1]stp edged - port enable
```

(8) 生成树查看命令。


```
[Huawei] display stp [brief]
```

视频讲解

3.2.3 配置与测试

注意该模块拓扑 LSW1 和 LSW2 之间有 3 条链路，需要在 LSW1 和 LSW2 上配置链路聚合，所以这里保留模块 1 的链路聚合配置，把 LSW1 和 LSW2 之间看成用 Eth-Trunk 端口连接的单链路。同时这里也给出了 LSW1 和 LSW2 之间仅保留一条链路（用 GigabitEthernet 0/0/24 端口相连）的配置。

这里仅介绍 RSTP 配置，STP 配置与 RSTP 仅仅模式不同，可参照 RSTP 配置，这里不做介绍。

1. LSW1 配置

(1) 初始配置：见模块 1，这里从略。

(2) 基础配置。

```
<huawei> system - view
[huawei]sysname LSW1
[LSW1]vlan batch 10 20
//手工链路聚合，从下一行起共 4 行
[LSW1]interface Eth - Trunk 1
[LSW1 - Eth - Trunk1]trunkport GigabitEthernet 0/0/22 to 0/0/24
[LSW1 - Eth - Trunk1] port link - type trunk
[LSW1 - Eth - Trunk1] port trunk allow - pass vlan all
[LSW1 - Eth - Trunk1] quit
//如果 LSW1 和 LSW2 间仅用 GE 0/0/24 口做单链路连接，可用以下 4 行命令
[LSW1]interface GigabitEthernet 0/0/24 //单链路端口配置
[LSW1 - GigabitEthernet0/0/24]port link - type trunk
[LSW1 - GigabitEthernet0/0/24]port trunk allow - pass vlan all
[LSW1 - GigabitEthernet0/0/24]quit
[LSW1]interface GigabitEthernet 0/0/1
[LSW1 - GigabitEthernet0/0/1]port link - type trunk
[LSW1 - GigabitEthernet0/0/1]port trunk allow - pass vlan all
[LSW1 - GigabitEthernet0/0/1]quit
[LSW1]interface vlanif 1
[LSW1 - Vlanif1]ip address 192.168.1.254 24
[LSW1 - Vlanif1]quit
[LSW1]interface vlanif 10
[LSW1 - Vlanif10]ip address 192.168.10.254 24
[LSW1 - Vlanif10]quit
[LSW1]interface vlanif 20
[LSW1 - Vlanif20]ip address 192.168.20.254 24
[LSW1 - Vlanif20]quit
[LSW1]
```

(3) RSTP 配置。

```
[LSW1]stp mode rstp                    //选择快速生成树模式
[LSW1]stp priority 4096                //配置生成树优先级
[LSW1]stp pathcost - standard dot1t    //配置路径开销计算标准
[LSW1]interface GigabitEthernet 0/0/1
```

```
[LSW1-GigabitEthernet0/0/1]stp cost 100             //设置端口开销
[LSW1-GigabitEthernet0/0/1]stp port priority 16     //配置端口优先级
[LSW1-GigabitEthernet0/0/1]quit
[LSW1]
```

2. LSW2 配置

(1) 初始配置(见模块 1,这里从略)。

(2) 基础配置。

```
<huawei>system-view
[huawei]sysname LSW2
[LSW2]vlan batch 10 20
//手工链路聚合,从下一行起共 4 行
[LSW2]interface Eth-Trunk 1
[LSW2-Eth-Trunk1]trunkport GigabitEthernet 0/0/22 to 0/0/24
[LSW2-Eth-Trunk1] port link-type trunk
[LSW2-Eth-Trunk1] port trunk allow-pass vlan all
[LSW2-Eth-Trunk1] quit
//或(单链路适用,从下一行起共 4 行)
[LSW2]interface GigabitEthernet 0/0/24
[LSW2-GigabitEthernet0/0/24]port link-type trunk
[LSW2-GigabitEthernet0/0/24]port trunk allow-pass vlan all
[LSW2-GigabitEthernet0/0/24]quit
[LSW2]interface GigabitEthernet 0/0/1
[LSW2-GigabitEthernet0/0/1]port link-type trunk
[LSW2-GigabitEthernet0/0/1]port trunk allow-pass vlan all
[LSW2-GigabitEthernet0/0/1]quit
[LSW2]interface vlanif 1
[LSW2-Vlanif1]ip address 192.168.1.253 24
[LSW2-Vlanif1]quit
[LSW2]
```

(3) RSTP 配置。

```
[LSW2]stp mode rstp                     //选择快速生成树模式
[LSW2]stp pathcost-standard dot1t//配置路径开销计算标准
[LSW2]
```

3. LSW3 配置

(1) 初始配置(见模块 1,这里从略)。

(2) 基础配置。

```
<huawei>system-view
[huawei]sysname LSW3
[LSW3]vlan batch 10 20
[LSW3]interface GigabitEthernet 0/0/1
[LSW3-GigabitEthernet0/0/1]port link-type trunk
[LSW3-GigabitEthernet0/0/1]port trunk allow-pass vlan all
[LSW3-GigabitEthernet0/0/1]quit
[LSW3]interface GigabitEthernet 0/0/2
[LSW3-GigabitEthernet0/0/2]port link-type trunk
[LSW3-GigabitEthernet0/0/2]port trunk allow-pass vlan all
[LSW3-GigabitEthernet0/0/2]quit
[LSW3]port-group group-member Ethernet 0/0/1 to Ethernet 0/0/10 //该 10 个端口加入 VLAN 10
[LSW3-port-group]port link-type access
[LSW3-port-group]port default vlan 10
[LSW3-port-group]stp edged-port enable                      //开启边缘端口
```

```
[LSW3-port-group]quit
[LSW3]port-group group-member Ethernet 0/0/11 to Ethernet 0/0/20    //该10个端口加入VLAN 20
[LSW3-port-group]port link-type access
[LSW3-port-group]port default vlan 20
[LSW3-port-group]stp edged-port enable                               //开启边缘端口
[LSW3-port-group]quit
[LSW3]
```

(3) RSTP配置。

```
[LSW3]stp mode rstp
[LSW3]stp pathcost-standard dot1t                  //定义路径开销计算标准为dot1t
[LSW3]interface Ethernet 0/0/1
[LSW3-Ethernet0/0/1]stp edged-port enable          //将端口配置为边缘端口
[LSW3-Ethernet0/0/1]quit
[LSW3]interface Ethernet 0/0/11
[LSW3-Ethernet0/0/11]stp edged-port enable         //将端口配置为边缘端口
[LSW3-Ethernet0/0/11]quit
[LSW3]
```

4. 测试

(1) 查看快速生成树状态。

命令1:

```
[LSW1]display stp
```

查看结果如图3-12所示,可以看到LSW1的MAC地址和根桥的MAC地址相同,说明LSW1被选为根桥。

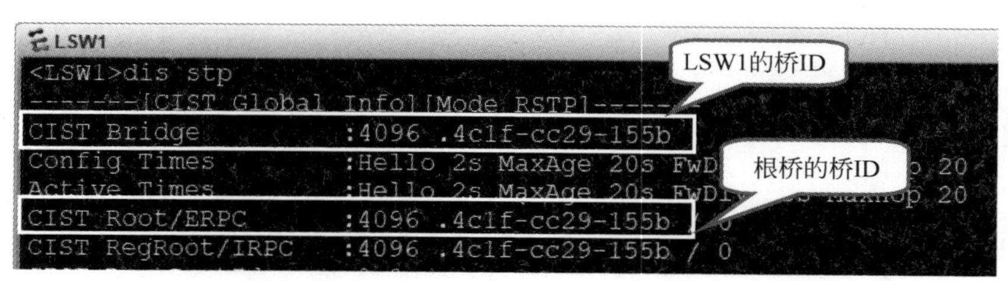

图3-12 交换机LSW1的桥ID和根桥ID

命令2:

```
[LSW1]display stp brief
```

查看结果如图3-13所示,可以看到LSW1各端口角色均为指定端口(DESI),均处于转发状态(Forwarding),这也是根桥的特征。

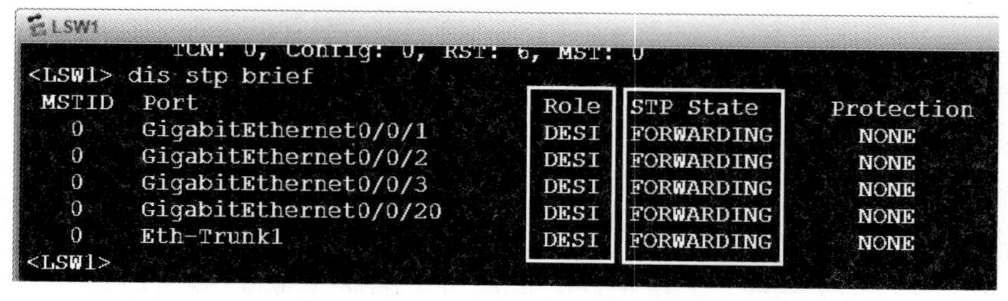

MSTID	Port	Role	STP State	Protection
0	GigabitEthernet0/0/1	DESI	FORWARDING	NONE
0	GigabitEthernet0/0/2	DESI	FORWARDING	NONE
0	GigabitEthernet0/0/3	DESI	FORWARDING	NONE
0	GigabitEthernet0/0/20	DESI	FORWARDING	NONE
0	Eth-Trunk1	DESI	FORWARDING	NONE

图3-13 交换机LSW1的生成树摘要信息

其他交换机可用同样的方法,查看桥的角色、端口的角色和状态。

（2）测试链路选用情况。

在LSW3与LSW1和LSW2连接的两个端口GE 0/0/1和GE 0/0/2分别开启Wireshark抓包功能，然后用PC1 ping 192.168.1.1，发现GE 0/0/1口对应的抓包器捕获到了ICMP数据流，如图3-14所示，而GE 0/0/2口对应的抓包器并没有捕获到ICMP数据流，说明此时没有链路故障的情况下，终端发往上游的数据是走LSW3—LSW1这条路径的。

No.	Time	Source	Destination	Protocol	Length	Info
3121	868.093000	192.168.10.1	192.168.1.1	ICMP	78	Echo (ping) request
3122	868.109000	192.168.1.1	192.168.10.1	ICMP	78	Echo (ping) reply
3123	868.343000	IETF-VRRP-VRID_28	Broadcast	ARP	64	ARP Announcement for
3124	868.515000	192.168.30.254	224.0.0.18	VRRP	64	Announcement (v2)
3125	868.703000	192.168.10.254	224.0.0.18	VRRP	64	Announcement (v2)
3126	868.796000	192.168.20.254	224.0.0.18	VRRP	64	Announcement (v2)
3127	869.140000	192.168.10.1	192.168.1.1	ICMP	78	Echo (ping) request
3128	869.156000	192.168.1.1	192.168.10.1	ICMP	78	Echo (ping) reply
3129	869.218000	HuaweiTe_29:15:5b	Spanning-tree-(for-…	STP	151	MST. Root = 32768/0/4
3130	869.515000	192.168.30.254	224.0.0.18	VRRP	64	Announcement (v2)
3131	869.703000	192.168.10.254	224.0.0.18	VRRP	64	Announcement (v2)
3132	869.796000	192.168.20.254	224.0.0.18	VRRP	64	Announcement (v2)
3133	870.171000	192.168.10.1	192.168.1.1	ICMP	78	Echo (ping) request
3134	870.203000	192.168.1.1	192.168.10.1	ICMP	78	Echo (ping) reply
3135	870.515000	192.168.30.254	224.0.0.18	VRRP	64	Announcement (v2)

图3-14　抓取到的LSW3—LSW1的数据流

现在模拟故障，将LSW3的GE 0/0/1端口用shutdown命令关闭，再在LSW3与LSW2连接的端口GE 0/0/2开启Wireshark抓包功能，然后再用PC1 ping 192.168.1.1（LSW1的管理地址），发现GE 0/0/2端口对应的抓包器捕获到了ICMP数据流，说明此时终端发往上游的数据是走了LSW3—LSW2—LSW1这条备用路径的。

用undo shutdown命令重新启用LSW3的GE 0/0/1端口，再次在LSW3与LSW1和LSW2连接的两个端口GE 0/0/1和GE 0/0/2分别开启Wireshark抓包功能，然后用PC1 ping 192.168.1.1，发现ICMP数据流又选择了LSW3—LSW1这条路径作为最优路径。还可以用PC1 ping PC2，发现数据流走了LSW3—LSW1—LSW3的路径，说明这时两台PC是经过三层路由访问的，而二层是隔离的。

3.2.4　知识拓展——生成树的安全防御

1. BPDU保护

正常情况下，交换机与终端相连的端口只要设置为边缘端口，就不会接收BPDU报文。但是，如果有攻击者伪造BPDU攻击交换设备，当伪造的BPDU发送到交换机边缘端口时，交换机会自动将边缘端口设置为非边缘端口，并重新进行生成树计算，从而引起网络的振荡，严重影响网络的正常运行。同理，攻击者也可伪造TCN BPDU报文恶意攻击交换设备，交换设备收到很多TCN BPDU报文后会频繁地删除MAC地址表项或ARP地址表项而重新学习相应表项，也会造成网络的振荡，同时会给交换设备带来很大的负担。针对这些攻击可采用配置BPDU保护来进行防御。

BPDU保护配置的示例如下：

```
[huawei]stp bpdu - protection                    //全局开启 BPDU 保护
[huawei]interface GigabitEthernet 0/0/1          //进入端口视图
```

```
[huawei-GigabitEthernet0/0/1]stp edged-port enable  //将端口配置为边缘端口
[huawei-GigabitEthernet0/0/1]stp bpdu-filter enable //使能端口过滤BPDU的功能
```

2. 环路保护

由于链路故障或拥塞导致根端口及阻塞端口收不到上游交换设备发送的BPDU报文时，生成树中的交换机就会重新选择根端口，原来的阻塞端口会迁移到转发状态，这时没有端口处于阻塞状态，从而可能导致产生环路。这种情况下，为防止环路发生，可部署环路保护功能。

在启用了环路保护功能后，如果根端口及阻塞端口长时间收不到来自上游交换设备发送的BPDU报文，会向网管发送通知消息，使阻塞端口转换为指定端口时，依然保持阻塞状态，直到链路不再拥塞或链路故障恢复。

3.3　模块3：虚拟路由冗余协议

【教学目标】

知识目标：

➢ 了解VRRP应用场景。

➢ 理解VRRP工作原理。

➢ 掌握VRRP基本配置。

技能目标：能够在相应场景正确配置VRRP，解决网关单点故障的问题。

思政目标：

➢ 明确单网关设备面临的风险，树立维护网络安全的责任意识，采取必要措施保障企事业单位利益。

➢ 培养学生溯本求源的探究精神及一丝不苟的工匠精神。

3.3.1　模块拓扑

在图3-1中，为了避免单网关故障给企业带来网络故障风险，该项目将LSW1和LSW2两台RS交换机作为各VLAN终端的主备网关。VRRP(虚拟路由冗余协议)是这种场景下常用的协议，这里仅以VLAN 10为例，分析VRRP的工作原理。为方便研究，由图3-1中把主备网关LSW1和LSW2与上下游设备R1、PC1及之间的链路组成的模块独立出来，形成如图3-15所示的拓扑，该拓扑在配置VRRP时也结合了链路聚合、生成树的配置，便于掌握3个功能模块的综合应用，而这3种技术结合使用在实际中也是比较多见的，有较大的借鉴意义。

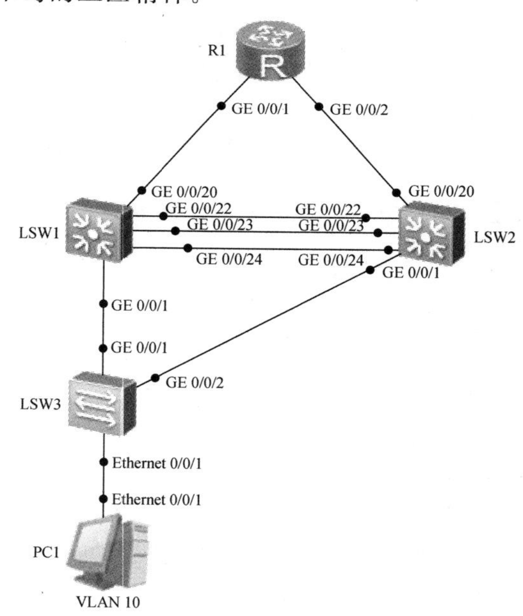

图3-15　VRRP+链路聚合+生成树应用示例

在正常的网络状态下，VLAN 10的终端均以 LSW1 为默认网关设备，网关地址为 192.168.10.254，当 LSW1 故障或 LSW3—LSW1 链路故障时，希望 VLAN 10 的所有终端能自动把网关地址切换为 LSW2 上 vlanif 10 的地址 192.168.10.253，但如果要求普通用户在很短时间能步调一致地把网关改过来几乎是不可能的。如果将两台设备 vlanif 10 地址均配置成相同的 IP 地址，又会导致地址冲突，而 VRRP 可以将主备网关虚拟成一台设备，提供统一的网关地址，所有终端只需设置该虚拟网关地址作为网关即可，即使其中一台设备故障也无须切换网关地址。

3.3.2 知识准备

1. VRRP 概述

局域网中的用户终端要访问外网，就必须配置一个默认网关地址，这个地址意味着终端在访问外网时会先将数据发往该地址所在的网关设备，再由这台设备将数据转发出去，如图 3-16 所示，PC1 想要访问 PC2，网关可以是 R1 的 GE 0/0/1 地址 192.168.1.1 或 R2 的 GE 0/0/2 地址 192.168.1.2。

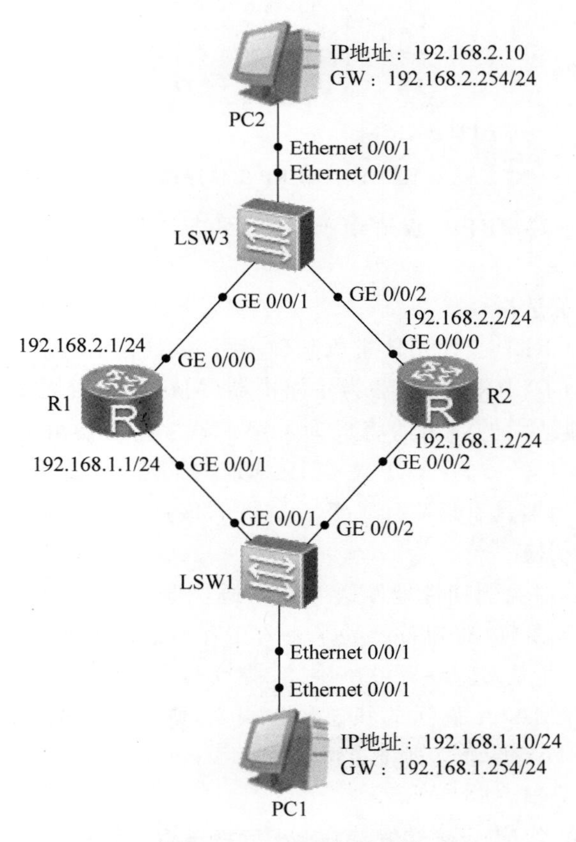

图 3-16　VRRP 应用示例

如果仅以一台设备的相应地址作为默认网关(如 R1 的 GE 0/0/1 地址 192.168.1.1)，默认网关设备发生故障后用户终端就无法访问外网，这很可能会给用户带来不可预计的损失。

部署多个网关设备可以解决单点故障问题，但多个设备如果都配置和终端默认网关一样的地址，就会导致 IP 地址冲突问题，如果多个设备配置不一样的网关地址，则原网关故障后所有用户需要步调一致地把网关地址改成备用网关地址，这几乎是不可能的。那么如何让多个网关能够协同工作但地址又不会相互冲突呢？

VRRP通过将多个网关设备虚拟成一个网关设备，从而只需要设置一个虚拟网关地址（和用户终端的默认网关地址相同），如图3-17所示，两台网关设备虚拟成一台网关设备后拓扑就相当于成了右边单网关的情况，从而可以使终端的默认网关和网关设备上的网关地址始终保持一致，这样成功地在使网关设备冗余的同时解决了网关地址冲突和终端切换网关的问题。

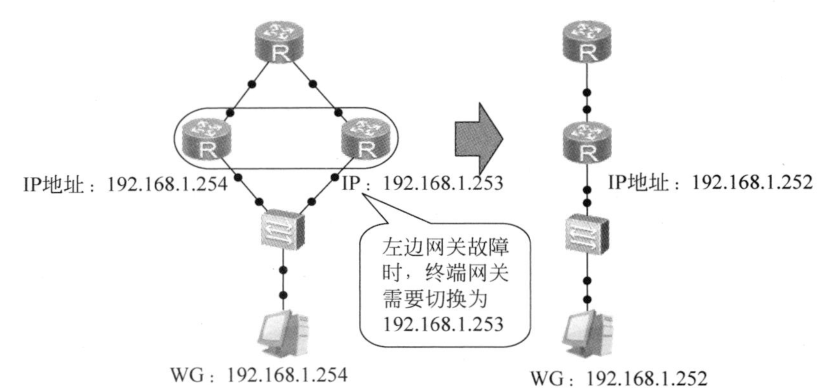

图3-17　VRRP工作原理

VRRP有两个版本，VRRPv2仅适用于IPv4网络，VRRPv3适用于IPv4和IPv6两种网络。

2. VRRP主备网关选举

在虚拟网关组中VRRP会使用选举机制确定路由器（包括三层交换机）的主备（Master或Backup），优先级高的VRRP路由器为主路由器（Master），当优先级相同时通过比较IP地址来进行选择，IP地址大的路由器将成为主路由器。路由器可配置的VRRP优先级为1～254，默认优先级为100。当VRRP虚拟IP地址与某网关地址相同时，与VRRP虚拟IP地址相同的VRRP路由器具有最高优先级255，此时该路由器被称为IP地址拥有者。

3. VRRP的主备切换

Master设备在工作时会周期性地发送VRRP通告报文（Advertisement，也被形象地称为心跳报文）给组内其他设备，以通知自己处于正常工作状态。通告报文目的IP地址是224.0.0.18，目的MAC地址是01-00-5e-00-00-12，协议号是112。Backup在Master_Down_Interval时间内未收到Master发送的状态通告报文，则立即成为Master。因为原Master优先级较高，所以故障恢复后会立即抢占再次成为Master。

4. VRRP的负载分担

如果流量都经由单个Master转发，Master负担过重，而备份设备得不到利用。VRRP支持通过配置不同的备份组，使RouterA为组1的Master，而使RouterB成为组2的Master，这样就可以让RouterA和RouterB共同分担网络中流量了。

5. 配置命令（端口模式）

（1）设置虚拟网关地址。

```
vrrp vrid VRID virtual - ip X.X.X.X
```

说明：VRID 为 VRRP 分组的编号，X. X. X. X 代表该 VRIP 组虚拟的网关地址。

(2) 配置 VRRP 优先级。

```
vrrp vrid VRID priority priority
```

说明：priority 用于设置优先级，并按优先级竞选主备网关，取值范围为 1～254。

(3) 设置抢占时延示例(单位为秒)。

```
vrrp vrid 1 preempt - mode timer delay 20
```

说明：该命令设置主网关恢复功能后经过一定延时再将主网关的角色抢回。

(4) 监听上游端口示例。

```
vrrp vrid 1 track interface GigabitEthernet 0/0/0 reduce 30
```

说明：监听上游端口，如果故障则将优先级降低 30，则让备用设备成为主网关。

(5) 显示 VRRP 信息。

```
display vrrp brief
```

3.3.3 配置与测试

由于图 3-15 所示模块拓扑中综合了 VRRP、链路聚合和生成树 3 大功能，对初学者来说，可能会对领会 VRRP 配置有所干扰。为便于领会 VRRP 单项功能配置，这里先对图 3-16 所示拓扑进行配置，之后再配置图 3-15 所示的拓扑。

1. 对如图 3-16 所示拓扑配置 VRRP

视频讲解

该实例对上下两个网段分别作了 VRRP 虚拟网关设置。上面 PC2 地址设置为 192.168.2.10/24，默认网关为 192.168.2.254，而它的两个网络出接口分别为 R1 的 GE 0/0/0(192.168.2.1)和 R2 的 GE 0/0/0(192.168.2.2)，均与终端默认网关不同，无法通信。现在为了 R1 和 R2 的 GE 0/0/0 对终端均表现为与终端默认网关相同的地址，使 PC2 通过两个出接口均可实现跨网段访问，这里采用 VRRP 将两台路由器的 GE 0/0/0 接口(与 PC2 相连)虚拟成一个 VRRP 组，这个 VRRP 组对应唯一的 IP 地址 192.168.2.254(与终端默认网关相同)，这个地址将成为 R1 和 R2 面对 192.168.2.0/24 网段所有终端提供的唯一网关地址，这样 PC2 跨网段访问 PC1 时不管数据经哪台路由器转发，面对的只有一个网关地址。类似地，下面的终端 PC1 与 R1 和 R2 连接的两个接口地址均与终端默认网关不同，也需要用 VRRP 将两个出接口虚拟成一个 VRRP 组，设置其对应 IP 地址为 192.168.1.254(与终端默认网关相同)，该地址将成为两个出接口对终端表现的唯一的地址，从而 PC1 访问 PC2 时不管数据经哪台路由器转发，面对的只有一个网关地址。以下是该实例相应的配置。

(1) R1 配置。

```
<Huawei> sys
[Huawei]sysname R1
[R1]interface GigabitEthernet 0/0/0
[R1 - GigabitEthernet0/0/0]ip address 192.168.2.1 24
[R1 - GigabitEthernet0/0/0]vrrp vrid 1 virtual - ip 192.168.2.254 //配置组 1 虚拟网关
[R1 - GigabitEthernet0/0/0]vrrp vrid 1 priority 150          //配置优先级使 R1 为主设备
[R1 - GigabitEthernet0/0/0]quit
[R1]interface GigabitEthernet 0/0/1
[R1 - GigabitEthernet0/0/1]ip address 192.168.1.1 24
```

```
[R1-GigabitEthernet0/0/1]vrrp vrid 2 virtual-ip 192.168.1.254  //配置组 2 虚拟网关
[R1-GigabitEthernet0/0/1]vrrp vrid 2 priority 150     //配置优先级使 R1 为主设备
[R1-GigabitEthernet0/0/1]vrrp vrid 2 preempt-mode timer delay 10     //配置抢占时延
[R1-GigabitEthernet0/0/1]vrrp vrid 2 track interface GigabitEthernet 0/0/0 reduced 60
//上游接口失效时降低该设备优先级将主设备角色让给备用设备
[R1-GigabitEthernet0/0/1]quit
```

(2) R2 配置。

```
<Huawei>sys
[Huawei]sysname R2
[R2]undo info-center enable
[R2]interface GigabitEthernet 0/0/0
[R2-GigabitEthernet0/0/0]ip address 192.168.2.2 24
[R2-GigabitEthernet0/0/0]vrrp vrid 1 virtual-ip 192.168.2.254 //配置组 1 虚拟网关
[R2-GigabitEthernet0/0/0]quit
[R2]interface GigabitEthernet 0/0/2
[R2-GigabitEthernet0/0/2]ip address 192.168.1.2 24
[R2-GigabitEthernet0/0/2]vrrp vrid 2 virtual-ip 192.168.1.254 //配置组 2 虚拟网关
[R2-GigabitEthernet0/0/2]quit
[R2]
```

(3) 终端配置。

PC1：IP 地址为 192.168.1.10，掩码为 255.255.255.0，默认网关为 192.168.1.254。

PC2：IP 地址为 192.168.2.10，掩码为 255.255.255.0，默认网关为 192.168.2.254。

(4) VRRP 信息查看。

在 R1 用 display vrrp 命令查看 VRRP 信息，显示如图 3-18 所示，可以看出在 VRRP 虚拟组 1(虚拟路由器 1)中 R1 为主设备，在 VRRP 虚拟组 2(虚拟路由器 2)中 R1 也为主设备，这样保证了数据流去和回都是经 R1 转发。这种情况下，如果 R1 工作正常，数据流只要能到达目的地就能将应答信息返回，如果 R1 不能正常工作，也会将去往目的地的数据流和返回的数据流一并转由 R2 转发，降低故障率。

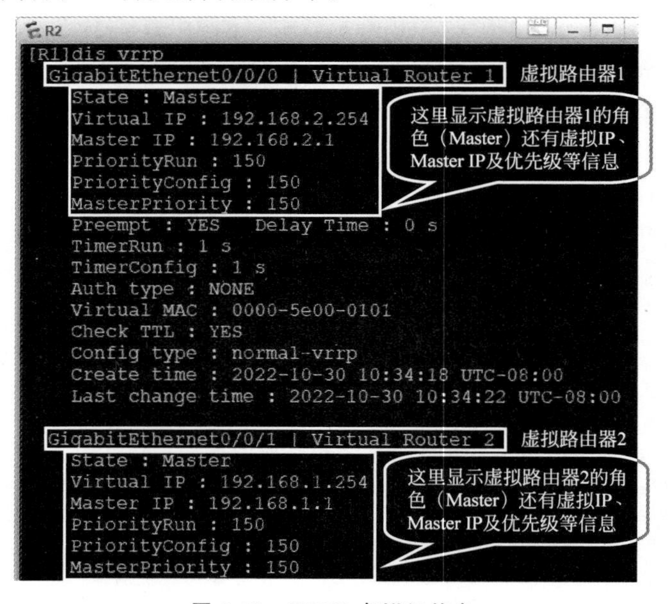

图 3-18　VRRP 虚拟组信息

再用 display vrrp brief 命令查看 VRRP 摘要信息，显示结果如图 3-19 所示，也可以看出在两个虚拟 VRRP 组中，R1 均为主设备，虚拟 IP 地址分别为 192.168.2.254 和 192.168.1.254。

```
<R1>dis vrrp brief
VRID  State        Interface                Type     Virtual IP
----------------------------------------------------------------
1     Master       GE0/0/0                  Normal   192.168.2.254
2     Master       GE0/0/1                  Normal   192.168.1.254
----------------------------------------------------------------
Total:2     Master:2     Backup:0     Non-active:0
<R1> User interface con0 is available
```

图 3-19　VRRP 摘要信息

在 R2 上可用同样的方法查看 VRRP 信息，分别分析两个 VRRP 组的相应信息。

（5）测试。

在 R1 与 PC1 相连的接口 GE 0/0/1 开启抓包，然后用 PC1 ping PC2 地址 192.168.2.10，可以 ping 通，而且抓到了 PC1 ping PC2 的往返 ICMP 报文，说明此时 R1 为工作网关；现模拟故障宕掉 R1 与 PC2 相连的 GE 0/0/0 接口，在 R2 的 GE 0/0/2 接口开启抓包，再用 PC1 长 ping PC2 地址 192.168.2.10，发现经过短暂延时后 PC1 收到 Reply 报文，在 R2 的 GE 0/0/2 接口也抓取到了 ICMP 报文，说明此时工作网关由 R1 切换为了 R2。

2. 对如图 3-15 所示拓扑配置 VRRP

该模块由图 3-1 所示拓扑分解而来，综合了 VRRP、链路聚合及生成树多个功能。这里仅以 VLAN 10 为例说明 VRRP 配置方法，其他 VLAN 可参照 VLAN 10 配置。

分析拓扑结构，可以看出 PC1（VLAN 10）访问上游路由器的数据流既可以经 LSW1 转发，也可以经 LSW2 转发，所以 LSW1 和 LSW2 均可以作为 PC1 网关设备，但如果这两个网关设置同一个 IP 地址（SVI 接口地址）做 VLAN 10 的终端网关，会引起地址冲突问题，如果设置不同网关地址，又需要在工作网关失效后瞬间修改所有 VLAN 10 的客户端网关地址与备用设备所设网关地址一致，这是很不现实的。所以这里采用 VRRP 技术把 LSW1 和 LSW2 虚拟成一个网关设备，从而使两台网关设备对同一 VLAN 的终端只提供一个统一的虚拟网关（这里使用 LSW1 的网关 192.168.10.252），以解决两个网关不一致或 IP 冲突问题，同时通过主备网关增强网络的可靠性。以下是实现 VRRP 的相关配置（含链路聚合及生成树配置），各部分配置以浅灰色标示。

（1）LSW1 配置。

```
<Huawei>sys
[Huawei]sysname LSW1
[LSW1]undo info-center enable
[LSW1]stp mode rstp          //设置生成树模式
[LSW1]vlan 10
[LSW1-vlan10]quit
//以下 5 行为端口聚合设置
[LSW1]interface Eth-Trunk 1                      //设置聚合端口
[LSW1-Eth-Trunk1]port link-type trunk
[LSW1-Eth-Trunk1]port trunk allow-pass vlan all
[LSW1-Eth-Trunk1]load-balance dst-ip          //设置负载分担模式
[LSW1-Eth-Trunk1]trunkport GigabitEthernet 0/0/22 to 0/0/24 //给 Eth-Trunk 1 添加成员端口
[LSW1-Eth-Trunk1]quit
[LSW1]interface GigabitEthernet 0/0/1
```

```
[LSW1-GigabitEthernet0/0/1]port link-type trunk
[LSW1-GigabitEthernet0/0/1]port trunk allow-pass vlan all
[LSW1-GigabitEthernet0/0/1]quit
[LSW1]interface vlanif 10
[LSW1-Vlanif10]ip address 192.168.10.254 24                //设置vlanif接口地址
//以下3行为VRRP相关配置
[LSW1-Vlanif10]vrrp vrid 1 virtual-ip 192.168.10.252    //设置虚拟网关地址
[LSW1-Vlanif10]vrrp vrid 1 priority 120                 //设置优先级使该设备成为主设备
[LSW1-Vlanif10]vrrp vrid 1 preempt-mode timer delay 10  //设置抢占延时为10s
[LSW1-Vlanif10]quit
```

(2) LSW2配置。

```
<Huawei>sys
[Huawei]sysname LSW2
[LSW2]undo info-center enable
[LSW2]stp mode rstp                            //设置生成树模式
[LSW2]vlan 10
[LSW2-vlan10]quit
//以下5行为端口聚合设置(手工模式)
[LSW2]interface Eth-Trunk 1                    //设置链路聚合
[LSW2-Eth-Trunk1]port link-type trunk
[LSW2-Eth-Trunk1]port trunk allow-pass vlan all
[LSW2-Eth-Trunk1]load-balance dst-ip   //设置负载分担模式
[LSW2-Eth-Trunk1]trunkport GigabitEthernet 0/0/22 to 0/0/24 //给Eth-Trunk 1添加成员端口
[LSW2-Eth-Trunk1]quit
[LSW2]interface GigabitEthernet 0/0/1
[LSW2-GigabitEthernet0/0/1]port link-type trunk
[LSW2-GigabitEthernet0/0/1]port trunk allow-pass vlan all
[LSW2-GigabitEthernet0/0/1]quit
[LSW2]interface vlanif 10
[LSW2-Vlanif10]ip address 192.168.10.253 24                //设置vlanif接口地址
//以下1行为VRRP相关配置(备用设备不用配置优先级和抢占时延)
[LSW2-Vlanif10]vrrp vrid 1 virtual-ip 192.168.10.252 //设置虚拟网关地址
[LSW2-Vlanif10]quit
```

(3) LSW3配置。

```
<Huawei>sys
[Huawei]sysname LSW3
[LSW3]undo info-center enable
[LSW3]stp mode rstp        //设置生成树模式
[LSW3]vlan 10
[LSW3-vlan10]quit
[LSW3]interface GigabitEthernet 0/0/1
[LSW3-GigabitEthernet0/0/1]port link-type trunk
[LSW3-GigabitEthernet0/0/1]port trunk allow-pass vlan all
[LSW3-GigabitEthernet0/0/1]quit
[LSW3]interface GigabitEthernet 0/0/2
[LSW3-GigabitEthernet0/0/2]port link-type trunk
[LSW3-GigabitEthernet0/0/2]port trunk allow-pass vlan all
[LSW3-GigabitEthernet0/0/2]quit
[LSW3]port-group group-member Ethernet 0/0/1 to Ethernet 0/0/10
[LSW3-port-group]port link-type access
[LSW3-port-group]port default vlan 10
[LSW3-port-group]quit
[LSW3]
```

（4）查看 VRRP 信息。

用 display vrrp brief 命令查看 LSW1 的 VRRP 摘要信息，如图 3-20 所示，可以看到虚拟网关地址为 192.168.10.252，LSW1 为主设备(Master)。

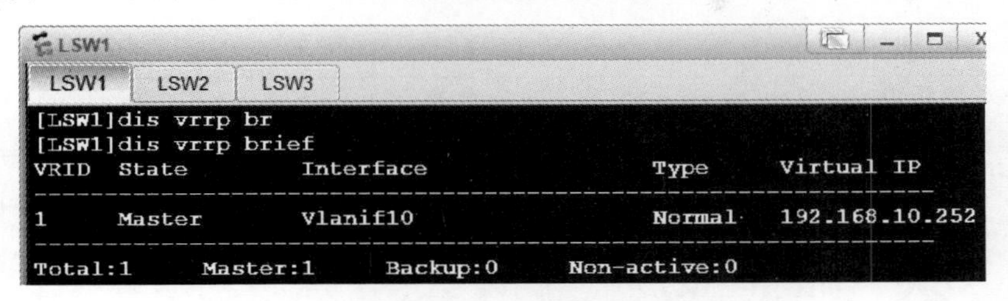

图 3-20　LSW1 上 VRRP 摘要信息

用 display vrrp 命令查看 LSW1 的 VRRP 信息，如图 3-21 所示，可以看到 LSW1 为主设备(Master)、虚拟网关地址为 192.168.10.252、优先级为 120 等信息。

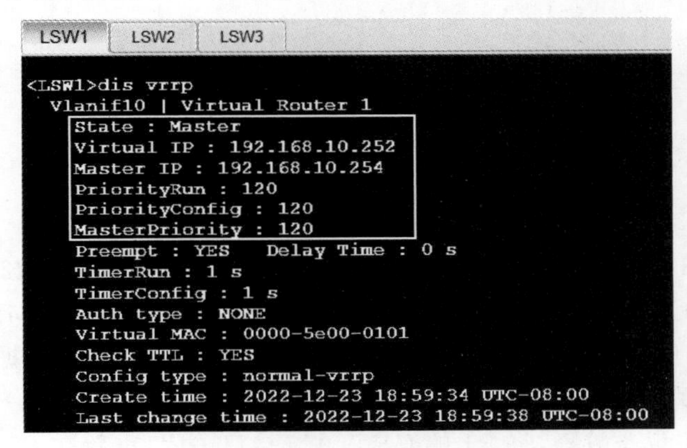

图 3-21　LSW1 上 VRRP 信息

类似地，用 display vrrp brief 和 display vrrp 命令查看 LSW2 的 VRRP 信息，可以看到 VLAN 10 的虚拟网关地址为 192.168.10.252，LSW2 为备用设备(Backup)。

（5）ping 测试。

用 PC1 ping 网关 192.168.10.252，收到应答消息，说明能够 ping 通虚拟网关，如图 3-22 所示。

图 3-22　对虚拟网关的连通性测试

现模拟故障关闭 LSW1 和 LSW3 相连的端口，在 LSW3 的 GE 0/0/2 端口开启抓包，再在 PC1 上执行 ping 192.168.10.252 -t 命令长 ping 虚拟网关，发现经过一定延时后，在 LSW3 的 GE 0/0/2 端口抓取到了 ICMP 数据流，如图 3-23 所示，说明此时网关由 LSW1 切换为 LSW2。

应用显示过滤器 … <Ctrl-/>

No.	Time	Source	Destination	Protocol	Length	Info
44	17.625000	192.168.10.253	224.0.0.18	VRRP	64	Announcement (v2)
45	17.703000	192.168.10.251	192.168.10.252	ICMP	78	Echo (ping) request
46	17.734000	192.168.10.252	192.168.10.251	ICMP	78	Echo (ping) reply
47	17.937000	HuaweiTe_2c:2a:2c	Spanning-tree-(for-...	STP	60	RST. Root = 32768/0/4
48	18.156000	192.168.20.253	224.0.0.18	VRRP	64	Announcement (v2)
49	18.625000	192.168.10.253	224.0.0.18	VRRP	64	Announcement (v2)
50	18.765000	192.168.10.251	192.168.10.252	ICMP	78	Echo (ping) request
51	18.781000	192.168.10.252	192.168.10.251	ICMP	78	Echo (ping) reply
52	19.156000	192.168.20.253	224.0.0.18	VRRP	64	Announcement (v2)
53	19.625000	192.168.10.253	224.0.0.18	VRRP	64	Announcement (v2)
54	19.812000	192.168.10.251	192.168.10.252	ICMP	78	Echo (ping) request
55	19.812000	192.168.10.252	192.168.10.251	ICMP	78	Echo (ping) reply

图 3-23　LSW3 的 GE 0/0/2 端口抓到的 ICMP 数据流

3.3.4　能力提升——抓包分析 VRRP

按照前文 3.3.3 节对图 3-16 所示拓扑做 VRRP 配置后，在 R1 和 R2 的 GE 0/0/0 接口开启抓包，然后用 PC1 ping PC2，发现 R1 的 GE 0/0/0 接口抓到了 ICMP 数据流，而 R2 的 GE 0/0/0 接口却没有抓到 ICMP 数据流，说明 PC1 ping PC2 的往返数据流均是经 R1 转发的，此时 R1 为主网关。

现在为了模拟主设备故障，将 R1 的 GE 0/0/0 接口关闭，重新在 R1 的 GE 0/0/1 接口和 R2 的 GE 0/0/2 接口开启抓包，然后用 PC1 长 ping PC2，发现经短暂延时后，R2 的 GE 0/0/2 接口抓到了 ICMP 数据流，说明这时 PC1 ping PC2 的往返数据流均是经 R2 转发的，此时原来作为主设备的 R1 已经失效，R2 原来作为备用设备现已接替了主设备转发数据的工作。

用 undo shutdown 命令恢复 R1 的 GE 0/0/0 接口功能，并将 R1 的 GE 0/0/1 接口关闭，然后在 R2 的 GE 0/0/0 接口开启抓包，然后用 PC1 长 ping PC2，发现不能 ping 通，而且 R2 的 GE 0/0/0 接口只能抓到 ICMP Request 报文再用 tracert 命令，并没有抓到 Reply 报文，而 R1 的 GE 0/0/0 却抓到了 Reply 报文，说明 PC1 ping PC2 的往返数据流均是经 R2 转发的，此时原来作为主设备的 R1 已经失效，R2 作为备用设备已接替了主设备转发数据的工作。

分析：如果让 PC1 访问 PC2，PC1 发出的报文首先会交给 R2 转发给 PC2，PC2 返回的应答报文则会首先交给 R1，然后由 R1 转发给 PC1。

这时因为数据流去往目的的路径和回包的路径不同，所以必须保证两条链路都没有故障的情况下，两端才能正常通信；任意一条链路的任意节点故障，都将导致两端通信失败，所以这种配置故障率较高。

如果将两个 VRRP 组的主设备配置为同一台设备，则该设备工作正常时往返数据流全部经该设备转发，如果该设备或该设备相连的链路或接口故障，VRRP 就会启用备用设备，而且往返数据流同步切换为备用设备转发。显然这种情况只要两端有一条链路工作正常，通信就正常，这样就能保证两端通信的低故障率，明显优于两个 VRRP 组的主设备不一致的情况。

所以，在网络构建和配置中，如果存在多种方案，一定要权衡利弊，选择最优的方案。

3.4　模块 4：DHCP

【教学目标】

知识目标：

- 了解 DHCP 的应用场景。
- 理解 DHCP 工作原理。
- 掌握 DHCP 基本配置。
- 了解 DHCP 的安全威胁与防御。

技能目标：能够在相应场景正确配置 DHCP，使众多主机能够自动获取 IP 地址等参数。

思政目标：

- 了解 DHCP 的安全威胁与防御，树立维护网络安全的责任意识，保障企事业单位利益。
- 培养学生溯本求源的探究精神及一丝不苟的工匠精神。

3.4.1　模块拓扑

按照如图 3-1 所示项目整体规划，VLAN 10 对应网段 192.168.10.0/24，VLAN 20 对应网段 192.168.20.0/24，其他 VLAN 也映射了相应网段。所以，VLAN 10 的用户需要配置 192.168.10.0/24 网段的 IP 地址及相应网关，而且要保证每个终端的 IP 地址不同。同理，VLAN 20 的用户需要配置 192.168.20.0/24 网段的 IP 地址及相应网关，而且也要保证每个终端的 IP 地址不同，其他 VLAN 的情况类似。这样，在用户数量较多的网络中，不仅配置工作量大，还容易产生地址配置错误或冲突的情况，影响用户正常通信。

为避免以上问题，该模块将利用 DHCP 服务器实现自动为终端分配 IP 地址，保证终端地址不会重复，而且可以大大节约工作量。为避免重复性配置工作以节约篇幅，这里仅研究 VLAN 10 和 VLAN 20 内的主机获取地址的方法，其他 VLAN 的终端自动获取 IP 地址的配置方法可参照 VLAN 10 或 VLAN 20。

该模块拓扑由项目 3 拓扑图 3-1 分解而来，如图 3-24 所示。将 LSW1 部署为 DHCP Server1，可以为 VLAN 10 的终端 PC1 和 VLAN 20 的终端 PC2 自动分配 IP 地址，为防止 LSW1 故障导致终端不能获取 IP 地址，将 LSW2 部署为 DHCP Server2，作为 DHCP Server1 的备份。

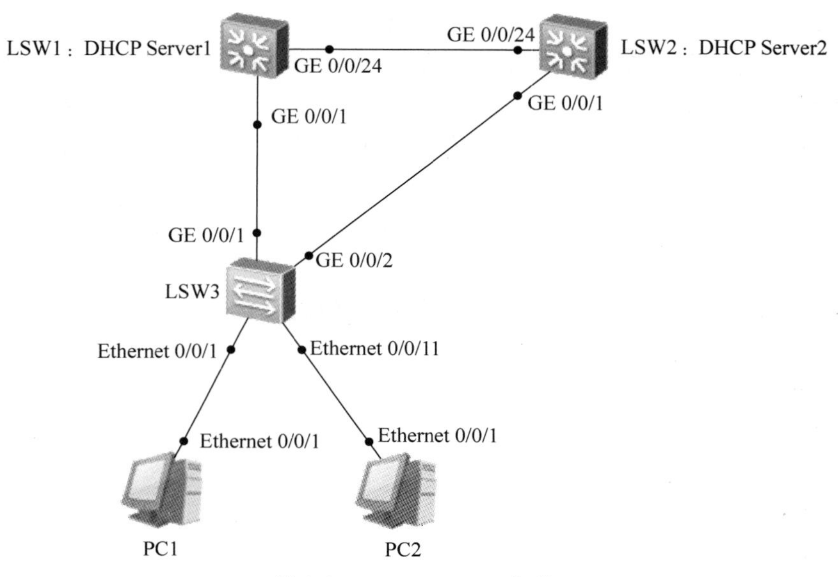

图 3-24 DHCP Server 备份

3.4.2 知识准备

1. DHCP 概述

DHCP(Dynamic Host Configuration Protocol，动态主机配置协议)是一种由 DHCP 服务器对 IP 地址集中管理和自动分配的技术，采用 C/S 构架，终端可以自动从 DHCP 服务器获取 IP 地址以及网关、DNS 服务器地址，简化网络配置，减少 IP 地址冲突，实现接入网络后即插即用。DHCP 广泛用于有线网络和无线局域网终端的地址分配，是影响用户上网体验的重要因素。

2. DHCP 工作原理

DHCP 客户端首次向 DHCP 服务器获取地址的交互过程如图 3-25 所示，分为 4 个阶段。

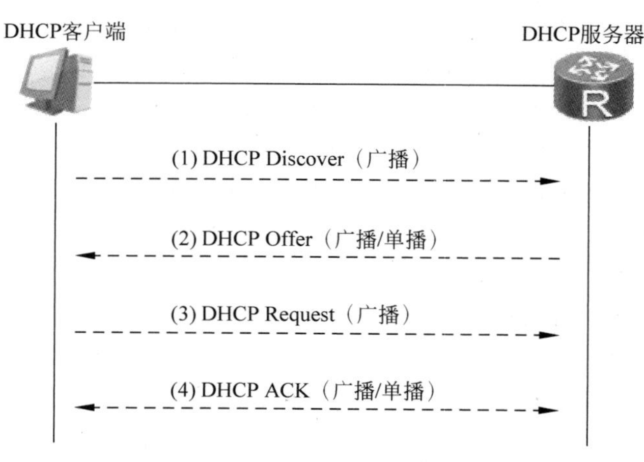

图 3-25 DHCP 工作原理

（1）发现阶段：DHCP 客户端启动时，如果没有 IP 地址，就会以广播方式发送 DHCP Discover 报文，用于寻找 DHCP 服务器，这时由于客户端还没有 IP 地址，所以源 IP 地址为 0.0.0.0，目的 IP 地址为广播地址 255.255.255.255。

（2）提供阶段：网络中的 DHCP 服务器收到客户端发送的 DHCP Discover，会在自己的地址池中选择一个可用地址封装在 DHCP Offer 报文中发送给客户端，告知客户端自己可以为其提供 IP 地址。

（3）选择阶段：由于网络中可能存在多个 DHCP 服务器，故 DHCP 客户端可能会收到多个 Offer 报文，但 DHCP 客户端通常会选择最先收到的 Offer 报文携带的 IP 地址，并以广播方式发送 DHCP Request 报文通告自己选择的 IP 地址。

（4）确认阶段：被客户端选择的 DHCP 服务器收到客户端发送的 DHCP Request 报文，再发送 DHCP ACK 报文确认正式将刚才提供的 IP 地址分配给客户端。其他 DHCP 收到客户端通告的 Request，知道了客户端已选择别的 DHCP 服务器提供的地址，故收回自己提供的地址。

在经过以上 4 个阶段的交互协商，客户端真正获得了 DHCP 服务器提供的 IP 地址。这时，DHCP 客户端还会以广播方式发送免费 ARP 报文，以探测网络中是否有与该 IP 地址重复的 IP 地址，如果没有，则会正式启用该地址。所以，也可以认为，DHCP 工作过程分为 5 步（含发送免费 ARP 报文）。

客户端的 IP 地址是有租期的，如果客户端在租期内重新登录网络，则不再发送 Discover 报文，而是直接发送 DHCP Request 报文。服务器收到客户端发送的 Request 报文，回复 DHCP ACK 报文进行确认，或回复 DHCP NAK 报文拒绝其请求。

3. DHCP 地址池

DHCP 地址池用于定义 DHCP 服务器可以给客户端分配的地址范围及网关等网络参数。华为设备地址池有两种定义方式：全局地址池和接口地址池。

（1）全局地址池。

全局地址池是独立的，不需要与接口绑定，其定义示例如下：

```
[Huawei]dhcp enable                                   //使能 DHCP 功能
[Huawei]ip pool vlan10                                //定义地址池名称并进入地址池配置视图
[Huawei-ip-pool-pool2]network 192.168.10.0 mask 24 //定义可分配的地址为 192.168.10.0/24
//网段,可以通过命令排除已用地址
[Huawei-ip-pool-pool2]gateway-list 192.168.10.254   //定义网关
[Huawei-ip-pool-pool2]lease day 10                    //定义租期为 10 天
[Huawei-ip-pool-pool2]quit
[Huawei]interface GigabitEthernet 0/0/1
[Huawei-GigabitEthernet0/0/1]dhcp select global      //定义该接口为全局地址池输出接口
```

（2）接口地址池。

接口地址池需要与接口绑定，其定义示例如下：

```
[Huawei]dhcp enable            //使能 DHCP 功能
[Huawei]interface GigabitEthernet 0/0/1
[Huawei-GigabitEthernet0/0/1]dhcp select interface //选择该接口为地址池接口(这时接口地址
//为网关地址)
[Huawei-GigabitEthernet0/0/1]dhcp server dns-list 8.8.8.8 //定义 DNS 服务器地址
[Huawei-GigabitEthernet0/0/1]dhcp server excluded-ip-address 192.168.10.1 //定义排除地址
[Huawei-GigabitEthernet0/0/1]dhcp server lease day 3 //定义地址租期
```

3.4.3 配置与测试

这里以全局地址池为例介绍DHCP服务的相关配置，并同时在LSW1和LSW2上部署DHCP服务，使两台设备形成DHCP服务的备份。各设备具体配置如下。

视频讲解

1. LSW1配置

```
<Huawei>sys
[Huawei]sysname LSW1
[LSW1]undo info-center enable
[LSW1]stp mode rstp                                              //设置生成树模式
[LSW1]vlan batch 10 20
[LSW1]interface GigabitEthernet 0/0/1
[LSW1-GigabitEthernet0/0/1]port link-type trunk
[LSW1-GigabitEthernet0/0/1]port trunk allow-pass vlan all
[LSW1-GigabitEthernet0/0/1]quit
[LSW1]interface GigabitEthernet 0/0/24
[LSW1-GigabitEthernet0/0/24]port link-type trunk
[LSW1-GigabitEthernet0/0/24]port trunk allow-pass vlan all
[LSW1-GigabitEthernet0/0/24]quit
//配置DHCP地址池
[LSW1]dhcp enable                                                //使能DHCP服务
[LSW1]ip pool vlan10                                             //定义VLAN 10的地址池
[LSW1-ip-pool-vlan10]network 192.168.10.0 mask 255.255.255.0    //定义地址池网段
[LSW1-ip-pool-vlan10]gateway-list 192.168.10.252                //定义VLAN 10的网关
[LSW1-ip-pool-vlan10]excluded-ip-address 192.168.10.253         //定义排除的地址
[LSW1-ip-pool-vlan10]dns-list 8.8.8.8                           //定义DNS服务器地址
[LSW1-ip-pool-vlan10]lease 30                                   //定义地址租期为30天
[LSW1-ip-pool-vlan10]quit
[LSW1]ip pool vlan20                                             //定义VLAN 20的地址池
[LSW1-ip-pool-vlan20]network 192.168.20.0 mask 255.255.255.0    //定义地址池网段
[LSW1-ip-pool-vlan20]gateway-list 192.168.20.252                //定义VLAN 20的网关
[LSW1-ip-pool-vlan20]excluded-ip-address 192.168.20.253         //定义排除的地址
[LSW1-ip-pool-vlan20]dns-list 8.8.8.8                           //定义DNS服务器地址
[LSW1-ip-pool-vlan20]lease 30                                   //定义地址租期
[LSW1-ip-pool-vlan20]quit
[LSW1]interface vlanif 10
[LSW1-Vlanif10]ip address 192.168.10.254 24                     //设置vlanif接口地址
//以下3行为VRRP虚拟组1设置
[LSW1-Vlanif10]vrrp vrid 1 virtual-ip 192.168.10.252            //设置虚拟网关地址
[LSW1-Vlanif10]vrrp vrid 1 priority 120                         //设置优先级
[LSW1-Vlanif10]vrrp vrid 1 preempt-mode timer delay 10          //设置VRRP抢占延时10s
[LSW1-Vlanif10]dhcp select global          //设置VLAN 10的地址池为全局地址池
[LSW1-Vlanif10]quit
[LSW1]interface vlanif 20
[LSW1-Vlanif20]ip address 192.168.20.254 24                     //设置vlanif接口地址
//以下1行为VRRP虚拟组2设置
[LSW1-Vlanif20]vrrp vrid 2 virtual-ip 192.168.20.252            //设置虚拟网关地址
[LSW1-Vlanif20]dhcp select global          //设置VLAN 20的地址池为全局地址池
[LSW1-Vlanif20]quit
[LSW1]
```

2. LSW2 配置

```
<Huawei>sys
[Huawei]sysname LSW2
[LSW2]undo info-center enable
[LSW2]stp mode rstp                                          //设置生成树模式
[LSW2]vlan batch 10 20
[LSW2]interface GigabitEthernet 0/0/1
[LSW2-GigabitEthernet0/0/1]port link-type trunk
[LSW2-GigabitEthernet0/0/1]port trunk allow-pass vlan all
[LSW2-GigabitEthernet0/0/1]quit
[LSW2]interface GigabitEthernet 0/0/24
[LSW2-GigabitEthernet0/0/24]port link-type trunk
[LSW2-GigabitEthernet0/0/24]port trunk allow-pass vlan all
[LSW2-GigabitEthernet0/0/24]quit
//配置 DHCP 地址池
[LSW2]dhcp enable                                            //使能 DHCP 服务
[LSW2]ip pool vlan10                                         //定义 VLAN 10 的地址池
[LSW2-ip-pool-vlan10]network 192.168.10.0 mask 255.255.255.0 //定义地址池网段
[LSW2-ip-pool-vlan10]gateway-list 192.168.10.252             //定义 VLAN 10 的网关
[LSW2-ip-pool-vlan10]excluded-ip-address 192.168.10.254      //定义排除的地址
[LSW2-ip-pool-vlan10]dns-list 8.8.8.8                        //定义 DNS 服务器地址
[LSW2-ip-pool-vlan10]lease 30                                //定义地址租期
[LSW2-ip-pool-vlan10]quit
[LSW2]ip pool vlan20                                         //定义 VLAN 20 的地址池
[LSW2-ip-pool-vlan20]network 192.168.20.0 mask 255.255.255.0 //定义地址池网段
[LSW2-ip-pool-vlan20]gateway-list 192.168.20.252             //定义 VLAN 20 的网关
[LSW2-ip-pool-vlan20]excluded-ip-address 192.168.20.254      //定义排除的地址
[LSW2-ip-pool-vlan20]dns-list 8.8.8.8                        //定义 DNS 服务器地址
[LSW2-ip-pool-vlan20]lease 30                                //定义地址租期
[LSW2-ip-pool-vlan20]quit
[LSW2]interface vlanif 10
[LSW2-Vlanif10]ip address 192.168.10.253 24                  //设置 vlanif 接口地址
//以下 1 行为 VRRP 虚拟组 1 设置
[LSW2-Vlanif10]vrrp vrid 1 virtual-ip 192.168.10.252         //设置虚拟网关地址
[LSW2-Vlanif10]dhcp select global         //设置 VLAN 10 的地址池为全局地址池
[LSW2-Vlanif10]quit
[LSW2]interface vlanif 20
[LSW2-Vlanif20]ip address 192.168.20.253 24                  //设置 vlanif 接口地址
//以下 3 行为 VRRP 虚拟组 2 设置
[LSW2-Vlanif20]vrrp vrid 2 virtual-ip 192.168.20.252         //设置虚拟网关地址
[LSW2-Vlanif20]vrrp vrid 2 priority 120                      //设置优先级
[LSW2-Vlanif20]vrrp vrid 2 preempt-mode timer delay 10       //设置 VRRP 抢占延时 10s
[LSW2-Vlanif20]dhcp select global         //设置 VLAN 20 的地址池为全局地址池
[LSW2-Vlanif20]quit
[LSW2]
```

3. LSW3 配置

```
<Huawei>sys
[Huawei]sysname LSW3
[LSW3]undo info-center enable
[LSW3]stp mode rstp   //设置生成树模式
[LSW3]vlan batch 10 20
[LSW3-vlan10]quit
[LSW3]interface GigabitEthernet 0/0/1
```

```
[LSW3-GigabitEthernet0/0/1]port link-type trunk
[LSW3-GigabitEthernet0/0/1]port trunk allow-pass vlan all
[LSW3-GigabitEthernet0/0/1]quit
[LSW3]interface GigabitEthernet 0/0/2
[LSW3-GigabitEthernet0/0/2]port link-type trunk
[LSW3-GigabitEthernet0/0/2]port trunk allow-pass vlan all
[LSW3-GigabitEthernet0/0/2]quit
[LSW3]port-group group-member Ethernet 0/0/1 to Ethernet 0/0/10
[LSW3-port-group]port link-type access
[LSW3-port-group]port default vlan 10
[LSW3-port-group]quit
[LSW3]port-group group-member Ethernet 0/0/11 to Ethernet 0/0/20
[LSW3-port-group]port link-type access
[LSW3-port-group]port default vlan 20
[LSW3-port-group]quit
[LSW3]
```

4. 测试

如图3-26所示，选择PC1的“基础配置”选项卡，设置IPv4配置模式为DHCP，然后单击右下角的“应用”按钮。

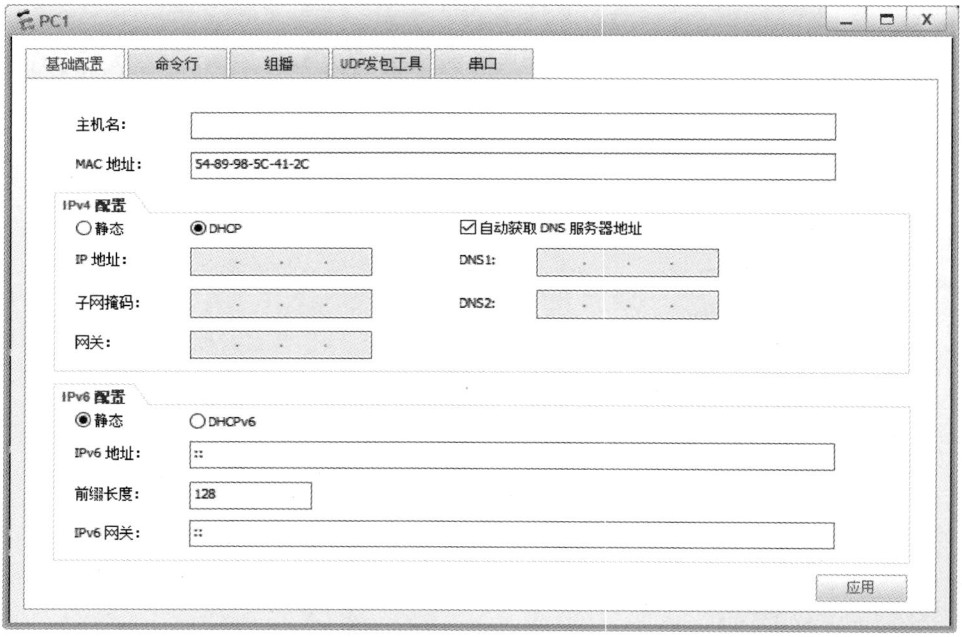

图 3-26　终端自动获取IP地址设置

然后选择PC1的“命令行”选项卡，输入ipconfig命令并按Enter键，查看PC1的IP地址，如图3-27所示，发现PC1已经获取到了IP地址192.168.10.251，网关为虚拟地址192.168.10.252，DNS服务器地址为地址池设置的8.8.8.8。

类似地，PC2也获取到了IP地址，网关地址为192.168.10.252，DNS服务器地址为地址池设置的8.8.8.8。

模拟故障停止设备LSW1或LSW2，再让PC1或PC2用DHCP方式获取IP地址，发现总能获取到地址，说明此时LSW1和LSW2形成了DHCP服务器的备份。

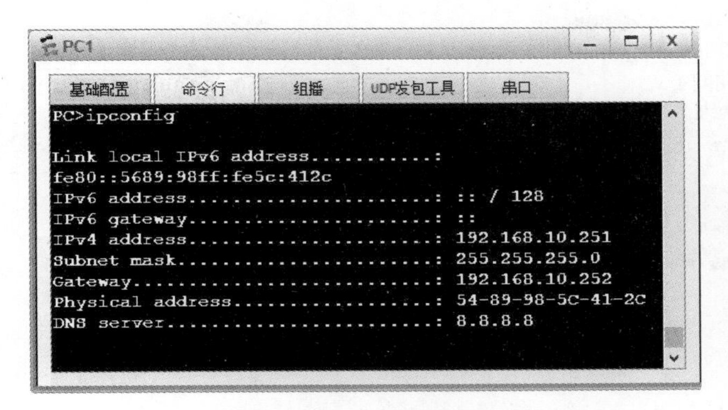

图 3-27　查看由 DHCP 服务器获取的 IP 地址

3.4.4　能力提升——DHCP 攻击与防御

由于 DHCP 缺乏认证机制，这样就可能因错误地接入具有 DHCP 服务功能的设备或者不法分子故意接入网络实施攻击而导致 DHCP 服务异常。

最典型的两类问题就是 DHCP 地址被耗尽和 DHCP 服务器被假冒。

DHCP 地址耗尽攻击也称为 DHCP 饿死攻击，如图 3-28 所示，如果有攻击者伪造不同的 CHADDR 不断地向 DHCP 服务器请求 IP 地址，DHCP 服务器地址池中的地址很快会被耗尽，就不能为正常主机分配地址了。

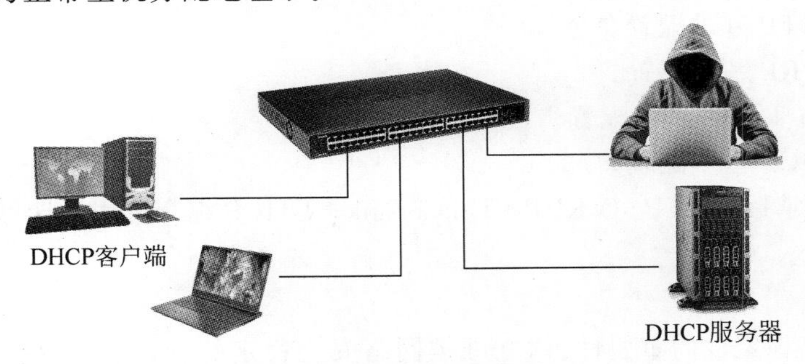

图 3-28　DHCP 地址耗尽攻击

DHCP 服务器假冒即冒充 DHCP 服务器给客户端分配错误的 IP 地址及网关等网络参数，导致客户端通信异常或数据被窃取。如图 3-29 所示，如果有非法 DHCP 服务器冒充正常 DHCP 服务器为客户端分配错误 IP 地址及网关等参数，就会使客户端获取错误 IP、网关并改变数据流向，导致数据被窃取及上网行为被控制。

为了抵御 DHCP 攻击，可采取如下措施。

(1) 在交换机上开启 DHCP snooping 功能。

(2) 防止 DHCP 服务器假冒：将交换机与合法 DHCP 服务器连接的端口设置为信任端口(Trusted)，其他端口设置为非信任端口(Untrusted)。这样，攻击者假冒 DHCP 服务器发送的 Offer 报文会被交换机拒收，终端只能接收到信任的 DHCP 服务器分配的 IP 地址等网络参数。

(3) 防止 DHCP 饿死攻击：根据攻击类型在交换机与攻击者连接的端口设置安全端口或 DHCP 报文检查功能，拒收攻击者对 IP 地址的虚假请求报文，并可以关闭该端口。

图 3-29　DHCP 服务器假冒

3.5　模块整合与项目整体部署

【教学目标】

知识目标：

- 了解单生成树的缺陷。
- 理解 MSTP 的工作原理。
- 理解 VRRP 的工作原理。
- 掌握 MSTP 基本配置命令。
- 掌握 VRRP 基本配置。
- 掌握 Eth-Trunk 基本配置。
- 掌握 DHCP 基本配置。

技能目标：掌握 MSTP＋VRRP＋Eth-Trunk＋DHCP 综合应用设计思路，并能正确配置实现各项功能。

思政目标：

- 明确网络稳定性的重要性，树立维护网络安全稳定的责任意识，提前做好网络规划与部署，综合运用 MSTP、Eth-Trunk 及 VRRP 等技术实现网络的稳定可靠，并有效防御 DHCP 等各种攻击，维护企事业单位利益。
- 培养学生溯本求源的探究精神及一丝不苟的工匠精神。

3.5.1　模块拓扑

前面对项目 3 所用的几种技术 Eth-Trunk、VRRP、RSTP 分别进行了原理分析和实验测试，该模块将对前面各模块功能进行整合，并引进基于 RSTP 的 MSTP 原理与配置的相关知识，综合运用 MSTP＋VRRP＋Eth-Trunk＋DHCP 技术组合完成项目 3 的整体部署和配置。所以，该模块拓扑及项目 3 的拓扑如图 3-1 所示。

3.5.2　知识准备

1. 多生成树

备份链路和备份设备解决了单链路故障和单点故障给企业带来网络故障或丢包等风

险,而因备份链路和备份设备产生的环路又可以通过生成树或快速生成树解决。但是,STP和RSTP都是单生成树协议,所有VLAN共享一棵生成树转发数据,势必导致工作链路的拥塞和工作设备资源的过多消耗,而非工作链路和设备却没有得到应用,造成资源的浪费。

多生成树协议(MSTP)以快速生成树为基础,可以针对实例(每个实例可理解为一个VLAN组)创建工作链路不同的不同快速生成树,使一个或若干VLAN使用某一棵快速生成树提供的链路转发数据,而另外的一个或若干VLAN使用另外的快速生成树提供的链路转发数据,这样所有的设备和链路都得到了利用,而且实现了负载分担,保证了数据的高效转发。这时就产生了VLAN和生成树的映射关系,这种映射关系形成的每一棵树分别称为一个多生成树实例(MSTI)。MSTI具有如下特点。

(1) 每个实例对应一个或一组VLAN。

(2) 每个VLAN只能对应一个实例。

(3) 每个交换机可以运行多个实例(最多16个,编号为0～15)。

(4) 没有配置VLAN与实例的映射关系时,所有VLAN映射到实例0。

(5) MSTI的计算过程和状态机基本与RSTP的计算过程和状态机一致。

2. MSTP配置命令

(1) 使能生成树协议,选择生成树模式为多生成树。

```
[Huawei] stp enable
[Huawei] stp mode mstp
```

(2) 进入MSTP域配置模式,设置域名为GR1。

```
[Huawei] stp region - configuration
[Huawei - mst - region] region - name RG1
```

域名为域的一个标识,具有相同域名、相同修订级别和相同VLAN与实例的映射关系的交换机属同一个域。

(3) 创建实例1并映射相应VLAN(可选)。

```
[Huawei - mst - region]instance 1 vlan n[, m...]
```

(4) 激活域配置。

```
[Huawei - mst - region]active region - configuration
```

(5) 配置实例1的根桥和备用根桥(其他实例参照该配置)。

```
[Huawei] stp instance 1 root primary(或 stp instance 1 priority 4096)
[Huawei] stp instance 1 root secondary
```

或

```
[Huawei] stp instance 1 priority 4096
[Huawei] stp instance 2 priority 8192
```

(6) 配置边缘端口示例。

视频讲解

```
[LLSW1 - GigabitEthernet0/0/1]stp edged - port enable
```

(7) 生成树查看命令。

```
[Huawei] display stp [brief]
```

3.5.3 配置与测试

该模块采用VRRP+MSTP+Eth-Trunk+DHCP技术组合对图3-1所示网络进行几

大功能的综合运用和部署，实现带宽扩展、链路备份、负载均衡及网关、根桥和DHCP服务器的备份。下面将对图3-1所示项目拓扑的交换网络进行完整配置。

其中，Eth-Trunk配置依然是将LSW1和LSW2的GE 0/0/22～GE 0/0/24 3个端口进行聚合(手工聚合或LACP模式均可，这里以兼容性最强的手工模式配置)。

生成树配置这里选用MSTP，将VLAN 10、VLAN 20和VLAN 30分为一组，映射为实例1(instance 1)，VLAN 40和VLAN 50分为一组，映射为instance 2，为实现负载均衡，在instance 1中配置LSW1为根桥，在instance 2中配置LSW2为根桥。

通过配置让VRRP与MSTP主备设备保持一致，VLAN 10、VLAN 20和VLAN 30 3个VLAN以LSW1为主设备，而VLAN 40和VLAN 50则以LSW2为主设备，这样实现了负载均衡。

DHCP配置类似模块4，同时在LSW1和LSW2上分别对VLAN 10、VLAN 20、VLAN 30、VLAN 40、VLAN 50配置地址池。

以下是通过display current-configuration命令显示的各交换机的实例配置代码(为节约篇幅，与此实例无关的配置内容已略去)，需要注意该实例各交换机需要用stp mode mstp命令配置生成树模式为多生成树，由于该模式为默认模式，配置代码中并没有显示。因LSW4和LSW5配置与LSW3类似，为节约篇幅，这里只列出LSW3的配置代码，LSW4和LSW5的配置可参照LSW3，也可参照图书配套资源中3.5节各设备的配置源码。

1. 终端静态IP配置

这里先配置静态IP，待测试通过后再改成DHCP自动获取方式进行测试。

PC1：IP地址为192.168.10.1/24，网关为192.168.10.252。

PC2：IP地址为192.168.20.1/24，网关为192.168.20.252。

PC3：IP地址为192.168.30.1/24，网关为192.168.30.252。

PC4：IP地址为192.168.40.1/24，网关为192.168.40.252。

PC5：IP地址为192.168.50.1/24，网关为192.168.50.252。

2. LSW1配置

```
<LSW1>display current-configuration
#
sysname LSW1
#
vlan batch 10 20 30 40 50 666
#
dhcp enable
#
ip pool vlan10
 gateway-list 192.168.10.252
 network 192.168.10.0 mask 255.255.255.0
 lease day 30 hour 0 minute 0
 dns-list 8.8.8.8
#
ip pool vlan20
 gateway-list 192.168.20.252
 network 192.168.20.0 mask 255.255.255.0
 excluded-ip-address 192.168.20.253
 lease day 30 hour 0 minute 0
 dns-list 8.8.8.8
```

```
#
ip pool vlan30
  gateway-list 192.168.30.252
  network 192.168.30.0 mask 255.255.255.0
  lease day 30 hour 0 minute 0
  dns-list 8.8.8.8
#
ip pool vlan40
  gateway-list 192.168.40.252
  network 192.168.40.0 mask 255.255.255.0
  lease day 30 hour 0 minute 0
  dns-list 8.8.8.8
#
ip pool vlan50
  gateway-list 192.168.50.252
  network 192.168.50.0 mask 255.255.255.0
  lease day 30 hour 0 minute 0
  dns-list 8.8.8.8
#生成树配置
stp instance 1 priority 4096
stp instance 2 priority 8192
#
stp region-configuration
  region-name RG1
  instance 1 vlan 10 20 30
  instance 2 vlan 40 50
  active region-configuration
#
interface Vlanif1
  ip address 192.168.1.1 255.255.255.0
#
interface Vlanif10
ip address 192.168.10.254 255.255.255.0        //VLAN 10 的原网关
//VLAN 10 的虚拟网关配置
vrrp vrid 10 virtual-ip 192.168.10.252
  vrrp vrid 10 priority 120
  vrrp vrid 10 preempt-mode timer delay 10
    dhcp select global
#
interface Vlanif20
  ip address 192.168.20.254 255.255.255.0        //VLAN 20 的原网关
//VLAN 20 的虚拟网关配置
vrrp vrid 20 virtual-ip 192.168.20.252
  vrrp vrid 20 priority 120
    vrrp vrid 20 preempt-mode timer delay 10
    dhcp select global
#
interface Vlanif30
  ip address 192.168.30.254 255.255.255.0        //VLAN 30 的原网关
//VLAN 30 的虚拟网关配置
vrrp vrid 30 virtual-ip 192.168.30.252
  vrrp vrid 30 priority 120
    vrrp vrid 30 preempt-mode timer delay 10
dhcp select global
#
interface Vlanif40
```

```
  ip address 192.168.40.254 255.255.255.0        //VLAN 40 的原网关
//VLAN 40 的虚拟网关配置
vrrp vrid 40 virtual-ip 192.168.40.252
dhcp select global
#
interface Vlanif50
ip address 192.168.50.254 255.255.255.0          //VLAN 50 的原网关
//VLAN 50 的虚拟网关配置
vrrp vrid 50 virtual-ip 192.168.50.252
dhcp select global
#
interface Vlanif666
  ip address 172.16.1.2 255.255.255.0
#
//链路聚合配置
interface Eth-Trunk1
  port link-type trunk
  port trunk allow-pass vlan 2 to 4094
  load-balance dst-ip
#
interface GigabitEthernet0/0/1
  port link-type trunk
  port trunk allow-pass vlan 10 20 30 40 50
#
interface GigabitEthernet0/0/2
  port link-type trunk
  port trunk allow-pass vlan 10 20 30 40 50
#
interface GigabitEthernet0/0/3
  port link-type trunk
  port trunk allow-pass vlan 10 20 30 40 50
#
interface GigabitEthernet0/0/20
  port link-type access
  port default vlan 666
#
//以下 3 个端口分别加入 Eth-Trunk1,作为其成员端口
interface GigabitEthernet0/0/22
  eth-trunk 1
#
interface GigabitEthernet0/0/23
  eth-trunk 1
#
interface GigabitEthernet0/0/24
  eth-trunk 1
#
return
<LSW1>
```

3. LSW2 配置

```
<LSW2>display current-configuration
#
sysname LSW2
#
undo info-center enable
#
```

```
vlan batch 10 20 30 40 50 666
#
dhcp enable
#
ip pool vlan10
  gateway-list 192.168.10.252
  network 192.168.10.0 mask 255.255.255.0
  lease day 30 hour 0 minute 0
  dns-list 8.8.8.8
#
ip pool vlan20
  gateway-list 192.168.20.252
  network 192.168.20.0 mask 255.255.255.0
  excluded-ip-address 192.168.20.253
  lease day 30 hour 0 minute 0
  dns-list 8.8.8.8
#
ip pool vlan30
  gateway-list 192.168.30.252
  network 192.168.30.0 mask 255.255.255.0
  lease day 30 hour 0 minute 0
  dns-list 8.8.8.8
#
ip pool vlan40
  gateway-list 192.168.40.252
  network 192.168.40.0 mask 255.255.255.0
  lease day 30 hour 0 minute 0
  dns-list 8.8.8.8
#
ip pool vlan50
  gateway-list 192.168.50.252
  network 192.168.50.0 mask 255.255.255.0
  lease day 30 hour 0 minute 0
  dns-list 8.8.8.8
#
stp instance 1 priority 8192
stp instance 2 priority 4096
#
stp region-configuration
  region-name RG1
  instance 1 vlan 10 20 30
  instance 2 vlan 40 50
  active region-configuration
#
interface Vlanif1
  ip address 192.168.1.2 255.255.255.0
#
interface Vlanif10
  ip address 192.168.10.253 255.255.255.0
  vrrp vrid 10 virtual-ip 192.168.10.252
dhcp select global
#
interface Vlanif20
  ip address 192.168.20.253 255.255.255.0
  vrrp vrid 20 virtual-ip 192.168.20.252
dhcp select global
#
```

```
interface Vlanif30
  ip address 192.168.30.253 255.255.255.0
  vrrp vrid 30 virtual - ip 192.168.30.252
dhcp select global
#
interface Vlanif40
  ip address 192.168.40.253 255.255.255.0
  vrrp vrid 40 virtual - ip 192.168.40.252
  vrrp vrid 40 preempt - mode timer delay 10
dhcp select global
#
interface Vlanif50
  ip address 192.168.50.253 255.255.255.0
  vrrp vrid 50 virtual - ip 192.168.50.252
  vrrp vrid 50 preempt - mode timer delay 10
dhcp select global
#
interface Vlanif666
  ip address 172.16.2.2 255.255.255.0
#
interface Eth - Trunk1
  port link - type trunk
  port trunk allow - pass vlan 10 20 30 40 50
  load - balance dst - ip
#
interface GigabitEthernet0/0/1
  port link - type trunk
  port trunk allow - pass vlan 10 20 30 40 50
#
interface GigabitEthernet0/0/2
  port link - type trunk
  port trunk allow - pass vlan 10 20 30 40 50
#
interface GigabitEthernet0/0/3
  port link - type trunk
  port trunk allow - pass vlan 10 20 30 40 50
#
interface GigabitEthernet0/0/20
  port link - type access
  port default vlan 666
#
interface GigabitEthernet0/0/22
  eth - trunk 1
#
interface GigabitEthernet0/0/23
  eth - trunk 1
#
interface GigabitEthernet0/0/24
  eth - trunk 1
#
< LSW2 >
```

4. LSW3 配置

```
< LSW3 > display current - configuration
#
sysname LSW3
#
undo info - center enable
```

```
#
vlan batch 10 20 30 40 50
#
stp region - configuration
 region - name RG1
 instance 1 vlan 10 20 30
 instance 2 vlan 40 50
 active region - configuration
#
interface Ethernet0/0/1
 port link - type access
 port default vlan 10
 stp edged - port enable
#
… //Ethernet 0/0/1～Ethernet 0/0/10 均为 Access 端口,默认为 VLAN 10,这里略去中间部分
#
interface Ethernet0/0/10
 port link - type access
 port default vlan 10
 stp edged - port enable
#
interface Ethernet0/0/11
 port link - type access
 port default vlan 20
 stp edged - port enable
#
… //Ethernet 0/0/11～Ethernet 0/0/20 均为 Access 端口,默认为 VLAN 20,这里略去中间部分
#
interface Ethernet0/0/20
 port link - type access
 port default vlan 20
 stp edged - port enable
#
interface GigabitEthernet0/0/1
 port link - type trunk
 port trunk allow - pass vlan 10 20
#
interface GigabitEthernet0/0/2
 port link - type trunk
 port trunk allow - pass vlan 10 20
#
```

5. 查看 VRRP 信息

查看 LSW1 的 VRRP 信息,结果如图 3-30 所示,在 VLAN 10、VLAN 20 和 VLAN 30 中 LSW1 为主设备(MASTER),在 VLAN 40 和 VLAN 50 中 LSW1 为备用设备(BACKUP),所有 VLAN 网关均为 VRRP 虚拟网关地址。

```
<LSW1>dis vrrp brief
VRID  State        Interface            Type     Virtual IP
----------------------------------------------------------------
10    Master       Vlanif10             Normal   192.168.10.252
20    Master       Vlanif20             Normal   192.168.20.252
30    Master       Vlanif30             Normal   192.168.30.252
40    Backup       Vlanif40             Normal   192.168.40.252
50    Backup       Vlanif50             Normal   192.168.50.252
----------------------------------------------------------------
Total:5     Master:3     Backup:2     Non-active:0
<LSW1>
```

图 3-30 LSW1 的 VRRP 信息

```
[LSW1]display vrrp brief
```

类似地，可以查看 LSW2 的 VRRP 信息，发现在 VLAN 10、VLAN 20 和 VLAN 30 中，LSW2 为备用设备(Backup)，在 VLAN 40 和 VLAN 50 中 LSW2 为主设备(Master)。

6. 查看 MSTP 信息

查看 LSW1 在各实例中的生成树信息，发现 LSW1 在 instance 1 中的桥 ID 和 instance 1 根桥的桥 ID 相同，说明 LSW1 在 instance 1 中是根桥，如图 3-31 所示。

```
[LSW1]display stp instance 1
```

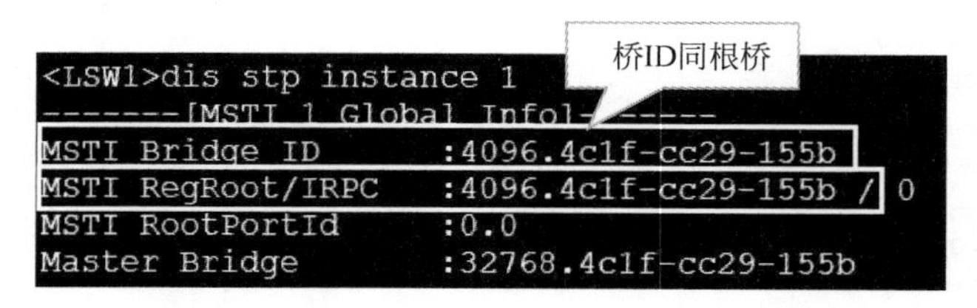

```
<LSW1>dis stp instance 1
-------[MSTI 1 Global Info]-------
MSTI Bridge ID          :4096.4c1f-cc29-155b
MSTI RegRoot/IRPC       :4096.4c1f-cc29-155b / 0
MSTI RootPortId         :0.0
Master Bridge           :32768.4c1f-cc29-155b
```


图 3-31　LSW1 中 instance 1 根桥选举情况

在 instance 2 中的桥 ID 和 instance 2 根桥的桥 ID 不同，说明 LSW1 在 instance 2 中不是根桥，如图 3-32 所示。

```
[LSW1]display stp instance 2
```

```
<LSW1>dis stp instance 2
-------[MSTI 2 Global Info]-------
MSTI Bridge ID          :8192.4c1f-cc29-155b
MSTI RegRoot/IRPC       :4096.4c1f-cc97-617c / 6666
MSTI RootPortId         :128.1
Master Bridge           :32768.4c1f-cc29-155b
```

图 3-32　LSW1 中 instance 2 根桥选举情况

还可查看各实例的详细信息，了解各实例中端口角色和端口状态信息，如图 3-33 所示。LSW2 可做类似查看，这里从略。

```
<LSW1>dis stp instance 1 brief
 MSTID  Port                        Role  STP State     Protection
   1    GigabitEthernet0/0/1        DESI  FORWARDING      NONE
   1    Eth-Trunk1                  DESI  FORWARDING      NONE
<LSW1>dis stp instance 2 brief
 MSTID  Port                        Role  STP State     Protection
   2    GigabitEthernet0/0/1        DESI  FORWARDING      NONE
   2    Eth-Trunk1                  ROOT  FORWARDING      NONE
```

图 3-33　LSW1 instance 1 的摘要信息

7. 查看 Eth-Trunk 信息

查看 LSW1 的 Eth-Trunk 信息，可以看到各成员端口的状态等信息，如图 3-34 所示。LSW2 可做类似查看，这里从略。

```
<LSW1>dis eth-trunk 1
Eth-Trunk1's state information is:
WorkingMode: NORMAL           Hash arithmetic: According to DIP
Least Active-linknumber: 1    Max Bandwidth-affected-linknumber: 8
Operate status: up            Number Of Up Port In Trunk: 3
--------------------------------------------------------------------
PortName                      Status      Weight
GigabitEthernet0/0/22         Up          1
GigabitEthernet0/0/23         Up          1
GigabitEthernet0/0/24         Up          1
```

图 3-34　LSW1 的 Eth-Trunk 信息

```
[LSW1]display eth-trunk 1
```

用 PC1 ping LSW1 通往 R1 的接口地址 172.16.1.2 或者其他终端地址，可以 ping 通，说明项目 3 的交换网络实现了全网通。

8. 终端动态获取 IP 地址配置与测试

如图 3-35 所示，选择 PC1 的“基础配置”选项卡，设置 IPv4 配置模式为 DHCP，然后单击右下角的“应用”按钮。

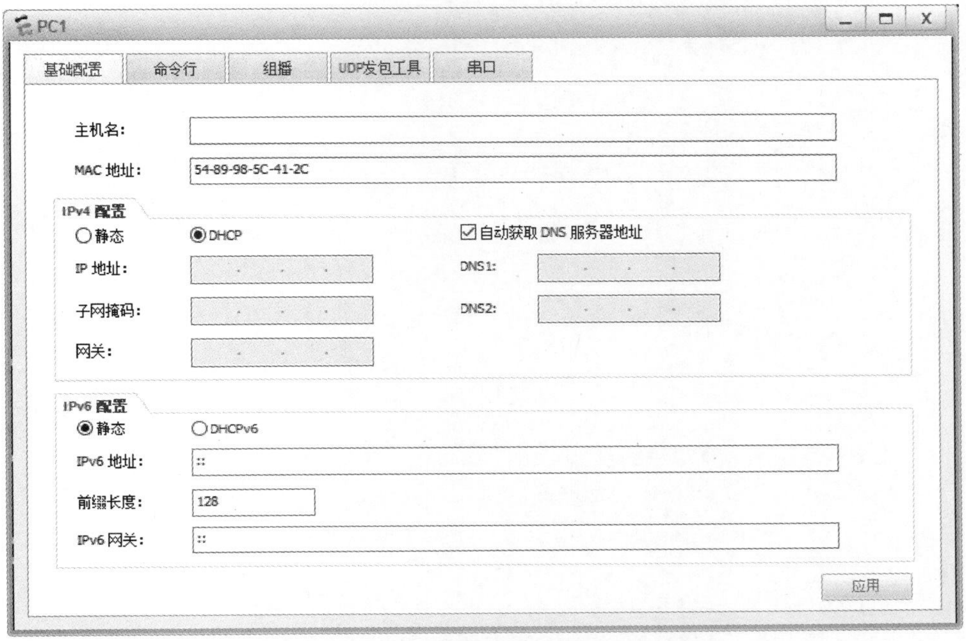

PC1
基础配置 命令行 组播 UDP发包工具 串口
主机名：
MAC 地址： 54-89-98-5C-41-2C
IPv4 配置
静态 DHCP 自动获取 DNS 服务器地址
IP 地址： DNS1：
子网掩码： DNS2：
网关：
IPv6 配置
静态 DHCPv6
IPv6 地址： ::
前缀长度： 128
IPv6 网关： ::
应用

图 3-35 终端自动获取 IP 地址设置

选择 PC1 的“命令行”选项卡，输入 ipconfig 命令并按 Enter 键，查看 PC1 的 IP 地址，如图 3-36 所示，发现 PC1 已经由 DHCP 服务器获取到了 IP 地址 192.168.10.251(原静态 IP 地址为 192.168.10.1)，网关为虚拟网关地址 192.168.10.252，DNS 服务器地址为地址池设置的 8.8.8.8。

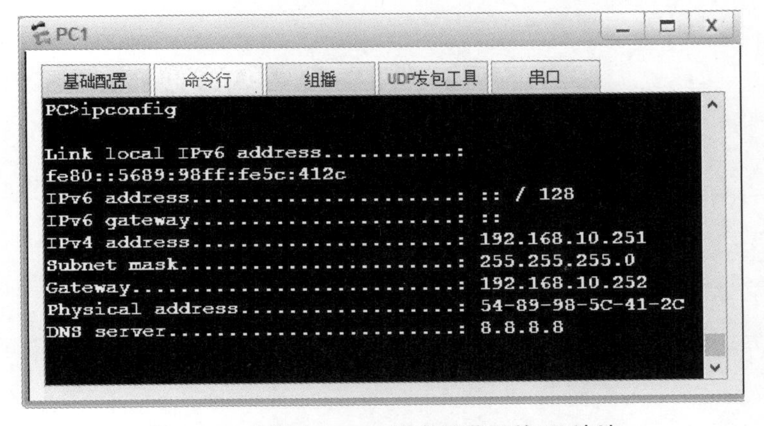

图 3-36 查看由 DHCP 服务器获取的 IP 地址

类似地，其他 PC 也获取到了 IP 地址，网关为相应 VRRP 虚拟组的 IP 地址，DNS 服务器地址为地址池设置的 8.8.8.8。

用 PC1 ping LSW1 通往 R1 的接口地址 172.16.1.2 或者其他终端地址，可以 ping 通，说明使用动态获取的 IP 能够正常通信。

由于该项目对 DHCP 服务器进行了备份，两台 DHCP 服务器中只要有一台能够正常工作，终端就可以获取到相应地址进行通信，增强了 DHCP 服务的可靠性。

项目 4　网间路由互联与流量过滤

项目介绍

某园区按照项目 3 的拓扑实施了一期网络工程，现由于该园区要实施二期建设工程，需要实施配套的网络建设，并和前期园区网项目进行融合，使两期园区网络组成能够相互融通的一个整体。本项目通过 eNSP 模拟两期园区网络互联的场景来介绍各种局域网互联与控制技术及其应用场景、工作原理和配置方法。

拓扑设计

该项目拓扑如图 4-1 所示，整个拓扑由园区网 1 期和园区网 2 期组成。两期园区网络

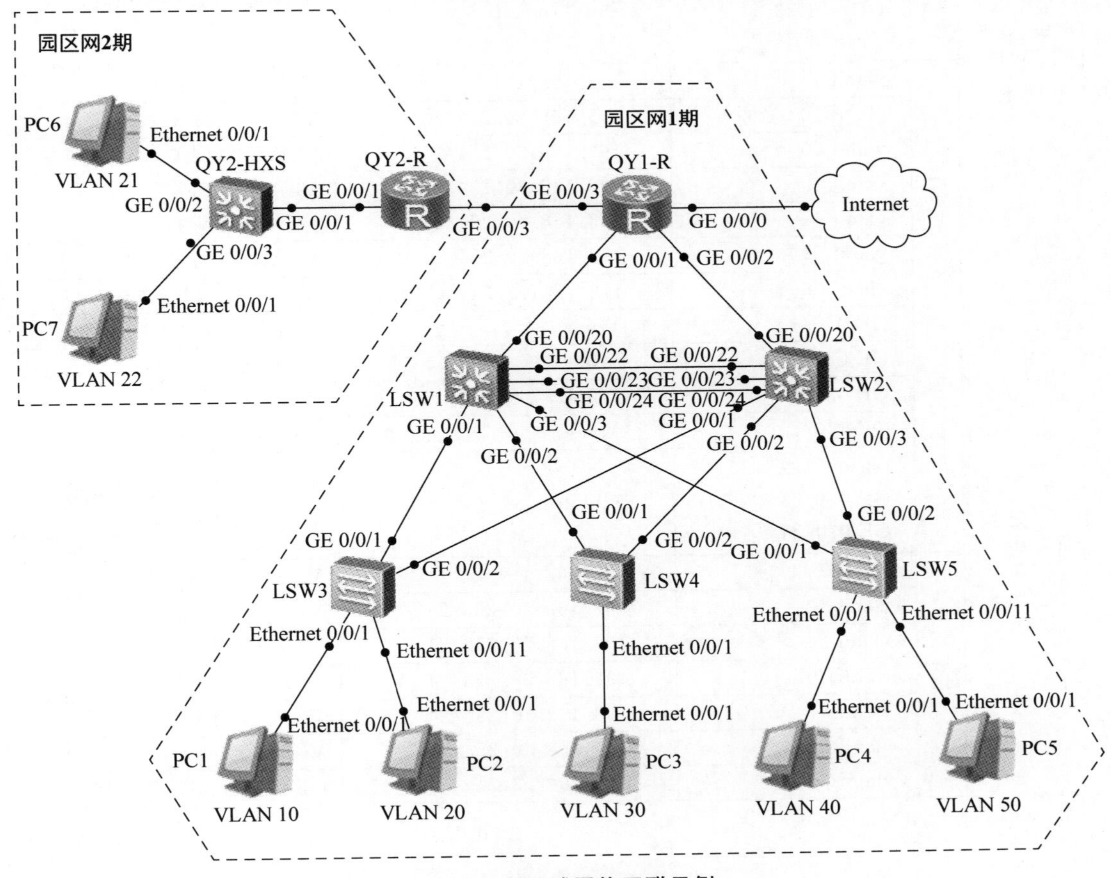

图 4-1　多区域网络互联示例

出口路由器分别为 QY1-R 和 QY2-R，两期网络通过两台出口路由器互联，最终接入 Internet。考虑二期网络工程架构与一期类似，为了避免拓扑太臃肿和大量重复配置占用篇幅，本项目对二期网络拓扑做了简化，重点研究两期园区网的互联融通与数据管控。

项目整体规划

为方便项目实施配置，对如图 4-1 所示网络拓扑中接口类型、所属 VLAN 及 IP 地址规划如表 4-1 所示（园区网 1 期除出口路由器外其他设备保留项目 3 的配置）。

表 4-1　项目 4 接口类型、VLAN 及 IP 地址规划

<table>
<tr><th>设　备</th><th colspan="2">接　口</th><th>接口 IP 地址/接口类型</th><th>备　注</th></tr>
<tr><td rowspan="3">QY1-R
(AR2220)</td><td colspan="2">GE 0/0/1</td><td>172.16.1.1/24</td><td>连接 LSW1</td></tr>
<tr><td colspan="2">GE 0/0/2</td><td>172.16.2.1/24</td><td>连接 LSW2</td></tr>
<tr><td colspan="2">GE 0/0/3</td><td>10.1.1.1/30</td><td>连接 QY2-R</td></tr>
<tr><td rowspan="12">核心交换机 LSW1
(S5700)</td><td rowspan="5">二层接口</td><td>GE 0/0/1</td><td>Trunk</td><td>连接 LSW3</td></tr>
<tr><td>GE 0/0/2</td><td>Trunk</td><td>连接 LSW4</td></tr>
<tr><td>GE 0/0/3</td><td>Trunk</td><td>连接 LSW5</td></tr>
<tr><td>GE 0/0/20</td><td>Access</td><td>连接路由器 QY1-R</td></tr>
<tr><td>GE 0/0/22
GE 0/0/23
GE 0/0/24</td><td>Eth-Trunk 1</td><td>聚合端口，连接 LSW2，允许通过所有 VLAN</td></tr>
<tr><td rowspan="7">三层接口</td><td>vlanif 1</td><td>192.168.1.1</td><td>管理 VLAN 1 网关</td></tr>
<tr><td>vlanif 10</td><td>192.168.10.254/24</td><td>VLAN 10 网关</td></tr>
<tr><td>vlanif 20</td><td>192.168.20.254/24</td><td>VLAN 20 网关</td></tr>
<tr><td>vlanif 30</td><td>192.168.30.254/24</td><td>VLAN 30 网关</td></tr>
<tr><td>vlanif 40</td><td>192.168.40.254/24</td><td>VLAN 40 网关</td></tr>
<tr><td>vlanif 50</td><td>192.168.50.254/24</td><td>VLAN 50 网关</td></tr>
<tr><td>vlanif 666</td><td>172.16.1.2/24</td><td>GE 0/0/20 对应逻辑接口</td></tr>
<tr><td rowspan="12">核心交换机 LSW2
(S5700)</td><td rowspan="5">二层接口</td><td>GE 0/0/1</td><td>Trunk</td><td>连接 LSW3</td></tr>
<tr><td>GE 0/0/2</td><td>Trunk</td><td>连接 LSW4</td></tr>
<tr><td>GE 0/0/3</td><td>Trunk</td><td>连接 LSW5</td></tr>
<tr><td>GE 0/0/20</td><td>Access</td><td>连接路由器 QY1-R</td></tr>
<tr><td>GE 0/0/22
GE 0/0/23
GE 0/0/24</td><td>Eth-Trunk 1</td><td>聚合端口，连接 LSW1，允许通过所有 VLAN</td></tr>
<tr><td rowspan="7">三层接口</td><td>vlanif 1</td><td>192.168.1.2</td><td>VLAN 1 备用网关</td></tr>
<tr><td>vlanif 10</td><td>192.168.10.253/24</td><td>VLAN 10 网关</td></tr>
<tr><td>vlanif 20</td><td>192.168.20.253/24</td><td>VLAN 20 网关</td></tr>
<tr><td>vlanif 30</td><td>192.168.30.253/24</td><td>VLAN 30 网关</td></tr>
<tr><td>vlanif 40</td><td>192.168.40.253/24</td><td>VLAN 40 网关</td></tr>
<tr><td>vlanif 50</td><td>192.168.50.253/24</td><td>VLAN 50 网关</td></tr>
<tr><td>vlanif 666</td><td>172.16.2.2/24</td><td>GE 0/0/20 对应逻辑接口</td></tr>
</table>

续表

<table>
<tr><th>设 备</th><th colspan="2">接 口</th><th>接口 IP 地址/接口类型</th><th>备 注</th></tr>
<tr><td rowspan="5">LSW3
(S3700)</td><td colspan="2">GE 0/0/1</td><td>Trunk</td><td>连接 LSW1</td></tr>
<tr><td colspan="2">GE 0/0/2</td><td>Trunk</td><td>连接 LSW2</td></tr>
<tr><td colspan="2">Ethernet 0/0/1</td><td>Access</td><td>连接 VLAN 10 的终端 PC1</td></tr>
<tr><td colspan="2">Ethernet 0/0/11</td><td>Access</td><td>连接 VLAN 20 的终端 PC2</td></tr>
<tr><td colspan="2">vlanif 1</td><td>192.168.1.3</td><td>LSW3 的管理 IP</td></tr>
<tr><td rowspan="4">LSW4
(S3700)</td><td colspan="2">GE 0/0/1</td><td>Trunk</td><td>连接 LSW1</td></tr>
<tr><td colspan="2">GE 0/0/2</td><td>Trunk</td><td>连接 LSW2</td></tr>
<tr><td colspan="2">Ethernet 0/0/1</td><td>Access</td><td>连接 VLAN 30 的终端 PC3</td></tr>
<tr><td colspan="2">vlanif 1</td><td>192.168.1.4</td><td>LSW4 的管理 IP</td></tr>
<tr><td rowspan="5">LSW5
(S3700)</td><td colspan="2">GE 0/0/1</td><td>Trunk</td><td>连接 LSW1</td></tr>
<tr><td colspan="2">GE 0/0/2</td><td>Trunk</td><td>连接 LSW2</td></tr>
<tr><td colspan="2">Ethernet 0/0/1</td><td>Access</td><td>连接 VLAN 40 的终端 PC4</td></tr>
<tr><td colspan="2">Ethernet 0/0/11</td><td>Access</td><td>连接 VLAN 50 的终端 PC5</td></tr>
<tr><td colspan="2">vlanif 1</td><td>192.168.1.5</td><td>LSW5 的管理 IP</td></tr>
<tr><td>PC1</td><td colspan="2">Ethernet 0/0/1</td><td>192.168.10.1/24</td><td>GW：192.168.10.252/24</td></tr>
<tr><td>PC2</td><td colspan="2">Ethernet 0/0/1</td><td>192.168.20.1/24</td><td>GW：192.168.20.252/24</td></tr>
<tr><td>PC3</td><td colspan="2">Ethernet 0/0/1</td><td>192.168.30.1/24</td><td>GW：192.168.30.252/24</td></tr>
<tr><td>PC4</td><td colspan="2">Ethernet 0/0/1</td><td>192.168.40.1/24</td><td>GW：192.168.40.252/24</td></tr>
<tr><td>PC5</td><td colspan="2">Ethernet 0/0/1</td><td>192.168.50.1/24</td><td>GW：192.168.50.252/24</td></tr>
<tr><td rowspan="2">QY2-R
(AR2220)</td><td colspan="2">GE 0/0/3</td><td>10.1.1.2/30</td><td>连接 QY1-R</td></tr>
<tr><td colspan="2">GE 0/0/1</td><td>172.16.3.1/24</td><td>连接 QY2-S</td></tr>
<tr><td rowspan="6">QY2-S
(S5700)</td><td rowspan="3">二层接口</td><td>GE 0/0/1</td><td>Access</td><td>连接 QY2-R</td></tr>
<tr><td>GE 0/0/2</td><td>Access</td><td>连接 VLAN 21 的终端 PC8</td></tr>
<tr><td>GE 0/0/3</td><td>Access</td><td>连接 VLAN 22 的终端 PC9</td></tr>
<tr><td rowspan="3">三层接口</td><td>vlanif 21</td><td>192.168.21.254/24</td><td>VLAN 21 终端的网关</td></tr>
<tr><td>vlanif 22</td><td>192.168.22.254/24</td><td>VLAN 22 终端的网关</td></tr>
<tr><td>vlanif 666</td><td>172.16.3.2/24</td><td>GE 0/0/1 对应逻辑接口</td></tr>
<tr><td>PC6</td><td colspan="2">Ethernet 0/0/1</td><td>192.168.21.1/24</td><td>GW：192.168.21.254/24</td></tr>
<tr><td>PC7</td><td colspan="2">Ethernet 0/0/1</td><td>192.168.22.1/24</td><td>GW：192.168.22.254/24</td></tr>
</table>

项目模块分析与配置

该项目主要目标是通过路由器等三层设备及路由协议的合理部署连接不同区域网络，实现全网互通并对流量进行相应的管控。

路由器是工作在网络层的常用设备，主要用于不同网络的互联，一般作为小型网络接入互联网的出口设备，或用于在大型园区网、广域网中进行网络互联。每台路由器中有一张路由表，表中记录了数据包可转发的某个网段(目的网段)及应该转发的方向(下一跳地址)，这种记录也称为路由，路由为路由器转发数据指引了方向。如图 4-2 所示，PC1 访问 PC2 时首先会将数据包发给它的网关 LSW1，LSW1 查找自己的路由表选择按上面的路径转发还是按下面的路径转发，如果按上面的路径转发则下一跳为 172.16.11.1，如果按下面的路径转发，则下一跳为 172.16.12.1；PC2 给 PC1 返回应答包时首先会将数据包发给它的网关 R4，R4 查找自己的路由表选择按上面的路径转发还是按下面的路径转发，如果按上面的路径转发则下一跳为172.16.21.1，如果按下面的路径转发，则下一跳为172.16.22.1。

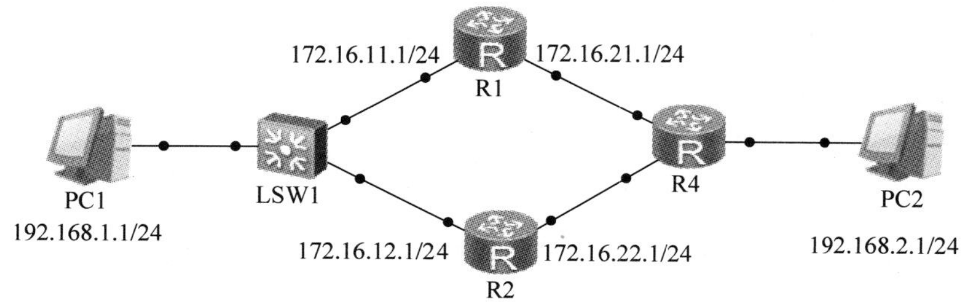

PC1 192.168.1.1/24 — LSW1 — 172.16.11.1/24 R1 172.16.21.1/24 — R4 — PC2 192.168.2.1/24

LSW1 — 172.16.12.1/24 R2 172.16.22.1/24 — R4

图 4-2　路由器的功能

可以看出，两个节点通信时报文是一跳一跳向前转发的，往往会经过多台路由器（包括三层交换机），如果每台路由器上都有去往目的网段的路由，而且这些路由串起来能够形成一条连续的路径，则数据包可以发往目的地；类似地，目的节点收到报文返回应答时同样需要途经的每台路由器都有去往源节点的路由，从而形成去往源节点的完整路径，如果往返的路径都是连续的，则这两个节点就可以相互通信。需要注意的是，要使两个节点正常通信，不仅要保证由源节点到目的节点有一条连续的路径（路由串），还要保证目的节点返回数据包时也要有一条去往源节点的连续的路径。就像公交站牌，任何一个站点都要有去往源和目的的两条路由，这样一站一站连起来才可以形成往返的两条连续的路径。

下面介绍该项目如何利用不同的路由技术实现全网互联互通。

4.1　模块1：静态路由

【教学目标】

知识目标：

- 了解静态路由的应用场景。
- 掌握静态路由的配置方法。
- 理解路由寻址的工作过程。
- 理解默认路由的作用、应用场景及优先级。

技能目标：能够正确配置静态路由实现两个节点的通信。

思政目标：

- 要树立维护网络安全的责任意识，避免非法登录网络设备，修改路由信息，以保障企事业单位利益。
- 培养学生溯本求源的探究精神及一丝不苟的工匠精神。

4.1.1　模块拓扑

本模块使用如图4-1所示项目拓扑。由于本拓扑中园区网1期的二层网络各项基础配置均已在项目3完成，而路由配置只需在三层设备（含路由器和使用了路由功能的三层交换机）上进行，因此该模块重点介绍如图4-3所示三层设备的各层静态路由配置，其余二层设备（含接入层、汇聚层没有使用路由功能的交换机）各项基础配置请参照项目3

或图书配套源码，为节约篇幅，这里不再赘述。

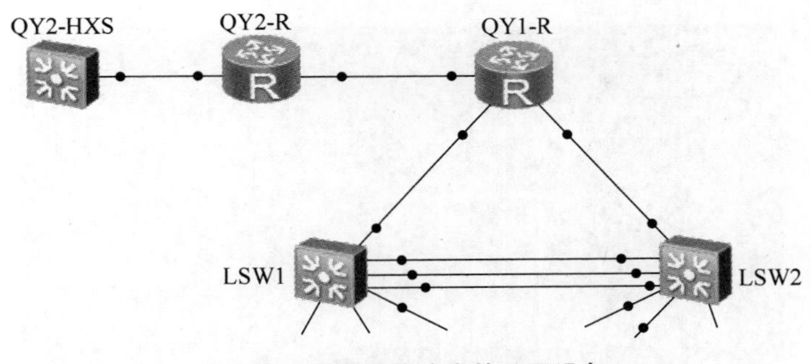

图 4-3　需要配置路由的三层设备

4.1.2　知识准备

1. 路由概述

路由即指引数据包转发方向的记录，路由被记录在路由器的路由表中，作为路由器转发数据包的依据，路由也可以理解为转发相应目的地址的数据包时对转发方向的判断。有路由功能的网络设备不仅有路由器，还有集成路由功能的三层交换机等。这些设备通过完善自己的路由表为网络节点之间的访问提供完整的访问路径，从而实现两个节点之间的通信。

路由表中的路由信息有以下几种来源。

(1) 直连路由。每台路由器(包括三层交换机)给自己的接口(交换机为 SVI)配置 IP 地址并启用该接口后，会自动生成目的网段为接口地址所在网段(直连网段)的直连路由。如图 4-4 中 Proto 标识为 Direct 的路由均为自动产生的直连路由。

(2) 静态路由。静态路由是由手工配置的路由，除非手动删除，否则不会消失。配置静态路由时需要给定目的网段的网络地址、掩码及下一跳地址，如图 4-4 中 Proto 标识为 Static 的路由均为手工配置产生的静态路由，Destination/Mask 字段显示的就是目的网段和掩码，NextHop 字段为下一跳地址。

(3) 动态路由。动态路由是路由器或三层交换机通过路由协议动态学习产生的路由。动态路由包含的主要信息也是目的网段、掩码及下一跳。不过在路由表中，动态路由的 Proto 字段为动态路由协议名称(RIP 或 OSPF 等)。

(4) 默认路由。默认路由是目的网段和掩码均为 0 的路由，如 0.0.0.0 0.0.0.0 172.16.1.1。默认路由是一种特殊的路由，0.0.0.0 网段可以匹配任何网段，也就是说，去往任何网段的数据包都可以按照默认路由的下一跳地址转发。不过，能匹配明细路由的数据包会优先按照明细路由转发，匹配不上明细路由的再按默认路由转发。

两个节点通信时只要两个节点之间往返路径都是连续的(即每个节点的路由串起来形成的转发通道)就可以通信，这条路径可以是不同类型的路由串联而成。

2. 静态路由配置

静态路由由网络管理员手动配置，由于无须协议计算，因此耗用资源较少，对系统要求不高。但网络规模较大时配置工作量大，拓扑变更时大量的调整工作也需要手工完成，也容易出错，所以静态路由适用于结构简单、稳定的小型网络。

静态路由的配置命令如下。

```
R4  R1  LSW1  LSW3
[QY1-R]dis ip routing-table
Route Flags: R - relay, D - download to fib
------------------------------------------------------------------------------
Routing Tables: Public
         Destinations : 15        Routes : 20

Destination/Mask    Proto   Pre  Cost      Flags NextHop

       10.1.1.0/30  Direct  0    0           D   10.1.1.1
0/0/3
       10.1.1.1/32  Direct  0    0           D   127.0.0.1
0/0/3
      127.0.0.0/8   Direct  0    0           D   127.0.0.1
      127.0.0.1/32  Direct  0    0           D   127.0.0.1
     172.16.1.0/24  Direct  0    0           D   172.16.1.1
0/0/1
     172.16.1.1/32  Direct  0    0           D   127.0.0.1
0/0/1
     172.16.2.0/24  Direct  0    0           D   172.16.2.1
0/0/2
     172.16.2.1/32  Direct  0    0           D   127.0.0.1
0/0/2
   192.168.10.0/24  Static  60   0           RD  172.16.1.2
0/0/1
                    Static  60   0           RD  172.16.2.2
0/0/2
   192.168.20.0/24  Static  60   0           RD  172.16.1.2
0/0/1
                    Static  60   0           RD  172.16.2.2
0/0/2
```

图 4-4　直连路由与静态路由

（1）关联下一跳 IP 地址的方式。

ip route - static *ip - address* { *mask* | *mask - length* } *nexthop - address*

其中，*ip-address* 为目的网段地址，也可以是具体 IP 地址，{ *mask* | *mask-length* }为掩码或掩码长度，*nexthop-address* 为下一跳地址。

（2）关联出接口的方式。

ip route - static *ip - address* { *mask* | *mask - length* } *interface - type interface - number*

（3）关联出接口和下一跳 IP 地址的方式。

ip route - static *ip - address* { *mask* | *mask - length* } *interface - type interface - number*

创建静态路由时，对于不同的出接口类型，可以选择指定出接口或下一跳地址。对于点到点接口（如串口），只需指定出接口。对于广播接口（如以太网接口）和 VT（Virtual-Template）接口，必须指定下一跳地址。

视频讲解

4.1.3　配置与测试

在配置路由时，一定要注意保证源节点与目的节点之间形成往返两条连续的路径，这两条路径可以由不同来源的路由（直连、静态和动态）构成。由于直连路由是自动生成的，无须任何配置，因此此处仅研究静态路由配置。

由于每台路由器（包括三层交换机）会自动形成直连路由，因此对每台路由器或三层交换机无须再配置直连网段的静态路由，只需配置目的网段为非直连网段的静态路由即可。以下为图 4-3 中各路由器和三层交换机的静态路由配置（为节约篇幅，基础配置可参照项目 3 或图书配套源码，这里仅提示配置思路，不再展示具体配置命令）。

1. QY1-R(园区网 1 期的边界路由器)配置

该路由器有三个直连网段 10.1.1.0、172.16.1.0 和 172.16.2.0,这三个网段在配置路由器相应接口 IP 并启用接口后会形成直连路由,所以无须再配置目的网段为这三个网段的路由,以下仅给出目的网段为非直连网段的静态路由配置。

```
<Huawei>sys
[Huawei]sysname QY1-R
[QY1-R]undo info-center enable
[QY1-R]interface GigabitEthernet 0/0/1
[QY1-R-GigabitEthernet0/0/1]ip address 172.16.1.1 24
[QY1-R-GigabitEthernet0/0/1]quit
[QY1-R]interface GigabitEthernet 0/0/2
[QY1-R-GigabitEthernet0/0/2]ip address 172.16.2.1 24
[QY1-R-GigabitEthernet0/0/2]quit
[QY1-R]interface GigabitEthernet 0/0/3
[QY1-R-GigabitEthernet0/0/3]ip address 10.1.1.1 30
[QY1-R-GigabitEthernet0/0/3]quit
//配置将数据包发往外网的默认路由
[QY1-R]ip route-static 0.0.0.0 0.0.0.0 g0/0/0 (或下一跳地址)
//去往园区网 1 期各网段的静态路由,可以有两条路径选择,形成等价路由
[QY1-R]ip route-static 192.168.10.0 255.255.255.0 172.16.1.2    //优先级默认 60
[QY1-R]ip route-static 192.168.10.0 255.255.255.0 172.16.2.2    //优先级默认 60
[QY1-R]ip route-static 192.168.20.0 255.255.255.0 172.16.1.2
[QY1-R]ip route-static 192.168.20.0 255.255.255.0 172.16.2.2
[QY1-R]ip route-static 192.168.30.0 255.255.255.0 172.16.1.2
[QY1-R]ip route-static 192.168.30.0 255.255.255.0 172.16.2.2
[QY1-R]ip route-static 192.168.40.0 255.255.255.0 172.16.1.2
[QY1-R]ip route-static 192.168.40.0 255.255.255.0 172.16.2.2
[QY1-R]ip route-static 192.168.50.0 255.255.255.0 172.16.1.2
[QY1-R]ip route-static 192.168.50.0 255.255.255.0 172.16.2.2
//去往园区网 2 期各网段的静态路由
[QY1-R]ip route-static 172.16.3.0 24 10.1.1.2
[QY1-R]ip route-static 192.168.21.0 255.255.255.0 10.1.1.2
[QY1-R]ip route-static 192.168.22.0 255.255.255.0 10.1.1.2
[QY1-R]interface loopback 0                //添加一个环回接口方便测试
[QY1-R-LoopBack0]ip address 1.1.1.1 32 //环回接口地址,可作为路由器 ID
[QY1-R-LoopBack0]quit
[QY1-R]
```

注意,这里由于去往 VLAN 10、VLAN 20、VLAN 30、VLAN 40 和 VLAN 50 有两条路径可选,下一跳分别为 172.16.1.2 和 172.16.2.2,因此对去往每个 VLAN 对应的网段均配置了两条静态路由,而且两条路因开销相同,形成等价路由,可以进行负载分担。

对于去往同一目的网段的静态路由不止一条时,可以通过手动指定路由优先级的方法让路由器选择优先级高的路由。静态路由的默认优先级为 60,优先级的值越小越优先。修改路由优先级示例如下:

```
ip route-static 192.168.10.0 24 172.16.2.2 preference 70
```

即修改去往 192.168.10.0 网段下一跳为 172.16.2.2 的静态路由的优先级的值为 70,这样这条路由优先级就低于下一跳为 172.16.1.2 的静态路由(优先级为默认值 60),这时就形成了浮动路由,在两条路径都正常时选择下一跳为 172.16.1.2 的静态路由,如果这条路径故障,则选用下一跳为 172.16.2.2 的静态路由。

2. LSW1 配置

由于前期项目3已完成大量配置，为节约篇幅这里仅给出路由配置部分的命令。

（1）初始配置（参见项目3或图书配套源码，这里从略）。

（2）基础配置。

项目3已完成，包括“划VLAN，归端口”的二层配置，以及给各VLAN的虚拟逻辑接口SVI配置IP地址。

（3）链路聚合＋MSTP＋VRRP配置。

参见项目3或图书配套源码。

（4）路由配置。

在项目3已配置了各VLAN对应的SVI地址，所以该三层交换机上会形成相应网段的直连路由，这里仅需追加配置目的网段为非直连网段的静态路由。

```
<LSW1> sys
[LSW1]interface loopback 0                //添加一个环回接口
[LSW1 - LoopBack0]ip address 1.1.1.2 32  //环回接口地址,可作为路由器 ID
[LSW1 - LoopBack0]quit
//配置将数据包发往外网的默认路由
[LSW1]ip route - static 0.0.0.0 0.0.0.0 172.16.1.2
//为非直连网段配置静态路由
[LSW1]ip route - static 10.1.1.0 255.255.255.252 172.16.1.1
[LSW1]ip route - static 172.16.3.0 24 172.16.1.1
[LSW1]ip route - static 192.168.21.0 255.255.255.0 172.16.1.1
[LSW1]ip route - static 192.168.22.0 255.255.255.0 172.16.1.1
[LSW1]ip route - static 172.16.2.0 24 172.16.1.1
[LSW1]
```

3. LSW2 配置

由于前期项目3已完成大量配置，为节约篇幅这里仅给出路由配置部分。

（1）初始配置（参见项目3或图书配套源码，这里从略）。

（2）基础配置。

参见项目3或图书配套源码，包括“划VLAN，归端口”的二层配置，以及给各VLAN的虚拟逻辑接口SVI配置IP地址。

（3）链路聚合＋MSTP＋VRRP配置。

参见项目3或图书配套源码。

（4）路由配置。

在项目3已配置了各VLAN对应的SVI地址，所以该三层交换机上会形成相应网段的直连路由，这里仅需追加配置目的网段为非直连网段的静态路由。

```
<LSW2> sys
[LSW2]interface loopback 0
[LSW2 - LoopBack0]ip address 1.1.1.3 32
[LSW2 - LoopBack0]quit
//配置将数据包发往外网的默认路由
[LSW1]ip route - static 0.0.0.0 0.0.0.0 172.16.2.2
//为非直连网段配置静态路由
[LSW2]ip route - static 10.1.1.0 255.255.255.252 172.16.2.1
[LSW2]ip route - static 172.16.3.0 24 172.16.2.1
[LSW2]ip route - static 192.168.21.0 255.255.255.0 172.16.2.1
```

```
[LSW2]ip route - static 192.168.22.0 255.255.255.0 172.16.2.1
[LSW1]ip route - static 172.16.1.0 24 172.16.2.1
[LSW2]
```

4. QY2-R 配置

该路由器有两个直连网段 10.1.1.0 和 172.16.3.0，这两个直连网段在配置相应接口(GE 0/0/3 和 GE 0/0/1)地址并启用接口后会自动生成直连路由，所以这里仅需追加配置目的网段为非直连网段的静态路由。

```
<Huawei>sys
[Huawei]sysname QY2 - R
[QY2 - R]interface GigabitEthernet 0/0/3
[QY2 - R - GigabitEthernet0/0/3]ip address 10.1.1.2 30
[QY2 - R - GigabitEthernet0/0/3]quit
[QY2 - R]interface GigabitEthernet 0/0/1
[QY2 - R - GigabitEthernet0/0/1]ip address 172.16.3.1 24
[QY2 - R - GigabitEthernet0/0/1]quit
//配置默认路由
[QY2 - R]ip route - static 0.0.0.0 0.0.0.0 10.1.1.1
//非直连,配路由(非直连网段手工配置静态 Static 路由)
[QY2 - R]ip route - static 192.168.21.0 24 172.16.3.2
[QY2 - R]ip route - static 192.168.22.0 24 172.16.3.2
[QY2 - R]ip route - static 172.16.1.0 24 10.1.1.1
[QY2 - R]ip route - static 172.16.2.0 24 10.1.1.1
[QY2 - R]ip route - static 192.168.10.0 24 10.1.1.1
[QY2 - R]ip route - static 192.168.20.0 24 10.1.1.1
[QY2 - R]ip route - static 192.168.30.0 24 10.1.1.1
[QY2 - R]ip route - static 192.168.40.0 24 10.1.1.1
[QY2 - R]ip route - static 192.168.50.0 24 10.1.1.1
[QY2 - R]ip route - static 192.168.1.0 24 10.1.1.1
```

5. QY2-S 配置

该设备为三层交换机，所以还应该遵循“划 VLAN，归端口，启路由，配网关”的配置思路。有三个直连网段：192.168.21.0、192.168.22.0 和 172.16.3.0，这些直连网段在配置相应逻辑接口地址后会自动生成直连路由，所以这里仅需追加配置目的网段为非直连网段的静态路由。

```
<Huawei>sys
[Huawei]sysname QY2 - S
[QY2 - S]undo info - center enable
//划 VLAN,归端口
[QY2 - S]vlan batch 21 22 666
[QY2 - S]interface GigabitEthernet 0/0/1
[QY2 - S - GigabitEthernet0/0/1]port link - type access
[QY2 - S - GigabitEthernet0/0/1]port default vlan 666
[QY2 - S - GigabitEthernet0/0/1]quit
[QY2 - S]interface GigabitEthernet 0/0/2
[QY2 - S - GigabitEthernet0/0/2]port link - type access
[QY2 - S - GigabitEthernet0/0/2]port default vlan 21
[QY2 - S - GigabitEthernet0/0/2]quit
[QY2 - S]interface GigabitEthernet 0/0/3
[QY2 - S - GigabitEthernet0/0/3]port link - type access
[QY2 - S - GigabitEthernet0/0/3]port default vlan 22
[QY2 - S - GigabitEthernet0/0/3]quit
//启路由,配网关
```

```
[QY2-S]interface vlanif 666
[QY2-S-Vlanif666]ip address 172.16.3.2 24
[QY2-S-Vlanif666]quit
[QY2-S]interface vlanif 21
[QY2-S-Vlanif21]ip address 192.168.21.254 24
[QY2-S-Vlanif21]quit
[QY2-S]interface vlanif 22
[QY2-S-Vlanif22]ip address 192.168.22.254 24
[QY2-S-Vlanif22]quit
//配置默认路由
[QY2-S]ip route-static 0.0.0.0 0.0.0.0 172.16.3.1
//非直连,配路由(非直连网段手工配置静态 Static 路由)
[QY2-S]ip route-static 10.1.1.0 30 172.16.3.1
[QY2-S]ip route-static 172.16.1.0 24 172.16.3.1
[QY2-S]ip route-static 172.16.2.0 24 172.16.3.1
[QY2-S]ip route-static 192.168.10.0 24 172.16.3.1
[QY2-S]ip route-static 192.168.20.0 24 172.16.3.1
[QY2-S]ip route-static 192.168.30.0 24 172.16.3.1
[QY2-S]ip route-static 192.168.40.0 24 172.16.3.1
[QY2-S]ip route-static 192.168.50.0 24 172.16.3.1
[QY2-S]ip route-static 192.168.1.0 24 172.16.3.1
[QY2-S]ip route-static 1.1.1.1 24 172.16.3.1
[QY2-S]quit
<QY2-S>
```

6. 查看路由表

使用命令 display ip routing-table 查看路由表。图 4-5 所示为 QY2-R 的路由表,可以看到该路由表中包括去往该网络中所有网段的路由,其中有些是直连路由,有些是静态路由。

```
<QY2-R>dis ip routing-table
Route Flags: R - relay, D - download to fib
------------------------------------------------------------------------------
Routing Tables: Public
         Destinations : 15       Routes : 15

Destination/Mask    Proto   Pre  Cost      Flags NextHop         Interface

       10.1.1.0/30  Direct  0    0           D   10.1.1.2        GigabitEthernet
0/0/3
       10.1.1.2/32  Direct  0    0           D   127.0.0.1       GigabitEthernet
0/0/3
      127.0.0.0/8   Direct  0    0           D   127.0.0.1       InLoopBack0
      127.0.0.1/32  Direct  0    0           D   127.0.0.1       InLoopBack0
     172.16.1.0/24  Static  60   0          RD   10.1.1.1        GigabitEthernet
0/0/3
     172.16.2.0/24  Static  60   0          RD   10.1.1.1        GigabitEthernet
0/0/3
     172.16.3.0/24  Direct  0    0           D   172.16.3.1      GigabitEthernet
0/0/1
     172.16.3.1/32  Direct  0    0           D   127.0.0.1       GigabitEthernet
0/0/1
   192.168.10.0/24  Static  60   0          RD   10.1.1.1        GigabitEthernet
0/0/3
   192.168.20.0/24  Static  60   0          RD   10.1.1.1        GigabitEthernet
0/0/3
   192.168.21.0/24  Static  60   0          RD   172.16.3.2      GigabitEthernet
0/0/1
   192.168.22.0/24  Static  60   0          RD   172.16.3.2      GigabitEthernet
0/0/1
   192.168.30.0/24  Static  60   0          RD   10.1.1.1        GigabitEthernet
0/0/3
   192.168.40.0/24  Static  60   0          RD   10.1.1.1        GigabitEthernet
0/0/3
   192.168.50.0/24  Static  60   0          RD   10.1.1.1        GigabitEthernet
```

图 4-5 路由器 QY2-R 的路由表

类似地，查看其他设备(QY1-R 和三台核心交换机)的路由表，发现都具有全网的路由信息。有了这样的全网路由，就能够在任何两个节点之间形成往返两条连续的路径，就可以实现任意节点之间的通信。如果两个节点之间不能通信，很可能是两个节点之间的某一个节点缺少去往某个网段的路由，只要将路由信息补充完善，通常就可以通信了。

7. 测试

用园区网 1 期的终端 PC1 ping 园区网 2 期的终端 PC6，如图 4-6 所示，收到 PC6 的应答报文，说明两端网络已连通。还可用 tracert 命令跟踪访问路径，明确数据包转发经过的每个节点，如图 4-6 所示，经过了 5 跳。tracert 命令也可用于网络不能连通时的排错。

```
PC>ping 192.168.21.1

Ping 192.168.21.1: 32 data bytes, Press Ctrl_C to break
From 192.168.21.1: bytes=32 seq=1 ttl=124 time=172 ms
From 192.168.21.1: bytes=32 seq=2 ttl=124 time=110 ms
From 192.168.21.1: bytes=32 seq=3 ttl=124 time=140 ms
From 192.168.21.1: bytes=32 seq=4 ttl=124 time=141 ms
From 192.168.21.1: bytes=32 seq=5 ttl=124 time=140 ms

--- 192.168.21.1 ping statistics ---
  5 packet(s) transmitted
  5 packet(s) received
  0.00% packet loss
  round-trip min/avg/max = 110/140/172 ms

PC>tracert 192.168.21.1

traceroute to 192.168.21.1, 8 hops max
(ICMP), press Ctrl+C to stop
 1  192.168.10.254   47 ms  47 ms  31 ms
 2  172.16.1.1   62 ms  63 ms  62 ms
 3  10.1.1.2   94 ms  78 ms  110 ms
 4  172.16.3.2   125 ms  109 ms  125 ms
 5    *192.168.21.1   141 ms  156 ms
```

图 4-6 网络测试与排错常用命令

4.1.4 配置技巧——默认路由

默认路由的目的网段和掩码均为 0，其定义规则类似静态路由，可以看作特殊的静态路由，如 ip route-static 0.0.0.0 0.0.0.0 172.16.1.1 就是一条默认路由，第一段 0.0.0.0 表示任意目的网段，第二段 0.0.0.0 表示任意掩码，前两段 0.0.0.0 结合起来就可以表示任何目的网络或目的 IP 地址，172.16.1.1 表示下一跳地址，这条默认路由就表示去往任何网络或任何 IP 地址的报文均转发给下一跳地址 172.16.1.1，再由下一跳设备继续转发。

默认路由由于目的网段和目的 IP 地址是任意的，因此可以匹配任何数据包，从而可以将收到的任何数据包均转发给其定义的下一跳地址。

默认路由常常用在边界路由器及核心交换机甚至汇聚层交换机上，由于这些设备往往肩负着转发往 Internet 中形形色色的目的网络或目的 IP 地址的任务，很难一一写出明细路由，因此可以一并通过一条默认路由转发给通往外网的下一跳地址，再由下游设备进行分发。

如在图4-1所示的拓扑中,各终端访问外网的流量首先会全部发往核心交换机LSW1或LSW2,然后由核心交换机转发给边界路由器,最后由边界路由器转发给外网。所以首先核心交换机需要配置默认路由,下一跳指向边界路由器,边界路由器也需要配置默认路由,下一跳指向运营商对应接口地址或出接口名称。这样,内网访问外网不同目的网络或不同IP的数据流一跳接一跳地转发给外网,从而实现对外网的访问。

在同一台设备上,既有明细路由又有默认路由的情况下,数据包首先会匹配明细路由,匹配不上明细路由的数据包,才会按照默认路由进行转发。

4.2 模块2:RIP动态路由

【教学目标】

知识目标:

➢ 了解动态路由的类型及应用场景。

➢ 了解RIP路由协议的基本工作原理。

➢ 了解RIP路由的基本配置命令。

技能目标:能够进行RIP基本配置。

思政目标:

➢ 路由表决定着三层网络通信的效率和效果,要科学部署三层网络,并避免非法修改路由信息,以保障企事业单位利益。

➢ 培养学生溯本求源的探究精神及一丝不苟的工匠精神。

4.2.1 模块拓扑

该模块基于图3-1所示拓扑。由于路由是在三层设备配置的,这里将图3-1中的三台三层设备QY1-R、LSW1和LSW2构成的拓扑独立出来进行RIP配置,所用拓扑如图4-7所示,对于所涉及的二层交换机及终端配置可沿用或参照项目3。

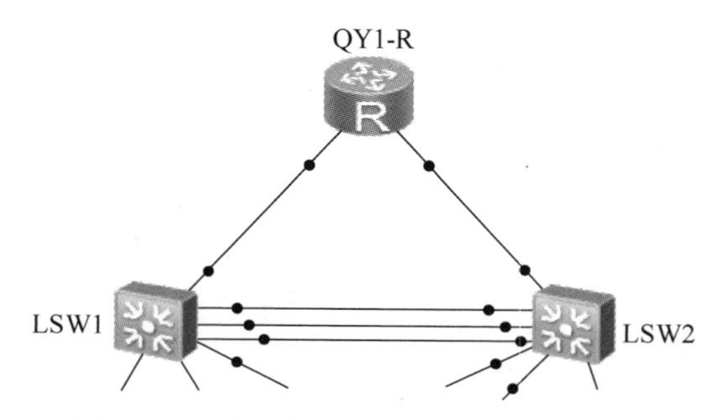

图4-7 区域1中需要配置路由的三层设备

4.2.2 知识准备

1. 动态路由分类

动态路由即能够通过相应的路由协议进行学习而获取的路由信息。动态路由信息会自动根据网络拓扑的变化而更新,所以比静态路由更灵活,适用于较大的网络。

(1) 动态路由按照工作区域可以分为如下两种。

- 内部网关路由协议(Interior Gateway Protocol,IGP):在自治系统内部使用的路由协议,主要包括 RIP、OSPF 和 IS-IS。
- 外部网关路由协议(Exterior Gateway Protocol,EGP):在自治系统之间使用的路由协议,主要包括 BGP(边界网关协议)。

(2) 动态路由按照工作机制及算法可以分为如下两种。

- 距离矢量路由协议(Distance Vector Routing Protocol,DVRP):指以到达目的网段的"跳数"(即经过路由器台数)来衡量路由优劣的内部网关协议,如 RIP。
- 链路状态路由协议(Link-State Routing Protocol,LSRP):是以带宽、延时等参数来衡量路由优劣的内部网关路由协议,主要包括 OSPF(Open Shortest Path First,开放式最短路径优先)和 IS-IS 等。OSPF 通过向网络发布链路状态信息 LSA(Link State Advertisement,链路状态通告),使路由器相互学习网络中的链路状态信息最终在每台路由器上形成具有全网链路状态信息的数据库 LSDB(链路状态数据库),然后每台路由器以自己为根运用 SPF(Shortest Path First,最短路径优先)算法计算出无环的最短路径树产生最优路由,并将计算出的最优路由加入路由表中。IS-IS 与 OSPF 工作原理类似,主要用于运营商网络。

2. RIP 路由

RIP 动态路由协议是通过路由器之间交换完整的路由表信息来学习路由的。路由器接收到别的路由器传来的路由,如果是自己没有的路由,则添加到自己路由表中,如果是自己已经有的路由,则比较路由的优先级,把最优路由加入路由表中。RIP 有两个版本:RIPv1 和 RIPv2。由于 RIP 传递路由最多能经过 16 跳,因此只适合小型网络。RIP 也不能支持 VLSM 和 CIDR,不支持认证,而且存在对拓扑变更响应缓慢、可能产生环路等问题,所以现在基本被淘汰了,这里仅做简要介绍。

3. RIP 路由配置

RIP 路由是由使用 RIP 的路由器之间交换路由表并学习自己没有的路由或比自己路由更优的路由来完善路由表的。常用配置命令如下。

(1) 在系统视图下创建 RIP 进程。

```
rip
```

(2) 配置 RIP 版本为 v2 版本。

```
version 2
```

(3) 宣告直连路由。

```
network ip-address
```

ip-address 为目的网段地址。

4.2.3 配置与测试

RIP 动态路由协议只需宣告直连网段,非直连网段的路由会通过学习自动产生。和静态路由一样,只要最终形成源节点与目的节点之间往返两条连续的路径,两个节点就可以通信。以下为该项目图 4-7 中各三层设备的 RIPv2 动态路由配置(基础配置可参照项目 3,为节约篇幅这里不再展示)。

1. QY1-R(区域1的边界路由器)配置

该路由器在区域1只有两个直连网段172.16.1.0和172.16.2.0,以下是该路由器RIP路由协议的配置,其他基础配置同静态路由。

```
[QY1-R]rip                          //创建RIP进程
[QY1-R-rip-1]version 2              //设置采用RIPv2
[QY1-R-rip-1]network 172.16.1.0
[QY1-R-rip-1]network 172.16.2.0
[QY1-R-rip-1]network 1.1.1.1
```

2. LSW1配置

该路由器直连网段较多,需要一一宣告。

```
[LSW1]rip                           //创建RIP进程
[LSW1-rip-1]version 2               //设置采用RIPv2
[LSW1-rip-1]network 172.16.1.0
[LSW1-rip-1]network 192.168.1.0
[LSW1-rip-1]network 192.168.10.0
[LSW1-rip-1]network 192.168.20.0
[LSW1-rip-1]network 192.168.30.0
[LSW1-rip-1]network 192.168.40.0
[LSW1-rip-1]network 192.168.50.0
[LSW1-rip-1]network 192.168.50.0
[LSW1-rip-1]network 1.1.1.2
```

3. LSW2配置

该路由器与LSW1类似,直连网段较多,需要一一宣告。

```
[LSW2]rip                           //创建RIP进程
[LSW2-rip-1]version 2               //设置采用RIPv2
[LSW2-rip-1]network 172.16.2.0
[LSW2-rip-1]network 192.168.1.0
[LSW2-rip-1]network 192.168.10.0
[LSW2-rip-1]network 192.168.20.0
[LSW2-rip-1]network 192.168.30.0
[LSW2-rip-1]network 192.168.40.0
[LSW2-rip-1]network 192.168.50.0
[LSW2-rip-1]network 1.1.1.3
```

4.3 模块3:OSPF动态路由

【教学目标】

知识目标:

➢ 掌握OSPF基本概念,了解OSPF协议的特点及应用场景。

➢ 理解OSPF路由协议的基本工作原理。

➢ 掌握OSPF的基本配置命令。

技能目标:

➢ 能够正确配置OSPF路由实现相应区域网络节点之间的通信。

➢ 掌握中小型网络调试的基本步骤和方法。

思政目标:

➢ 路由表决定着三层网络通信的效率和效果,要树立维护网络安全的责任意识,科学部署三层网络,并通过 OSPF 认证等措施避免非法访问三层网络,避免非法修改路由信息,以保障企事业单位利益。

➢ 培养学生溯本求源的探究精神及一丝不苟的工匠精神。

4.3.1 模块拓扑

该模块基于如图 4-1 所示拓扑。由于 OSPF 动态路由配置只需在三层设备上进行,因此该模块所用拓扑如图 4-8 所示,其余二层设备及终端配置命令可参照项目 3 或图书配套源码,这里不再赘述。

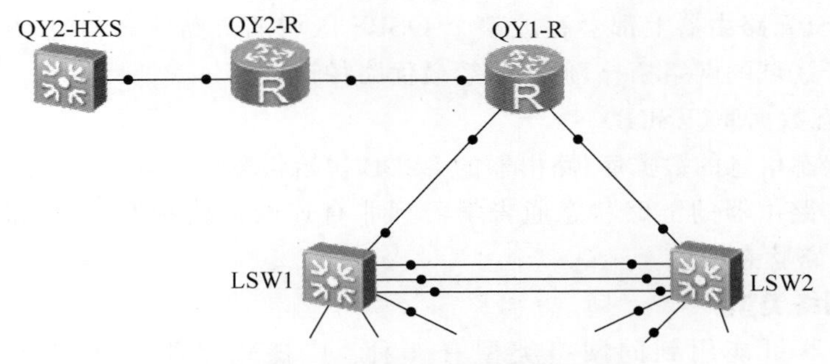

图 4-8 需配置 OSPF 的三层设备

4.3.2 知识准备

1. OSPF 路由概述

OSPF 在 RFC 2328 中定义,是一种基于链路状态算法的路由协议。与 RIP 不同,OSPF 通告的是链路状态(Link State,链路状态)信息而不是路由表。运行 OSPF 的路由器之间首先会建立邻居关系,然后彼此之间开始交互 LSA,最终同一 OSPF 区域内的每台路由器内都会形成 LSDB,记录了该 OSPF 区域内所有路由器的接口状态,然后每台路由器以自己为根利用 SPF 算法计算出无环的最短路径树,并按照最短路径树产生最优路由记录到路由表中,如图 4-9 所示。OSPF 通过 SPF 算法计算的最短路径树没有环路,由于 OSPF 无环路,支持 VLSM 和 CIDR,收敛速度快,可认证,具有灵活性高、可靠性好、易于扩展等特点,适用于不同规模的网络,在现在的网络中使用非常广泛。

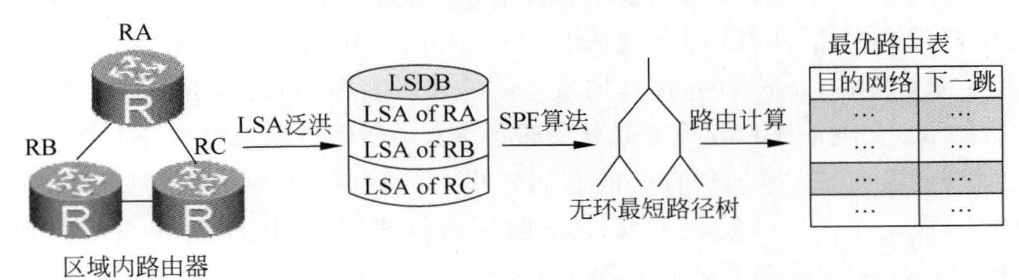

图 4-9 OSPF 工作流程

目前运用的 OSPF 有两个版本,针对 IPv4 使用的是 OSPFv2(RFC 2328);针对 IPv6 使用的是 OSPFv3(RFC 2740)。本项目中 OSPF 为 OSPFv2。下面首先介绍 OSPF 的基本术语。

1) Router-ID

Router-ID(Router Identifier,路由器标识符)是一个 32 位二进制数,通常也用点分十进制格式表示,用于在一个OSPF区域中唯一地标识一台路由器,如1.1.1.1。Router-ID可以通过手工配置的方式设定,也可以由自动选举的方式产生,通常最大的loopback(环回)接口地址会被选举为Router-ID,如果没有loopback(环回)接口地址则选择最大IP地址作为Router-ID。

2) LSA

运行OSPF动态路由协议的路由器之间首先会建立邻居关系,然后某些路由器之间还会建立邻接关系,建立邻接关系的路由器之间会交互LSA,包括接口的开销、连接的对象等。OSPF路由器通过泛洪将自己的LSA通告给邻居路由器供对方学习,而不是通告路由表,最终每台OSPF路由器上都会存放整个OSPF区域的链路状态信息,相当于每台路由器都存放着整个区域的网络拓扑,便于后续最优路径计算。

3) 链路状态数据库(LSDB)

存放链路状态信息的数据库,路由器的LSDB初始状态只有自己的直连链路状态,后续通过其他OSPF路由器的链路状态通告学习到非直连的链路状态信息,最终会存放整个OSPF区域的链路状态信息。

2. OSPF网络类型

OSPF路由器可能用到的网络类型有4种:广播式多路访问(Broadcast Multiple Access,BMA)、非广播式多路访问(Non-Broadcast Multiple Access,NBMA)、P2P(点对点,Point-to-Point)和P2MP(点到多点,Point to Multi-Point)。

BMA网络如Ethernet(以太网)、Token Ring和FDDI。NBMA型网络如Frame Relay、X.25。P2P型网络如PPP、HDLC。当接口采用某种协议封装时,OSPF在该接口上采用相应的网络类型。如当接口采用Ethernet封装时,OSPF在该接口上采用的默认网络类型为BMA;当接口采用PPP封装时,OSPF在该接口上采用的默认网络类型为P2P。

3. OSPF工作原理

OSPF工作过程主要分为两个阶段:第一阶段,路由器的相互发现与邻居关系建立;第二阶段,已经建立邻居关系的某些路由器之间建立邻接关系。下面分别介绍两个阶段的工作原理。

第一阶段:邻居关系建立。

图4-10所示路由器R1和R2的Router-ID分别为1.1.1.1和2.2.2.2,在路由器启动后两台路由器都会组播Hello报文通告自己的Router-ID,这时R2收到R1发送的Hello报文,知道了R1的Router-ID并将其加入自己的邻居表中,同时将R1状态置为Init状态,发现R1后的R2在组播Hello报文时就会告诉R1自己已经发现对方,R1收到该报文认为相互都已发现就会将R2添加到自己的邻居表中,并将邻居表中R2的状态置为2-way,同时组播Hello报文通告自己发现了R2,R2收到后将邻居表中R1的转态切换到2-way状态,这时R1和R2的邻居关系就建立起来了。

第二阶段:邻接关系建立。

邻接关系代表了网络链路状态交换的路径,也就是说,OSPF协议只在建立了邻接关系的邻居路由器之间交换链路状态,并非所有建立了邻居关系的路由器都会建立邻接关系。建立邻居关系的路由器能否建立邻接关系,与网络类型有关。

两台建立了邻居关系(双方达到2-way状态)的OSPF路由器,如果需要建立邻接关系,

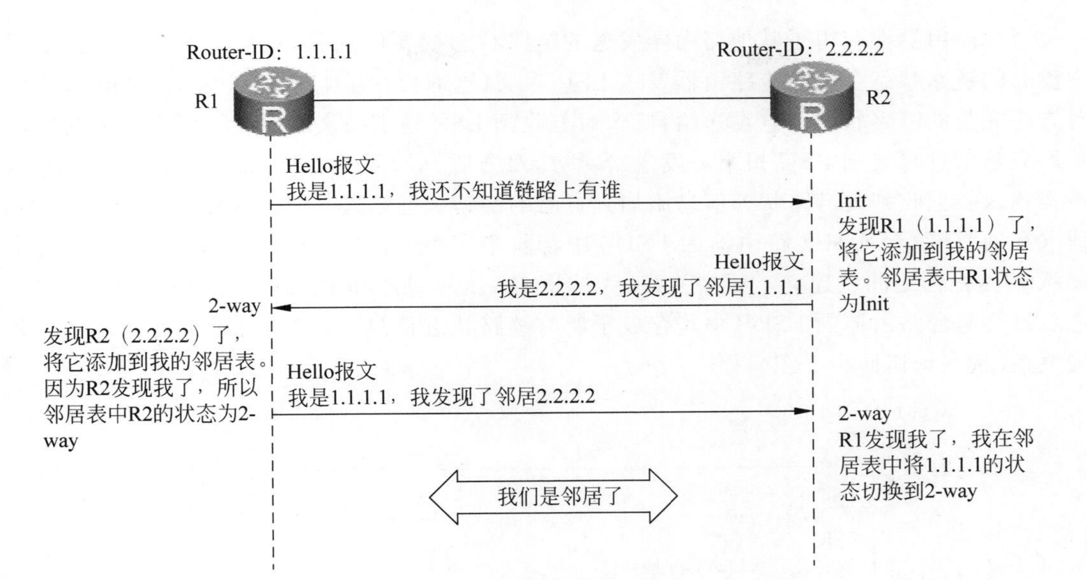

图 4-10　邻居关系的建立

就会首先相互交换 DD(Database Description)报文，选举主从路由器(这时路由器的工作状态为 Ex-start)，然后相互交换各自链路状态数据库中的链路状态摘要信息，每台 OSPF 路由器都会接收到其他路由器发送的链路状态摘要信息，这时路由器的工作状态切换为 Exchange，如图 4-11 所示。

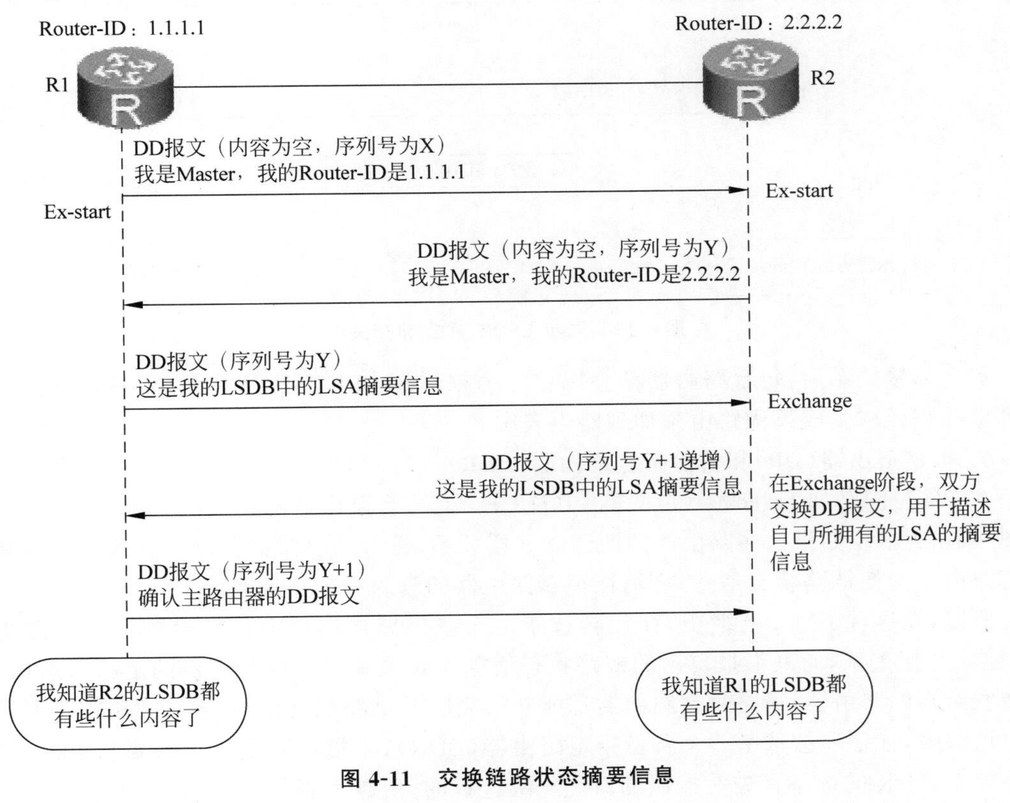

图 4-11　交换链路状态摘要信息

每台路由器在获得了其他路由器发送的链路状态摘要信息后，对自己链路状态数据库中没有的链路状态会向相应路由器发送 LSR 报文(这时路由器状态切换为 Loading)，请求对方将完整的链路状态信息发送给自己，对方收到 LSR 请求报文之后会将对方请求的链路状态完整信息封装到 LSU 报文并发送给对方，对方收到回复的 LSU 报文会回应 LS ACK 报文确认并把收到的链路状态信息添加到自己的链路状态数据库中。这样，经过多次的 LS 请求和回复，每台 OSPF 路由器的 LSDB 中都收集了整个区域的链路状态信息，相互交换 LSA 的路由器之间就建立了邻接关系。如图 4-12 所示，R1 和 R2 之间经过相互交换 LSA 之后最终两台路由器的 LSDB 中均存放了所有链路状态信息，这时两台路由器就建立了邻接关系，状态均切换为 Full。

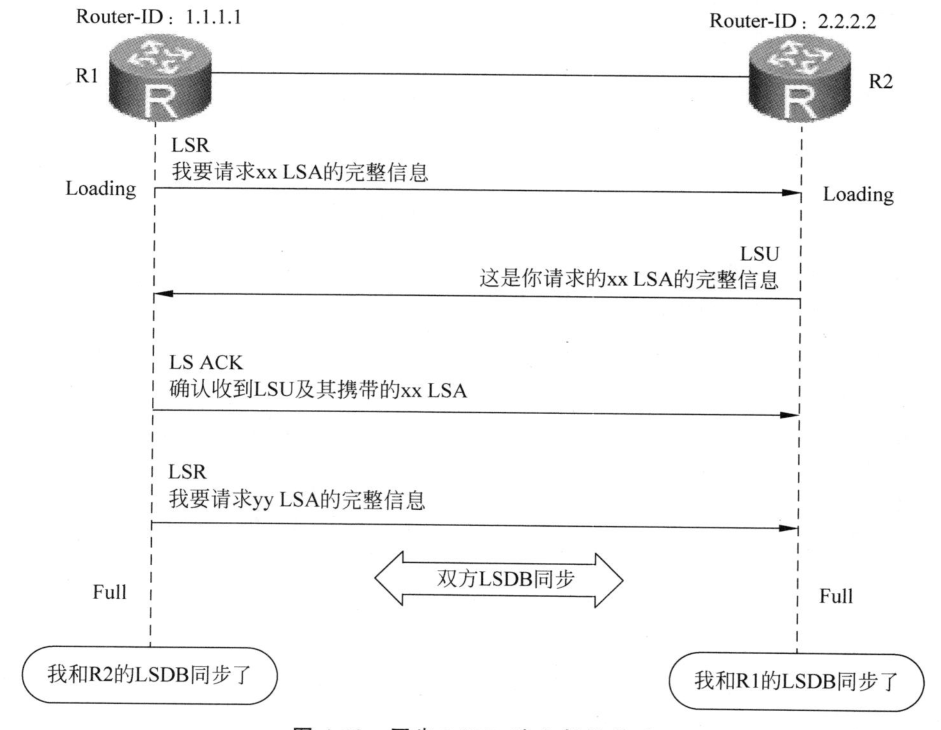

图 4-12　同步 LSDB，建立邻接关系

建立邻接关系后，每台路由器都会以自己为根运用 SPF 算法计算无环的路径树，并按计算出的路径树生成最优路由添加到路由表中。

4. 指定路由器(DR)和备份指定路由器(BDR)

在 BMA 网络如 Ethernet(以太网)中，往往会有多台路由器的相应接口处于同一网络，如图 4-13 所示。如果这些路由器两两建立邻接关系，每台路由器都会以泛洪的方式与其他所有路由器交换链路状态信息，会消耗很多路由器的资源和链路带宽。

所以，在这种 BMA 网络中，往往会选举一个指定路由器(DR)，其他路由器只需要和 DR 建立邻接关系，向其汇报自己的链路状态信息，DR 收集了其他路由器的链路状态信息，再转发给别的路由器，最终每台路由器都能获得完整的链路状态信息，形成 LSDB。为了避免单点故障，往往还会选举一个备份指定路由器(BDR)，非指定路由器也需要与 BDR 建立邻接关系。DR 的选举首先是按照端口优先级进行的，值越大越优先(优先级为 0 表示不参

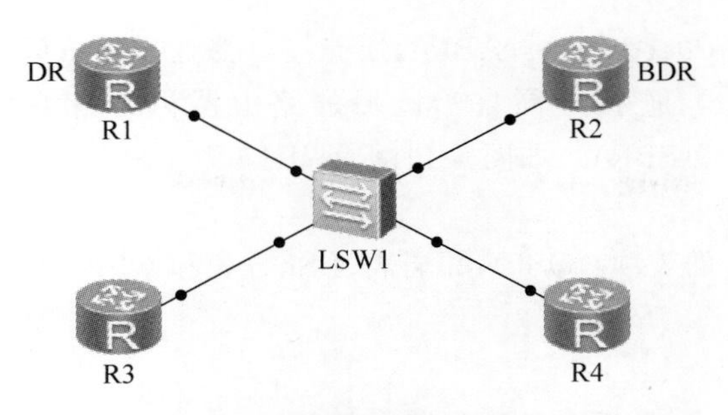

图 4-13　BMA 网络的 DR 和 BDR

与竞选)。如果优先级相同,则比较 Router-ID,值越大,越优先。

5. OSPF 区域划分

由于 OSPF 路由器总是以接口所在区域为泛洪范围,因此如果同一 OSPF 进程下的路由器数量较多,链路也较多,则会导致每台路由器上都产生非常臃肿的路由表,降低路由器工作效率。这时可以将 OSPF 路由器接口划分成多个连续的区域,每个区域用区域号(Area ID)来标识,这样泛洪范围就仅限于接口所在区域,每个区域的路由器设备上的路由表也就小了,转发效率就提高了。处于同一 OSPF 区域的路由器都会学习同区域其他各路由器的链路转态,最终每台路由器保存了完整的 LSDB,进而每台路由器以自己为根运用 SPF 算法计算出最短路径树并生成路由表。OSPF 泛洪方式为组播,组播地址为 224.0.0.5。

OSPF 区域分为骨干区域和非骨干区域,所有非骨干区域通常要求必须与骨干区域相连,骨干区域通常与别的自治区域(AS)相连,如图 4-14 所示的自治区域 AS1 中,区域 1(Area 1)和区域 2(Area 2)均与骨干区域(Area 0)相连,骨干区域再与别的自治区域相连。区域号用点分十进制格式表示,但可以简写。如骨干区域的区域号为 0.0.0.0,也可以简写为 0。

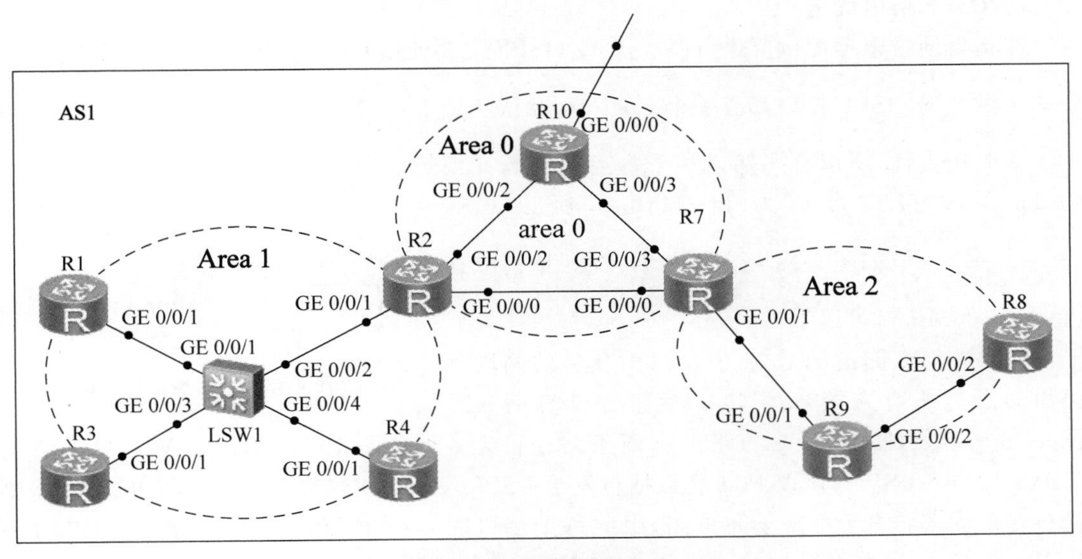

图 4-14　OSPF 区域划分

OSPF 路由器根据其位置或功能不同,通常分为 4 种类型。所有接口都处于某一区域内的路由器称为区域内路由器(Internal Router),接口分别处于不同区域的路由器称为区域边界路由器(Area Border Router,ABR),所有接口都处于骨干区域的路由器称为骨干路由器(Backbone Router),连接不同自治区域的路由器称为自治系统边界路由器(Area System Border Router,ASBR)。如图4-14所示,R10为ASBR,R2为ABR。

6. OSPF三张表项

OSPF有三张重要的表项:OSPF邻居表、LSDB表和OSPF路由表。以下是对三张表的简要介绍。

1) OSPF邻居表

如路由器工作原理所述,OSPF路由器总是首先交互Hello报文建立邻居关系,然后根据网络类型特点决定哪些路由器之间需要建立邻接关系,哪些不需要建立邻接关系。需要建立邻接关系的路由器会进一步交换链路状态信息最终收集整个区域的链路状态,生成完整的LSDB,然后计算得出最优路由表。不需要建立邻接关系的邻居路由器通过周期性Hello报文继续维持邻居关系。所以,每一台OSPF路由器都会有一张邻居表,记录着邻居路由器的Router-ID和接口地址、状态等信息。

2) LSDB表

每台OSPF路由器都有一张LSDB表,用来保存区域的链路状态信息。最初只有直连链路的状态信息,后续通过学习别的路由器通告的链路状态信息不断完善,最终会收集接口所在整个OSPF区域的链路状态信息。在链路状态发生变更的情况下,路由器也会重新学习LSA并同步LSDB。

3) OSPF路由表

OSPF路由表和路由器路由表是两张不同的表项。OSPF路由表存放的是所有通过OSPF协议学习到的路由,而路由器路由表存放的是最优路由表项,不局限于OSPF协议产生的路由,可能是静态路由,也可能是任何类型的动态路由。

7. OSPF路由优选

路由器通常根据度量值进行路径优选,OSPF主要使用Cost(开销)作为路由的度量值。每一个激活的OSPF接口都有一个Cost值,默认状态下接口Cost值$=\frac{100\text{Mb/s}}{\text{接口带宽}}$。Cost值小于1时按1计,所以百兆接口和千兆接口的Cost值均为1;Serial接口带宽为1.544Mb/s,所以Cost $=\frac{100\text{Mb/s}}{1.544\text{Mb/s}}\approx 64$,如图4-15所示。计算Cost值的默认参考值是100Mb/s,可以手工配置。

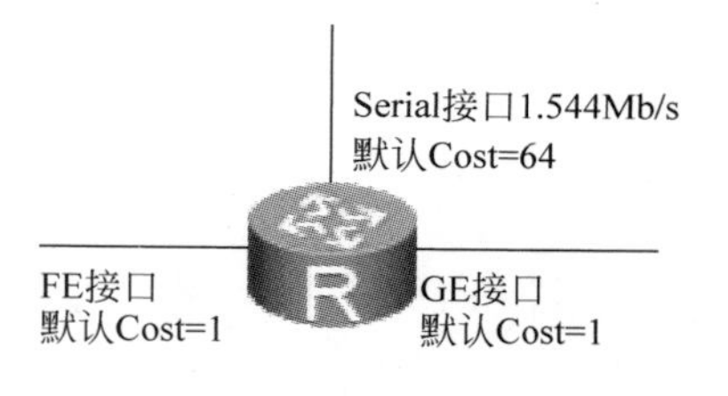

图4-15 路由器接口开销

一条OSPF路由的Cost值可以由从目的网段到本路由器沿途所有入接口的Cost值累加计算而来。如图4-16所示,PC1到PC2的路由有两条路径可走:一条是LSW3-R1-LSW4;另一条是LSW3-R2-R3-LSW4,所以PC1将数据包发给LSW3后,LSW3(交换机作为路由器)就需要进行路由优选。由于都是千兆链路,因此每个接口的Cost值默认为1,则路径LSW3-R1-LSW4的Cost累加值为3(①、②、③ 3个接口开销累计),而路径LSW3-R2-R3-LSW4的累加值为4(①、④、⑤、⑥ 4个接口开销累计),显然LSW3-R1-LSW4路径优于LSW3-R2-R3-LSW4路径,所以LSW3会选择经R1的路径将数据包发往目的地。如果需要让数据包经

R2 和 R3 转发,则需要修改接口的 Cost 值,使经 R2 和 R3 的路径 Cost 值累加小于经 R1 的路径,例如将②号接口的 Cost 值改为 10,则经 R1 的路径 Cost 值累加等于 12,这时这条路径成为次优路径不被选用。

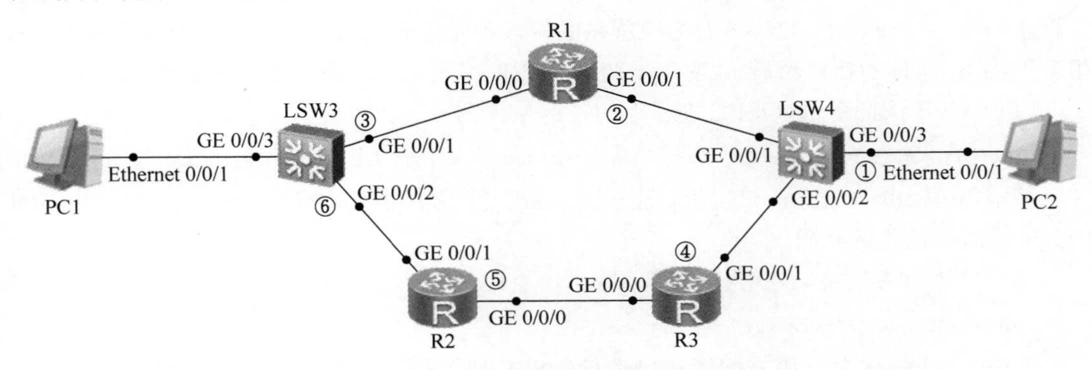

图 4-16　OSPF 路由的 Cost 值计算

以上是同 OSPF 区域的路由器上的 OSPF 路由的优选,在较为复杂的网络中,往往还需要在不同来源的路由之间进行路由优选,这时路由器会按优先级选择最优路由进行数据转发,表 4-2 列出了常见路由类型的默认优先级,可作为选路参考。如果存在等价路由,则会进行负载分担。

表 4-2　常见路由类型的默认优先级

路 由 来 源	路 由 类 型	默认优先级
直连	直连路由	0
静态	静态路由	60
动态路由	OSPF 内部路由	10
	OSPF 外部路由	150
	RIP	100
	BGP	255

8. OSPF 配置命令

OSPF 是现在网络中广泛使用的动态路由协议,其有着无环路、支持 VLSM 和 CIDR、自动更新链路状态、自动生成路由、扩展性好、能适应不同规模的网络等优点。OSPF 基本配置命令如下。

(1) 创建并运行 OSPF 进程(系统视图)。

```
[Huawei] ospf [ process - id | router - id router - id ]
```

其中,process-id 用于标识 OSPF 进程,默认进程号为 1。OSPF 支持多进程,在同一台设备上可以运行多个不同的 OSPF 进程,它们之间互不影响,彼此独立。router-id 用于手工指定设备的 ID 号(推荐)。如果没有通过命令指定 ID 号,系统会从路由设备所有接口的 IP 地址中自动选取一个作为设备的 ID 号。

(2) 创建并进入 OSPF 区域(OSPF 视图)。

```
[Huawei - ospf - 1] area area - id
```

其中,area 命令用来创建 OSPF 区域,并进入 OSPF 区域视图。area-id 可以是十进制整数或点分十进制格式。采取整数形式时,取值范围是 0～4 294 967 295。

(3) 指定运行 OSPF 的接口(OSPF 区域视图)。

```
[Huawei-ospf-1-area-0.0.0.0] network network-address wildcard-mask
```

其中,network 命令用来指定运行 OSPF 协议的接口和接口所属的区域,也用于对外宣告直连网段。network-address 为接口所在的网段地址。wildcard-mask 为 IP 地址的反码,相当于将 IP 地址的掩码反转(0 变 1,1 变 0),例如,0.0.0.255 表示掩码长度为 24 位。

(4) OSPF 认证示例(OSPF 进程下的某区域视图)。

```
[QY2-S-ospf-1-area-0.0.0.0]authentication-mode md5 1 cipher Huawei@123
```

其中,authentication-mode 为认证模式,*md5* 为选择的一种认证方式,1 为 Key ID,cipher 后面为设置的密码。

(5) 配置 OSPF 接口开销(接口视图)。

```
[Huawei-GigabitEthernet0/0/0] ospf cost cost
```

其中,ospf cost 命令用来配置接口运行 OSPF 协议所需的开销。配置接口开销可以改变路由优选结果,所以可以根据实际需要改变接口开销值。默认情况下,OSPF 会根据该接口的带宽自动计算其开销值,Cost 取值范围是 1~65 535。

(6) 设置 OSPF 带宽参考值(OSPF 视图)。

```
[Huawei-ospf-1] bandwidth-reference value
```

其中,bandwidth-reference 命令用来设置通过公式计算接口开销所依据的带宽参考值。value 取值范围是 1~2 147 483 648,单位是 Mb/s,默认值是 100Mb/s。

(7) 设置接口在选举 DR 时的优先级(接口视图)。

```
[Huawei-GigabitEthernet0/0/0] ospf dr-priority priority
```

其中,ospf dr-priority 命令用来设置接口在选举 DR 时的优先级。priority 值越大,优先级越高,取值范围是 0~255。

(8) 查看 OSPF 邻居表(用户视图)。

```
<Huawei> display ospf peer [brief]
```

该命令可以查看当前路由器有哪些邻居,其 Router-ID、区域 ID 连接的接口及状态等信息。

(9) 查看路由表(用户视图)。

```
<Huawei> display ip routing-table
```

该命令可以查看当前路由器最优路由信息。OSPF 协议还可能会有非最优路由,这些路由存放在 OSPF 路由表中,可用命令 display ospf routing 查看 OSPF 路由表。

视频讲解

4.3.3 配置与测试

视频讲解

对如图 4-1 所示拓扑进行 OSPF 动态路由协议配置。该项目路由器(三层交换机也相当于路由器)数量并不多,可以将所有网段都宣告到同一区域(只有一个区域时最好用骨干区域 Area 0),也可以根据管理需要划分多个区域。

为便于初学者学习,同时为了让读者领会 OSPF 分区域管理的思想,这里既给出了单区域配置,也同步给出了 OSPF 分区域配置,可根据实际情况选用。由于 OSPF 单区域配置和分区域配置下路由器交换机的基础配置是相同的,因此这里没有分别介绍两种配置思路下的配置全程，而只是在配置 OSPF 功能模块时分别给出了两种配置，方便读者区分两种配置，选择使用。需要明确，在配置 OSPF 动态路由协议时，各路由器只需宣告直连网段，非直连网段的路由会通过 OSPF 学习自动产生。

OSPF 单区域配置时，所有网段都在 Area 0 宣告，也就是所有接口都划分到 Area 0；而分区域配置时，将 QY1-R 和 QY2-R 相连接口所在网段划分在骨干区域 Area 0，将园区网 1 期的内部网络全部划分为 Area 1，将园区网 2 期内部网络全部划分为 Area 2，如图 4-17 所示。

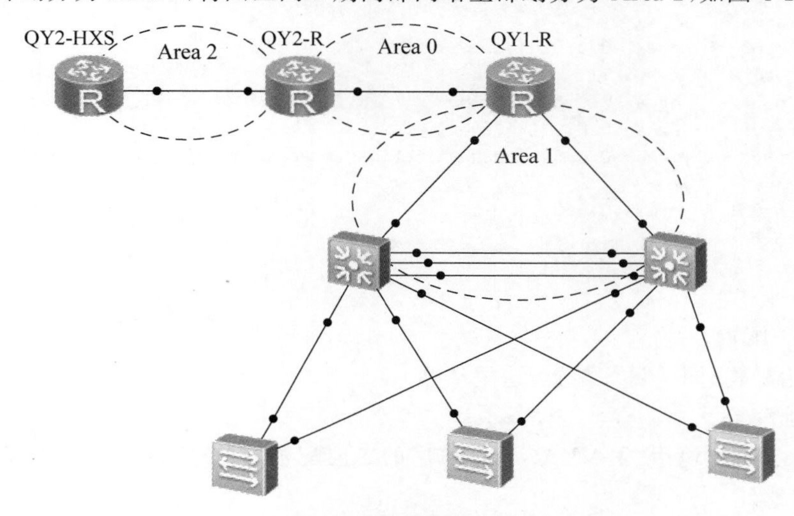

图 4-17　OSPF 区域划分

1. QY1-R（园区网 1 期的边界路由器）配置

该路由器有三个直连网段 172.16.1.0、172.16.2.0 和 10.1.1.0。如果用单区域配置全部在 Area 0 宣告；如果用多区域配置，则 10.1.1.0 属于 Area 0，172.16.1.0 和 172.16.2.0 属于 Area 1。以下是该路由器 OSPF 路由协议的配置，其他基础配置同静态路由。（注：单区域配置和多区域配置只能选择一种）

```
<Huawei> sys
[Huawei]sysname QY1 - R
[QY1 - R]undo info - center enable
[QY1 - R]interface GigabitEthernet 0/0/1
[QY1 - R - GigabitEthernet0/0/1]ip address 172.16.1.1 24
[QY1 - R - GigabitEthernet0/0/1]quit
[QY1 - R]interface GigabitEthernet 0/0/2
[QY1 - R - GigabitEthernet0/0/2]ip address 172.16.2.1 24
[QY1 - R - GigabitEthernet0/0/2]quit
[QY1 - R]interface GigabitEthernet 0/0/3
[QY1 - R - GigabitEthernet0/0/3]ip address 10.1.1.1 30
[QY1 - R - GigabitEthernet0/0/3]quit
[QY1 - R]interface loopback 0                         //添加一个环回接口方便测试
[QY1 - R - LoopBack0]ip address 1.1.1.1 32            //设置环回接口地址,可作为路由器 ID
[QY1 - R - LoopBack0]quit
//单区域 OSPF 配置(所有网段均在 Area 0 宣告)
[QY1 - R]ospf 1 router - id 1.1.1.1                   //创建 OSPF 进程
[QY1 - R - ospf - 1] area 0                           //创建并进入 Area 0 区域
[QY1 - R - ospf - 1 - area - 0.0.0.0]network 1.1.1.1 0.0.0.0         //宣告 Area 0 直连网段
[QY1 - R - ospf - 1 - area - 0.0.0.0]network 10.1.1.0 0.0.0.3        //宣告 Area 0 直连网段
[QY1 - R - ospf - 1 - area - 0.0.0.0]network 172.16.1.0 0.0.0.255    //宣告 Area 1 直连网段
[QY1 - R - ospf - 1 - area - 0.0.0.0]network 172.16.2.0 0.0.0.255    //宣告 Area 1 直连网段
```

```
[QY1-R-ospf-1-area-0.0.0.0]authentication-mode md5 1 cipher Huawei@123
[QY1-R-ospf-1-area-0.0.0.0]quit
//多区域 OSPF 配置(部分网段均在 Area 0 宣告,部分网段均在 Area 1 宣告)
[QY1-R]ospf 1 router-id 1.1.1.1                                   //创建 OSPF 进程
[QY1-R-ospf-1] area 0                                             //创建并进入 Area 0 区域
[QY1-R-ospf-1-area-0.0.0.0]network 1.1.1.1 0.0.0.0                //宣告 Area 0 直连网段
[QY1-R-ospf-1-area-0.0.0.0]network 10.1.1.0 0.0.0.3               //宣告 Area 0 直连网段
[QY1-R-ospf-1-area-0.0.0.0]authentication-mode md5 1 cipher Huawei@123
//OSPF 的 Area 0 认证
[QY1-R-ospf-1-area-0.0.0.0]quit
[QY1-R-ospf-1] area 1                                             //创建并进入 Area1 区域
[QY1-R-ospf-1-area-0.0.0.1]network 172.16.1.0 0.0.0.255           //宣告 Area 1 直连网段
[QY1-R-ospf-1-area-0.0.0.1]network 172.16.2.0 0.0.0.255           //宣告 Area 1 直连网段
[QY1-R-ospf-1-area-0.0.0.1]authentication-mode md5 1 cipher Huawei@456
//OSPF 的 Area 1 认证
[QY1-R-ospf-1-area-0.0.0.1]quit
[QY1-R-ospf-1] quit
[QY1-R]quit
<QY1-R>save
```

2. LSW1 配置

（1）初始配置(同项目 3 配置,这里从略)。

（2）基础配置。

同项目 3 配置,包括“划 VLAN,归端口”的二层配置,以及给各 VLAN 的虚拟逻辑接口 SVI 配置 IP 地址。

（3）链路聚合＋MSTP＋VRRP 配置。

同项目 3 配置。

（4）OSPF 路由配置。

该三层设备在园区网 1 期的直连网段在单区域配置下均属于 Area 0,而在多区域配置下均属于 Area 1。以下是该路由器 OSPF 路由协议的配置,其他基础配置同静态路由。

```
<LSW1>sys
[LSW1]interface loopback 0
[LSW1-LoopBack0]ip address 1.1.1.2 32
[LSW1-LoopBack0]quit
//OSPF 单区域配置(所有网段均在 Area 0 宣告)
[LSW1]ospf 1 router-id 1.1.1.2                                    //创建 OSPF 进程
[LSW1-ospf-1]area 0                                               //创建并进入 Area 0 区域
[LSW1-ospf-1-area-0.0.0.0]network 2.2.2.2 0.0.0.0                 //开始宣告直连网段
[LSW1-ospf-1-area-0.0.0.0]network 172.16.1.0 0.0.0.255
[LSW1-ospf-1-area-0.0.0.0]network 192.168.1.0 0.0.0.255
[LSW1-ospf-1-area-0.0.0.0]network 192.168.10.0 0.0.0.255
[LSW1-ospf-1-area-0.0.0.0]network 192.168.20.0 0.0.0.255
[LSW1-ospf-1-area-0.0.0.0]network 192.168.30.0 0.0.0.255
[LSW1-ospf-1-area-0.0.0.0]network 192.168.40.0 0.0.0.255
[LSW1-ospf-1-area-0.0.0.0]network 192.168.50.0 0.0.0.255
[LSW1-ospf-1-area-0.0.0.0]authentication-mode md5 1 cipher Huawei@123
//OSPF 的 Area 0 认证
[LSW1-ospf-1-area-0.0.0.0]quit
//OSPF 多区域配置(所有网段均在 Area 1 宣告)
[LSW1]ospf 1 router-id 1.1.1.2                                    //创建 OSPF 进程
[LSW1-ospf-1]area 1                                               //创建并进入 Area 1 区域
[LSW1-ospf-1-area-0.0.0.1]network 2.2.2.2 0.0.0.0                 //开始宣告直连网段
```

```
[LSW1-ospf-1-area-0.0.0.1]network 172.16.1.0 0.0.0.255
[LSW1-ospf-1-area-0.0.0.1]network 192.168.1.0 0.0.0.255
[LSW1-ospf-1-area-0.0.0.1]network 192.168.10.0 0.0.0.255
[LSW1-ospf-1-area-0.0.0.1]network 192.168.20.0 0.0.0.255
[LSW1-ospf-1-area-0.0.0.1]network 192.168.30.0 0.0.0.255
[LSW1-ospf-1-area-0.0.0.1]network 192.168.40.0 0.0.0.255
[LSW1-ospf-1-area-0.0.0.1]network 192.168.50.0 0.0.0.255
[LSW1-ospf-1-area-0.0.0.1]authentication-mode md5 1 cipher Huawei@456
//OSPF 的 Area 1 认证
[LSW1-ospf-1-area-0.0.0.1]quit
[LSW1-ospf-1]quit
[LSW1]quit
<LSW1>save
```

3. LSW2 配置

（1）初始配置(同项目 3 配置，这里从略)。

（2）基础配置。

同项目 3 配置，包括“划 VLAN，归端口”的二层配置，以及给各 VLAN 的虚拟逻辑接口 SVI 配置 IP 地址。

（3）链路聚合+MSTP+VRRP 配置。

同项目 3 配置。

（4）OSPF 路由配置。

该三层设备与 LSW1 类似，在园区网 1 期的直连网段在单区域配置下均属于 Area 0，而在多区域配置下均属于 Area 1，以下是该路由器 OSPF 路由协议的配置，其他基础配置同静态路由。

```
<LSW2>sys
[LSW2]interface loopback 0
[LSW2-LoopBack0]ip address 1.1.1.3 32
[LSW2-LoopBack0]quit
//单区域 OSPF 配置(所有网段均在 Area 0 宣告)
[LSW2]ospf 1 router-id 1.1.1.3                          //创建 OSPF 进程
[LSW2-ospf-1]area 0                                     //创建并进入 Area 0 区域
[LSW2-ospf-1-area-0.0.0.0]network 172.16.2.0 0.0.0.255  //宣告直连网段
[LSW2-ospf-1-area-0.0.0.0]network 192.168.1.0 0.0.0.255
[LSW2-ospf-1-area-0.0.0.0]network 192.168.10.0 0.0.0.255
[LSW2-ospf-1-area-0.0.0.0]network 192.168.20.0 0.0.0.255
[LSW2-ospf-1-area-0.0.0.0]network 192.168.30.0 0.0.0.255
[LSW2-ospf-1-area-0.0.0.0]network 192.168.40.0 0.0.0.255
[LSW2-ospf-1-area-0.0.0.0]network 192.168.50.0 0.0.0.255
[LSW2-R-ospf-1-area-0.0.0.0]authentication-mode md5 1 cipher Huawei@123
//OSPF 的 Area 0 认证
[LSW1-ospf-1-area-0.0.0.0]quit
//多区域 OSPF 配置(所有网段均在 Area 1 宣告)
[LSW2]ospf 1 router-id 1.1.1.3                          //创建 OSPF 进程
[LSW2-ospf-1]area 1                                     //创建并进入 Area 1 区域
[LSW2-ospf-1-area-0.0.0.1]network 172.16.2.0 0.0.0.255  //宣告直连网段
[LSW2-ospf-1-area-0.0.0.1]network 192.168.1.0 0.0.0.255
[LSW2-ospf-1-area-0.0.0.1]network 192.168.10.0 0.0.0.255
[LSW2-ospf-1-area-0.0.0.1]network 192.168.20.0 0.0.0.255
[LSW2-ospf-1-area-0.0.0.1]network 192.168.30.0 0.0.0.255
[LSW2-ospf-1-area-0.0.0.1]network 192.168.40.0 0.0.0.255
[LSW2-ospf-1-area-0.0.0.1]network 192.168.50.0 0.0.0.255
[LSW2-ospf-1-area-0.0.0.0]authentication-mode md5 1 cipher Huawei@456
```

```
//OSPF 的 Area 1 认证
[LSW1 - ospf - 1 - area - 0.0.0.1]quit
[LSW1 - ospf - 1]quit
[LSW1]quit
<LSW1> save
```

4. QY2-R(园区网2期的边界路由器)配置

该路由器有两个直连网段172.16.3.0和10.1.1.0。如果采用单区域配置则全部在Area 0;如果采用多区域配置,则其中10.1.1.0属于Area 0,172.16.3.0属于Area 2。以下是该路由器OSPF路由协议的配置,其他基础配置同静态路由。

```
<Huawei> sys
[Huawei]sysname QY2 - R
[QY2 - R]interface GigabitEthernet 0/0/3
[QY2 - R - GigabitEthernet0/0/3]ip address 10.1.1.2 30
[QY2 - R - GigabitEthernet0/0/3]quit
[QY2 - R]interface GigabitEthernet 0/0/1
[QY2 - R - GigabitEthernet0/0/1]ip address 172.16.3.1 24
[QY2 - R - GigabitEthernet0/0/1]quit
[QY2 - R]interface loopback 0
[QY2 - R - LoopBack0]ip address 2.2.2.1 32
[QY2 - R - LoopBack0]quit
//单区域 OSPF 配置(全部网段均在 Area 0 宣告)
[QY2 - R]ospf 1 router - id 2.2.2.1                                //创建 OSPF 进程
[QY2 - R - ospf - 1] area 0                                         //创建并进入 Area 0 区域
[QY2 - R - ospf - 1 - area - 0.0.0.0]network 2.2.2.1 0.0.0.0        //宣告 Area 0 直连网段
[QY2 - R - ospf - 1 - area - 0.0.0.0]network 10.1.1.0 0.0.0.3       //宣告 Area 0 直连网段
[QY2 - R - ospf - 1 - area - 0.0.0.0]network 172.16.3.0 0.0.0.255   //宣告 Area 2 直连网段
[QY2 - R - ospf - 1 - area - 0.0.0.0]authentication - mode md5 1 cipher Huawei @123
[QY2 - R - ospf - 1 - area - 0.0.0.0]quit
//多区域 OSPF 配置(部分网段在 Area 0 宣告,部分网段在 Area 2 宣告)
[QY2 - R]ospf 1 router - id 2.2.2.1                                //创建 OSPF 进程
[QY2 - R - ospf - 1] area 0                                         //创建并进入 Area 0 区域
[QY2 - R - ospf - 1 - area - 0.0.0.0]network 2.2.2.1 0.0.0.0        //宣告 Area 0 直连网段
[QY2 - R - ospf - 1 - area - 0.0.0.0]network 10.1.1.0 0.0.0.3       //宣告 Area 0 直连网段
[QY2 - R - ospf - 1 - area - 0.0.0.0]authentication - mode md5 1 cipher Huawei @123
[QY2 - R - ospf - 1 - area - 0.0.0.0]quit
[QY2 - R - ospf - 1] area 2
[QY2 - R - ospf - 1 - area - 0.0.0.2]network 172.16.3.0 0.0.0.255   //宣告 Area 2 直连网段
[QY2 - R - ospf - 1 - area - 0.0.0.0]authentication - mode md5 1 cipher Huawei @123
[QY2 - R - ospf - 1 - area - 0.0.0.2]quit
[QY2 - R - ospf - 1] quit
[QY2 - R]quit
<QY2 - R> save
```

5. QY2-S配置

(1)初始配置(这里从略)。

(2)基础配置。

包括“划VLAN,归端口”的二层配置,以及给各VLAN的虚拟逻辑接口SVI配置IP地址。

```
<Huawei> sys
[Huawei]sysname QY2 - S
[QY2 - S]undo info - center enable
//划 VLAN,归端口
[QY2 - S]vlan batch 21 22 666
```

```
[QY2-S]interface GigabitEthernet 0/0/1
[QY2-S-GigabitEthernet0/0/1]port link-type access
[QY2-S-GigabitEthernet0/0/1]port default vlan 666
[QY2-S-GigabitEthernet0/0/1]quit
[QY2-S]interface GigabitEthernet 0/0/2
[QY2-S-GigabitEthernet0/0/2]port link-type access
[QY2-S-GigabitEthernet0/0/2]port default vlan 21
[QY2-S-GigabitEthernet0/0/2]quit
[QY2-S]interface GigabitEthernet 0/0/3
[QY2-S-GigabitEthernet0/0/3]port link-type access
[QY2-S-GigabitEthernet0/0/3]port default vlan 22
[QY2-S-GigabitEthernet0/0/3]quit
//启路由,配网关
[QY2-S]interface vlanif 666
[QY2-S-Vlanif666]ip address 172.16.3.2 24
[QY2-S-Vlanif666]quit
[QY2-S]interface vlanif 21
[QY2-S-Vlanif21]ip address 192.168.21.254 24
[QY2-S-Vlanif21]quit
[QY2-S]interface vlanif 22
[QY2-S-Vlanif22]ip address 192.168.22.254 24
[QY2-S-Vlanif22]quit
[QY2-S]interface loopback 0
[QY2-S-LoopBack0]ip address 2.2.2.2 32
[QY2-S-LoopBack0]quit
[QY2-S]
```

(3) OSPF 路由配置。

该三层设备在园区网 2 期直连网段在单区域配置下均属于 Area 0,而在多区域配置下均属于 Area 2。以下是该路由器 OSPF 路由协议的配置,其他基础配置同静态路由。

```
[QY2-S]ospf 1 router-id 2.2.2.2                          //创建 OSPF 进程
//单区域 OSPF 配置(所有直连网段均在 Area 0 宣告)
[QY2-S-ospf-1]area 0                                     //创建并进入 Area 0 区域
[QY2-S-ospf-1-area-0.0.0.0]network 2.2.2.2 0.0.0.0      //宣告直连网段
[QY2-S-ospf-1-area-0.0.0.0]network 172.16.3.0 0.0.0.255
[QY2-S-ospf-1-area-0.0.0.0]network 192.168.21.0 0.0.0.255
[QY2-S-ospf-1-area-0.0.0.0]network 192.168.22.0 0.0.0.255
[QY2-S-ospf-1-area-0.0.0.0]authentication-mode md5 1 cipher Huawei @123
[QY2-S-ospf-1-area-0.0.0.0]quit
//多区域 OSPF 配置(所有直连网段均在 Area 2 宣告)
[QY2-S-ospf-1]area 2                                     //创建并进入 Area 2 区域
[QY2-S-ospf-1-area-0.0.0.2]network 2.2.2.2 0.0.0.0      //宣告直连网段
[QY2-S-ospf-1-area-0.0.0.2]network 172.16.3.0 0.0.0.255
[QY2-S-ospf-1-area-0.0.0.2]network 192.168.21.0 0.0.0.255
[QY2-S-ospf-1-area-0.0.0.2]network 192.168.22.0 0.0.0.255
[QY2-S-ospf-1-area-0.0.0.0]authentication-mode md5 1 cipher Huawei @123
[QY2-S-ospf-1-area-0.0.0.2]quit
[QY2-S-ospf-1]quit
[QY2-S]quit
<QY2-S>save
```

6. 查看路由表

命令:

```
display ip routing-table
```

图 4-18 所示为 QY2-R 的路由表,可以看到该路由表中具有去往整个园区网中任何网

段的路由，其中有些是直连路由，有些是通过 OSPF 协议学习到的路由。查看其他设备(QY1-R 和三台核心交换机)的路由表，发现都具有全网的路由信息。有了这样的全网路由，网络中任何两个节点之间都可形成往返两条连续的路径，从而实现任意节点之间的通信。


```
QY2-R
[QY2-R]dis ip routing-table
Route Flags: R - relay, D - download to fib
------------------------------------------------------------------------------
Routing Tables: Public
         Destinations : 25       Routes : 25

Destination/Mask    Proto   Pre  Cost      Flags NextHop         Interface

        1.1.1.1/32  OSPF    10   1           D   10.1.1.1        GigabitEthernet
0/0/3
        1.1.1.2/32  OSPF    10   2           D   10.1.1.1        GigabitEthernet
0/0/3
        1.1.1.3/32  OSPF    10   2           D   10.1.1.1        GigabitEthernet
0/0/3
        2.2.2.1/32  Direct  0    0           D   127.0.0.1       LoopBack0
        2.2.2.2/32  OSPF    10   1           D   172.16.3.2      GigabitEthernet
0/0/1
       10.1.1.0/30  Direct  0    0           D   10.1.1.2        GigabitEthernet
0/0/3
       10.1.1.2/32  Direct  0    0           D   127.0.0.1       GigabitEthernet
0/0/3
      127.0.0.0/8   Direct  0    0           D   127.0.0.1       InLoopBack0
      127.0.0.1/32  Direct  0    0           D   127.0.0.1       InLoopBack0
     172.16.1.0/24  OSPF    10   2           D   10.1.1.1        GigabitEthernet
0/0/3
     172.16.2.0/24  OSPF    10   2           D   10.1.1.1        GigabitEthernet
0/0/3
     172.16.3.0/24  Direct  0    0           D   172.16.3.1      GigabitEthernet
0/0/1
     172.16.3.1/32  Direct  0    0           D   127.0.0.1       GigabitEthernet
0/0/1
   192.168.10.0/24  OSPF    10   3           D   10.1.1.1        GigabitEthernet
0/0/3
 192.168.10.252/32  OSPF    10   3           D   10.1.1.1        GigabitEthernet
0/0/3
   192.168.20.0/24  OSPF    10   3           D   10.1.1.1        GigabitEthernet
0/0/3
 192.168.20.252/32  OSPF    10   3           D   10.1.1.1        GigabitEthernet
0/0/3
   192.168.21.0/24  OSPF    10   2           D   172.16.3.2      GigabitEthernet
0/0/1
   192.168.22.0/24  OSPF    10   2           D   172.16.3.2      GigabitEthernet
0/0/1
   192.168.30.0/24  OSPF    10   3           D   10.1.1.1        GigabitEthernet
0/0/3
 192.168.30.252/32  OSPF    10   3           D   10.1.1.1        GigabitEthernet
0/0/3
   192.168.40.0/24  OSPF    10   3           D   10.1.1.1        GigabitEthernet
0/0/3
 192.168.40.252/32  OSPF    10   3           D   10.1.1.1        GigabitEthernet
0/0/3
   192.168.50.0/24  OSPF    10   3           D   10.1.1.1        GigabitEthernet
0/0/3
 192.168.50.252/32  OSPF    10   3           D   10.1.1.1        GigabitEthernet
0/0/3
```

图 4-18　QY2-R 的路由表

4.3.4　能力提升——路由汇总

从前面的实例中可以看到无论采用静态路由还是动态路由，同一路由器的路由表中路由条数相同，且对应路由的目的网段和下一跳都是一样的，也就是说两种路由均可以达到全网互通的效果。同时会发现，无论采用静态路由还是动态路由，如果用原始的网段或 IP 地址构造路由，路由条目都比较多。对于规模较大的网络，三层设备也更多，就会产生数量庞大的路由条目，这就使网络设备会耗费更多的资源来存储、计算路由。为了节约设备的资源，提高工作效率，可以将下一跳相同的相似目的网段的路由进行汇总，减少路由条目。例如，目的网段分别为 192.168.1.0/24、192.168.2.0/24、192.168.3.0/24，下一跳又相同的三条路由就可以汇总成目的网段为 192.168.0.0/22 的一条路由(下一跳不变)。

路由汇总如果不精确可能会引发环路问题，所以应尽量确保路由汇总精确。例如将目的网段为192.168.10.0/24、192.168.20.0/24、192.168.30.0/24的三条路由汇总成目的网段为192.168.0.0/16的一条路由就不是精确汇总。因为192.168.0.0/16网段涵盖的地址范围为192.168.1～254.1～254,网段192.168.10.0/24、192.168.20.0/24、192.168.30.0/24仅是其中很少的一部分,这样的非精确汇总就可能引发环路问题。所以要实现精确汇总,规避环路问题,就需要在网络设计时科学规划网段和IP地址,为路由的精确汇总创造条件。最容易产生环路的场景是边界设备与ISP的路由设备之间,这种场景如果已经产生了环路,那就需要在边界设备上增加一条指向Null 0的黑洞路由来解决。关于黑洞路由可参阅相关资料。

4.4 模块4：ACL

【教学目标】

知识目标：

- 理解ACL的基本原理和基本作用。
- 了解ACL的类型及特点。
- 掌握ACL规则的基本组成结构和匹配顺序。

技能目标：

- 能够正确选择ACL的应用场景及应用接口。
- 能够正确进行ACL的基本配置。

思政目标：

- 要树立维护网络安全的责任意识,科学运用ACL对网络流量采取必要的控制,以保障企事业单位利益。
- 培养学生溯本求源的探索精神和一丝不苟精益求精的工匠精神。

4.4.1 模块拓扑

该模块使用拓扑如图4-19所示,内网中有4个网段,销售部属于VLAN 10,对应网段为10.0.1.0/24；财务部属于VLAN 20,对应网段为10.0.2.0/24；财务部服务器属于VLAN 30,对应网段为10.0.3.0/24；VLAN 66对应网段为10.0.66.0/24,LSW1的GE 0/0/24接口归属于VLAN 66。内网三个部门的网关都在LSW1上,企业内部采用OSPF协议实现内网互联互通。企业出口路由器AR1连接Internet。

4.4.2 知识准备

1. ACL概述

出于网络安全或流量管控需要,ACL(Access Control List,访问控制列表)广泛应用于多种场合。如图4-20所示,某公司为保证财务数据安全,禁止销售部门访问财务部服务器,但总经理办公室不受限制,这时就需要用ACL过滤流量。

ACL是一个匹配工具,能够对报文进行匹配和区分,往往由多条规则组成,每条规则会定义需要控制的报文流的源IP地址或MAC地址,还会用permit或deny表示与这条规则相对应的处理动作。高级ACL还会定义目的IP地址、源/目的端口及协议类型。以下是一个高级ACL的例子,包含了两条规则(编号分别为5和10)：第一条规则定义了控制的数据

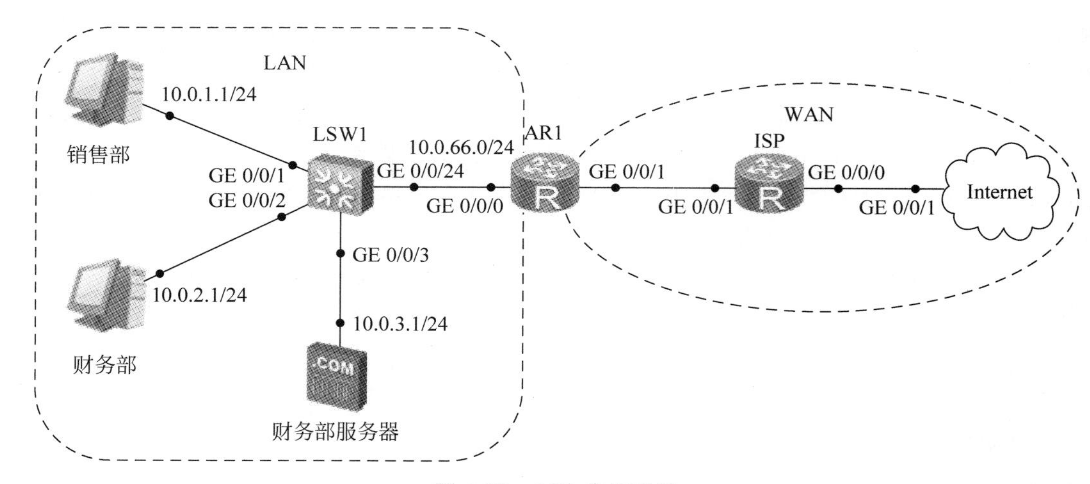

图 4-19 ACL 应用实例

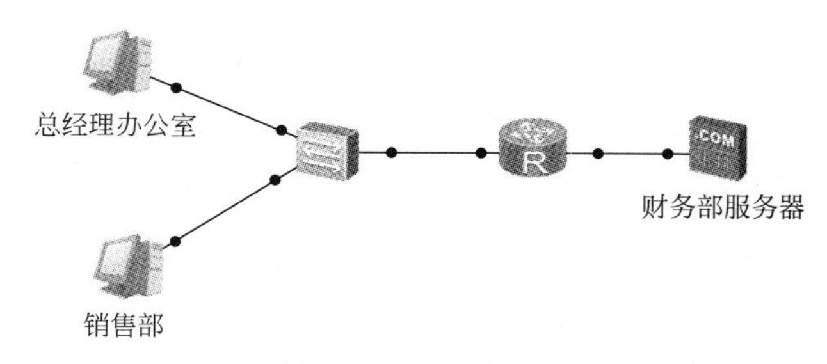

图 4-20 ACL 的作用

流的源/目的 IP 地址及对应动作 permit；第二条规则除定义要控制的数据流的源/目的 IP 地址及对应动作 permit 之外，还定义了目的端口号 21。

高级 ACL 举例如下。

```
  acl number 3000      //创建编号为 3000 的高级 ACL
    Rule 5 permit ip source 10.1.1.0 0.0.0.255 destination 10.1.3.0 0.0.0.255
    Rule 10 permit tcp source 10.1.2.0 0.0.0.255 destination 10.1.3.0 0.0.0.255
destination-port eq 21
```

ACL 可以通过逐条(按编号从小到大顺序)匹配其中规则，一旦匹配上某条规则就不再向下匹配，并与其他技术结合，达到防止网络攻击、控制网络访问流量和节省网络带宽的目的，从而切实保障网络环境的安全性和网络服务质量的可靠性。

2. ACL 的分类与标识

基于 ACL 规则定义方式的分类如表 4-3 所示。

表 4-3 基于 ACL 规则定义方式的分类

分　　类	编号范围	规则定义描述
基本 ACL	2000～2999	仅使用报文的源 IP 地址、分片信息和生效时间段信息来定义规则
高级 ACL	3000～3999	可使用 IPv4 报文的源 IP 地址、目的 IP 地址、IP 协议类型、ICMP 类型、TCP 源/目的端口号、UDP 源/目的端口号、生效时间段等来定义规则

续表

分　　类	编号范围	规则定义描述
二层 ACL	4000～4999	使用报文的以太网帧头信息来定义规则，如根据源 MAC 地址、目的 MAC 地址、二层协议类型等
用户自定义 ACL	5000～5999	使用报文头、偏移位置、字符串掩码和用户自定义字符串来定义规则
用户 ACL	6000～6999	既可使用 IPv4 报文的源 IP 地址或源 UCL(User Control List)组，也可使用目的 IP 地址或目的 UCL 组、IP 类型、ICMP 类型、TCP 源/目的端口、UDP 源/目的端口号等来定义规则

ACL 还可以按照标识方法分为数字型 ACL 和命名型 ACL。

3. 基本 ACL

基本 ACL 的编号范围为 2000～2999，只定义数据流的源 IP 地址和相应动作(permit 或 deny)。

基本 ACL 举例如下。

```
acl number 2000                          //创建编号为 2000 的基本 ACL
  Rule 5 deny source 10.1.1.1 0          //第一条规则，拒绝源 IP 地址为 10.1.1.1、通配符为 0 的数据流
  Rule 10 deny source 10.1.1.2 0         //第二条规则，拒绝源 IP 地址为 10.1.1.2、通配符为 0 的数据流
  Rule 15 permit source 10.1.1.0 0.0.0.255    //第三条规则，允许源 IP 地址为 10.1.1.0、通配符
                                              //为 0.0.0.255 的数据流
```

ACL 规则的编号默认以 5 为步长逐条增加，可以手工定义。需要注意，ACL 是按照编号由小到大的顺序匹配数据流的，只要有一条规则匹配上就不再继续向下匹配，所以设置规则时应该按照源 IP 地址的精确程度或包含的 IP 范围大小顺序进行编号，使源 IP 地址越精确、包含 IP 范围越小的规则编号越小，而使源 IP 地址包含范围越大的规则编号越大，避免数据流匹配上一条并不精确的规则而没有向下匹配精确的规则。

如上例中编号为 15 的规则源 IP 地址为 192.168.1.0，显然包含了前两条规则的源 IP 地址，如果把这条规则放在最前面(规则编号最小)，则数据流匹配这条规则执行 permit 动作后不再继续向下匹配，那么更精确的 192.168.1.1 和 192.168.1.2 根本就没有机会进行匹配了。假设源 IP 地址是 192.168.1.1 或 192.168.1.2 的数据流原本可以精确匹配并执行 deny 动作，但匹配 192.168.1.0 后却执行了 permit 的动作，事与愿违。可以根据需要，通过修改规则的编号来调整规则的顺序。ACL 的最后总会隐含一条拒绝所有的规则，这条规则会自动生效，无须显式定义。

ACL 中通配符是一个 32 位的数值，用于指示 IP 地址中哪些位需要严格匹配，哪些位无须匹配。如 0.0.0.255(二进制形式为 00000000.00000000.00000000.11111111)表示源 IP 地址的前 24 位需要严格匹配，而后 8 位可以任意匹配，也就是后 8 位不做限制。ACL 中通配符 0 是 0.0.0.0(二进制形式为 00000000.00000000.00000000.00000000)的缩写，表示源 IP 地址的 32 位均要严格匹配。通配符通常采用类似网络掩码的点分十进制格式表示，但是含义却与网络掩码完全不同。通配符中的 1 或者 0 可以不连续，而网络掩码的 1 或 0 却是连续的。

4. 高级 ACL

高级 ACL 的编号范围为 3000～3999，不仅定义数据流的源 IP 地址和相应动作(permit 或 deny)，还要定义数据流的目的 IP 地址及协议类型。

高级ACL举例如下。

```
acl number 3000
  Rule 5 permit ip source 10.1.1.0 0.0.0.255 destination 10.1.3.0 0.0.0.255
  Rule 10 permit tcp source 10.1.2.0 0.0.0.255 destination 10.1.3.0 0.0.0.255
destination - port eq 21
```

高级ACL的编号规则及匹配顺序和基本ACL类似,可以用图4-21表示。

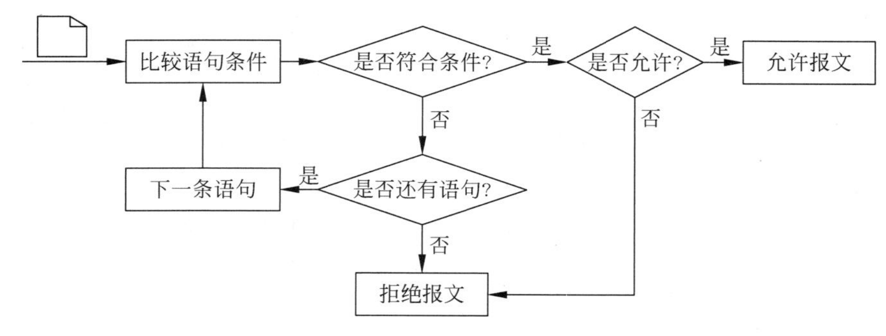

图4-21 ACL匹配流程

5. ACL应用

ACL定义好后,只是可以把目标流量匹配出来,然后还需要通过流量过滤工具Traffic-filter调用ACL,将ACL应用到三层网络设备(三层交换机或路由器)的输入接口或输出接口上,才能起到控制数据流的作用。

如果将ACL应用到输入接口上,则数据流到达三层网络设备后首先匹配ACL,然后查看路由表进行转发。如果匹配不上ACL或者匹配上且动作是permit,就允许数据流进入设备,并进而查找路由进行转发,如果不存在相应路由,则数据包将被丢弃,工作流程如图4-22所示。

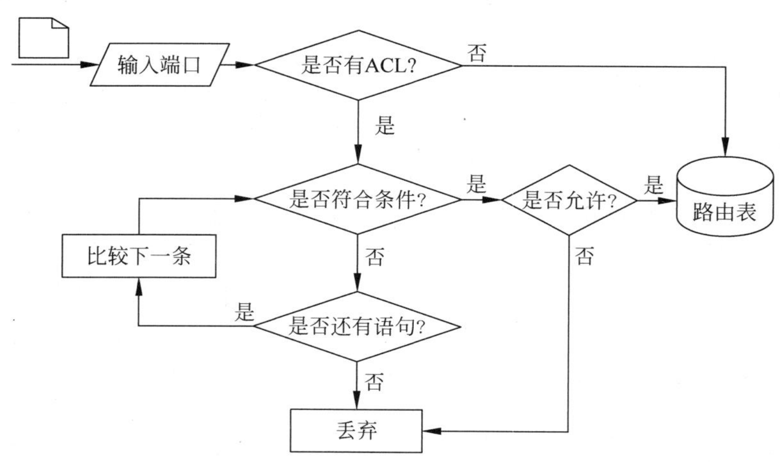

图4-22 ACL在输入端口的应用规则

如果将ACL应用到输出接口上,则数据流到达三层网络设备后首先进入设备并查找路由表,如果存在路由,则进一步匹配ACL,如果匹配不上ACL或者匹配上且动作是permit,就允许数据流从输出端口转发出去,如果不存在相应路由,则数据包将被丢弃,工作流程如图4-23所示。

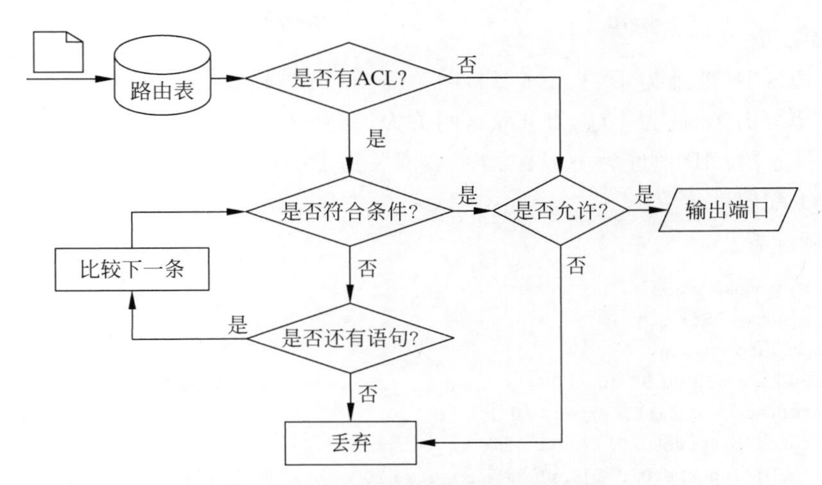

图 4-23　ACL 在输出端口的应用规则

6. ACL 配置命令

(1) 在系统视图创建编号 ACL。

```
rule [rule - id] {deny|permit} [ source {source - address source - wildcard | any }]
```

其中,rule-id 为规则编号,可以自动产生也可以手动设置；deny|permit 表示该规则拒绝或允许源 IP 地址为一定范围的流量；source 表示该规则匹配的数据源,其后的 source-address source-wildcard | any 表示源 IP 地址或网段,也可用 any 表示所有源。

(2) 在 ACL 视图配置高级 ACL 的规则。

① IP 协议的 ACL 规则配置。

```
rule [ rule - id ] { deny | permit } ip [ destination { destination - address destination - wildcard | any } | source { source - address source - wildcard | any }]
```

IP 的 ACL 规则配置需要在 deny | permit 后面用 ip 指定该规则用于 IP 协议,ip 后面的 destination-address 和 source-address 分别用于指定源 IP/网段或目的 IP/网段。

② TCP 的 ACL 规则配置。

```
rule [ rule - id ] { deny | permit } { protocol - number | tcp } [ destination { destination - address destination - wildcard | any } | destination - port { eq port | gt port | lt port | range port - start port - end } | source { source - address source - wildcard | any } | source - port { eq port | gt port | lt port | range port - start port - end } | tcp - flag { ack | fin | syn } ]
```

TCP 的 ACL 规则配置需要在 deny | permit 后面加上 tcp 指定该规则用于 TCP(可用协议号 protocol-number 代替)；tcp 后面的 destination-address 用于指定目的 IP/网段,其后 destination-port 用于指定目的端口号；source-address 用于指定源 IP/网段,其后 source-port 用于指定源端口号。

(3) ACL 视图下流量过滤工具 Traffic-filter 配置。

```
traffic - filter inbound | outbound acl acl - number
```

视频讲解

4.4.3　配置与测试

针对图 4-19 所示拓扑进行相应配置,并运用 ACL 实现以下目标：拒绝销售部用户访问财务部服务器,允许财务部访问财务部服务器；财务部无法访问 Internet。

1. 终端配置：

销售部PC：IP地址为10.0.1.1/24，网关为10.0.1.10。

财务部PC：IP地址为10.0.2.1/24，网关为10.0.2.10。

财务部服务器：IP地址为10.0.3.1/24，网关为10.0.3.10。

2. LSW1配置

（1）基础配置。

```
<Huawei>system-view
[Huawei]sysname LSW1
[LSW1]undo info enable
[LSW1]vlan batch 10 20 30 66                          //创建 VLAN 10 20 30 66
[LSW1]interface GigabitEthernet 0/0/1
[LSW1-GigabitEthernet0/0/1]port link-type access
[LSW1-GigabitEthernet0/0/1]port default vlan 10       //将接口划分至 VLAN 10
[LSW1-GigabitEthernet0/0/1]quit
[LSW1]interface GigabitEthernet 0/0/2
[LSW1-GigabitEthernet0/0/2]port link-type access
[LSW1-GigabitEthernet0/0/2]port default vlan 20       //将接口划分至 VLAN 20
[LSW1-GigabitEthernet0/0/2]quit
[LSW1]interface GigabitEthernet 0/0/3
[LSW1-GigabitEthernet0/0/3]port link-type access
[LSW1-GigabitEthernet0/0/3]port default vlan 30       //将接口划分至 VLAN 30
[LSW1-GigabitEthernet0/0/3]quit
[LSW1]interface GigabitEthernet 0/0/24
[LSW1-GigabitEthernet0/0/24]port link-type access
[LSW1-GigabitEthernet0/0/24]port default vlan 66      //将接口划分至 VLAN 66
[LSW1-GigabitEthernet0/0/24]quit
[LSW1]interface vlanif 10
[LSW1-Vlanif10]ip address 10.0.1.10 24 //配置 vlanif 10 地址作为销售部网关
[LSW1-Vlanif10]quit
[LSW1]interface vlanif 20
[LSW1-Vlanif20]ip address 10.0.2.10 24 //配置 vlanif 20 地址作为财务部网关
[LSW1-Vlanif20]quit
[LSW1]interface vlanif 30
[LSW1-Vlanif30]ip address 10.0.3.10 24 //配置 vlanif 30 地址作为财务部服务器网关
[LSW1-Vlanif30]quit
[LSW1]interface vlanif 66
[LSW1-Vlanif66]ip address 10.0.66.2 24 //配置 vlanif 66 地址
[LSW1-Vlanif66]quit
[LSW1]quit
```

（2）OSPF配置。

```
[LSW1]ospf 1 router-id 2.2.2.2
[LSW1-ospf-1]area 0
[LSW1-ospf-1-area-0.0.0.0]network 10.0.1.0 0.0.0.255
[LSW1-ospf-1-area-0.0.0.0]network 10.0.2.0 0.0.0.255
[LSW1-ospf-1-area-0.0.0.0]network 10.0.3.0 0.0.0.255
[LSW1-ospf-1-area-0.0.0.0]network 10.0.66.0 0.0.0.255
[LSW1-ospf-1-area-0.0.0.0]quit
[LSW1-ospf-1]quit
```

(3) ACL 配置。

```
[LSW1]acl 3000 //创建高级 ACL,隐含拒绝所有流量
[LSW1-acl-adv-3000]rule 5 deny ip source 10.0.1.0 0.0.0.255 destination 10.0.3.0 0.0.0.255
              //拒绝来自源 10.0.1.0 去往目的 10.0.3.0 的流量
[LSW1-acl-adv-3000]rule 10 permit ip source 10.0.2.0 0.0.0.255 destination 10.0.3.0 0.0.0.255
              //允许来自源 10.0.2.0 去往目的 10.0.3.0 的流量
[LSW1-acl-adv-3000]quit
[LSW1]
```

(4) 将 ACL 运用在接口进行流量过滤。

可以在交换机 LSW1 的 GE 0/0/3 的出方向进行流量过滤,拒绝销售部去往财务部服务器的流量,放行财务部去往财务部服务器的流量。

```
[LSW1]interface GigabitEthernet 0/0/3
[LSW1-GigabitEthernet0/0/3]traffic-filter outbound acl 3000    //接口出方向应用 ACL 3000
                                                                //进行流量过滤
[LSW1-GigabitEthernet0/0/3]quit
[LSW1]quit
<LSW1>save
```

(5) 验证访问财务服务器的流量过滤结果。

用销售部 PC ping 财务部服务器,无法 ping 通,如图 4-24 所示;用财务部 PC ping 财务部服务器,可以 ping 通。

```
PC>ping 10.0.3.1

Ping 10.0.3.1: 32 data bytes, Press Ctrl_C to break
Request timeout!
Request timeout!
Request timeout!
Request timeout!
Request timeout!

--- 10.0.3.1 ping statistics ---
  5 packet(s) transmitted
  0 packet(s) received
  100.00% packet loss
```

图 4-24 销售部 PC ping 财务部服务器被拒绝

3. AR1 的配置

(1) 基础配置。

```
<Huawei>system-view
[Huawei]sysname AR1
[AR1]undo info enable
[AR1]interface GigabitEthernet 0/0/0
[AR1-GigabitEthernet0/0/0]ip address 10.0.66.1 24
[AR1-GigabitEthernet0/0/0]quit
[AR1]interface GigabitEthernet 0/0/1
[AR1-GigabitEthernet0/0/1]ip address 100.0.12.1 24
[AR1-GigabitEthernet0/0/1]quit
[AR1]
```

(2) OSPF配置。

```
[AR1]ospf 1 router - id 1.1.1.1
[AR1 - ospf - 1]area 0
[AR1 - ospf - 1 - area - 0.0.0.0]network 10.0.66.0 0.0.0.255
[AR1 - ospf - 1 - area - 0.0.0.0]quit
[AR1 - ospf - 1]quit
[AR1]
```

(3) 网络出口路由配置。

AR1作为企业网络出口,需要配置去往Internet的路由。通常在网络出口配置静态默认路由来访问Internet。为了保障内网的其他三层设备也可以正常访问互联网,需要在AR1上把静态默认路由发布至OSPF协议内。

```
[AR1]ip route - static 0.0.0.0 0 100.0.12.2        //配置静态默认路由
[AR1]ospf 1 router - id 1.1.1.1
[AR1 - ospf - 1]default - route - advertise        //把默认路由发布至 OSPF
[AR1 - ospf - 1]quit
[AR1]quit
<AR1> save
```

4. ISP路由器配置

运营商ISP路由器连接AR1,需要配置去往企业内网的路由。此处配置本应由运营商完成,但这里为了进行功能性测试也给出了ISP路由器必要的配置。

```
<Huawei> system - view
[Huawei]sysname ISP
[ISP]undo info enable
[ISP]interface GigabitEthernet 0/0/1
[ISP - GigabitEthernet0/0/1]ip address 100.0.12.2 24
[ISP - GigabitEthernet0/0/1]quit
[ISP]ip route - static 10.0.1.0 255.255.255.0 100.0.12.1 //配置 10.0.1.0 网段回程静态路由
[ISP]ip route - static 10.0.2.0 255.255.255.0 100.0.12.1 //配置 10.0.2.0 网段回程静态路由
[ISP]quit
<ISP> save
```

5. 访问公网验证(这里暂不考虑NAT,NAT相关知识参见项目5)

用销售部PC和财务部PC对ISP路由器接口地址100.0.12.2进行ping测试,可以ping通,如图4-25所示,说明此时内网销售部PC和财务部PC均能访问外网。

```
PC>ping 100.0.12.2

Ping 100.0.12.2: 32 data bytes, Press Ctrl_C to break
From 100.0.12.2: bytes=32 seq=1 ttl=253 time=78 ms
From 100.0.12.2: bytes=32 seq=2 ttl=253 time=32 ms
From 100.0.12.2: bytes=32 seq=3 ttl=253 time=46 ms
From 100.0.12.2: bytes=32 seq=4 ttl=253 time=47 ms
From 100.0.12.2: bytes=32 seq=5 ttl=253 time=32 ms

--- 100.0.12.2 ping statistics ---
  5 packet(s) transmitted
  5 packet(s) received
  0.00% packet loss
  round-trip min/avg/max = 32/47/78 ms
```

图4-25 访问外网测试

6. 阻止财务部访问外网

(1) ACL 配置。

```
[AR1]acl 2000                                                    //定义 ACL,匹配财务部的流量
[AR1 - acl - basic - 2000]rule deny source 10.0.2.0 0.0.0.255    //拒绝来自网段 10.0.2.0(财务
                                                                 //部)的流量
[AR1 - acl - basic - 2000]rule permit source any                 //放行其余流量,由于隐含拒绝所
                                                                 //有,因此此条一定不能少
[AR1 - acl - basic - 2000]quit
[AR1]
```

(2) 将 ACL 运用在接口进行流量过滤。

可以在 AR1 的 GE 0/0/0 的入方向进行流量过滤,拒绝来自财务部流量从 GE 0/0/0 接口进入路由器。

```
[AR1] interface GigabitEthernet 0/0/0
[AR1 - GigabitEthernet0/0/0]traffic - filter inbound acl 2000
[AR1 - GigabitEthernet0/0/0]quit
[AR1]
```

也可以在 AR1 的 GE 0/0/1 的出方向做流量过滤,拒绝来自财务部的流量从 GE 0/0/1 接口流出路由器。

7. 财务部访问公网验证

用财务部 PC ping ISP 路由器接口地址 100.0.12.2,已不能 ping 通,如图 4-26 所示,说明财务部访问外网的流量已被过滤掉了。

```
PC>ping 100.0.12.2

Ping 100.0.12.2: 32 data bytes, Press Ctrl_C to break
Request timeout!
Request timeout!
Request timeout!
Request timeout!
Request timeout!

--- 100.0.12.2 ping statistics ---
  5 packet(s) transmitted
  0 packet(s) received
  100.00% packet loss
```

图 4-26 财务部访问外网的流量已被过滤

用销售部 PC 对 ISP 路由器接口地址 100.0.12.2 进行 ping 测试,依然可以正常访问。

4.5 模块 5:IPv6

【教学目标】

知识目标:

➢ 掌握 IPv6 的基本概念。

➢ 掌握 IPv6 的地址格式和地址类型。

➢ 掌握 IPv6 的基本配置。

技能目标:能够正确配置 IPv6 地址及 IPv6 路由实现网络节点之间的通信。

思政目标：明确 IPv6 相比 IPv4 的优势及发展前景，鼓励探索 IPv6 应用，培养学生探索与创新意识。

4.5.1 模块拓扑

该模块拓扑如图 4-27 所示，使用 OSPFv3 动态路由协议，将 R1 和 R2 相连接口划分在骨干区域 Area 0，将 R2 和 R3 相连的接口划分在 Area 1。全网采用 IPv6 地址。

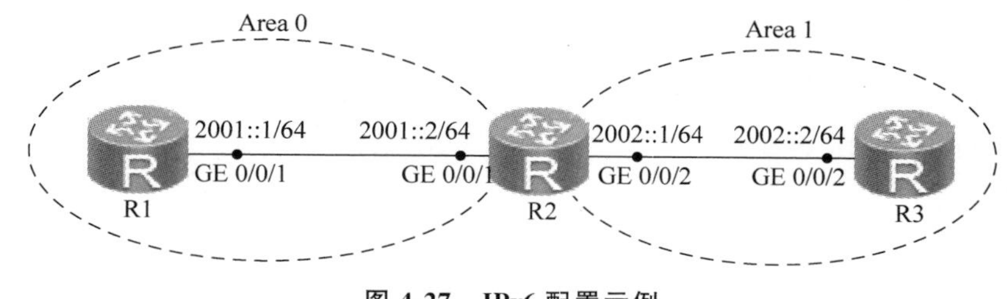

图 4-27　IPv6 配置示例

4.5.2 知识准备

1. IPv6 概述

在 Internet 发展初期，IPv4 以其协议简单、易于实现、互操作性好等优势而得到快速发展。但是 IPv4 是几十年前基于当时的网络规模而设计的，随着 Internet 的扩张和新应用的不断推出，IPv4 逐渐显现出它的局限性，尤其是可分配的 IP 地址越来越匮乏。

20 世纪 90 年代，IETF 推出 NAT(Network Address Translation，网络地址转换)和 CIDR(Classless Inter Domain Routing，无类域间路由)等技术来延缓 IPv4 地址的耗尽时间点。但是这些过渡方案只能减缓 IPv4 地址枯竭的速度，无法从根本上解决 IPv4 面临的问题。

为了从根本上解决地址枯竭的问题，加上对于安全性、服务质量、配置的简便性等方面的考虑，IPv6 应运而生。

IPv6(Internet Protocol version 6)是网络层协议的第二代标准协议，也被称为 IPng(IP Next Generation)。它是 IETF(Internet Engineering Task Force，Internet 工程任务组)设计的一套规范，是 IPv4(Internet Protocol version 4)的升级版本。IPv4 和 IPv6 的比较如表 4-4 所示。

表 4-4　IPv4 和 IPv6 的比较

问　　题	IPv4 的缺陷	IPv6 的优势
地址空间	IPv4 地址采用 32 位标识，理论上能够提供的地址数量是 43 亿(由于地址分配规则的原因，实际可使用的数量不到 43 亿)。另外，IPv4 地址的分配也很不均衡：美国占全球地址空间的一半左右，而欧洲则相对匮乏，亚太地区则更加匮乏。与此同时，移动 IP 和宽带技术的发展需要更多的 IP 地址。目前 IPv4 地址已经消耗殆尽	IPv6 地址采用 128 位标识。128 位的地址结构使 IPv6 理论上可以拥有(43 亿×43 亿×43 亿×43 亿)个地址。近乎无限的地址空间是 IPv6 的最大优势

续表

问　　题	IPv4 的缺陷	IPv6 的优势
报文格式	IPv4 报头包含可选字段 Options，这些 Options 可以将 IPv4 报头长度从 20 字节扩充到 60 字节。携带这些 Options 的 IPv4 报文在转发过程中往往需要中间路由转发设备进行软件处理，对于性能是个很大的消耗，因此实际中很少使用	IPv6 报文头的处理较 IPv4 更为简化，提高了处理效率。另外，IPv6 为了更好支持各种选项处理，提出了扩展头的概念，新增选项时不必修改现有结构，理论上可以无限扩展，体现了优异的灵活性
自动配置和重新编址	由于 IPv4 地址只有 32 位，并且地址分配不均衡，导致在网络扩容或重新部署时，经常需要重新分配 IP 地址，因此需要能够进行自动配置和重新编址，以减少维护工作量。目前 IPv4 的自动配置和重新编址机制主要依靠 DHCP	IPv6 内置支持通过地址自动配置方式使主机自动发现网络并获取 IPv6 地址，也可通过 DHCPv6 自动获取地址，大大提高了内部网络的可管理性
路由聚合	由于 IPv4 发展初期的分配规划问题，造成许多 IPv4 地址分配不连续，不能有效聚合路由。日益庞大的路由表耗用大量内存，对设备成本和转发效率产生影响，这一问题促使设备制造商不断升级其产品，以提高路由寻址和转发性能	巨大的地址空间使得 IPv6 可以方便地进行层次化网络部署。层次化的网络结构可以方便地进行路由聚合，提高了路由转发效率
对端到端的安全的支持	IPv4 制定时并没有仔细针对安全性进行设计，因此固有的框架结构并不能支持端到端的安全	IPv6 中，网络层支持 IPSec 的认证和加密，支持端到端的安全

2. IPv6 地址格式

IPv6 地址总长度为 128 位，通常分为 8 组，每组为 4 位十六进制数的形式，每两组十六进制数间用冒号分隔，这种表示方法被称为冒分十六进制表示法。

例如，FC00:0000:130F:0000:0000:09C0:876A:130B，这是 IPv6 地址的基本格式。

为了方便记忆和书写，IPv6 支持地址压缩。以上述 IPv6 地址为例，具体压缩规则为：

(1) 每组中的前导 0 都可以省略，所以上述地址可写为 FC00:0:130F:0:0:9C0:876A:130B。

(2) 地址中包含的连续两个或多个均为 0 的组，可以用双冒号"::"来代替，所以上述地址又可以进一步简写为 FC00:0:130F::9C0:876A:130B。

IPv6 地址由两部分组成：网络前缀和接口标识。

(1) 网络前缀，n 位，相当于 IPv4 地址中的网络位部分。

(2) 接口标识，$128-n$ 位，相当于 IPv4 地址中的主机位部分。

例如 IPv6 单播地址 2001:0DB8:6101:0001:5ED9:98FF:FECA:A298/64 中/64 表示网络前缀为前 64 位，所以后 64 位为接口标识。

接口标识可以通过三种方法生成：手工配置、系统通过软件自动生成或 IEEE EUI-64 规范生成。其中，IEEE EUI-64 规范自动生成最为常用。IEEE EUI-64 规范是将接口的 MAC 地址转换为 IPv6 接口标识的过程。具体方法为：

(1) 在 MAC 地址的前 24 位与后 24 位中间添加固定值 FFFE(11111111 11111110)。

(2) 将第7位取反。MAC地址中第7位为0表示MAC地址本地唯一,但是在接口标识中第7位为1表示全局唯一。所以需要将第7位反转。

表4-5所示为十六进制MAC地址54-89-98-39-55-E1通过IEEE EUI-64规范计算接口ID的过程。

表4-5 通过IEEE EUI-64规范计算接口ID的过程

MAC地址(十六进制)	54-89-98-39-55-E1
MAC地址(二进制)	01010100-10001001-10011000-00111001-01010101-11100001 中间插入FFFE 01010100-10001001-10011000-**11111111-11111110**-00111001-01010101-11100001 第7位取反 010101**1**0-10001001-10011000-**11111111-11111110**-00111001-01010101-11100001
IEEE EUI-64规范的接口ID	56-89-98-FF-FE-39-55-E1

3. IPv6地址分类

IPv6地址可以分为单播地址、组播地址和任播地址,相比于IPv4地址,去掉了广播地址,新增了任播地址。

(1) 单播地址:用于标识一个特定接口,目的地址为单播地址的报文会被送到被标识的接口。在IPv6中,一个接口可以配置多个单播地址。IPv6中定义了多种单播地址,目前常用的单播地址有未指定地址、环回地址、全球单播地址、链路本地地址、唯一本地地址(Unique Local Address,ULA)。

- 未指定地址:IPv6中的未指定地址即0:0:0:0:0:0:0:0/128或者::/128。该地址可以表示某个接口或者节点还没有IP地址,可以作为某些报文的源IP地址。源IP地址是::的报文不会被路由设备转发。
- 环回地址:即0:0:0:0:0:0:0:1/128或者::1/128。环回地址与IPv4中的127.0.0.1作用相同,主要用于设备给自己发送报文。
- 全球单播地址:带有全球单播前缀的IPv6地址,其作用类似于IPv4中的公网地址。带有全球单播地址的数据包可以被转发到全球网络的任何部分。
- 链路本地地址:用在单一链路上,地址前缀为FE80::/10,当一个节点启动IPv6协议栈时,启动时节点的每个接口会自动配置一个链路本地地址(其固定的前缀+IEEE EUI-64规则形成的接口标识)。这种机制使得两个连接到同一链路的IPv6节点不需要做任何配置就可以通信。以链路本地地址为源地址或目的地址的IPv6报文不会被路由设备转发到其他链路。
- 唯一本地地址:其作用类似于IPv4中的私网地址,只能在本地网络内部被路由转发而不会在全球网络中被路由转发。

(2) 组播地址:标识多个接口,目的地址为组播地址的报文会被该组播地址标识的所有接口接收。

被请求节点组播地址(Solicited-Node)是一类比较特殊的组播地址,该地址主要用于获取同一链路上邻居节点的链路层地址及实现重复地址检测,每一个单播或任播IPv6地址都有一个对应的被请求节点组播地址。格式为FF02::1:FF/104。

(3) 任播地址：标识一组网络接口，没有单独的地址空间。任播地址和单播地址使用相同的地址空间，在配置时加以区分。可以作为 IPv6 报文的源地址，也可以作为目的地址。任播地址设计用来在给多个主机或者节点提供相同服务时提供冗余功能和负载分担功能。

4. IPv6 地址配置

IPv6 地址支持静态手工配置和动态配置两种方式，其中动态配置又可以分为无状态地址自动配置和有状态地址自动配置，如图 4-28 所示。

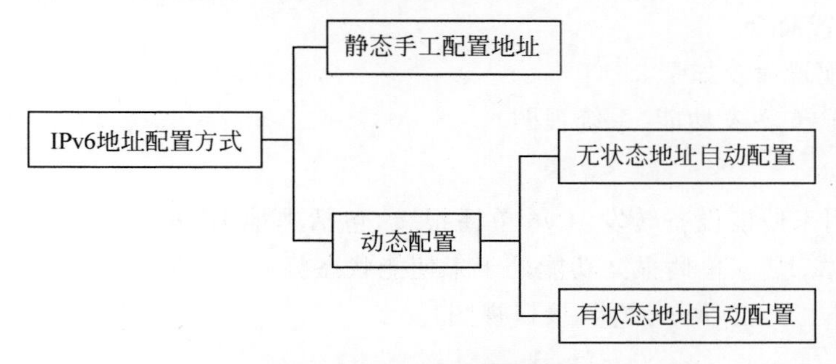

图 4-28　IPv6 地址配置方式

(1) 静态手工配置：通过手工的方式配置主机的 IPv6 地址和掩码。一般适用于一些需要固定 IP 地址或对安全性要求比较高的场景。

(2) 无状态地址自动配置：主机通过某种机制获取网络前缀，通过 IEEE EUI-64 规范生成接口标识，从而可以自动获取 IPv6 地址的一种方式。

(3) 有状态地址自动配置：IPv6 地址分配服务器通过 DHCPv6 为客户端分配 IPv6 地址，保存每个节点的状态信息，并管理这些保存的信息，这种方式称为 IPv6 有状态地址自动配置。有状态地址自动配置基于 DHCPv6 来实现。

IPv6 客户端由无状态地址自动配置还是由有状态地址配置获取地址，是由 RA 报文的相应参数(M 和 O)决定的。

DHCPv6 客户端在向 DHCPv6 服务器发送请求报文之前会发送 RS 报文，同一链路范围内的路由器接收到此报文后会回复 RA 报文，RA 报文中包含管理地址配置标记(M)和有状态配置标记(O)。当 M 取值为 1 时，启用 DHCPv6 有状态地址配置方案，DHCPv6 客户端将通过 DHCPv6 服务器获取 IPv6 地址；当 M 取值为 0 时，启用 IPv6 无状态地址自动配置方案，由 RA 报文获取地址前缀，并按 IEEE EUI-64 标准生成接口标识组成 IPv6 地址。参数 O 的值决定获取网络参数的方式，值为 1 时，客户端需要通过有状态的 DHCPv6 获取其他网络配置参数，值为 0 时采用 IPv6 无状态地址自动配置方案。

5. IPv6 路由——OSPFv3

OSPFv3 是 OSPF version 3 的简称，在 IPv4 网络中，OSPF 使用 v2 版协议实现网络间的互联互通；在 IPv6 网络中，OSPF 使用 v3 版协议来保障网络的互联互通。OSPFv3 在 OSPFv2 的基础上进行了修改，是一个独立的路由协议，二者互不兼容。

OSPFv3 和 OSPFv2 的相同点：

(1) 网络类型和接口类型。

(2) 接口状态机和邻居状态机。

(3) 链路状态数据库(LSDB)。

(4) 洪泛机制。

(5) 相同类型的报文：包括 Hello 报文、DD 报文、LSR 报文、LSU 报文和 LSACK 报文。

(6) 路由计算基本相同。

OSPFv3 也有自己的特点，如建立邻居关系时不再依赖于子网，而是两台设备在同一链路即可建立邻居关系。OSPFv3 移除了认证字段，只通过 Router-ID 来标识邻居等。

6. IPv6 配置命令

IPv6 基本配置命令如下。

(1) 开启 IPv6 转发功能(系统视图)。

```
[Huawei] ipv6
```

ipv6 命令用来使能设备转发 IPv6 单播报文，包括本地 IPv6 报文的发送与接收。默认情况下，设备转发 IPv6 单播报文功能处于未使能状态。

(2) 在接口上使能 IPv6 功能(接口视图)。

```
[Huawei - GigabitEthernet1/0/0] ipv6 enable
```

在接口视图下执行命令 ipv6 enable，只是表示在接口下使能了 IPv6 功能，可以在接口下进行 IPv6 相关配置。如果希望接口可以转发 IPv6 数据，还必须在系统视图下执行命令 ipv6，使能 IPv6 的转发功能。只有接口视图下和系统视图下都使能了 IPv6，接口才具有 IPv6 转发功能。

(3) 接口下配置 IPv6 全球单播地址(接口视图)。

```
[Huawei - GigabitEthernet1/0/0]ipv6 address ipv6 - address prefix - length
```

ipv6 address 命令用来配置 IPv6 的地址，ipv6-address 为网络前缀或地址，prefix-length 为前缀长度，相当于 IPv4 的掩码。默认情况下配置的是全球单播地址，如果掩码后加 anycast，此时配置的是任播地址。

(4) 配置 OSPFv3(系统视图)。

```
[Huawei] ospfv3 [ process - id ]
```

process-id 用于标识 OSPF 进程，默认进程号为 1。OSPF 支持多进程，在同一台设备上可以运行多个不同的 OSPF 进程，它们之间互不影响，彼此独立。

(5) 配置 OSPFv3 的 ROUTER-ID(OSPF 视图)。

```
[Huawei - ospfv3 - 1] router - id router - id
```

router-id 用于手工指定设备的 ID 号。OSPFv3 必须手工指定 Router-ID，如果没有通过命令指定，则 OSPFv3 无法正常工作。

(6) 接口上使能 OSPFv3 的进程，并指定所属区域(接口视图)。

```
[Huawei - GigabitEthernet0/0/0] ospfv3 process - id area area - id
```

接口下使能 OSPFv3，并指定进程号 process-id，同时指定接口所属区域。OSPFv3 也支持多区域划分，同一设备将不同的接口按照规划通告至不同的区域即可。

(7) 查看 OSPFv3 邻居表(用户视图)。

```
<Huawei> display ospfv3 peer [brief]
```

该命令可以查看当前路由器有哪些邻居,其 Router-ID、区域 ID 连接的接口及状态等信息。

(8) 查看路由表(用户视图)。

```
<Huawei> display ipv6 routing-table
```

该命令可以查看当前路由器最优路由信息。OSPFv3 协议还可能会有非最优路由,这些路由存放在 OSPFv3 路由表中,可用命令 display ospfv3 routing 查看 OSPF 路由表。

4.5.3 配置与测试

在如图 4-27 所示拓扑中,R1 和 R2 相连接口划分在骨干区域 Area 0,R2 和 R3 相连的接口划分在 Area 1,全网采用 IPv6,使用 OSPFv3 动态路由协议。以下是各台路由设备的 IPv6 与 OSPFv3 配置。

1. R1 配置

该路由器有一个直连网段 2001::/64,对应接口属于 Area 0,以下是该路由器 R1 的配置。

```
<Huawei> system-view
[Huawei]sysname R1
[R1]undo info-center enable
[R1]ipv6                                                  //使能 IPv6 转发功能
[R1]interface GigabitEthernet 0/0/1
[R1-GigabitEthernet0/0/1]ipv6 enable                      //接口下开启 IPv6 转发功能
[R1-GigabitEthernet0/0/1]ipv6 address 2001::1 64          //接口下配置 IPv6 单播地址
[R1-GigabitEthernet0/0/1]quit
[R1]ospfv3 1                                              //使能 OSPFv3
[R1-ospfv3-1] router-id 1.1.1.1                           //指定 Router-ID
[R1-ospfv3-1]interface GigabitEthernet 0/0/1
[R1-GigabitEthernet0/0/1]ospfv3 1 area 0                  //接口下使能 OSPFv3 并指定所属区域
[R1-GigabitEthernet0/0/1]quit
[R1]quit
<R1> save
```

2. R2 配置

路由器 R2 有两个直连网段 2001::/64 和 2002::/64,接口 GE 0/0/1 属于 Area 0,接口 GE 0/0/2 属于 Area 1,以下是该路由器的配置。

```
<Huawei> system-view
[Huawei]sysname R2
[R2]undo info-center enable
[R2]ipv6                                                  //使能 IPv6 转发功能
[R2]interface GigabitEthernet 0/0/1
[R2-GigabitEthernet0/0/1]ipv6 enable                      //接口下开启 IPv6 转发功能
[R2-GigabitEthernet0/0/1]ipv6 address 2001::2 64          //接口下配置 IPv6 单播地址
[R2-GigabitEthernet0/0/1]quit
[R2]interface GigabitEthernet 0/0/2
[R2-GigabitEthernet0/0/2]ipv6 enable                      //接口下开启 IPv6 转发功能
[R2-GigabitEthernet0/0/2]ipv6 address 2002::1 64          //接口下配置 IPv6 单播地址
[R2-GigabitEthernet0/0/2]quit
[R2]ospfv3 1                                              //使能 OSPFv3
[R2-ospfv3-1] router-id 2.2.2.2                           //指定 Router-ID
[R2-ospfv3-1]interface GigabitEthernet 0/0/1
[R2-GigabitEthernet0/0/1]ospfv3 1 area 0                  //接口下使能 OSPFv3 并指定区域
```

```
[R2-GigabitEthernet0/0/1]quit
[R2-ospfv3-1]interface GigabitEthernet 0/0/2
[R2-GigabitEthernet0/0/2]ospfv3 1 area 1    //接口下使能 OSPFv3 并指定区域
[R2-GigabitEthernet0/0/2]quit
[R2]quit
<R2>save
```

3. R3配置

该路由器有一个直连网段2002::/64,接口属于Area 1,以下是该路由器的配置。

```
<Huawei>system-view
[Huawei]sysname R3
[R3]undo info-center enable
[R3]ipv6                                            //使能 IPv6 转发功能
[R3]interface GigabitEthernet 0/0/2
[R3-GigabitEthernet0/0/2]ipv6 enable                //接口下开启 IPv6 转发功能
[R3-GigabitEthernet0/0/2]ipv6 address 2002::2 64    //接口下配置 IPv6 单播地址
[R3-GigabitEthernet0/0/2]quit
[R3]ospfv3 1                                        //使能 OSPFv3
[R3-ospfv3-1]router-id 3.3.3.3                      //指定 Router-ID
[R3-ospfv3-1]interface GigabitEthernet 0/0/2
[R3-GigabitEthernet0/0/2]ospfv3 1 area 1            //接口下使能 OSPFv3 并指定区域
[R3-GigabitEthernet0/0/2]quit
[R3]quit
<R3>save
```

4. 查看路由表

在R3上用命令display ipv6 routing-table查看路由表,结果如图4-29所示,可以看到共5条路由。在R1和R2上可用同样的方法查看路由表。

```
[R3]dis ipv6  routing-table
Routing Table : Public
  Destinations : 5 Routes : 5

 Destination  : ::1                            PrefixLength : 128
 NextHop      : ::1                            Preference   : 0
 Cost         : 0                              Protocol     : Direct
 RelayNextHop : ::                             TunnelID     : 0x0
 Interface    : InLoopBack0                    Flags        : D

 Destination  : 2001::                         PrefixLength : 64
 NextHop      : FE80::2E0:FCFF:FECD:17B3       Preference   : 10
 Cost         : 2                              Protocol     : OSPFv3
 RelayNextHop : ::                             TunnelID     : 0x0
 Interface    : GigabitEthernet0/0/0           Flags        : D

 Destination  : 2002::                         PrefixLength : 64
 NextHop      : 2002::2                        Preference   : 0
 Cost         : 0                              Protocol     : Direct
 RelayNextHop : ::                             TunnelID     : 0x0
 Interface    : GigabitEthernet0/0/0           Flags        : D

 Destination  : 2002::2                        PrefixLength : 128
 NextHop      : ::1                            Preference   : 0
 Cost         : 0                              Protocol     : Direct
 RelayNextHop : ::                             TunnelID     : 0x0
 Interface    : GigabitEthernet0/0/0           Flags        : D

 Destination  : FE80::                         PrefixLength : 10
 NextHop      : ::                             Preference   : 0
 Cost         : 0                              Protocol     : Direct
 RelayNextHop : ::                             TunnelID     : 0x0
 Interface    : NULL0                          Flags        : D
```

图4-29 IPv6路由表

项目5 广域网接入

项目介绍

随着经济全球化与数字化变革加速，一方面，各企事业单位需要通过互联网获取各种信息；另一方面，由于企业规模不断扩大，总部和各分支机构之间也需要跨越城市甚至国家进行通信，这些场景都需要通过 WAN(Wide Area Network，广域网)将分散在不同地理位置的 LAN(Local Area Network，局域网)连接起来，以便更好地开展业务。本项目主要介绍如何采用 NAT 技术将局域网(LAN)接入广域网(WAN)，并通过广域网常用协议——PPP(Point-to-Point Protocol，点到点协议)实现异地通信。

拓扑设计

广域网接入的关键技术是 NAT 技术，该项目综合运用源 NAT 和目的 NAT 技术实现内网用户访问外网 Web 服务器以及外网用户访问内网 Web 服务器的功能，拓扑如图 5-1 所示。其中，ISP-R 为运营商路由器；QY1-R、QY2-R 分别为园区网 1 期和 2 期的边界路由器；ISP-R 上连接的 Web Server1 供内网用户访问外网 Web 服务测试之用，连接的 HTTP Client 模拟外网访问内网 Web 服务的客户端；QY1-R 上连接的 Web Server2 供外网用户

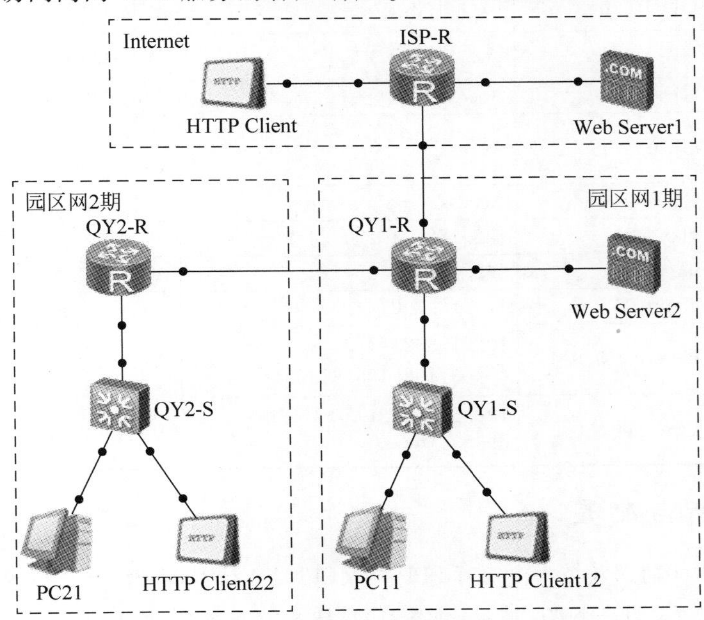

图 5-1 NAT 应用案例拓扑

访问内网 Web 服务测试之用。

项目整体规划

为方便项目实施，对如图 5-1 所示网络拓扑中各设备的接口规划如表 5-1 所示。

表 5-1　各设备接口类型、VLAN 及 IP 规划

设　　备	接　　口	接口 IP 地址/接口类型	备　　注
ISP-R（AR2220）	GE 0/0/0	99.1.1.1/24	连接外网 HTTP Client
	GE 0/0/1	100.1.1.1/24	连接 Web Server1
	GE 4/0/0	200.1.1.1/30	连接 QY1-R
园区网 1 期出口路由器 QY1-R（AR2220）	GE 4/0/0	200.1.1.2/30	连接 ISP-R
	GE 0/0/0	10.1.1.1/30	连接 QY2-R
	GE 0/0/1	172.16.1.1/24	连接 QY1-S
	GE 0/0/2	172.16.0.1/24	连接内网 Web Server2
园区网 1 期核心交换机 QY1-S	GE 0/0/1	Access	连接 VLAN 11 的终端 PC11
	GE 0/0/11	Access	连接 VLAN 12 的终端 HTTP Client12
	GE 0/0/20	Access	连接路由器 QY1-R
	vlanif 11	192.168.11.254/24	VLAN 11 终端的网关
	vlanif 12	192.168.12.254/24	VLAN 12 终端的网关
	vlanif 66	172.16.1.2/24	GE0/0/20 对应逻辑接口
PC11	Ethernet 0/0/1	192.168.11.1/24（网关：192.168.11.254/24）	VLAN 11 的终端
HTTP Client12	Ethernet 0/0/1	192.168.12.1/24（网关：192.168.12.254/24）	VLAN 12 的终端
园区网 2 期出口路由器 QY2-R（AR2220）	GE 0/0/0	10.1.1.2/30	连接 QY1-R
	GE 0/0/1	172.16.2.1/24	连接 QY2-S
园区网 2 期核心交换机 QY2-S	GE 0/0/1	Access	连接 VLAN 21 的终端 PC21
	GE 0/0/11	Access	连接 VLAN 22 的终端 HTTP Client22
	GE 0/0/20	Access	连接路由器 QY2-R
	vlanif 21	192.168.21.254/24	VLAN 21 终端的网关
	vlanif 22	192.168.22.254/24	VLAN 22 终端的网关
	vlanif 66	172.16.2.2/24	GE 0/0/20 对应逻辑接口
PC21	Ethernet 0/0/1	192.168.21.1/24（网关：192.168.21.254/24）	VLAN 21 的终端
HTTP Client22	Ethernet 0/0/1	192.168.22.1/24（网关：192.168.22.254/24）	VLAN 22 的终端

项目模块分析与配置

接入广域网常用协议及技术主要有 PPP 协议和 NAT 技术，华为 NAT 技术又根据不同的应用场景分为以下几种：静态 NAT 技术、动态 NAT 技术、NAPT 技术、Easy-IP 和 NAT Server。下面首先介绍 PPP 及其验证方法，然后分别介绍各种 NAT 技术的应用场景、工作原理与配置。

5.1 模块1：PPP及其验证

【教学目标】

知识目标：

- 了解广域网的基本概念。
- 理解PPP和PPPoE的工作原理。
- 掌握PPP及其验证的基本配置。

技能目标：能够正确配置PPP及其验证信息。

思政目标：

- 要树立维护网络安全的责任意识，采用安全可靠的数据传输及验证方式，以保障企事业单位利益。
- 培养学生溯本求源的探究精神。

5.1.1 模块拓扑

假设园区出口路由器QY1-R与网络服务商的路由器ISP-R用串行接口相连，链路两端接口封装PPP，并进行相应认证，拓扑如图5-2所示。其中ISP-R的Serial 0/0/0接口的IP地址为200.1.1.1/30，QY1-R的Serial 0/0/0接口的IP地址为200.1.1.2/30。

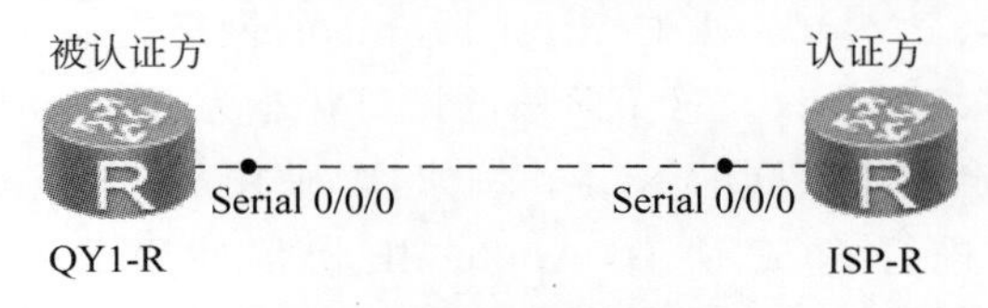

图5-2 广域网接入串行链路拓扑

5.1.2 知识准备

1. 广域网概述

广域网是连接不同地区局域网的网络，通常所覆盖的范围从几十千米到几千千米。它能连接多个地区、城市和国家，或横跨几个洲提供远距离通信，形成国际性的远程网络。广域网可以通过租用ISP网络或者自建专用网络来构建。

早期广域网与局域网的区别在于TCP/IP参考模型的数据链路层和物理层的差异，其他各层并无差异。局域网的物理层和数据链路层主要使用IEEE 802.3/Ethernet（有线局域网使用）、IEEE 802.11（无线局域网使用）协议，广域网的物理层和数据链路层主要使用PPP、HDLC等协议。

广域网络设备基本角色有三种：CE(Customer Edge，用户边缘设备)、PE (Provider Edge，服务提供商边缘设备)和P(Provider，服务提供商设备)，如图5-3所示。

2. PPP

PPP是一种常见的广域网数据链路层协议，主要用于在全双工的链路上进行点到点的数据传输封装。

PPP链路的建立由以下三个阶段的协商过程组成。

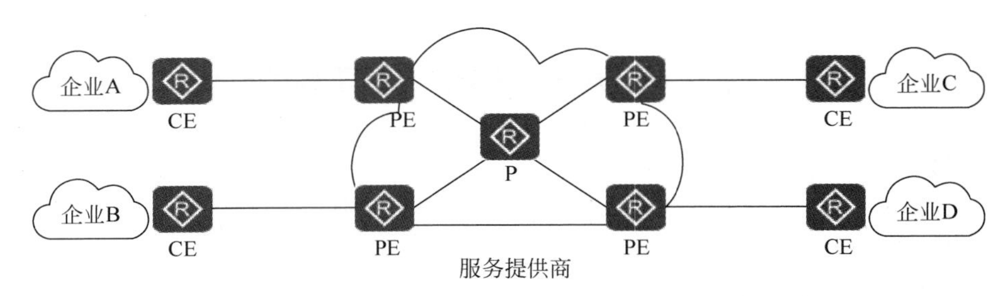

图 5-3　广域网设备角色

（1）链路层协商：LCP（Link Control Protocol，链路控制协议）通过 LCP 报文进行各种链路层参数的协商来建立链路层连接。主要的链路层参数有最大接收单元、认证模式、魔术字（用于环路检测）等。

（2）认证协商（可选）：通过链路建立阶段协商的认证方式进行链路认证。

这个阶段是可选的，如果 LCP 协商参数中定义了认证参数，则 LCP 协商成功后可进入认证协商阶段，链路两端的接口状态进入 Authenticate 状态；如果 LCP 协商参数中没有定义认证参数，则 PPP 会跳过认证协商阶段而直接进入网络层协商阶段。

PPP 提供了安全认证协议族 PAP（Password Authentication Protocol，密码验证协议）和 CHAP（Challenge Handshake Authentication Protocol，挑战握手认证协议）两种认证方式，可以单独使用，也可以重叠使用。

（3）网络层协商：NCP（Network Control Protocol，网络控制协议）用于各网络层参数的协商，更好地支持了网络层协议。这个阶段的接口状态为 Network。

不同的网络层协议会使用不同的 NCP。例如，IP 使用 IPCP（Internet Protocol Control Protocol，IP 控制协议）进行 NCP 协商，Appletalk 协议使用 Appletalk NCP 进行协商，Novell 的 IPX 协议使用 IPE（Internet Packet Exchange，互联网包交换协议）进行协商。由于 TCP/IP 目前被广泛使用，因此 IPCP 也就成为 NCP 协商的常用协议。

3. PPP 认证模式

PPP 认证有 PAP 和 CHAP 两种模式。

1）PAP 认证

PAP（Password Authentication Protocol，密码认证协议）认证双方需要进行两次握手。如图 5-4 所示，提前在认证方数据库配置被认证方用于认证的用户名和密码，当双方 LCP 协商成功后，被认证方 R2 发起认证请求，请求报文携带有明文的用户名和密码，R1 收到 R2 的认证请求后，查看自己的数据库中是否存在相同的用户名密码，若存在则回复确认报文，于是认证通过，否则拒绝通过。

2）CHAP 认证

CHAP（Challenge Handshake Authentication Protocol，挑战握手身份认证协议）认证双方需要进行三次报文交互，协商报文是被加密后再在链路上传输，认证过程更为复杂，而且在链路建立之后还要进行多次认证，所以比 PAP 认证更加安全。以下是 CHAP 验证过程。

第 1 步，被验证方首先发起连接请求报文，验证方向被验证方发送挑战报文，挑战报文包含报文类型标志（Code＝1）、挑战报文序列号（ID＝1）、随机数及挑战方的用户名

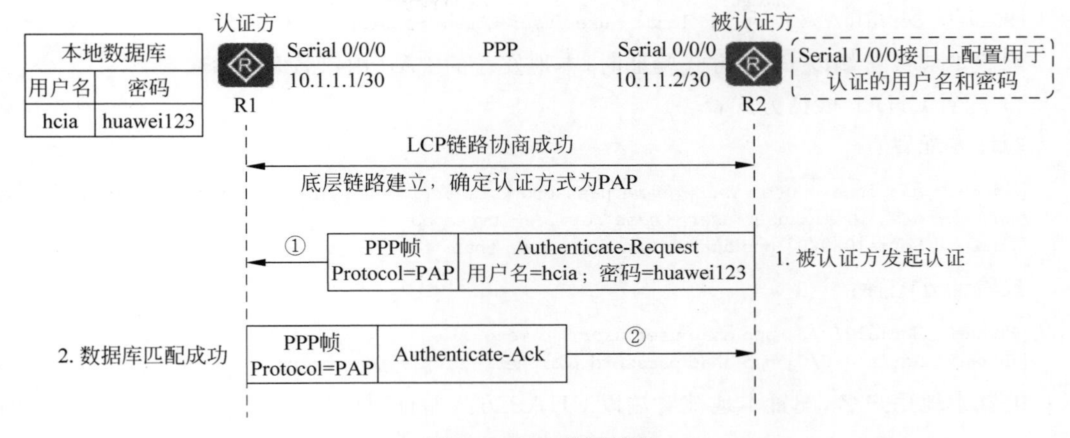

图 5-4 PAP 验证过程

(Sever)。验证方还会将挑战报文的序列号 ID 和随机数保存在自己的数据库中，以备后期验证使用。

第 2 步，被验证方收到挑战报文后，将报文中的序列号 ID、随机数加上验证密码做 MD5 加密，得到一个哈希(Hash)值，然后将该哈希值以及报文类型标志、序列号和被验证方的用户名一起回应验证方。

第 3 步，验证方收到 Client 的响应报文后按照其中的序列号(ID)找到原来的挑战分组中的随机数，再找到本地数据库中 Client 对应的密码，将 ID、随机数和密码三者一起也用 MD5 计算哈希值，计算结果如果与从 Client 收到的哈希值相同，则验证通过；否则，验证不通过。

4. PPP 基础配置命令

1) 配置接口封装 PPP

```
[Huawei-Serial0/0/0] link-protocol ppp
```

在串行接口视图下，将接口封装协议配置为 PPP，华为串行接口默认封装协议为 PPP。通信双方均封装了 PPP 后，就可以进行 PPP 协商了。

2) 配置协商超时时间间隔

```
[Huawei-Serial0/0/0] ppp timer negotiate seconds
```

在 PPP LCP 协商过程中，本端设备会向对端设备发送 LCP 协商报文，如果在指定协商时间间隔内没有收到对端的应答报文，则重新发送。

3) 配置 PAP 验证方式

验证方配置：

```
[Huawei]aaa
[Huawei-aaa]local-user user-name password {cipher|irreversible-cipher} password
[Huawei-aaa] local-user user-name service-type ppp
[Huawei-Serial0/0/0] ppp authentication-mode pap
```

配置验证方以 PAP 方式认证对端，首先需要通过 AAA 认证配置将被验证方的用户名和密码加入本地用户列表，然后选择认证模式为 PAP。

被验证方配置：

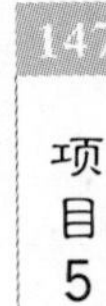

```
[Huawei-Serial0/0/0] ppp pap local-user user-name password { cipher | simple } password
```

配置本地被对端以PAP方式验证时,本地发送的PAP用户名和口令。

4)配置CHAP验证方式

验证方配置:

```
[Huawei-aaa]local-user user-name password {cipher|irreversible-cipher} password
[Huawei-aaa] local-user user-name service-type ppp
[Huawei-Serial0/0/0] ppp authentication-mode chap
```

被验证方配置:

```
[Huawei-Serial0/0/0] ppp chap user user-name
[Huawei-Serial0/0/0] ppp chap password { cipher | simple } password
```

配置本地用户名,配置本地被对端以CHAP方式验证时的口令。

视频讲解

5.1.3 配置与测试

1. PAP验证实验

如图5-2所示,QY1-R与运营商路由器(ISP-R)用串行接口相连,之间链路封装PPP,认证协议采用PAP认证方式。以下是两台路由器的配置。现在网络中ISP-R路由器由网络服务商配置,这里为了方便理解PPP工作流程并进行网络测试,也将对ISP-R进行相应配置。具体配置如下。

1)认证方配置

```
//添加待认证用户信息
[ISP-R]aaa
[ISP-R-aaa]local-user huawei password cipher huawei123
[ISP-R-aaa]local-user huawei service-type ppp
[ISP-R]quit
//指定认证模式为PAP
[ISP-R]interface Serial 0/0/0                        //进入串行接口Serial 0/0/0
[ISP-R-Serial0/0/0]ip address 10.1.1.1 30
[ISP-R-Serial0/0/0]link-protocol ppp                 //给接口封装PPP
[ISP-R-Serial0/0/0]ppp authentication-mode pap       //设置PPP认证模式为PAP模式
```

2)被认证方配置

```
[QY1-R]interface Serial 0/0/0                        //进入串行接口Serial 0/0/0
[QY1-R-Serial0/0/0]link-protocol ppp                 //给接口封装PPP
[QY1-R-Serial0/0/0]ppp pap local-user huawei password cipher huawei123   //添加PPP认证的
                                                                          //用户信息
[QY1-R-Serial0/0/0]ip address 10.1.1.2 30
```

2. CHAP验证实验

如图5-2所示,QY1-R与服务商路由器(ISP-R)之间的串行链路封装PPP,并采用CHAP认证方式。现在网络中ISP-R路由器应由网络服务商配置,这里为了方便理解CHAP认证机制并进行网络测试,也对ISP-R进行相应配置。以下是两台路由器的具体配置。

1)认证方(ISP-R)配置

```
[ISP-R]aaa
[ISP-R-aaa]local-user huawei password cipher huawei123    //添加待认证用户信息
[ISP-R-aaa]local-user huawei service-type ppp             //指定认证用户业务类型
```

```
[ISP-R]interface Serial 0/0/0
[ISP-R-Serial0/0/0]link-protocol ppp                 //给串行接口封装 PPP
[ISP-R-Serial0/0/0]ppp authentication-mode chap      //指定认证模式为 CHAP
```

2）被认证方(QY1-R)配置

```
[QY1-R]interface Serial 0/0/0
[QY1-R-Serial0/0/0]link-protocol ppp                       //给串行接口封装 PPP
[QY1-R-Serial0/0/0]ppp chap user huawei                    //添加 PPP 认证的用户信息
[QY1-R-Serial0/0/0]ppp chap password cipher huawei123      //添加 PPP 认证密码
```

3）测试

```
<QY1-R>display interface serial 0/0/0
```

5.1.4 知识拓展——PPPoE

PPP 具有良好的扩展性，例如，当需要在以太网链路上承载 PPP 时，PPP 可以扩展为 PPPoE。所以，PPPoE(PPP over Ethernet，以太网承载 PPP)是一种把 PPP 帧封装到以太网帧中的链路层协议，其帧结构如图 5-5 所示。PPPoE 可以使以太网中的多台主机连接到远端的宽带接入服务器。

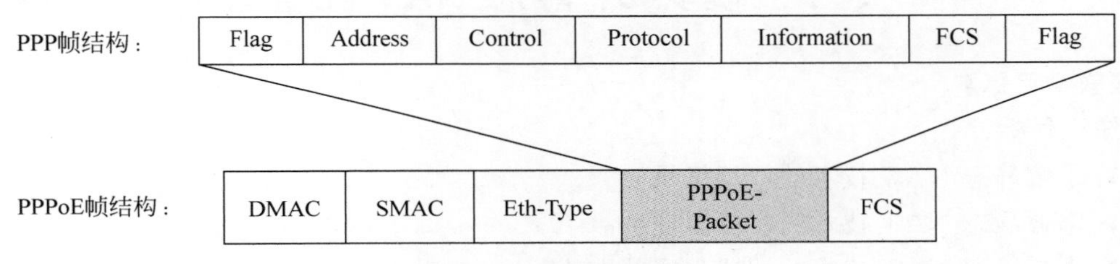

图 5-5　PPPoE 帧结构

PPPoE 集中了 PPP 和 Ethernet 两个技术的优点，既有以太网的组网灵活优势，又可以利用 PPP 实现认证、计费等功能。

PPPoE 实现了在以太网上提供点到点的连接。PPPoE 客户端与 PPPoE 服务器端之间建立 PPP 会话，封装 PPP 数据报文，为以太网上的主机提供接入服务，实现用户控制和计费，在企业网络与运营商网络中应用广泛。

PPPoE 的常见应用场景有家庭用户拨号上网、企业用户拨号上网等。这时每个主机安装 PPPoE 客户端拨号软件，每个主机都是一个 PPPoE 客户端，分别与 PPPoE 服务器端建立一个 PPPoE 会话。每个主机单独使用一个账号，方便运营商对用户进行计费和控制。

PPPoE 的会话建立有三个阶段：PPPoE 发现阶段、PPPoE 会话阶段和 PPPoE 终结阶段，如图 5-6 所示。

PPPoE 会话建立有以下 4 个步骤。

第 1 步，客户端以广播方式向多个 PPPoE 服务端请求需要的服务。

第 2 步，所有收到客户端请求的服务端都可能响应请求，所以这时可能会有多个服务器表示愿意给客户端提供服务。

第 3 步，客户端往往会优选最先收到的服务响应进行确认并发送服务请求。

第 4 步，服务器端通过分配 Session ID 给客户端确定会话建立。

PPPoE 会话阶段会进行 PPP 协商，包括 LCP 协商、认证协商、NCP 协商三个阶段。

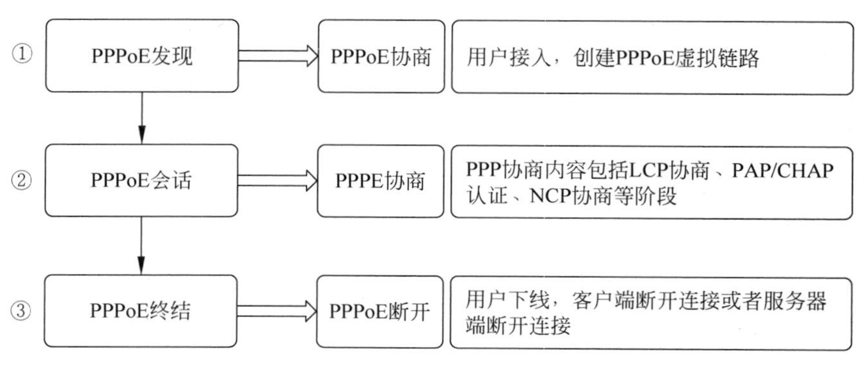

图 5-6 PPPoE 的会话建立过程

当 PPPoE 客户端希望关闭连接时，会向 PPPoE 服务器端发送一个 PADT 报文，用于关闭连接。同样，如果 PPPoE 服务器端希望关闭连接时，也会向 PPPoE 客户端发送一个 PADT 报文。

5.2 模块 2：静态 NAT 配置

【教学目标】

知识目标：

➢ 了解静态 NAT 技术的应用场景。

➢ 掌握静态 NAT 技术的实现原理。

➢ 掌握静态 NAT 技术的配置与测试方法。

技能目标：能够辨别相应场景，正确选用静态 NAT 技术并配置。

思政目标：树立维护网络安全的责任意识，利用 NAT 技术屏蔽内网，保障内网安全。

5.2.1 知识准备

1. NAT 概述

NAT 是一种把不能访问广域网也不能被广域网访问的内网的私有 IP 地址转换为可以访问广域网也可以被广域网访问的公有 IP 地址的技术，从而满足内网用户上网或外网用户访问内网资源等需求。NAT 被广泛部署在网络出口设备上，如边界路由器、边界防火墙等。

学习 NAT 技术有必要明确私有 IP 地址和公有 IP 地址的含义及各自包括的地址范围。

私有 IP 地址指的是局域网的内部网络地址或主机地址，可以在局域网内免费使用，也可以在不同的局域网内重复使用。私有 IP 地址不能被互联网认可，不能分配给广域网节点，所以拥有私有 IP 地址的节点不能与广域网中的网络节点直接通信，需要将其私有 IP 转换为公有 IP 地址才可与广域网节点通信。私有 IP 地址包括如下地址段。

A 类：10.0.0.0～10.255.255.255。

B 类：172.16.0.0～172.31.255.255。

C 类：192.168.0.0～192.168.255.255。

公有 IP 地址是指在 Internet 上使用的全球唯一的 IP 地址。公有 IP 地址需要向网络服务商或相应注册中心付费申请。互联网上的节点必须取得公有 IP 地址才能够与其他节点进行通信，任何一个公有 IP 地址在整个互联网中只能被一个节点使用。除以上私有 IP 地址之外的地址基本都属于公有 IP 地址。IPv4 的公有 IP 地址现在已经枯竭，NAT 技术在一定程度上可以节约公有 IP 地址。近年来，地址资源丰富的 IPv6 地址正在被越来越多地使用，可以从根本上解决 IPv4 公有地址匮乏的问题。公网目前正处于 IPv4 和 IPv6 结合使用的过渡阶段。

华为 NAT 技术分为如下几种类型：静态 NAT、动态 NAT、NAPT、Easy-IP 和 NAT Server。

2. 静态 NAT 简介

静态 NAT 是一种私有 IP 地址与公有 IP 地址的一对一的转换技术，每个私有 IP 地址被转换为一个固定的公有 IP 地址，即使拥有公有 IP 地址的用户不使用网络也不会释放所转换的公有 IP 地址。所以静态 NAT 虽然可以将私有 IP 地址转换为公有 IP 地址实现与广域网的通信，但由于一对一的转换不能很好地节约公有 IP 地址，因此实际中应用较少。

如图 5-7 所示，PC1～PC3 处于内网，其 IP 地址皆为私有 IP 地址，分别为 192.168.1.1/24、192.168.1.2/24 和 192.168.1.3/24，网关均为 192.168.1.254；AR1(型号为 AR2220)为衔接内外网的边界路由器，连接内网的接口地址为 192.168.1.254/24(私有 IP 地址)，连接外网的接口地址为 200.1.1.1(公有 IP 地址)，外网中的 Web Server 地址为 200.1.1.10(公有 IP 地址)，内网中的 PC 采用静态 NAT 的地址转换方式，以满足上网需求。

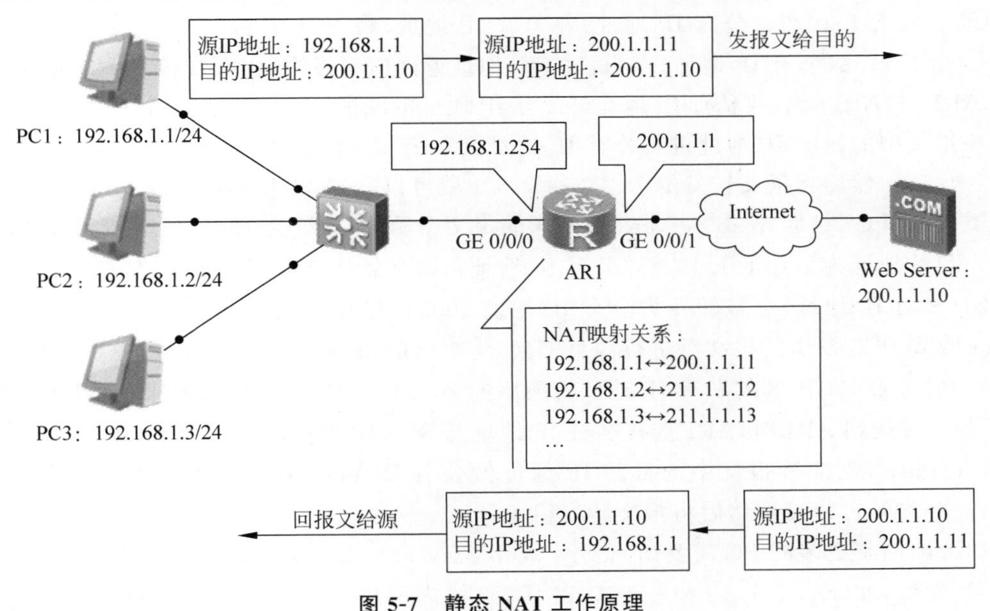

图 5-7 静态 NAT 工作原理

3. 静态 NAT 的实现步骤

第 1 步：事先在边界路由器 AR1 上配置好私有 IP 地址与公有 IP 地址的一对一映射关系。静态 NAT 配置命令示例如下：

```
[AR1]interface GigabitEthernet 0/0/1                     //进入出接口配置视图
[AR1 - GigabitEthernet0/0/1]ip address 200.1.1.1.1 24 //给出接口配置 IP 地址
[AR1 - GigabitEthernet0/0/1]nat static global 200.1.1.11 inside 192.168.1.1  //创建私有 IP
                                                         //地址与公有 IP 地址的对应关系
```

需要注意，静态NAT私有IP地址与公有IP地址的映射关系是一对一的，如果有更多的映射关系，则可用以上命令继续创建。

第2步：由内网用户发起对外网的访问，报文到达边界路由器AR1时，AR1会按照事先配置好的私有IP地址和公有IP地址的映射关系将报文的源IP地址（私有）转换为对应的公有IP地址，然后将报文发送给互联网上的目的端。

例如，图5-7中PC1访问Internet中的Web Server时，发送的报文中源IP地址为PC1的地址192.168.1.1/24（私有IP地址），目的地址为Web Server的IP地址200.1.1.10/24（公有IP地址），报文到达企业边界路由器AR1后，其中的源IP地址192.168.1.1/24（私有IP地址）会被转换为公有IP地址200.1.1.11，这样PC1发出的报文就可以通过互联网送达Web Server（这里为了测试方便将Web Server的IP地址设置成与PC转换为的公有IP地址属于同一网段的200.1.1.10/24，实际Web Server与企业边界路由器AR1之间会经过复杂的Internet网络，所以网段往往是不同的）。

第3步：互联网中的目的端收到内网用户发送的报文（源IP地址已经转换为公有IP），会将源目调换后返回应答报文，报文的源地址为自己的公有IP地址，目的地址为内网用户的私有IP地址转换的公有IP地址，当应答报文抵达边界路由器AR1时，AR1会将报文的目的IP地址（公有）转换为对应的私有IP地址，然后将报文送达内网的源节点。

例如，图5-7中Web Server收到PC1发送的报文后，首先会进行源目调换，将自己的IP地址200.1.1.10/24（公有IP地址）作为源IP地址，将PC1的私有IP地址转换后的IP地址200.1.1.11（公有IP地址）作为目的IP地址返回应答报文，当报文传送到企业边界路由器AR1时，AR1会查找私有IP地址与公有IP地址的映射表（192.168.1.1→200.1.1.11），对应答报文中的目的IP地址进行公有IP地址到私有IP地址的反向转换（192.168.1.1←200.1.1.11），然后将报文转发给PC1，这样PC1就可以收到Web Server的应答报文了。

类似地，PC2访问Web Server时，发送的报文中源IP地址为192.168.1.2/24（私有IP地址），目的地址为200.1.1.10/24（公有IP地址），报文到达AR1后，其中的源IP 192.168.1.2/24（私有IP地址）会被转换为公有IP地址200.1.1.12，然后发送给Web Server，Web Server收到PC2发送的报文后进行源目调换，将自己的IP地址200.1.1.10/24（公有IP地址）作为源地址，将PC2的私有IP地址转换后的200.1.1.12作为目的IP地址返回应答报文，当报文传送到AR1时，AR1查找私有IP地址与公有IP地址的映射表项（192.168.1.2→200.1.1.12），并对应答报文中的目的IP地址做公有IP到私有IP地址的反向转换（192.168.1.2←200.1.1.12），然后将报文转发给PC2。

如果内网有更多的PC需要访问外网Web Server，均需要分别将其私有IP转换为新的公有IP地址，如200.1.1.13、200.1.1.14等，这样内网用户有多少，就需要有多少公有IP地址供其转换，不能很好地节约已经匮乏的公有IP地址。故除非将内网服务器等设备发布到外网可采用此种方式，普通用户上网不宜采用此种方式。

静态NAT使得每个公有IP地址被固定地与某个私有IP地址绑定，即使某个内网终端在某个时段并不上网也不能释放所对应的公有IP地址，所以静态NAT节约公有IP地址很有限，也不能使公有IP地址得到充分利用，但由于静态NAT是一对一的绑定关系，支持双向互访，故可用于对外网发布内网服务器。

5.2.2 配置与测试

下面对如图 5-7 所示拓扑配置静态 NAT 并测试。

1. 终端配置

PC1：IP 地址为 192.168.1.1/24，网关为 192.168.1.254。

PC2：IP 地址为 192.168.1.2/24，网关为 192.168.1.254。

PC3：IP 地址为 192.168.1.3/24，网关为 192.168.1.254。

Web Server：IP 地址为 200.1.1.10/24，网关为 200.1.1.1。

2. AR1(型号 AR2220)配置

```
<Huawei>system-view
[Huawei]sysname AR1                                     //修改设备名称
[AR1]interface GigabitEthernet 0/0/0                    //进入连接内网的接口配置视图
[AR1-GigabitEthernet0/0/0]ip address 192.168.1.254 24   //给连接内网接口配置 IP 地址
[AR1-GigabitEthernet0/0/0]quit
[AR1]interface GigabitEthernet 0/0/1                    //进入出接口配置视图
[AR1-GigabitEthernet0/0/1]ip address 200.1.1.1 24       //给出接口配置 IP 地址
[AR1-GigabitEthernet0/0/1]nat static global 200.1.1.11 inside 192.168.1.1 //创建私有 IP 地
                                                        //址与公有 IP 地址的对应关系 1
[AR1-GigabitEthernet0/0/1]nat static global 200.1.1.12 inside 192.168.1.2 //创建私有 IP 地
                                                        //址与公有 IP 地址的对应关系 2
[AR1-GigabitEthernet0/0/1]nat static global 200.1.1.13 inside 192.168.1.3 //创建私有 IP 地
                                                        //址与公有 IP 地址的对应关系 3
[AR1-GigabitEthernet0/0/1]quit
[AR1]
```

3. 测试静态 NAT 功能

在边界路由器 AR1 上使用 display nat static 命令查看私有 IP 地址与公有 IP 地址的映射关系，如图 5-8 所示，可以看到三组对应关系：

192.168.1.1↔200.1.1.11；

192.168.1.2↔200.1.1.12；

192.168.1.3↔200.1.1.13。

```
<AR1>display nat static
  Static Nat Information:
  Interface  : GigabitEthernet0/0/1
    Global IP/Port       : 200.1.1.11/----
    Inside IP/Port       : 192.168.1.1/----
    Protocol : ----
    VPN instance-name    : ----
    Acl number           : ----
    Netmask  : 255.255.255.255
    Description : ----

    Global IP/Port       : 200.1.1.12/----
    Inside IP/Port       : 192.168.1.2/----
    Protocol : ----
    VPN instance-name    : ----
    Acl number           : ----
    Netmask  : 255.255.255.255
    Description : ----

    Global IP/Port       : 200.1.1.13/----
    Inside IP/Port       : 192.168.1.3/----
    Protocol : ----
```

图 5-8 静态 NAT 映射表

对边界路由器AR1的内外接口开启Wireshark抓包，然后用PC1 ping 200.1.1.10，发现在AR1连接内网的接口捕获到的报文源IP(Source)地址为192.168.1.1，如图5-9所示，而在AR1连接外网的接口捕获到的报文源IP(Source)地址为200.1.1.11，如图5-10所示，说明报文经过边界路由器AR1时，对源IP地址进行了私有IP地址(192.168.1.1)到公有IP地址(200.1.1.11)的转换。

应用显示过滤器 … <Ctrl-/>

Source	Destination	Protocol	Length	Info
192.168.1.1	200.1.1.10	ICMP	74	Echo (ping)
200.1.1.10	192.168.1.1	ICMP	74	Echo (ping)
HuaweiTe_8a:35:69	Spanning-tree-(for-bridges)_00	STP	119	MST. Root =
192.168.1.1	200.1.1.10	ICMP	74	Echo (ping)
200.1.1.10	192.168.1.1	ICMP	74	Echo (ping)
192.168.1.1	200.1.1.10	ICMP	74	Echo (ping)
200.1.1.10	192.168.1.1	ICMP	74	Echo (ping)
HuaweiTe_8a:35:69	Spanning-tree-(for-bridges)_00	STP	119	MST. Root =
192.168.1.1	200.1.1.10	ICMP	74	Echo (ping)
200.1.1.10	192.168.1.1	ICMP	74	Echo (ping)

图5-9 静态NAT转换前报文源/目的IP地址

应用显示过滤器 … <Ctrl-/>

Source	Destination	Protocol	Length	Info
HuaweiTe_18:35:5a	Broadcast	ARP	60	Who has 200.1.1.10?
HuaweiTe_28:32:83	HuaweiTe_18:35:5a	ARP	60	200.1.1.10 is at 54:
200.1.1.11	200.1.1.10	ICMP	74	Echo (ping) request
HuaweiTe_28:32:83	Broadcast	ARP	42	Who has 200.1.1.11?
HuaweiTe_18:35:5a	HuaweiTe_28:32:83	ARP	60	200.1.1.11 is at 00:
200.1.1.10	200.1.1.11	ICMP	74	Echo (ping) reply
200.1.1.11	200.1.1.10	ICMP	74	Echo (ping) request
200.1.1.10	200.1.1.11	ICMP	74	Echo (ping) reply
200.1.1.11	200.1.1.10	ICMP	74	Echo (ping) request
200.1.1.10	200.1.1.11	ICMP	74	Echo (ping) reply
200.1.1.11	200.1.1.10	ICMP	74	Echo (ping) request
200.1.1.10	200.1.1.11	ICMP	74	Echo (ping) reply

图5-10 静态NAT转换后报文源/目的IP地址

5.3 模块3：动态NAT配置

【教学目标】

知识目标：

➢ 了解动态NAT技术的应用场景。

➢ 掌握动态NAT技术的实现原理。

➢ 掌握动态NAT技术的配置与测试方法。

技能目标：能够辨别相应场景正确选用动态NAT技术并配置。

思政目标：树立维护网络安全的责任意识，利用动态NAT技术屏蔽内网，保障内网安全。

5.3.1 知识准备

1. 动态 NAT 简介

动态 NAT 不是将私有 IP 地址与公有 IP 地址一对一进行绑定，而是将可用公有 IP 地址设置成一个地址池，只要内网中有终端需要上网，就在公有 IP 地址池中选取一个地址供内网终端进行私有 IP 地址到公有 IP 地址的转换(并将被转换的公有 IP 地址标记为 In Use)，如果所有公有 IP 地址都被用于地址转换了，则后续的内网终端就会面临无公有 IP 地址可转换而无法上网的问题。如果上网的终端不再上网，会把转换的公有 IP 地址释放出来(标记为 Not Use)，没有上网的内网用户就可以再利用该公有 IP 地址进行地址转换实现上网。

所以，动态 NAT 地址池中的公有 IP 地址是可以重复利用的，相对静态 NAT 来说，在一定程度上节约了公有 IP 地址，也提高了公有 IP 地址利用率。但是，动态 NAT 在某一时点，仍体现为私有 IP 地址与公有 IP 地址的一对一映射，所以对公有 IP 地址的节约是有限的。

如图 5-11 所示，PC1～PC3 处于内网，IP 地址分别为私有 IP 地址 192.168.1.1/24、192.168.1.2/24 和 192.168.1.3/24，网关均为 192.168.1.254；AR1(型号为 AR2220)为衔接内外网的边界路由器，连接内网的接口地址为 192.168.1.254/24(私有 IP 地址)，连接外网的接口地址为 200.1.1.1(公有 IP 地址)；外网中的 Web Server 地址为 200.1.1.10(公有 IP 地址)。现内网 PC 需采用动态 NAT 的地址转换方式上网，故 AR1 上需事先设置 NAT 地址池供内网用户做私有 IP 到公有 IP 的地址转换，地址池中共有两个公有 IP 地址，200.1.1.11/24 和 200.1.1.12/24，内网终端上网时会在其中选择一个可用公有 IP 地址进行 NAT 转换。

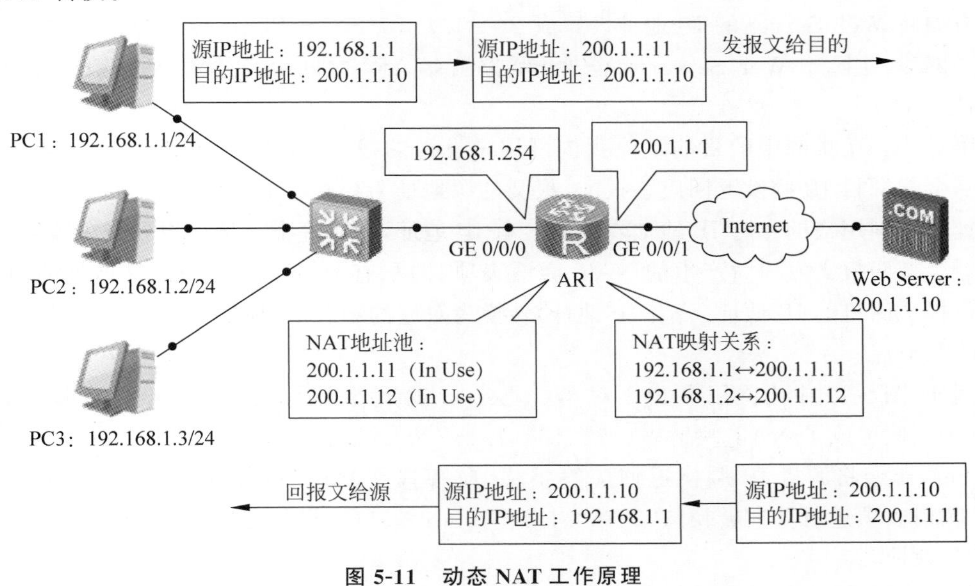

图 5-11 动态 NAT 工作原理

2. 动态 NAT 实现步骤

第 1 步：事先在边界路由器上配置好公有 IP 地址池，并用 ACL 定义允许访问外网的源地址(即需要转换为公有IP地址的私有IP地址或网段),再配置公有IP地址池和ACL的对应关系。动态NAT配置命令示例如下:

```
[AR1]nat address - group 1 200.1.1.11 200.1.1.12    //定义地址池
[AR1]acl 2000                                        //创建 ACL
[AR1 - acl - basic - 2000]rule 5 permit source 192.168.1.0 0.0.0.255 //通过 ACL 规则定义允许进
                                                     //行私有 IP 地址对公有 IP 地址转换的地址段
[AR1 - acl - basic - 2000]quit
[AR1]interface GigabitEthernet 0/0/1                 //进入出接口配置视图
[AR1 - GigabitEthernet0/0/1]nat outbound 2000 address - group 1 no - pat //将 ACL 与地址池建立
                                                                        //对应关系
```

需要注意,动态NAT不涉及接口的转换,故在将ACL与地址池建立对应关系时一定要带上no-pat。

第2步:由内网用户发起对外网的访问,报文到达边界路由器时边界路由器会按照事先配置好的ACL中允许上网的源地址进行匹配,如果能与ACL定义的源地址段匹配,则会在公有IP地址池选择一个可用公有IP地址进行私有IP地址对公有IP地址的转换,将报文的源IP地址(私有IP地址)转换为对应的公有IP地址(这时路由器上会自动生成NAT会话表项),然后将报文发送给互联网上的目的端。

例如,图5-11中在PC1访问Internet中的Web Server时,发送的报文中源IP为PC1的地址192.168.1.1/24(私有IP地址),目的地址为Web Server的IP地址200.1.1.10/24(公有IP地址),报文到达企业边界路由器AR1后,其中的源IP地址192.168.1.1/24(私有IP地址)与ACL定义的允许进行地址转换的网段匹配成功,于是在定义好的公有地址池中选择公有IP地址200.1.1.11供私有IP地址进行地址转换(转换后的地址200.1.1.11会被打上In Use标识),并在AR1生成NAT会话表项,表示私有IP 192.168.1.1转换成了公有IP地址200.1.1.11,然后源地址转换后的报文通过互联网送达Web Server(这里为了测试方便将Web Server的IP地址设置成200.1.1.10/24,与PC转换为的公有IP地址属于同一网段,实际中Web Server与企业边界路由器AR1之间会经过复杂的Internet网络,网段往往不同)。

第3步:互联网中的目的端收到内网用户发送的报文(源IP地址已经转换为公有IP地址),会将源目IP调换返回应答报文,报文的源地址为公网中的目的端的公有IP地址,目的地址为内网用户的私有IP地址转换的公有IP地址,当应答报文抵达边界路由器时,边界路由器会按照报文发出时产生的NAT会话表项(即私有IP地址与公有IP地址的映射关系),将报文的目的IP地址(公有IP地址)转换为对应的私有IP地址,然后将报文送达处于内网的源节点。

例如,图5-11中内网用户PC1对Web Server发起请求后,经过第2步的动态NAT转换AR1上便生成了NAT映射表(192.168.1.1↔200.1.1.11),报文到达Web Server后,Web Server会将源目IP调换返回应答报文,应答报文到达AR1时,AR1再按照其中的NAT映射表项进行反向转换(192.168.1.1←200.1.1.11),将公有目的IP地址转换为私有目的IP地址。

类似地,如果PC2也对Web Server发起请求,同样会在AR1的公有IP地址池中选择另一个公有IP地址(如200.1.1.12)进行NAT地址转换,转换后的地址200.1.1.12也会被打上In Use标识。如果这时PC3也需要上网,由于地址池中已无公有IP地址可供NAT

转换，因此 PC3 这时是上不了网的。后续如果 PC1 和 PC2 中有一个不再上网，则其转换的公有 IP 地址就会被释放出来(标记为 Not Use)供 PC3 进行 NAT 转换，这样 PC3 就可以上网了。

视频讲解

5.3.2 配置与测试

下面对如图 5-11 所示拓扑配置动态 NAT 并测试。

第 1 步：终端配置

PC1：IP 地址为 192.168.1.1/24，网关为 192.168.1.254。

PC2：IP 地址为 192.168.1.2/24，网关为 192.168.1.254。

PC3：IP 地址为 192.168.1.3/24，网关为 192.168.1.254。

Web Server：IP 地址为 200.1.1.10/24，网关为 200.1.1.1。

第 2 步：AR1(型号 AR2220)配置

```
<Huawei>system-view
[Huawei]sysname AR1                                    //修改设备改名称
[AR1]interface GigabitEthernet 0/0/0                   //进入连接内网的接口配置视图
[AR1-GigabitEthernet0/0/0]ip address 192.168.1.254 24 //为连接内网的接口配置 IP 地址
[AR1-GigabitEthernet0/0/0]quit
[AR1]nat address-group 1 200.1.1.11 200.1.1.12        //定义地址池 address-group 1
[AR1]acl 2000                                          //创建 ACL 2000
[AR1-acl-basic-2000]rule 5 permit source 192.168.1.0 0.0.0.255   //通过 ACL 规则定义允许
//进行私有 IP 地址对公有 IP 地址进行转换的地址段
[AR1-acl-basic-2000]quit
[AR1]interface GigabitEthernet 0/0/1                   //进入出接口配置视图
[AR1-GigabitEthernet0/0/1]ip address 200.1.1.1 24     //给出接口配置 IP
[AR1-GigabitEthernet0/0/1]nat outbound 2000 address-group 1 no-pat //将 ACL 与地址池建
//立对应关系并将其应用到接口出方向
[AR1-GigabitEthernet0/0/1]quit
[AR1]
```

第 3 步：测试动态 NAT 功能

用内网 PC1 持续 ping 200.1.1.10(Web Server)，然后用 display nat session all 命令查看边界路由器 AR1 上的 NAT 会话表，可以看到如图 5-12 所示 PC1 发出的不同报文的源 IP 地址 192.168.1.1(SrcAddr Vpn)被转换为公有 IP 地址 200.1.1.11 或 200.1.1.12(New SrcAddr)。

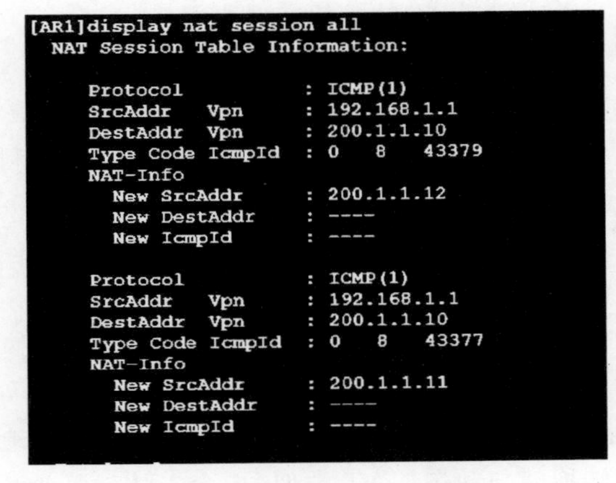
```
[AR1]display nat session all
  NAT Session Table Information:

     Protocol            : ICMP(1)
     SrcAddr   Vpn       : 192.168.1.1
     DestAddr  Vpn       : 200.1.1.10
     Type Code IcmpId    : 0   8   43379
     NAT-Info
       New SrcAddr       : 200.1.1.12
       New DestAddr      : ----
       New IcmpId        : ----

     Protocol            : ICMP(1)
     SrcAddr   Vpn       : 192.168.1.1
     DestAddr  Vpn       : 200.1.1.10
     Type Code IcmpId    : 0   8   43377
     NAT-Info
       New SrcAddr       : 200.1.1.11
       New DestAddr      : ----
       New IcmpId        : ----
```

图 5-12 动态 NAT 会话表

对边界路由器 AR1 的内外接口开启抓包，然后用 PC1 ping 200.1.1.10(Web Server)，发现在 AR1 连接内网的接口捕获到的报文源 IP 地址为 192.168.1.1，如图 5-13 所示。在 AR1 连接外网的接口捕获到的报文源 IP 地址为 200.1.1.11 或 200.1.1.12 如图 5-14 所示。说明报文经过边界路由器 AR1 时，对源 IP 地址进行了私有 IP 地址到公有 IP 地址的转换。

应用显示过滤器 … <Ctrl-/>

Source	Destination	Protocol	Length	Info
HuaweiTe_18:35:59	HuaweiTe_96:2d:4a	ARP	60	192.168.1.254 is at
192.168.1.1	200.1.1.10	ICMP	74	Echo (ping) request
200.1.1.10	192.168.1.1	ICMP	74	Echo (ping) reply
HuaweiTe_8a:35:69	Spanning-tree-(for-bridges)_00	STP	119	MST. Root = 32768/0/
192.168.1.1	200.1.1.10	ICMP	74	Echo (ping) request
200.1.1.10	192.168.1.1	ICMP	74	Echo (ping) reply
192.168.1.1	200.1.1.10	ICMP	74	Echo (ping) request
HuaweiTe_8a:35:69	Spanning-tree-(for-bridges)_00	STP	119	MST. Root = 32768/0/
192.168.1.1	200.1.1.10	ICMP	74	Echo (ping) request
HuaweiTe_8a:35:69	Spanning-tree-(for-bridges)_00	STP	119	MST. Root = 32768/0/
192.168.1.1	200.1.1.10	ICMP	74	Echo (ping) request

图 5-13　动态 NAT 转换前报文源/目的 IP 地址

应用显示过滤器 … <Ctrl-/>

Source	Destination	Protocol	Length	Info
200.1.1.11	200.1.1.10	ICMP	74	Echo (ping) request
HuaweiTe_28:32:83	Broadcast	ARP	42	Who has 200.1.1.11?
HuaweiTe_18:35:5a	HuaweiTe_28:32:83	ARP	60	200.1.1.11 is at 00:
200.1.1.10	200.1.1.11	ICMP	74	Echo (ping) reply
200.1.1.12	200.1.1.10	ICMP	74	Echo (ping) request
200.1.1.10	200.1.1.12	ICMP	74	Echo (ping) reply

图 5-14　动态 NAT 转换后报文源/目的 IP 地址

5.4　模块 4：NAPT 配置

【教学目标】

知识目标：

- 了解 NAPT 技术的应用场景。
- 掌握 NAPT 技术的实现原理。
- 掌握 NAPT 技术的配置与测试方法。

技能目标：能够辨别相应场景正确选用 NAPT 技术并配置。

思政目标：树立维护网络安全的责任意识，利用 NAPT 技术屏蔽内网，保障内网安全。

5.4.1　知识准备

1. NAPT 概述

动态 NAT 和静态 NAT 在进行地址转换时均不涉及端口号的转换，即 No-PAT（No-Port Address Translation，非端口地址转换），而 NAPT（Network Address and Port Translation，网络地址端口转换）则不仅转换 IP 地址，而且会同时转换端口号。NAPT 进行地址转换时与动态 NAT 类似，也会先从地址池中选择一个可用公有 IP 地址进行私有 IP 地址对公有 IP 地址的转换。与动态 NAT 不同的是，NAPT 还可以将不同的源 IP 地址（私有 IP 地址）的随机端口号转换成同一公有 IP 地址的相应端口号，从而实现公有 IP 地址与私有 IP 地址的一对多映射，在内网用户数量很多的情况下，NAPT 也可以将众多源 IP 地址（私有 IP 地址）的随机端口号转换为几个公有 IP 地址（地址池中 IP 地址）的相应端口号，这样可以使所有用户分享多个 IP 地址的带宽。NAPT 也可以大大节约公有 IP 地址资源，并有效提高公有地址利用率。

如图 5-15 所示，内网三个终端 IP 地址分别为私有 IP 地址 192.168.1.1/24、192.168.1.2/24 和 192.168.1.3/24；AR1 为衔接内外网的边界路由器，连接内网的接口地址为 192.168.1.254/24(私有 IP 地址)，连接外网的接口地址为 200.1.1.1(公有 IP 地址)；外网中的 Web Server 地址为 200.1.1.10(公有 IP 地址)。为使内网多用户能够通过有限的公有地址上网，需要使用 NAPT 的地址转换方式。故 AR1 上需设置 NAT 地址池供内网用户进行私有 IP 地址到公有 IP 地址的地址转换，地址池中共有两个公有 IP 地址，200.1.1.11/24 和 200.1.1.12/24。内网终端上网时会在其中选择一个公有 IP 地址进行 NAPT 地址转换。

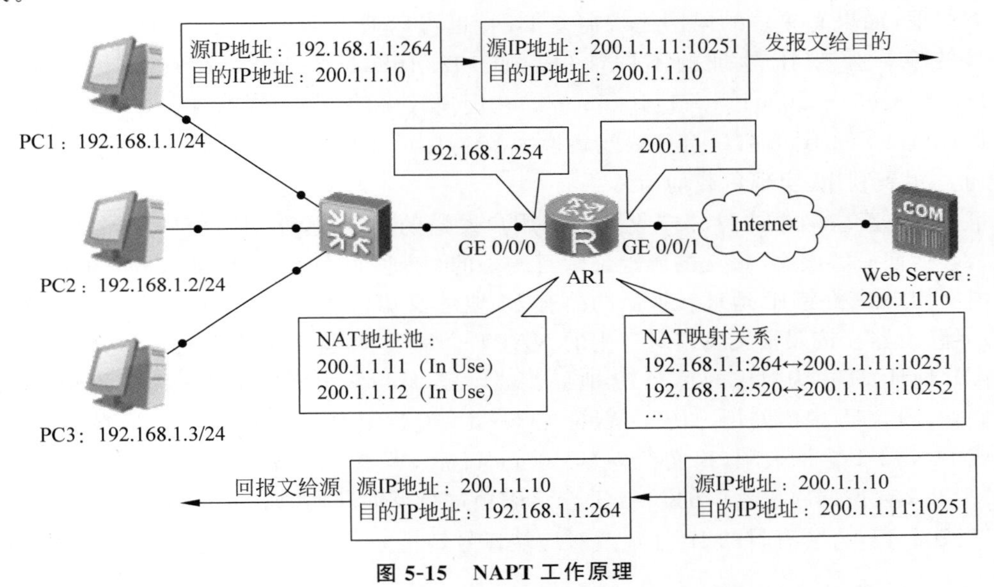

图 5-15　NAPT 工作原理

2. NAPT 实现步骤

第 1 步：事先在边界路由器上配置好公有 IP 地址池，并用 ACL 定义允许访问外网的源地址段(即需要转换为公有 IP 地址的私有 IP 地址或网段)，再配置公有 IP 地址池和 ACL 的对应关系。NAPT 配置命令示例如下：

```
[AR1]nat address-group 1 200.1.1.11 200.1.1.12      //定义地址池 address-group 1
[AR1]acl 2000                                        //创建 ACL 2000
[AR1-acl-basic-2000]rule 5 permit source 192.168.1.0 0.0.0.255 //通过 ACL 规则定义允许进
//行私有 IP 地址对公有 IP 地址进行转换的地址段
[AR1-acl-basic-2000]quit
[AR1]interface GigabitEthernet 0/0/1                 //进入出接口配置视图
[AR1-GigabitEthernet0/0/1]nat outbound 2000 address-group 1 //将 ACL 与地址池建立对应关系
//并将其应用到出接口
```

需要注意，NAPT 需要在转换 IP 的同时进行端口号的转换，故在将 ACL 与地址池建立对应关系时不能带 no-pat，这也是动态 NAT 和 NAPT 配置的区别所在。

第 2 步：由内网用户发起对外网的访问，报文到达边界路由器时边界路由器会按照事先配置好的 ACL 进行源地址匹配，如果能与 ACL 定义的源地址段匹配，则会在公有 IP 地址池选择一个可用 IP 地址进行私有 IP 地址对公有 IP 地址的转换，这时会将报文的源 IP 地址（私有 IP 地址）连同选用的随机端口号一并转换为对应的公有 IP 地址及相应端口号（每个私有 IP 地址对应的端口号不同），然后将报文发送给互联网上的目的端。

例如，图 5-15 中内网终端 PC1 访问 Web Server 时，发送的报文中源 IP 地址为 192.168.1.1/24（私有 IP 地址），目的地址为 Web Server 的 IP 地址 200.1.1.10/24（公有 IP 地址），报文到达 AR1 后，其源 IP 地址（私有）与 ACL 定义的源地址段匹配成功，于是在定义好的公有地址池中选择公有 IP 地址 200.1.1.11，并将其私有 IP 地址 192.168.1.1 及随机端口号 264 转换为该公有 IP 地址（200.1.1.11）及端口号 10251，这时 AR1 中会生成 NAT 会话表项（如 192.168.1.1:264↔200.1.1.11:10251），这样转换了源地址的报文就可以通过互联网送达 Web Server。

类似地，如果有更多的内网终端需要上网，也可以通过 NAPT 方式将私有 IP 及随机端口号转换为公有 IP 地址的不同端口。如 192.168.1.2:520↔200.1.1.11:10252，192.168.1.3:657↔200.1.1.11:10253 等。在用户较多的情况下，内网中有些终端转换为 200.1.1.11/24 的不同端口，有些终端转换为 200.1.1.12/24 的不同端口，能够使不同公有 IP 地址均得到利用，实现负载均衡。

第 3 步：互联网中的目的端收到内网用户发送的报文（源 IP 地址已经转换为公有 IP 地址），会返回应答报文，报文的源地址为目的端的 IP 地址（公有 IP 地址），目的地址及端口号为内网用户的私有 IP 地址转换后的公有 IP 地址及端口号，当应答报文抵达边界路由器时，边界路由器会按照报文发出时产生的 NAPT 会话表项，将报文的目的 IP 地址及端口号（公有 IP 地址）转换为对应的私有 IP 地址及端口号，然后将报文送达处于内网的源节点。

例如，图 5-15 中内网用户访问 Web Server 时，经过第 2 步的 NAPT 转换在 AR1 上自动生成了 NAPT 会话表项，报文到达 Web Server 后，Web Server 返回应答报文，应答报文在 AR1 上又会按照路由器中的 NAPT 会话表项进行反向转换（如 192.168.1.1:264←200.1.1.11:10251），将公有目的 IP 地址及对应端口号转换为私有目的 IP 地址及对应端口号。

视频讲解

5.4.2 配置与测试

下面对如图 5-15 所示拓扑配置 NAPT 并测试。

1. 终端配置

PC1：IP 地址为 192.168.1.1/24，网关为 192.168.1.254。

PC2：IP 地址为 192.168.1.2/24，网关为 192.168.1.254。

HTTP Client：IP 地址为 192.168.1.3/24，网关为 192.168.1.254。

Web Server：IP 地址为 200.1.1.10/24，网关为 200.1.1.1。

2. AR1（型号 AR2220）配置

```
<Huawei>system-view
[Huawei]sysname AR1                                        //修改设备改名称
[AR1]interface GigabitEthernet 0/0/0
[AR1-GigabitEthernet0/0/0]ip address 192.168.1.254 24      //为连接内网的接口配置 IP 地址
[AR1-GigabitEthernet0/0/0]quit
[AR1]nat address-group 1 200.1.1.11 200.1.1.12            //定义地址池
[AR1]acl 2000                                              //创建 ACL 2000
[AR1-acl-basic-2000]rule 5 permit source 192.168.1.0 0.0.0.255 //通过 ACL 规则定义允许进
//行私有 IP 地址对公有 IP 地址进行转换的地址段
```

```
[AR1 - acl - basic - 2000]quit
[AR1]interface GigabitEthernet 0/0/1                        //进入出接口配置视图
[AR1 - GigabitEthernet0/0/1]ip address 200.1.1.1 24        //给出接口配置 IP 地址
[AR1 - GigabitEthernet0/0/1]nat outbound 2000 address - group 1 //将 ACL 与地址池建立对应关系
//并将其应用到接口出方向
[AR1 - GigabitEthernet0/0/1]quit
[AR1]
```

需要注意，配置 NAPT 在将 ACL 与地址池建立对应关系时不能带 no-pat。

3. 测试 NAPT 功能

在 PC1 持续 ping 192.168.1.10(Web Server)的情况下，使用 display nat session all 命令查看边界路由器 AR1 上的 NAT 会话表，可以看到如图 5-16 所示 PC1 的私有 IP 地址 192.168.1.1(SrcAddr Vpn)被转换为公有 IP 地址 200.1.1.11(New SrcAddr)，同时 Type Code IcmpId 44164(相当于 TCP/UDP 源端口号)转换为 New IcmpId 10244(相当于 TCP/UDP 目的端口号)。

```
<AR1>display nat session all
  NAT Session Table Information:

     Protocol          : ICMP(1)
     SrcAddr   Vpn     : 192.168.1.1
     DestAddr  Vpn     : 200.1.1.10
     Type Code IcmpId  : 0   8   44164
     NAT-Info
       New SrcAddr     : 200.1.1.11
       New DestAddr    : ----
       New IcmpId      : 10244

     Protocol          : ICMP(1)
     SrcAddr   Vpn     : 192.168.1.1
     DestAddr  Vpn     : 200.1.1.10
     Type Code IcmpId  : 0   8   44183
     NAT-Info
       New SrcAddr     : 200.1.1.11
       New DestAddr    : ----
       New IcmpId      : 10247
```

图 5-16　NAPT 会话表

需要注意，NAPT 转换中端口号均是随机的，所以每次测试端口号均可能不同，属于正常现象。

为 Web Server 选择文件根目录，并启用 Web Server 的 HTTP Server 服务，如图 5-17 所示(文件根目录可不同)。然后在内网 HTTP Client 的地址栏输入 Web Server 的 IP 地址并单击“获取”按钮来访问其 HTTP 服务，如图 5-18 所示，出现文件下载提示表示已与 Web Server 正常建立连接，单击“保存”按钮。然后立即使用 display nat session all 命令查看边界路由器 AR1 的 NAT 会话表(会话表动态产生并自行消失，所以访问后执行查看命

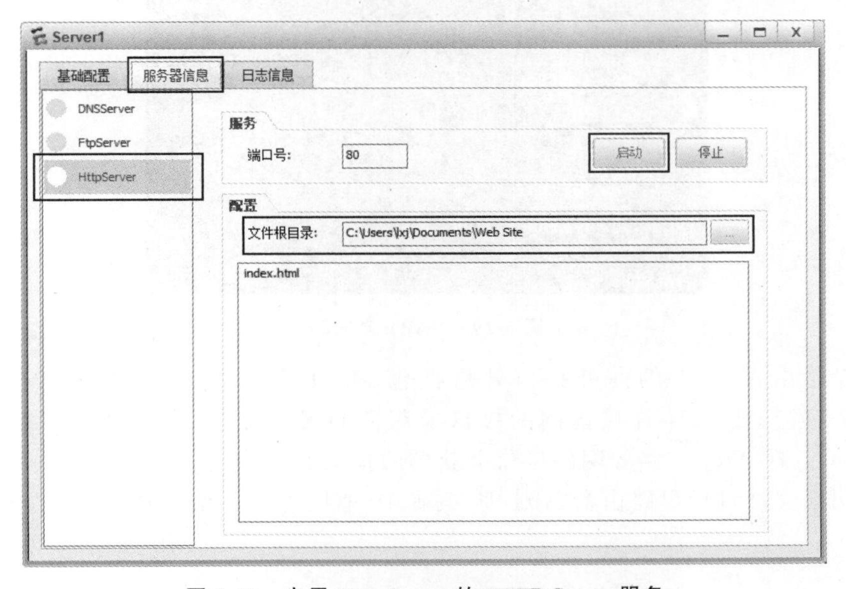

图 5-17　启用 Web Server 的 HTTP Server 服务

图 5-18　HTTP Client 访问 Web Server 的 HTTP 服务

令要快),可以看到如图 5-19 所示 HTTP Client 发出的一个报文将私有 IP 地址 192.168.1.3 及随机端口号 264(SrcAddr Port Vpn)转换为公有 IP 地址 200.1.1.11(New SrcAddr)的相应端口号 10251(New SrcPort),另一个报文将 192.168.1.3 的端口号 520(SrcAddr Port Vpn)转换为公有 IP 地址 200.1.1.11(New SrcAddr)的相应端口号 10252(New SrcPort)。

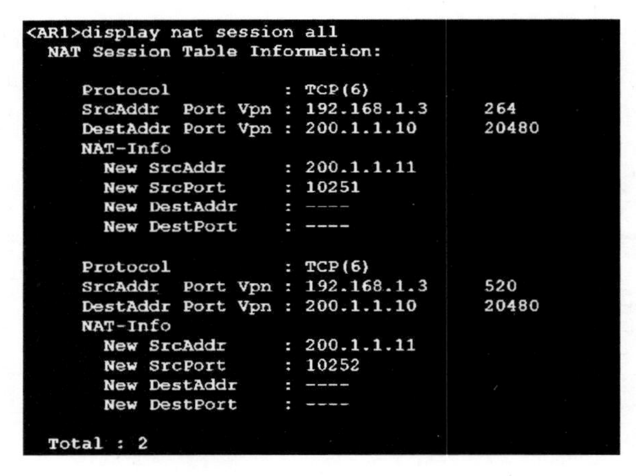

图 5-19　NAPT 会话表

对边界路由器 AR1 的内外接口开启抓包,再用 HTTP Client 访问 Web Server 的 HTTP 服务,发现在 AR1 连接内网的接口捕获到的报文源 IP 地址为 192.168.1.3,如图 5-20 所示。在 AR1 连接外网的接口捕获到的报文源 IP 地址为 200.1.1.11,如图 5-21 所示。说明报文经过边界路由器 AR1 时,对源 IP 地址进行了私有 IP 地址到公有 IP 地址的转换。

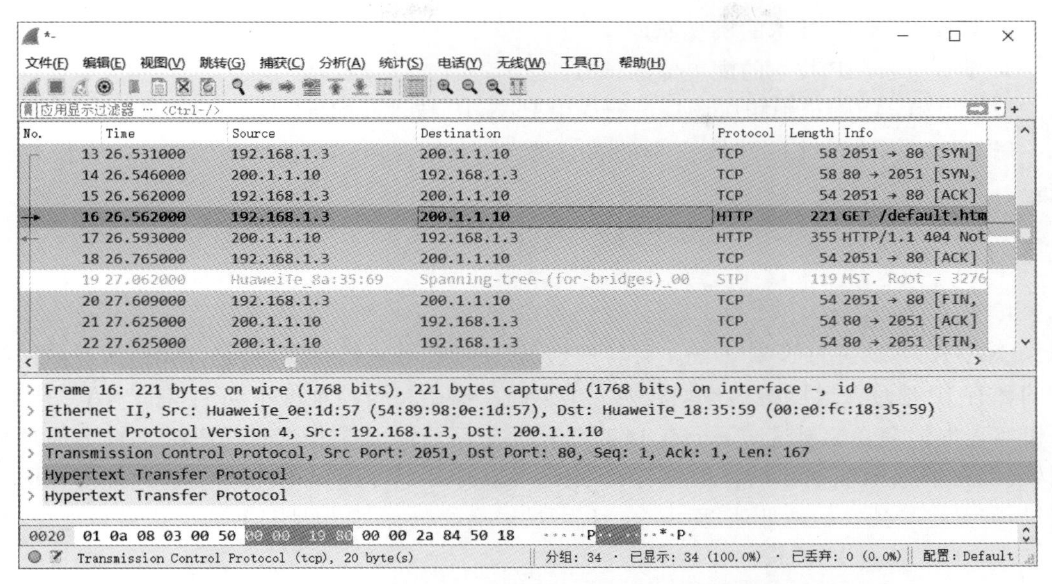

图 5-20 HTTP Client 访问 Web Server 的 HTTP 服务 NAPT 转换前报文

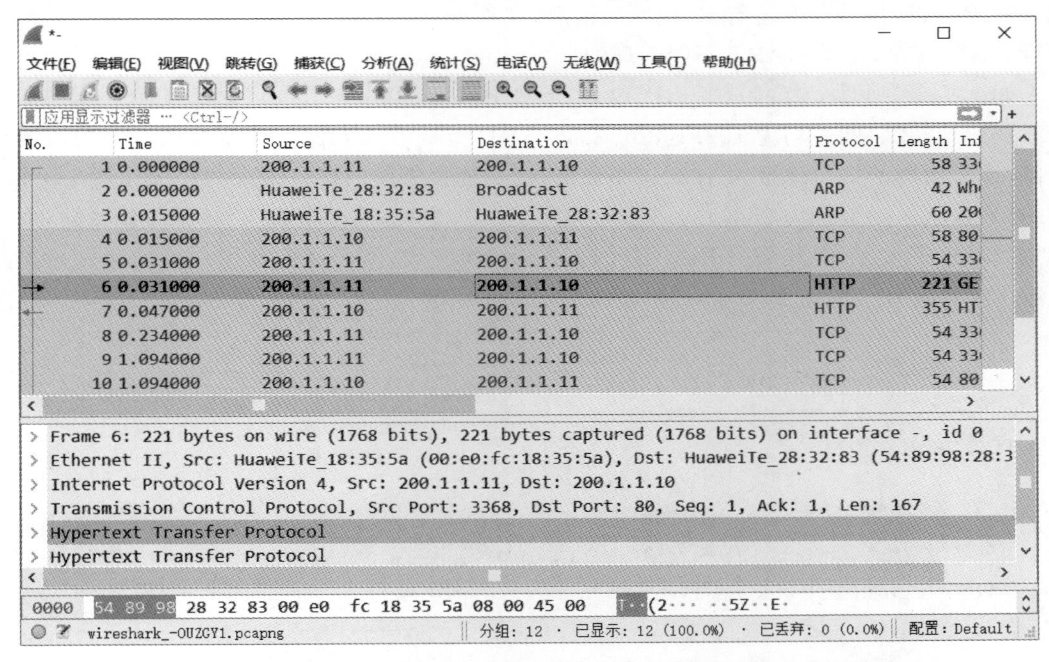

图 5-21 HTTP Client 访问 Web Server 的 HTTP 服务 NAPT 转换后报文

5.5 模块 5：Easy-IP 配置

【教学目标】

知识目标：

➢ 了解 Easy-IP 与 NAPT 技术的应用场景。

➢ 掌握 Easy-IP 技术的实现原理。

➢ 掌握 Easy-IP 技术的配置与测试方法。

技能目标：能够辨别相应场景正确选用 Easy-IP 技术并配置。

思政目标：树立维护网络安全的责任意识，利用 Easy-IP 技术屏蔽内网，保障内网安全。

5.5.1 知识准备

1. Easy-IP 简介

Easy-IP 可以视为 NAPT 的一种特殊情况，是指在各内网终端访问外网时，所有内网终端的私有 IP 地址及其随机端口均转换为出口路由器出接口地址的不同端口的 NAT 技术，可以实现内网多终端通过同一公有 IP 地址同时上网。可以看出，Easy-IP 和 NAPT 原理相同，区别在于 NAPT 可供转换的公有 IP 地址可以有多个，而且可以和出接口地址不在同一网段，需要定义独立的地址池，而 Easy-IP 可供转换的公有 IP 地址只有一个出接口地址，所以 Easy-IP 无须定义地址池。

Easy-IP 不仅适用于出口路由器的出接口有静态公有 IP 地址的情况，还适用于通过 DHCP、PPPoE 拨号获取公有 IP 地址的情况，这种场景下，可以直接使用动态获取到的地址进行 NAT 转换，这是 NAPT 不能实现的。

如图 5-22 所示，内网终端 IP 地址分别为 192.168.1.1/24、192.168.1.2/24 和 192.168.1.3/24，网关均为 192.168.1.254；AR1(型号为 AR2220)为衔接内外网的边界路由器，连接内网的接口地址为 192.168.1.254/24，连接外网的接口地址为 200.1.1.1；外网中的 Web Server 地址为 200.1.1.10，网关为 200.1.1.1。由于公有 IP 地址资源紧缺，内网用户数量也不太多，因此采用 Easy-IP 的 NAT 转换方式，使所有内网用户可均通过边界路由器出接口地址上网。

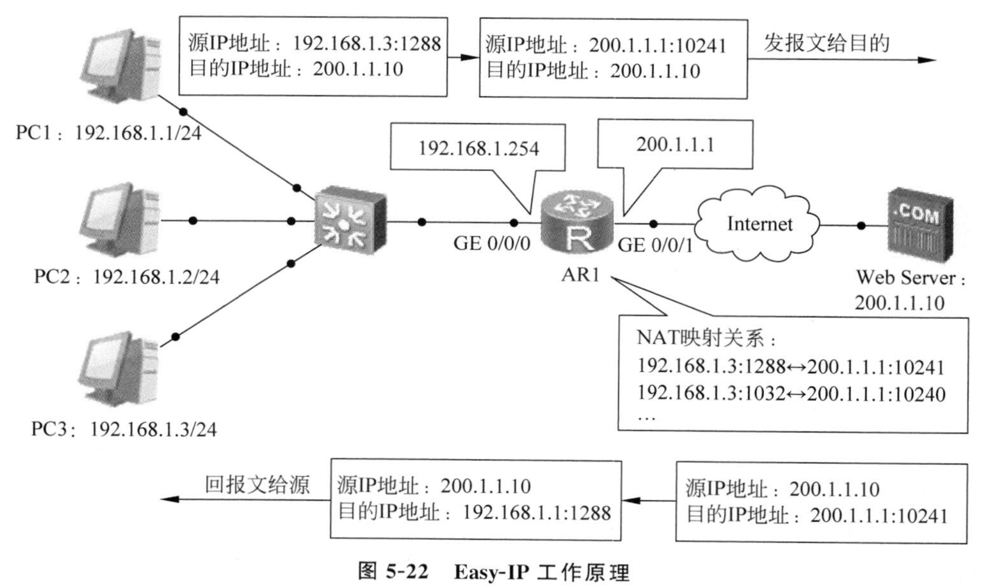

图 5-22　Easy-IP 工作原理

2. Easy-IP 实现步骤

第1步：事先在边界路由器上用 ACL 定义允许访问外网的源地址段(即需要转换成公有 IP 地址的私有 IP 地址或网段)，再将 ACL 应用到边界路由器出接口。Easy-IP 配置命令示例如下：

```
[AR1]acl 2000                                              //创建 ACL
[AR1-acl-basic-2000]rule 5 permit source 192.168.1.0 0.0.0.255 //通过 ACL 规则定义允许进
//行私有 IP 地址对公有 IP 地址进行转换的地址段
[AR1-acl-basic-2000]quit
[AR1]interface GigabitEthernet 0/0/1                       //进入出接口配置视图
[AR1-GigabitEthernet0/0/1]nat outbound 2000                //将 ACL 应用到出接口方向
```

需要注意，Easy-IP 是将所有内网用户的私有 IP 地址均转换为出接口的不同端口号，仅涉及一个公有 IP 地址，所以无须定义地址池。这也是 Easy-IP 和 NAPT 的区别所在。

第2步：由内网用户发起对外网的访问，报文到达边界路由器时，边界路由器会按照事先配置好的 ACL 进行源地址匹配，如果能与 ACL 定义的源地址段匹配，则会将报文的源 IP 地址(私有 IP 地址)连同随机端口号一并转换为出接口地址及相应端口号(每个私有 IP 地址对应的端口号不同)，然后将报文发送给互联网上的目的端。

例如，图 5-22 中内网用户 HTTP Client 对 Web Server 发起 HTTP 访问，发送的报文中源 IP 地址为 192.168.1.3/24(私有 IP 地址)，目的地址为 Web Server 的 IP 地址 200.1.1.10/24(公有 IP 地址)，报文到达 AR1 后，其源 IP 地址(私有 IP 地址)与 ACL 定义的允许进行地址转换的网段匹配成功，于是将私有 IP 地址 192.168.1.3 及其随机端口号 1288 转换为出接口 IP 地址 200.1.1.1 及其端口号 10241，并在 AR1 生成 NAT 会话表项，这样 HTTP Client 发出的报文就可以通过互联网送达 Web Server。

类似地，如果有更多的内网终端需要上网，也可以通过这种多对一的方式将私有 IP 地址及随机端口转换为出接口 IP 地址 200.1.1.1 的不同端口。

第3步：互联网中的目的端收到内网用户发送的报文(源 IP 地址已经转换为出接口公有 IP 地址及相应端口号)，会返回应答报文，报文的源地址为自己的公有 IP 地址，目的地址为出接口公有 IP 地址及相应端口号，当应答报文抵达边界路由器时，边界路由器会按照报文发出时产生的 NAT 会话表项，将报文的目的 IP 地址(公有 IP 地址)及端口号转换为对应的私有 IP 地址及端口号，然后将报文送达处于内网的源节点。

例如，图 5-22 中内网用户 HTTP Client 对 Web Server 发起 HTTP 访问后，报文经过第2步的 NAT 转换后源 IP 地址及其随机端口号被转换为 AR1 的出接口地址 200.1.1.1 的端口号 10241，Web Server 收到请求报文后会返回应答报文，这时又会按照路由器中的 NAT 会话表项进行反向转换，将公有目的 IP 200.1.1.1 及端口号 10241 转换为私有目的 IP 地址 192.168.1.3 及其端口号 1288(即 192.168.1.3:1288←200.1.1.1:10241)，然后报文就会被送达内网中的源节点。

Easy-IP 可实现多个私有 IP 地址对同一个公有 IP 地址的转换，大大节约了公有 IP 地址资源，也极大地提高了公有 IP 地址的利用率。

5.5.2 配置与测试

下面对如图5-22所示拓扑配置Easy-IP并测试。

视频讲解

1. 终端配置

PC1：IP地址为192.168.1.1/24，网关为192.168.1.254。

PC2：IP地址为192.168.1.2/24，网关为192.168.1.254。

HTTP Client：IP地址为192.168.1.3/24，网关为192.168.1.254。

Web Server：IP地址为200.1.1.10/24，网关为200.1.1.1。

2. AR1(型号AR2220)配置

```
<Huawei> system - view
[Huawei]sysname AR1                                        //修改设备改名称
[AR1]interface GigabitEthernet 0/0/0
[AR1 - GigabitEthernet0/0/0]ip address 192.168.1.254 24    //给连接内网接口配置 IP 地址
[AR1 - GigabitEthernet0/0/0]quit
[AR1]acl 2000                                              //创建 ACL 2000
[AR1 - acl - basic - 2000]rule 5 permit source 192.168.1.0 0.0.0.255   //通过 ACL 规则定义允许
//进行私有 IP 地址对公有 IP 地址进行转换的地址段
[AR1 - acl - basic - 2000]quit
[AR1]interface GigabitEthernet 0/0/1                       //进入出接口配置视图
[AR1 - GigabitEthernet0/0/1]ip address 200.1.1.1 24        //给出接口配置 IP 地址
[AR1 - GigabitEthernet0/0/1]nat outbound 2000              //将 ACL 应用到出接口
[AR1 - GigabitEthernet0/0/1]quit
[AR1]
```

3. 测试Easy-IP功能

启用Web Server的HTTP服务。如图5-23所示，选择Web Server属性对话框的“服务器信息”选项卡，选择HttpServer，选择合适的文件夹作为“文件根目录”，单击“启动”按钮。

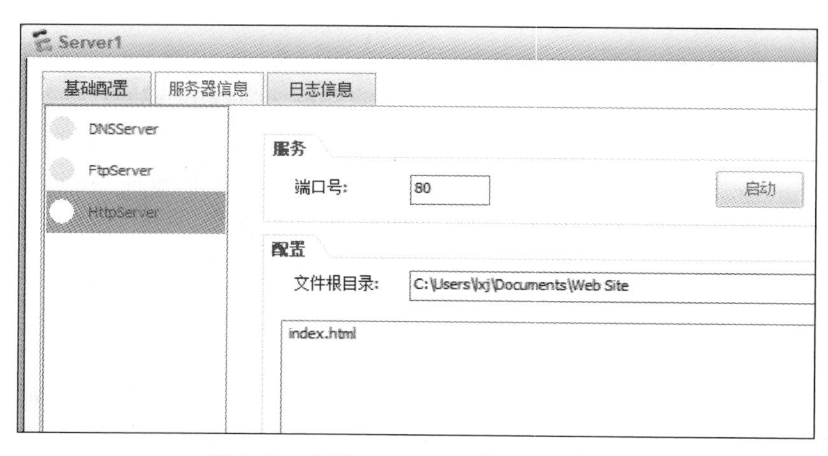

图5-23 启用Web Server的HTTP服务

再用内网的HTTP Client访问Web Server的HTTP服务。如图5-24所示，在地址栏输入HTTP及地址200.1.1.10，然后单击“获取”按钮，弹出是否保存文件的对话框，说明内网用户能够正常通过Easy-IP进行私有IP地址到公有IP地址的转换而实现对外网Web

Server 服务的访问。

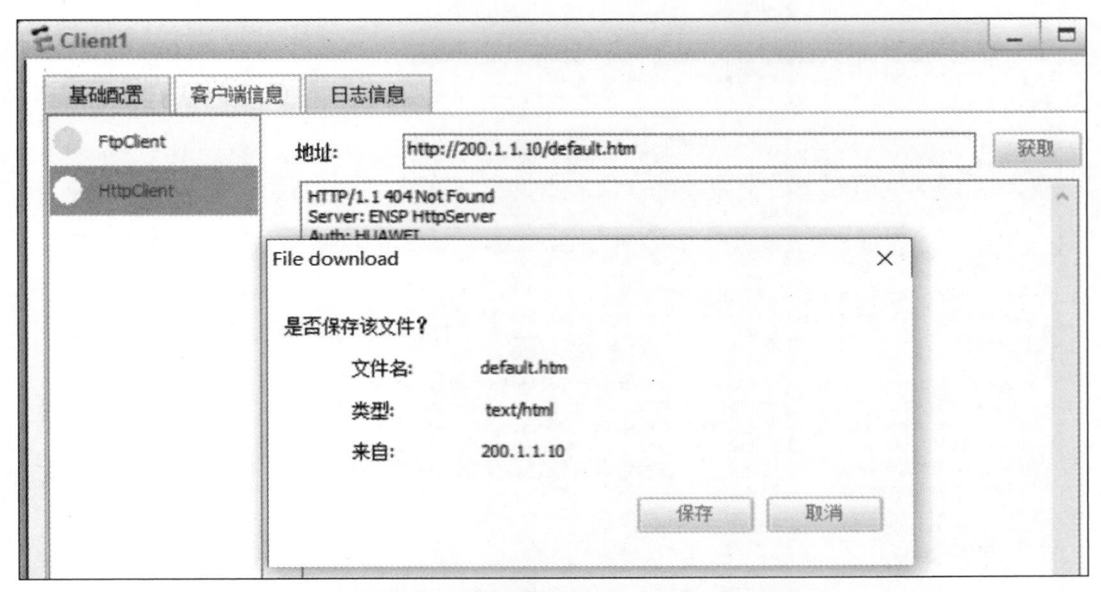

图 5-24　HTTP Client 访问 Web Server 的 HTTP 服务

然后立即使用 display nat session all 命令查看边界路由器 AR1 的 NAT 会话表(会话表动态产生并自行消失,所以访问后执行查看命令要快),如图 5-25 所示,可以看到 HTTP Client 发出的一个报文将私有 IP 地址及随机端口号 192.168.1.3:1288(SrcAddr Port Vpn)转换为出接口 IP 地址的相应端口号 200.1.1.1:10241(New SrcAddr 和 New SrcPort),另一个报文将 192.168.1.3:1032(SrcAddr Port Vpn)转换为出接口 IP 地址的相应端口号 200.1.1.1:10240(New SrcAddr 和 New SrcPort)。

```
[AR1]display nat session all
  NAT Session Table Information:

     Protocol             : TCP(6)
     SrcAddr  Port Vpn : 192.168.1.3      1288
     DestAddr Port Vpn : 200.1.1.10       20480
     NAT-Info
       New SrcAddr       : 200.1.1.1
       New SrcPort       : 10241
       New DestAddr      : ----
       New DestPort      : ----

     Protocol             : TCP(6)
     SrcAddr  Port Vpn : 192.168.1.3      1032
     DestAddr Port Vpn : 200.1.1.10       20480
     NAT-Info
       New SrcAddr       : 200.1.1.1
       New SrcPort       : 10240
       New DestAddr      : ----
       New DestPort      : ----
```

图 5-25　Easy-IP 的 NAT 会话表

对边界路由器 AR1 的内外接口开启抓包,然后用 PC1 ping 200.1.1.10,发现在 AR1 连接内网的接口捕获到的报文源 IP 地址为 192.168.1.3,如图 5-26 所示。在 AR1 连接外网的接口捕获到的报文源 IP 地址为 200.1.1.1,如图 5-27 所示。说明报文经过边界路由器

AR1 时，对源 IP 地址进行了私有 IP 地址到公有 IP 地址的转换。

正在捕获 -
文件(F) 编辑(E) 视图(V) 跳转(G) 捕获(C) 分析(A) 统计(S) 电话(Y) 无线(W) 工具(T) 帮助(H)
应用显示过滤器 … <Ctrl-/>
No. Time Source Destination Protocol Length Info
11 14.625000 200.1.1.10 192.168.1.3 TCP 58 80 → 2054 [SYN, ACK
12 14.641000 192.168.1.3 200.1.1.10 TCP 54 2054 → 80 [ACK] Seq
13 14.641000 192.168.1.3 200.1.1.10 HTTP 221 GET /default.htm HT
14 14.688000 200.1.1.10 192.168.1.3 HTTP 355 HTTP/1.1 404 Not Fo
15 14.875000 192.168.1.3 200.1.1.10 TCP 54 2054 → 80 [ACK] Seq
16 15.719000 192.168.1.3 200.1.1.10 TCP 54 2054 → 80 [FIN, ACK
17 15.719000 HuaweiTe_8a:35:69 Spanning-tree-(for-bridges)_00 STP 119 MST. Root = 32768/0
18 15.719000 200.1.1.10 192.168.1.3 TCP 54 80 → 2054 [ACK] Seq
19 15.735000 200.1.1.10 192.168.1.3 TCP 54 80 → 2054 [FIN, ACK
20 15.735000 192.168.1.3 200.1.1.10 TCP 54 2054 → 80 [ACK] Seq
Frame 13: 221 bytes on wire (1768 bits), 221 bytes captured (1768 bits) on interface -, id 0
Ethernet II, Src: HuaweiTe_0e:1d:57 (54:89:98:0e:1d:57), Dst: HuaweiTe_18:35:59 (00:e0:fc:18:35:59)
Internet Protocol Version 4, Src: 192.168.1.3, Dst: 200.1.1.10
Transmission Control Protocol, Src Port: 2054, Dst Port: 80, Seq: 1, Ack: 1, Len: 167
Hypertext Transfer Protocol
Hypertext Transfer Protocol
0000 00 e0 fc 18 35 59 54 89 98 0e 1d 57 08 00 45 00 ····5YT· ···W··E·
已准备好加载或捕获
分组: 69 · 已显示: 69 (100.0%)
配置: Default

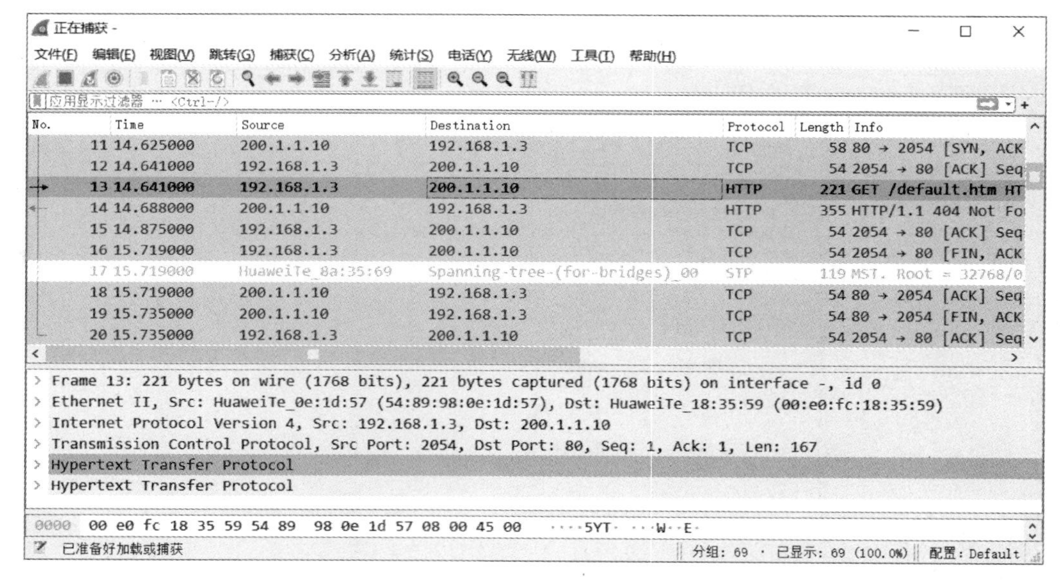

图 5-26　Easy-IP 的 NAT 转换前报文

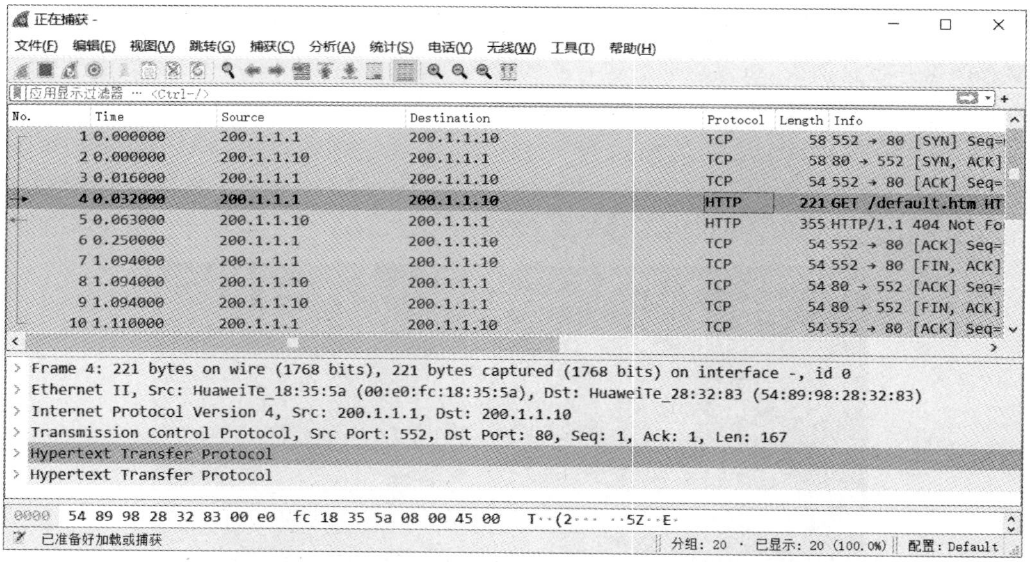

正在捕获 -
文件(F) 编辑(E) 视图(V) 跳转(G) 捕获(C) 分析(A) 统计(S) 电话(Y) 无线(W) 工具(T) 帮助(H)
应用显示过滤器 … <Ctrl-/>
No. Time Source Destination Protocol Length Info
1 0.000000 200.1.1.1 200.1.1.10 TCP 58 552 → 80 [SYN] Seq=
2 0.000000 200.1.1.10 200.1.1.1 TCP 58 80 → 552 [SYN, ACK]
3 0.016000 200.1.1.1 200.1.1.10 TCP 54 552 → 80 [ACK] Seq=
4 0.032000 200.1.1.1 200.1.1.10 HTTP 221 GET /default.htm HT
5 0.063000 200.1.1.10 200.1.1.1 HTTP 355 HTTP/1.1 404 Not Fo
6 0.250000 200.1.1.1 200.1.1.10 TCP 54 552 → 80 [ACK] Seq=
7 1.094000 200.1.1.1 200.1.1.10 TCP 54 552 → 80 [FIN, ACK]
8 1.094000 200.1.1.10 200.1.1.1 TCP 54 80 → 552 [ACK] Seq=
9 1.094000 200.1.1.10 200.1.1.1 TCP 54 80 → 552 [FIN, ACK]
10 1.110000 200.1.1.1 200.1.1.10 TCP 54 552 → 80 [ACK] Seq=
Frame 4: 221 bytes on wire (1768 bits), 221 bytes captured (1768 bits) on interface -, id 0
Ethernet II, Src: HuaweiTe_18:35:5a (00:e0:fc:18:35:5a), Dst: HuaweiTe_28:32:83 (54:89:98:28:32:83)
Internet Protocol Version 4, Src: 200.1.1.1, Dst: 200.1.1.10
Transmission Control Protocol, Src Port: 552, Dst Port: 80, Seq: 1, Ack: 1, Len: 167
Hypertext Transfer Protocol
Hypertext Transfer Protocol
0000 54 89 98 28 32 83 00 e0 fc 18 35 5a 08 00 45 00 T··(2··· ··5Z··E·
已准备好加载或捕获
分组: 20 · 已显示: 20 (100.0%)
配置: Default

图 5-27　Easy-IP 的 NAT 转换后报文

5.6　模块 6：NAT Server 配置

【教学目标】

知识目标：

➢ 了解 NAT Server 技术的应用场景。

➢ 掌握 NAT Server 技术的实现原理。

➤ 掌握 NAT Server 技术的配置与测试方法。

技能目标：能够辨别相应场景正确选用 NAT Server 技术并配置。

思政目标：树立维护网络安全的责任意识，利用 NAT Server 技术最小限度开放内网资源，保障内网安全。

5.6.1 知识准备

1. NAT Server

NAT Server 通过建立“公有地址＋端口号”与“私有地址＋端口号”的一对一映射关系，将内网服务器映射到公网，适用于私有网络中的服务器需要对公网提供服务的场景。

如图 5-28 所示，AR1 为连接内外网的边界路由器，其连接内网的接口地址为 192.168.1.254/24，连接外网的接口地址为 200.1.1.1/24，内网中有一台 Web Server，其 IP 地址为 192.168.1.1/24，这台服务器需要对外网用户（如 HTTP Client 200.1.1.10）提供 Web 服务，这种让外网用户访问内网中的服务器的场景就适合用 NAT Server 来解决。

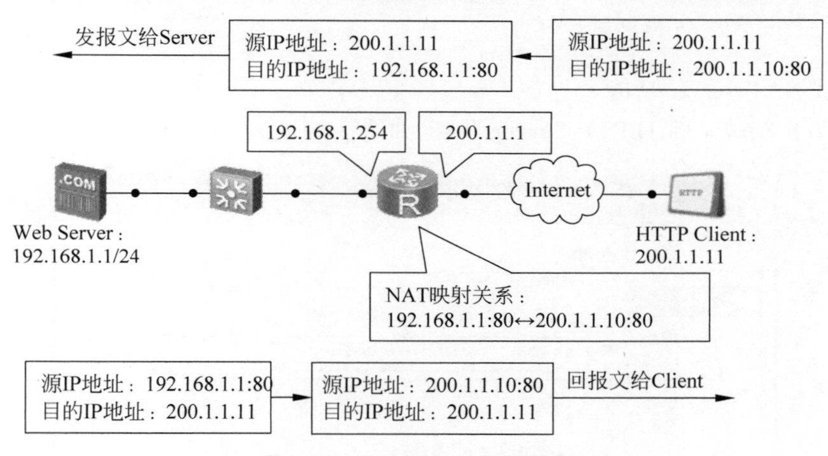

图 5-28　NAT Server 工作原理

2. NAT Server 实现流程

第 1 步：在路由器出接口建立“内网服务器私有 IP 地址＋特定端口号”与“公有 IP 地址＋特定端口号”的映射关系 192.168.1.1:80→200.1.1.10:80，这样外网主机访问 Web Server 的 80 号端口就可以转换为访问 200.1.1.10:80，命令示例如下：

```
[AR1 - GigabitEthernet0/0/1]nat server protocol tcp global 200.1.1.10 www inside 192.168.1.
1 80
```

第 2 步：外网 HTTP Client(200.1.1.11/24)主动访问(200.1.1.10:80)，源 IP 地址为 200.1.1.11，目的 IP 地址及端口号为 200.1.1.10:80，报文到达边界路由器 AR1 时，AR1 根据事先已建立的映射关系 192.168.1.1:80↔200.1.1.10:80 将 200.1.1.10:80(公有 IP 地址)转换为 192.168.1.1:80(私有 IP 地址)，从而使外网用户访问 Web Server 的报文可以到达内网的 Web Server。

第 3 步：Web Server 给 HTTP Client 返回应答报文时，又会按映射关系 192.168.1.1:80↔200.1.1.10:80 将源 IP 地址(私有 IP 地址)及端口号 192.168.1.1:80 转换为 200.1.1.10:80(公有 IP 地址)，再发往外网用户，最终实现外网用户对内网 Web Server 的访问。

5.6.2 配置与测试

下面对图 5-28 所示拓扑配置 NAT Server 并测试。

1. 终端配置

Web Server：IP 地址为 192.168.1.1/24，网关为 192.168.1.254。

HTTP Client：IP 地址为 200.1.1.11/24，网关为 200.1.1.1。

2. AR1(型号为 AR2220)配置

```
<Huawei>system-view
[Huawei]sysname AR1                                          //修改设备改名称
[AR1]interface GigabitEthernet 0/0/0
[AR1-GigabitEthernet0/0/0]ip address 192.168.1.254 24       //为连接内网接口配置 IP 地址
[AR1-GigabitEthernet0/0/0]quit
[AR1]interface GigabitEthernet 0/0/1
[AR1-GigabitEthernet0/0/1]ip address 200.1.1.1 24
[AR1-GigabitEthernet0/0/1]nat server protocol tcp global 200.1.1.10 www inside 192.168.1.1 80
[AR1-GigabitEthernet0/0/1]quit
[AR1]
```

3. 测试 NAT Server 功能

开启 Web Server 的 HTTP Server 服务，如图 5-29 所示。

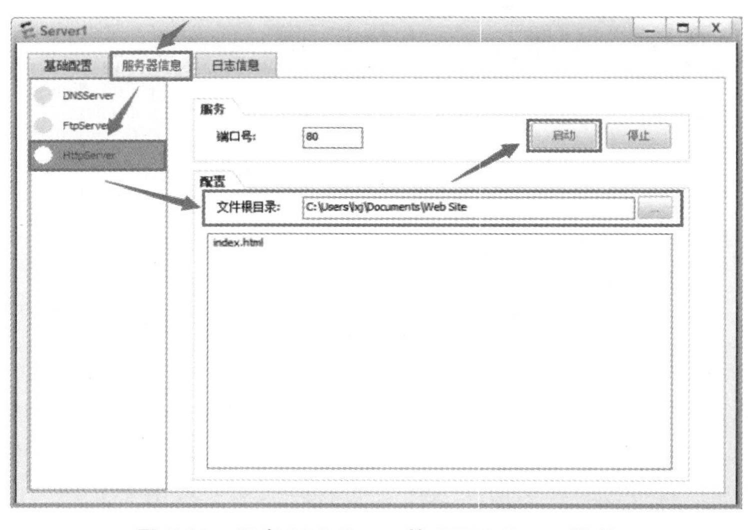

图 5-29 开启 Web Server 的 HTTP Server 服务

对边界路由器 AR1 的内外接口开启抓包，然后在外网 HTTP Client 的“客户端信息”选项卡中选择 HttpClient，在“地址”栏输入内网 Web Server 映射的外网地址，然后单击“获取”按钮，结果如图 5-30 所示，弹出询问是否保存文件对话框，说明能够正常访问内网 Web Server 的 HTTP Server 服务。

观察两个抓包窗口发现在 AR1 连接外网的接口捕获到的报文目的 IP 地址为 200.1.1.10，如图 5-31 所示。在 AR1 连接内网的接口捕获到的报文目的 IP 地址为 192.168.1.1，如图 5-32 所示。说明报文经过边界路由器 AR1 时，对目的 IP 地址进行了公有 IP 地址到私有 IP 地址的转换。

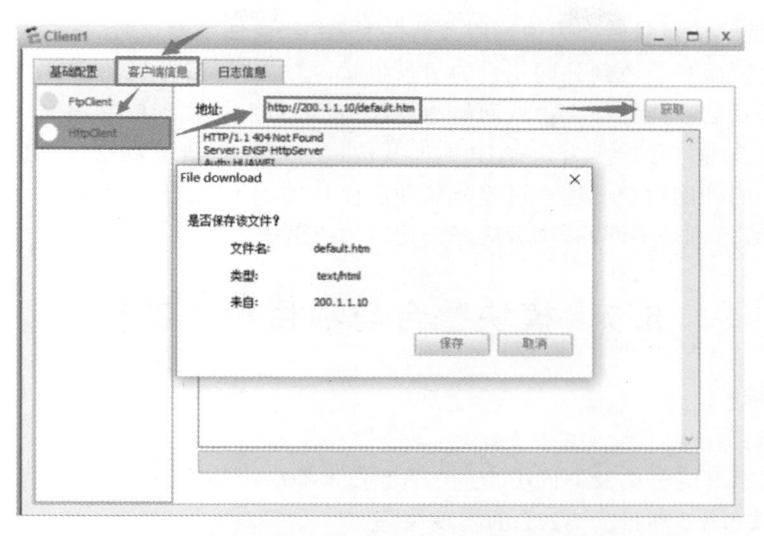

图 5-30 外网 HTTP Client 访问 Web Server 的 HTTP Server

No.	Time	Source	Destination	Protocol	Length	Info
1	0.000000	200.1.1.11	200.1.1.10	TCP	58	2050 → 80 [SYN] Seq=
2	0.031000	200.1.1.10	200.1.1.11	TCP	58	80 → 2050 [SYN, ACK]
3	0.031000	200.1.1.11	200.1.1.10	TCP	54	2050 → 80 [ACK] Seq=
4	0.031000	200.1.1.11	200.1.1.10	HTTP	221	GET /default.htm HTTP
5	0.156000	200.1.1.10	200.1.1.11	HTTP	355	HTTP/1.1 404 Not Foun
6	0.266000	200.1.1.11	200.1.1.10	TCP	54	2050 → 80 [ACK] Seq=
7	1.156000	200.1.1.11	200.1.1.10	TCP	54	2050 → 80 [FIN, ACK]
8	1.172000	200.1.1.10	200.1.1.11	TCP	54	80 → 2050 [ACK] Seq=
9	1.172000	200.1.1.10	200.1.1.11	TCP	54	80 → 2050 [FIN, ACK]
10	1.172000	200.1.1.11	200.1.1.10	TCP	54	2050 → 80 [ACK] Seq=

图 5-31 路由器出接口抓取报文

No.	Time	Source	Destination	Protocol	Length	Info
7	11.782000	200.1.1.11	192.168.1.1	TCP	58	2050 → 80 [SYN] Seq=0
8	11.797000	192.168.1.1	200.1.1.11	TCP	58	80 → 2050 [SYN, ACK] S
9	11.797000	200.1.1.11	192.168.1.1	TCP	54	2050 → 80 [ACK] Seq=1
10	11.813000	200.1.1.11	192.168.1.1	HTTP	221	GET /default.htm HTTP/
11	11.922000	192.168.1.1	200.1.1.11	HTTP	355	HTTP/1.1 404 Not Found
12	12.032000	200.1.1.11	192.168.1.1	TCP	54	2050 → 80 [ACK] Seq=16
13	12.938000	200.1.1.11	192.168.1.1	TCP	54	2050 → 80 [FIN, ACK] S
14	12.938000	192.168.1.1	200.1.1.11	TCP	54	80 → 2050 [ACK] Seq=30
15	12.938000	192.168.1.1	200.1.1.11	TCP	54	80 → 2050 [FIN, ACK] S

图 5-32 路由器连接内网接口抓取到的报文

需要注意,NAT Server 是由外网用户发起对内网服务器的访问,由于服务器私有 IP 地址不能被 Internet 识别,因此外网用户首先访问的是内网服务器私有地址及端口号映射的公有 IP 地址及端口号(目的 IP 地址及端口号),报文到达边界路由器时,边界路由器再将目的公有IP地址及端口号转换为内网服务器的私有IP地址及端口号，然后将报文传送给内网服务器。内网服务器收到外网用户的请求报文，把自己的私有IP地址及端口号作为源地址及源端口号封装在应答报文中返回给边界路由器，路由器收到应答报文后再将内网服务器的私有地址及端口号转换为公有IP地址及端口号（源IP地址及端口号），然后将报文发送给发起请求的外网用户。这个过程显然和前面几种NAT的访问发起方和目的方是不同的，所以数据流向也是不同的，读者应仔细比较加以区分。

5.7 模块整合与项目整体部署

【教学目标】

知识目标：

- 掌握NAT的分类及不同类型的NAT技术的应用场景。
- 掌握源NAT和目的NAT的实现原理。
- 掌握常用NAT技术的配置与测试方法。

技能目标：能够针对相应场景正确选用NAT技术并配置。

思政目标：

- 树立维护网络安全的责任意识，利用NAT技术屏蔽内网，尽量维护企业内部资源不外泄，保障内网安全。
- 培养学生溯本求源的探究精神及一丝不苟的工匠精神。

5.7.1 模块拓扑

本模块采用如图5-1所示拓扑，为方便配置，给各设备标上IP地址，如图5-33所示。

视频讲解

5.7.2 配置与测试

综前所述，NAT分为源NAT和目的NAT两类。动态NAT、NAPT和Easy-IP均适用于内网用户访问外网的场景，首先转换的是源IP地址，属于源NAT；NAT Server和静态NAT则适用于外网用户访问内网服务器的场景，首先转换的是目的IP地址，属于目的NAT。

源NAT使用最多的就是Easy-IP，NAT Server则是目的NAT的首选。现按照如图5-33所示拓扑介绍这两种技术在网络工程中的综合应用。

实现目标：Easy-IP部署在边界路由器QYI-R的出接口GE 4/0/0，使内网用户的私有IP地址能够转换为出接口的公有IP地址实现上网需求；同时，在QYI-R出接口GE 4/0/0上还需要部署NAT Server使外网用户能够访问内网中的Web Server。

配置思路：设备基础配置→路由配置→Easy-IP和NAT Server配置。

1. 终端配置（内网用私有IP地址，外网用公有IP地址）

PC11：IP地址为192.168.11.1/24，网关为192.168.11.254。

HTTP Client12：IP地址为192.168.12.1/24，网关为192.168.12.254。

PC21：IP地址为192.168.21.1/24，网关为192.168.21.254。

HTTP Client22：IP地址为192.168.22.1/24，网关为192.168.22.254。

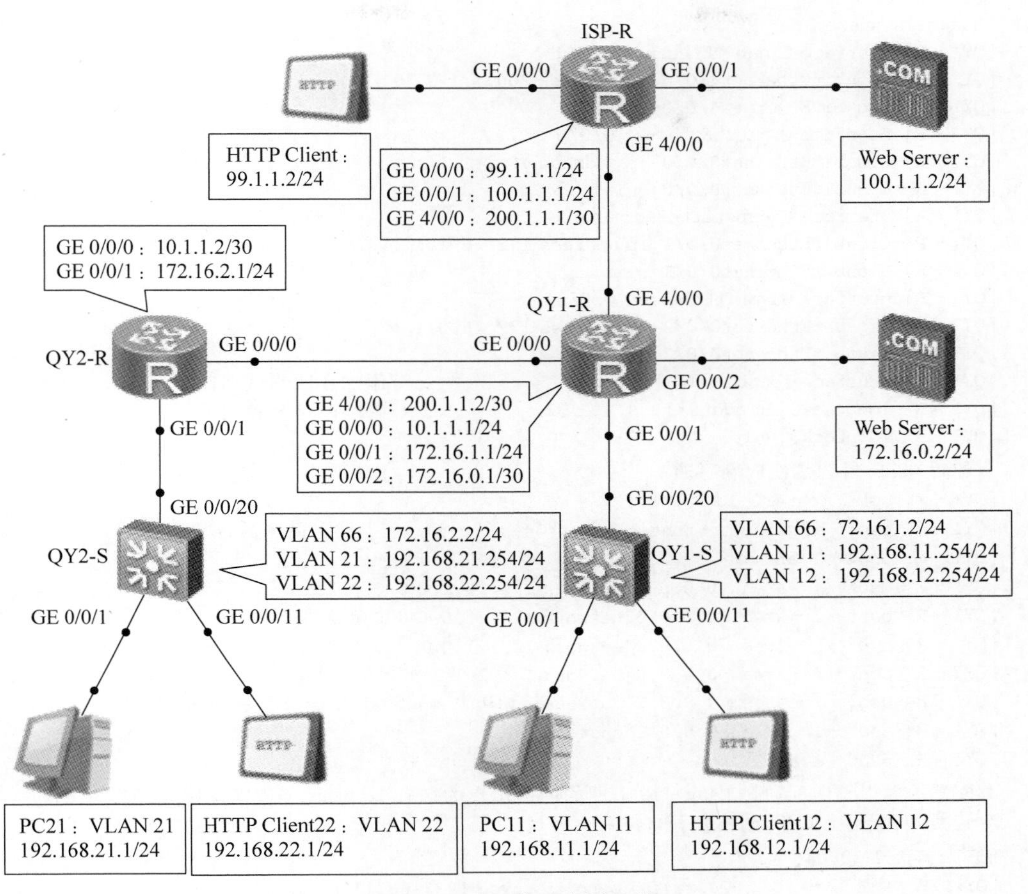

图 5-33 NAT 应用实例拓扑

内网 Web Server：IP 地址为 172.16.0.2/24，网关为 172.16.0.1。

外网 HTTP Client：IP 地址为 99.1.1.2/24，网关为 99.1.1.1(公有)。

外网 Web Server：IP 地址为 100.1.1.2/24，网关为 100.1.1.1(公有)。

2. ISP-R(型号为 AR2220)配置

```
<Huawei>sys
[Huawei]undo info-center enable
[Huawei]sysname ISP-R
[ISP-R]interface GigabitEthernet 0/0/0
[ISP-R-GigabitEthernet0/0/0]ip address 99.1.1.1 24
[ISP-R-GigabitEthernet0/0/0]quit
[ISP-R]interface GigabitEthernet 0/0/1
[ISP-R-GigabitEthernet0/0/1]ip address 100.1.1.1 24
[ISP-R-GigabitEthernet0/0/1]quit
[ISP-R]interface GigabitEthernet 4/0/0
[ISP-R-GigabitEthernet4/0/0]ip address 200.1.1.1 30
[ISP-R-GigabitEthernet4/0/0]quit
[ISP-R]
```

3. QY1-R(型号为 AR2220)配置

```
<Huawei>sys
[Huawei]undo info-center enable
```

```
[Huawei]sysname QY1 - R
[QY1 - R]interface GigabitEthernet 4/0/0
[QY1 - R - GigabitEthernet4/0/0]ip address 200.1.1.2 30
[QY1 - R - GigabitEthernet4/0/0]quit
[QY1 - R]interface GigabitEthernet 0/0/0
[QY1 - R - GigabitEthernet0/0/0]ip address 10.1.1.1 30
[QY1 - R - GigabitEthernet0/0/0]quit
[QY1 - R]interface GigabitEthernet 0/0/1
[QY1 - R - GigabitEthernet0/0/1]ip address 172.16.1.1 24
[QY1 - R - GigabitEthernet0/0/1]quit
[QY1 - R]interface GigabitEthernet 0/0/2
[QY1 - R - GigabitEthernet0/0/2]ip address 172.16.0.1 24
[QY1 - R - GigabitEthernet0/0/2]quit
[QY1 - R]interface loopback 0                    //添加环回测试端口
[QY1 - R - loopback0]ip address 1.1.1.1 32       //给环回口配置地址
[QY1 - R - loopback0]quit
//配置OSPF,目的是使内网互通
[QY1 - R]ospf 1 router - id 1.1.1.1
[QY1 - R - ospf - 1]default - route - advertise always        //向内网通告默认路由
[QY1 - R - ospf - 1]area 0
[QY1 - R - ospf - 1 - area - 0.0.0.0]network 172.16.1.0 0.0.0.255
[QY1 - R - ospf - 1 - area - 0.0.0.0]network 172.16.0.0 0.0.0.255
[QY1 - R - ospf - 1 - area - 0.0.0.0]network 10.1.1.0 0.0.0.3
[QY1 - R - ospf - 1 - area - 0.0.0.0]network 1.1.1.1 0.0.0.0
[QY1 - R - ospf - 1 - area - 0.0.0.0]authentication - mode md5 1 cipher huawei123
[QY1 - R - ospf - 1 - area - 0.0.0.0]quit
[QY1 - R - ospf - 1]quit
//配置ACL用于匹配通过Easy - IP上网的内网用户的私有IP地址,能够匹配则允许进行Easy - IP
//转换,匹配不上则不允许进行Easy - IP转换
[QY1 - R]acl 2000
[QY1 - R - acl - basic - 2000]rule 5 permit source 192.168.11.0 0.0.0.255
[QY1 - R - acl - basic - 2000]rule 10 permit source 192.168.12.0 0.0.0.255
[QY1 - R - acl - basic - 2000]rule 15 permit source 192.168.21.0 0.0.0.255
[QY1 - R - acl - basic - 2000]rule 20 permit source 192.168.22.0 0.0.0.255
[QY1 - R - acl - basic - 2000]quit
[QY1 - R]interface GigabitEthernet 4/0/0
[QY1 - R - GigabitEthernet4/0/0]nat outbound 2000    //将前面定义的ACL运用到出接口的出方向
//(outbound),允许匹配ACL的IP地址进行Easy - IP转换
[QY1 - R - GigabitEthernet4/0/0]nat server int - web protocol tcp global 123.1.1.1 8080 inside
172.16.0.2 80    //定义内网服务器私有IP地址+端口号与公有IP地址+端口号的NAT Server映
//射关系,将172.16.0.2:80映射成123.1.1.1:8080
[QY1 - R - GigabitEthernet4/0/0]quit
[QY1 - R]
```

4. QY2-R(型号为AR2220)配置

```
<Huawei>sys
[Huawei]undo info - center enable
[Huawei]sysname QY2 - R
[QY2 - R]interface GigabitEthernet 0/0/0
[QY2 - R - GigabitEthernet0/0/0]ip address 10.1.1.2 30
[QY2 - R - GigabitEthernet0/0/0]quit
[QY2 - R]interface GigabitEthernet 0/0/1
[QY2 - R - GigabitEthernet0/0/1]ip address 172.16.2.1 24
[QY2 - R - GigabitEthernet0/0/1]quit
```

```
[QY2 - R]interface loopback 0
[QY2 - R - loopback0]ip address 2.2.2.2 32
[QY2 - R - loopback0]quit
//配置 OSPF,目的是使内网互通
[QY2 - R]ospf 1 router - id 2.2.2.2
[QY2 - R - ospf - 1]area 0
[QY2 - R - ospf - 1 - area - 0.0.0.0]network 10.1.1.0 0.0.0.3
[QY2 - R - ospf - 1 - area - 0.0.0.0]network 172.16.2.0 0.0.0.255
[QY2 - R - ospf - 1 - area - 0.0.0.0]network 2.2.2.2 0.0.0.0
[QY2 - R - ospf - 1 - area - 0.0.0.0]authentication - mode md5 1 cipher huawei123
[QY2 - R - ospf - 1 - area - 0.0.0.0]quit
[QY2 - R - ospf - 1]quit
[QY2 - R]quit
```

5. QY1-S 配置

```
<Huawei> sys
[Huawei]undo info - center enable
[Huawei]sysname QY1 - S
[QY1 - S]vlan batch 11 12 66
[QY1 - S]interface GigabitEthernet 0/0/20
[QY1 - S - GigabitEthernet0/0/20]port link - type access
[QY1 - S - GigabitEthernet0/0/20]port default vlan 66
[QY1 - S - GigabitEthernet0/0/20]quit
[QY1 - S]interface GigabitEthernet 0/0/1
[QY1 - S - GigabitEthernet0/0/1]port link - type access
[QY1 - S - GigabitEthernet0/0/1]port default vlan 11
[QY1 - S - GigabitEthernet0/0/1]quit
[QY1 - S]interface GigabitEthernet 0/0/11
[QY1 - S - GigabitEthernet0/0/11]port link - type access
[QY1 - S - GigabitEthernet0/0/11]port default vlan 12
[QY1 - S - GigabitEthernet0/0/11]quit
[QY1 - S]interface vlanif 66
[QY1 - S - Vlanif66]ip address 172.16.1.2 24
[QY1 - S - Vlanif66]quit
[QY1 - S]interface vlanif 11
[QY1 - S - Vlanif11]ip address 192.168.11.254 24
[QY1 - S - Vlanif11]quit
[QY1 - S]interface vlanif 12
[QY1 - S - Vlanif12]ip address 192.168.12.254 24
[QY1 - S - Vlanif12]quit
[QY1 - S]interface loopback 0
[QY1 - S - loopback0]ip address 3.3.3.3 32
[QY1 - S - loopback0]quit
//配置 OSPF,目的是使内网互通
[QY1 - S]ospf 1 router - id 3.3.3.3
[QY1 - S - ospf - 1]area 0
[QY1 - S - ospf - 1 - area - 0.0.0.0]network 172.16.1.0 0.0.0.255
[QY1 - S - ospf - 1 - area - 0.0.0.0]network 192.168.11.0 0.0.0.255
[QY1 - S - ospf - 1 - area - 0.0.0.0]network 192.168.12.0 0.0.0.255
[QY1 - S - ospf - 1 - area - 0.0.0.0]network 3.3.3.3 0.0.0.0
[QY1 - S - ospf - 1 - area - 0.0.0.0]authentication - mode md5 1 cipher huawei123
[QY1 - S - ospf - 1 - area - 0.0.0.0]quit
[QY1 - S - ospf - 1]quit
[QY1 - S]
```

6. QY2-S配置

```
<Huawei>sys
[QY2-S]
[QY2-S]vlan batch 21 to 22 66
[QY2-S]interface GigabitEthernet 0/0/20
[QY2-S-GigabitEthernet0/0/20]port link-type access
[QY2-S-GigabitEthernet0/0/20] port default vlan 66
[QY2-S-GigabitEthernet0/0/20]quit
[QY2-S]port-group group-member GigabitEthernet 0/0/1 to GigabitEthernet 0/0/10   //将接口
//组成员定义为 Access 类型,执行后会在每个成员接口执行一次该命令
[QY2-S-port-group]port link-type access //将接口组成员定义为 Access 类型,执行后会在每
//个成员接口执行一次该命令
[QY2-S-port-group]port default vlan 21   //将接口组成员定义为 VLAN 21,执行后会在每个成
//员接口执行一次该命令
[QY2-S-port-group]quit
[QY2-S]port-group group-member GigabitEthernet 0/0/11 to GigabitEthernet 0/0/19 //定义接
//口组成员
[QY2-S-port-group]port link-type access //将接口组成员定义为 Access 类型,执行后会在每
//个成员接口执行一次该命令
[QY2-S-port-group]port default vlan 22   //将接口组成员定义为 VLAN 22,执行后会在每个成
//员接口执行一次该命令
[QY2-S-port-group]quit
[QY2-S]interface vlanif 66
[QY2-S-Vlanif66]ip address 172.16.2.2 24
[QY2-S-Vlanif66]quit
[QY2-S]interface vlanif 21
[QY2-S-Vlanif21]ip address 192.168.21.254 24
[QY2-S-Vlanif21]quit
[QY2-S]interface vlanif 22
[QY2-S-Vlanif22]ip address 192.168.22.254 24
[QY2-S-Vlanif22]quit
[QY2-S]interface loopback 0
[QY2-S-loopback0]ip address 4.4.4.4 32
[QY2-S-loopback0]quit
//配置 OSPF,目的是使内网互通
[QY2-S]ospf 1 router-id 4.4.4.4
[QY2-S-ospf-1]area 0
[QY2-S-ospf-1-area-0.0.0.0]network 172.16.2.0 0.0.0.255
[QY2-S-ospf-1-area-0.0.0.0]network 192.168.21.0 0.0.0.255
[QY2-S-ospf-1-area-0.0.0.0]network 192.168.22.0 0.0.0.255
[QY2-S-ospf-1-area-0.0.0.0]network 4.4.4.4 0.0.0.0
[QY1-S-ospf-1-area-0.0.0.0]authentication-mode md5 1 cipher huawei123
[QY2-S-ospf-1-area-0.0.0.0]quit
[QY2-S-ospf-1]quit
[QY2-S]
```

7. 测试

1）测试路由

通过查看路由表判断内网是否互通，以及是否能访问外网。

查看QY1-R路由表，如图5-34所示，可以看到QY1-R除直连路由外，还由OSPF协议学习到了内网所有非直连路由，可以判断内网已经达到全网互通。而且有一条静态默认路由，下一跳为ISP-R接口地址，说明各种数据包均可以发往外网。

```
[QY1-R]dis ip routing-table
Route Flags: R - relay, D - download to fib
------------------------------------------------------------------------------
Routing Tables: Public
         Destinations : 27       Routes : 27

Destination/Mask    Proto   Pre  Cost      Flags NextHop         Interface

        0.0.0.0/0   Static  60   0          RD   200.1.1.1       GigabitEthernet
4/0/0
        1.1.1.1/32  Direct  0    0           D   127.0.0.1       LoopBack0
        2.2.2.2/32  OSPF    10   1           D   10.1.1.2        GigabitEthernet
0/0/0
        3.3.3.3/32  OSPF    10   1           D   172.16.1.2      GigabitEthernet
0/0/1
        4.4.4.4/32  OSPF    10   2           D   10.1.1.2        GigabitEthernet
0/0/0
       10.1.1.0/30  Direct  0    0           D   10.1.1.1        GigabitEthernet
0/0/0
       10.1.1.1/32  Direct  0    0           D   127.0.0.1       GigabitEthernet
0/0/0
       10.1.1.3/32  Direct  0    0           D   127.0.0.1       GigabitEthernet
0/0/0
      123.1.1.1/32  Unr     64   0           D   127.0.0.1       InLoopBack0
      127.0.0.0/8   Direct  0    0           D   127.0.0.1       InLoopBack0
      127.0.0.1/32  Direct  0    0           D   127.0.0.1       InLoopBack0
127.255.255.255/32  Direct  0    0           D   127.0.0.1       InLoopBack0
     172.16.0.0/24  Direct  0    0           D   172.16.0.1      GigabitEthernet
0/0/2
     172.16.0.1/32  Direct  0    0           D   127.0.0.1       GigabitEthernet
0/0/2
   172.16.0.255/32  Direct  0    0           D   127.0.0.1       GigabitEthernet
0/0/2
     172.16.1.0/24  Direct  0    0           D   172.16.1.1      GigabitEthernet
0/0/1
     172.16.1.1/32  Direct  0    0           D   127.0.0.1       GigabitEthernet
0/0/1
   172.16.1.255/32  Direct  0    0           D   127.0.0.1       GigabitEthernet
0/0/1
     172.16.2.0/24  OSPF    10   2           D   10.1.1.2        GigabitEthernet
0/0/0
   192.168.11.0/24  OSPF    10   2           D   172.16.1.2      GigabitEthernet
0/0/1
   192.168.12.0/24  OSPF    10   2           D   172.16.1.2      GigabitEthernet
0/0/1
   192.168.21.0/24  OSPF    10   3           D   10.1.1.2        GigabitEthernet
0/0/0
   192.168.22.0/24  OSPF    10   3           D   10.1.1.2        GigabitEthernet
0/0/0
      200.1.1.0/30  Direct  0    0           D   200.1.1.2       GigabitEthernet
4/0/0
```

图 5-34　QY1-R 路由表

类似地，查看 QY2-R 路由表，如图 5-35 所示，可以看到 QY2-R 除直连路由外，由 OSPF 协议学习到了内网所有非直连路由，还收到了 QY1-R 下发的默认路由下一跳指向 QY1-R，可以判断内网已经达到全网互通而且数据包可经 QY1-R 发往外网。

继续查看 QY1-S 路由表，如图 5-36 所示，可以看到 QY1-S 除直连路由外，由 OSPF 协议学习到了内网所有非直连路由，还收到了 QY1-R 下发的默认路由，可以判断内网已经达到全网互通。

再查看 QY2-S 路由表，如图 5-37 所示，可以看到 QY2-S 除直连路由外，由 OSPF 协议学习到了内网所有非直连路由，还收到了 QY1-R 下发的默认路由，可以判断内网已经达到全网互通。

用内网终端 ping 外网服务器，收到目的端的应答报文，如图 5-38 所示，说明内网可以访问外网。

```
<QY2-R>dis ip routing-table
Route Flags: R - relay, D - download to fib
------------------------------------------------------------------------------
Routing Tables: Public
         Destinations : 21       Routes : 21

Destination/Mask    Proto   Pre  Cost      Flags NextHop

        0.0.0.0/0   O_ASE   150  1           D   10.1.1.1
0/0/0
        1.1.1.1/32  OSPF    10   1           D   10.1.1.1
0/0/0
        2.2.2.2/32  Direct  0    0           D   127.0.0.1
        3.3.3.3/32  OSPF    10   2           D   10.1.1.1
0/0/0
        4.4.4.4/32  OSPF    10   1           D   172.16.2.2
0/0/1
       10.1.1.0/30  Direct  0    0           D   10.1.1.2
0/0/0
       10.1.1.2/32  Direct  0    0           D   127.0.0.1
0/0/0
       10.1.1.3/32  Direct  0    0           D   127.0.0.1
0/0/0
      127.0.0.0/8   Direct  0    0           D   127.0.0.1
      127.0.0.1/32  Direct  0    0           D   127.0.0.1
127.255.255.255/32  Direct  0    0           D   127.0.0.1
     172.16.0.0/24  OSPF    10   2           D   10.1.1.1
0/0/0
     172.16.1.0/24  OSPF    10   2           D   10.1.1.1
0/0/0
     172.16.2.0/24  Direct  0    0           D   172.16.2.1
0/0/1
     172.16.2.1/32  Direct  0    0           D   127.0.0.1
0/0/1
   172.16.2.255/32  Direct  0    0           D   127.0.0.1
0/0/1
   192.168.11.0/24  OSPF    10   3           D   10.1.1.1
0/0/0
   192.168.12.0/24  OSPF    10   3           D   10.1.1.1
0/0/0
   192.168.21.0/24  OSPF    10   2           D   172.16.2.2
0/0/1
   192.168.22.0/24  OSPF    10   2           D   172.16.2.2
0/0/1
255.255.255.255/32  Direct  0    0           D   127.0.0.1
```

图 5-35　QY2-R 路由表

```
[QY1-S]dis ip routing-table
Route Flags: R - relay, D - download to fib
------------------------------------------------------------------------------
Routing Tables: Public
         Destinations : 18       Routes : 18

Destination/Mask    Proto   Pre  Cost      Flags NextHop

        0.0.0.0/0   O_ASE   150  1           D   172.16.1.1
        1.1.1.1/32  OSPF    10   1           D   172.16.1.1
        2.2.2.2/32  OSPF    10   2           D   172.16.1.1
        3.3.3.3/32  Direct  0    0           D   127.0.0.1
        4.4.4.4/32  OSPF    10   3           D   172.16.1.1
       10.1.1.0/30  OSPF    10   2           D   172.16.1.1
      127.0.0.0/8   Direct  0    0           D   127.0.0.1
      127.0.0.1/32  Direct  0    0           D   127.0.0.1
     172.16.0.0/24  OSPF    10   2           D   172.16.1.1
     172.16.1.0/24  Direct  0    0           D   172.16.1.2
     172.16.1.2/32  Direct  0    0           D   127.0.0.1
     172.16.2.0/24  OSPF    10   3           D   172.16.1.1
   192.168.11.0/24  Direct  0    0           D   192.168.11.25
 192.168.11.254/32  Direct  0    0           D   127.0.0.1
   192.168.12.0/24  Direct  0    0           D   192.168.12.25
 192.168.12.254/32  Direct  0    0           D   127.0.0.1
   192.168.21.0/24  OSPF    10   4           D   172.16.1.1
   192.168.22.0/24  OSPF    10   4           D   172.16.1.1
```

图 5-36　QY1-S 路由表

```
[QY2-S]dis ip routing-table
Route Flags: R - relay, D - download to fib
------------------------------------------------------------------------------
Routing Tables: Public
         Destinations : 18       Routes : 18

Destination/Mask    Proto   Pre  Cost      Flags NextHop

        0.0.0.0/0   O_ASE   150  1           D   172.16.2.1
        1.1.1.1/32  OSPF    10   2           D   172.16.2.1
        2.2.2.2/32  OSPF    10   1           D   172.16.2.1
        3.3.3.3/32  OSPF    10   3           D   172.16.2.1
        4.4.4.4/32  Direct  0    0           D   127.0.0.1
       10.1.1.0/30  OSPF    10   2           D   172.16.2.1
      127.0.0.0/8   Direct  0    0           D   127.0.0.1
      127.0.0.1/32  Direct  0    0           D   127.0.0.1
     172.16.0.0/24  OSPF    10   3           D   172.16.2.1
     172.16.1.0/24  OSPF    10   3           D   172.16.2.1
     172.16.2.0/24  Direct  0    0           D   172.16.2.2
     172.16.2.2/32  Direct  0    0           D   127.0.0.1
   192.168.11.0/24  OSPF    10   4           D   172.16.2.1
   192.168.12.0/24  OSPF    10   4           D   172.16.2.1
   192.168.21.0/24  Direct  0    0           D   192.168.21.254
 192.168.21.254/32  Direct  0    0           D   127.0.0.1
   192.168.22.0/24  Direct  0    0           D   192.168.22.254
 192.168.22.254/32  Direct  0    0           D   127.0.0.1
```

图 5-37　QY2-S 路由表

```
PC>ping 100.1.1.2

Ping 100.1.1.2: 32 data bytes, Press Ctrl_C to break
Request timeout!
Request timeout!
From 100.1.1.2: bytes=32 seq=3 ttl=251 time=31 ms
From 100.1.1.2: bytes=32 seq=4 ttl=251 time=31 ms
From 100.1.1.2: bytes=32 seq=5 ttl=251 time=32 ms

--- 100.1.1.2 ping statistics ---
  5 packet(s) transmitted
  3 packet(s) received
  40.00% packet loss
  round-trip min/avg/max = 0/31/32 ms
```

图 5-38　使用内网终端 ping 外网 Web 服务器

2）测试 Easy-IP 功能

开启外网 Web Server 的 HttpServer 服务，如图 5-39 所示（文件根目录可根据需要选择，无须与这里保持一致）。再用内网的 Client 访问外网 Web Server 的 HttpServer 服务，如图 5-40 所示，弹出是否保存文件的对话框，说明内网访问外网 Web 服务正常。

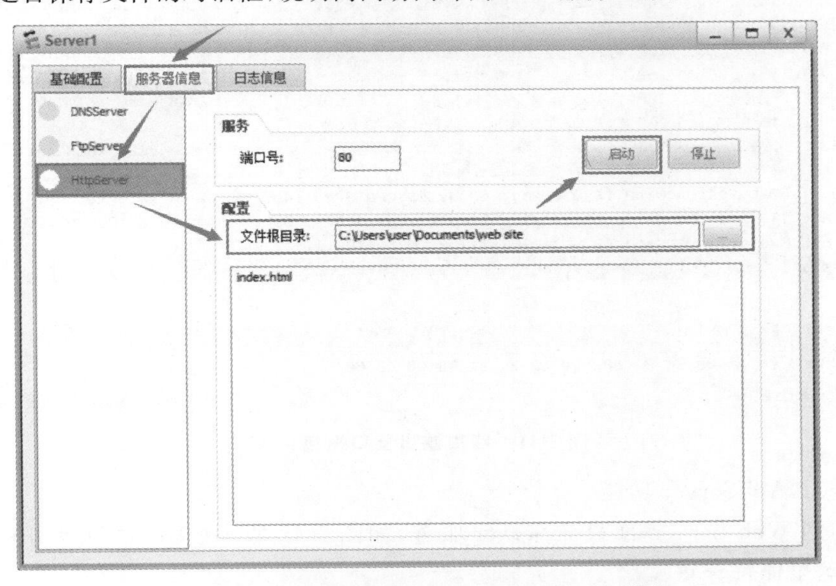

图 5-39　开启外网 Web Server 的 HttpServer 服务

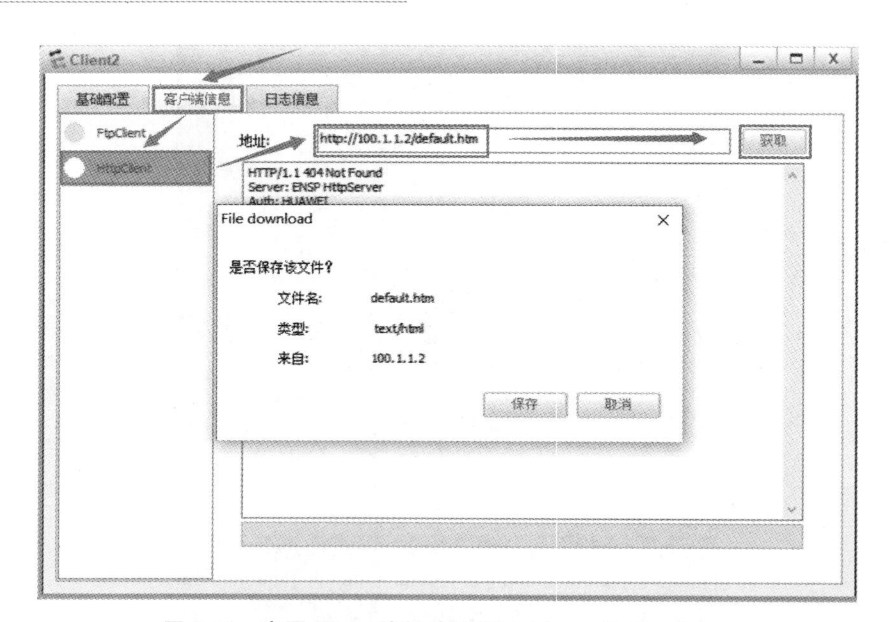

图 5-40　内网 Client 访问外网 Web Server 的 HttpServer

在路由器出接口开启抓包,然后再次用内网 Client 访问外网 Web Server 的 HttpServer 服务,结果抓到如图 5-41 所示数据包,发现源地址已经由内网私有 IP 地址转换为路由器出接口 IP 地址,说明 Easy-IP 转换功能正常。

正在捕获 -

文件(F) 编辑(E) 视图(V) 跳转(G) 捕获(C) 分析(A) 统计(S) 电话(Y) 无线(W) 工具(T) 帮助(H)

应用显示过滤器 … <Ctrl-/>

No.	Time	Source	Destination	Protocol	Length	Info
1	0.000000	200.1.1.2	100.1.1.2	TCP	60	2088 → 80 [SYN] Seq=0 Win
2	0.015000	100.1.1.2	200.1.1.2	TCP	58	80 → 2088 [SYN, ACK] Seq=
3	0.031000	200.1.1.2	100.1.1.2	TCP	60	2088 → 80 [ACK] Seq=1 Ack
4	0.031000	200.1.1.2	100.1.1.2	HTTP	220	GET /default.htm HTTP/1.1
5	0.093000	100.1.1.2	200.1.1.2	TCP	54	80 → 2088 [ACK] Seq=1 Ack
6	0.093000	100.1.1.2	200.1.1.2	HTTP	355	HTTP/1.1 404 Not Found (
7	0.250000	200.1.1.2	100.1.1.2	TCP	60	2088 → 80 [ACK] Seq=167 A
8	1.125000	200.1.1.2	100.1.1.2	TCP	60	2088 → 80 [FIN, ACK] Seq=
9	1.140000	100.1.1.2	200.1.1.2	TCP	54	80 → 2088 [ACK] Seq=302 A
10	1.140000	100.1.1.2	200.1.1.2	TCP	54	80 → 2088 [FIN, ACK] Seq=

> Frame 1: 60 bytes on wire (480 bits), 60 bytes captured (480 bits) on interface -, id 0
> Ethernet II, Src: HuaweiTe_c8:2d:a1 (00:e0:fc:c8:2d:a1), Dst: HuaweiTe_af:0e:3d (00:e0:fc:af
> Internet Protocol Version 4, Src: 200.1.1.2, Dst: 100.1.1.2
> Transmission Control Protocol, Src Port: 2088, Dst Port: 80, Seq: 0, Len: 0

0000　00 e0 fc af 0e 3d 00 e0 fc c8 2d a1 08 00 45 00　······=·· ··-····E·

已准备好加载或捕获　|　分组: 11 · 已显示: 11 (100.0%)　|　配置: Default

图 5-41　路由器出接口抓包结果

3）测试 NAT Server 功能

开启内网 Web Server 的 HttpServer 服务,如图 5-42 所示(文件根目录可根据需要选择,无须与这里保持一致)。

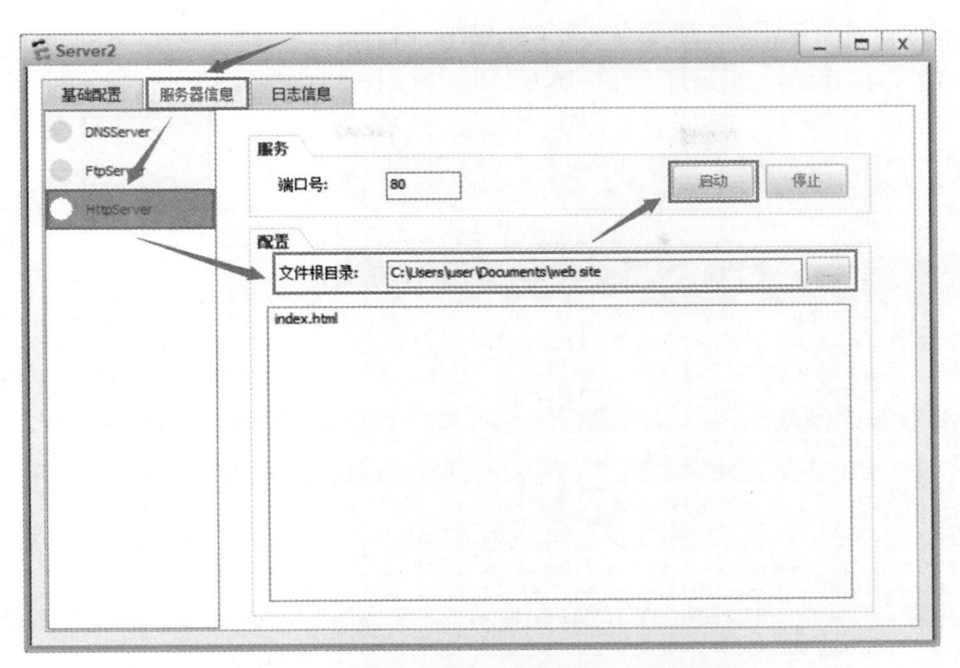

图 5-42　开启内网 Web Server 的 HttpServer 服务

再用外网 Client 访问内网 Web Server 的 HttpServer 服务，如图 5-43 所示，弹出是否保存文件的对话框，说明外网访问内网 Web 服务正常。

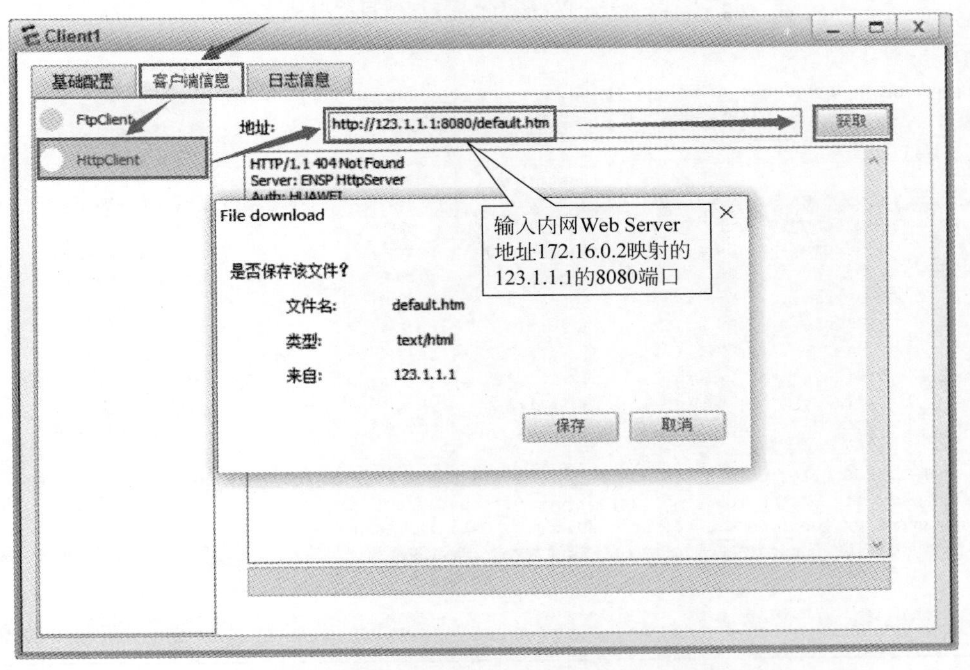

图 5-43　外网 Client 访问内网 Web Server 的 HttpServer 服务

在路由器出接口 GE 4/0/0 和连接内网 Web Server 的接口 GE 0/0/2 开启抓包，然后再次用外网 Client 访问内网 Web Server 的 HttpServer 服务，结果在出接口 GE 4/0/0 抓到如图5-44所示的数据包，目的地址为转换前的123.1.1.1，在内网接口GE 0/0/2抓到的数据包如图5-45所示，目的地址已经转换为172.16.0.2，说明NAT Server转换功能正常。

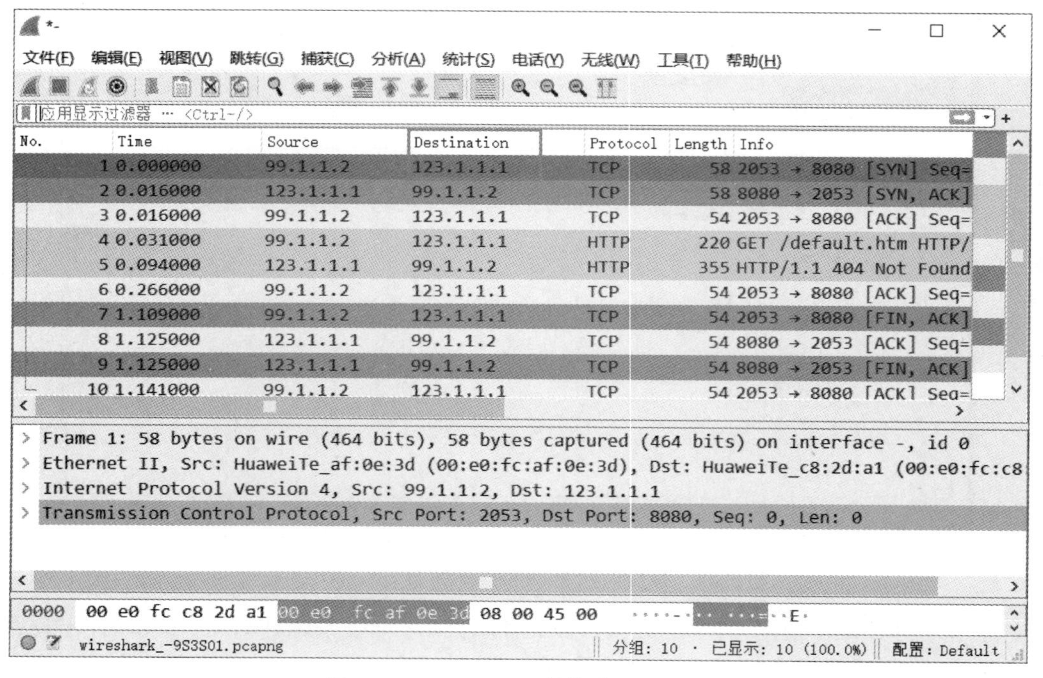

图5-44　NAT Server转换前目的地址

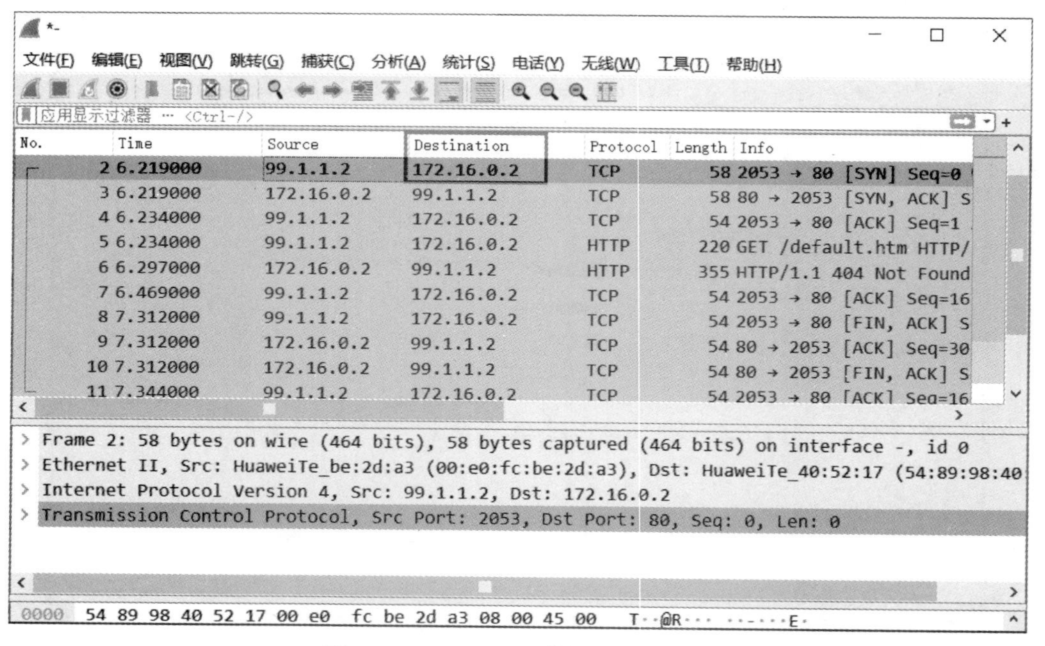

图5-45　NAT Server转换后目的地址

项目 6　无线局域网

项目介绍

由于无线局域网(WLAN)可以为手机等多种移动终端提供相应网络服务,尤其在不便于铺设线缆的地方,也可以为终端提供网络接入服务,且支持终端在移动中上网,带宽也越来越大,因此使用越来越广泛。随处可见的 WiFi 实际上就是 WLAN。该项目设计了典型的有线局域网+无线局域网的混合部署案例,满足园区内用户和外来人员的多种上网需求,对有线+无线混合组网具有很好的借鉴意义。

拓扑设计

该项目为有线局域网和 AC+Fit AP 模式的无线局域网的混合应用,拓扑如图 6-1 所

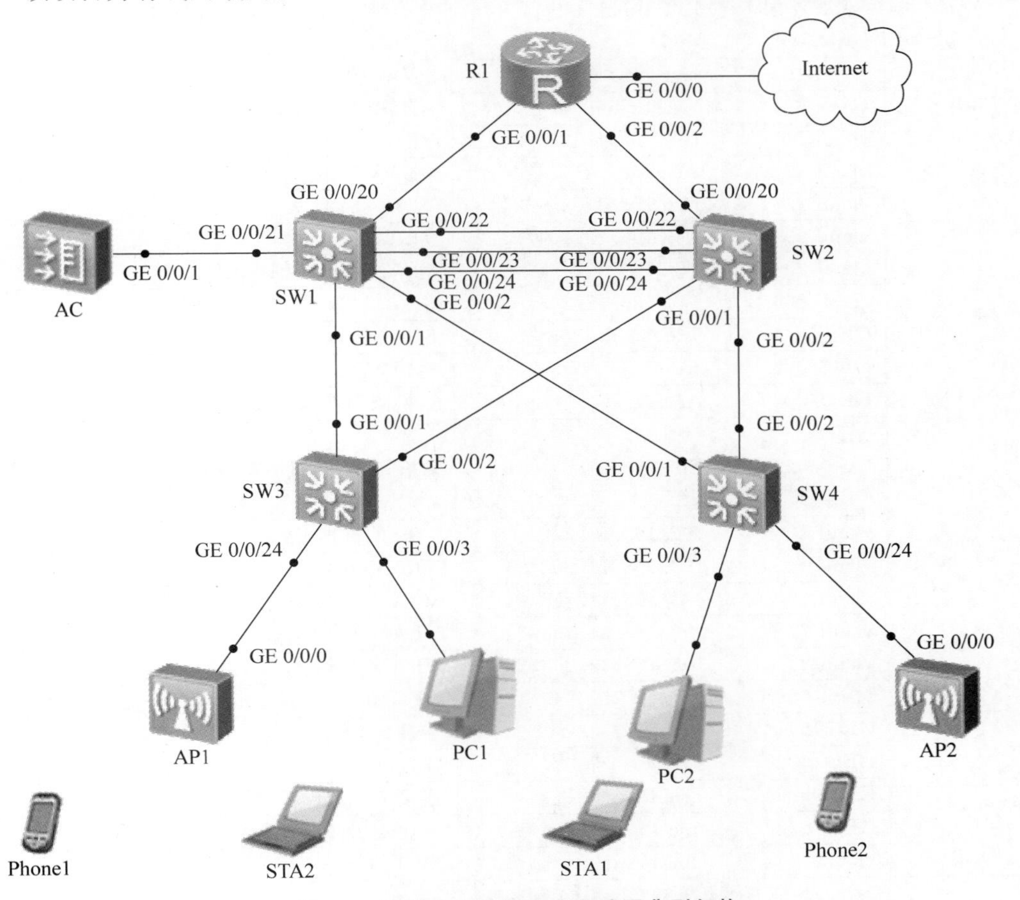

图 6-1　有线+无线混合式局域网典型架构

示。无线终端通过相应AP接入网络(VLAN 11或VLAN 12),AP(VLAN 66)统一由AC管理,AC采用旁挂式部署,为了减轻AC转发数据的压力,该项目中WLAN转发数据采用直接转发方式。

项目整体规划

为方便项目实施配置,对如图6-1所示网络拓扑进行IP地址及VLAN规划如表6-1所示。

表6-1 项目6接口类型、VLAN及IP地址规划

设 备	接 口	接口IP地址/接口类型	备 注
R1 (AR2220)	GE 0/0/1	172.16.1.1/24	连接SW1
	GE 0/0/2	172.16.2.1/24	连接SW2
	Loopback 0	1.1.1.1/32	环回口
核心交换机SW1 (S5700)	GE 0/0/1	Trunk	连接SW3
	GE 0/0/2	Trunk	连接SW4
	GE 0/0/20	Access(属VLAN 99)	连接路由器R1
	GE 0/0/21	Access(属VLAN 99)	连接AC
	GE 0/0/22 GE 0/0/23 GE 0/0/24	Eth-Trunk 1	聚合端口,连接SW2,允许通过所有VLAN
	vlanif 10	192.168.10.1/24	SW1的管理IP
	vlanif 66	192.168.66.254	AP管理VLAN 66网关
	vlanif 11	192.168.11.254/24	VLAN 11网关
	vlanif 12	192.168.12.254/24	VLAN 12网关
	vlanif 21	192.168.21.254/24	VLAN 21网关
	vlanif 22	192.168.22.254/24	VLAN 22网关
	vlanif 99	172.16.99.1	VLAN 99对应IP地址
	vlanif 666	172.16.1.2/24	GE 0/0/20对应逻辑接口
核心交换机SW2 (S5700)	GE 0/0/1	Trunk	连接SW3
	GE 0/0/2	Trunk	连接SW4
	GE 0/0/20	Access	连接路由器R1
	GE 0/0/22 GE 0/0/23 GE 0/0/24	Eth-Trunk 1	聚合端口,连接SW1,允许通过所有VLAN
	vlanif 10	192.168.10.2/24	SW2的管理IP
	vlanif 11	192.168.11.253/24	VLAN 11网关
	vlanif 12	192.168.12.253/24	VLAN 12网关
	vlanif 21	192.168.21.253/24	VLAN 21网关
	vlanif 22	192.168.22.253/24	VLAN 22网关
	vlanif 666	172.16.2.2/24	GE 0/0/20对应逻辑接口
SW3 (S5700)	GE 0/0/1	Trunk	连接SW1
	GE 0/0/2	Trunk	连接SW2
	GE 0/0/24	Trunk	连接AP1,PVID为VLAN 66
	GE 0/0/3	Access	连接VLAN 21的终端PC1
	vlanif 10	192.168.10.3	SW3的管理IP

续表

设　备	接　口	接口 IP 地址/接口类型	备　注
SW4 (S5700)	GE 0/0/1	Trunk	连接 SW1
	GE 0/0/2	Trunk	连接 SW2
	GE 0/0/24	Trunk	连接 AP2,PVID 为 VLAN 66
	GE 0/0/3	Access	连接 VLAN 22 的终端 PC2
	vlanif 10	192.168.10.4	SW4 的管理 IP 地址
AC (AC6605)	GE 0/0/21	Access(属 VLAN 99)	连接 SW1
	vlanif 99	172.16.99.2/24	VLAN 99 对应 IP
PC1	Ethernet 0/0/1	192.168.21.1/24	GW：192.168.21.252/24
PC2	Ethernet 0/0/1	192.168.22.1/24	GW：192.168.22.252/24
AP(AP8030)	GE 0/0/0	由 DHCP 获取	GW：192.168.66.254/24
无线终端	无线接入	由 DHCP 获取，分属 VLAN 11 和 VLAN 12	GW：192.168.11.252/24 或 GW：192.168.12.252/24

项目模块分析与配置

该项目为目前最流行、最实用的有线＋无线混合式局域网组网的典型案例，其中有线网络各功能模块配置方法在前文已做阐述，所以无线局域网的相关知识与配置方法是本项目的重点所在。本项目首先选取最典型的直连式二层组网和旁挂式三层组网两个实例对无线局域网的基本知识及其应用场景、配置方法进行介绍，然后针对无线局域网与有线局域网在实际组网中往往是伴生的这一实际情况，还通过有线＋无线的混合式组网实例介绍了混合式组网的配置思路与配置方法，实现学以致用的目标。

6.1　模块 1：AC＋Fit AP 的直连式二层 WLAN 部署

【教学目标】

知识目标：

➢ 了解 WLAN 相关基本概念。

➢ 了解 WLAN 典型组网架构。

➢ 掌握 AC＋Fit AP 常见直连式二层组网架构及数据转发方式。

➢ 掌握 AC＋Fit AP 式的 WLAN 基本配置思路。

技能目标：理解 AC＋Fit AP 直连式二层 WLAN 的工作原理，能够正确配置简单的直连式二层 WLAN。

思政目标：

➢ 树立维护网络安全的责任意识，尽量避免 WiFi 免认证或弱口令接入等带来的安全隐患，以保障企事业单位利益。

➢ 培养学生溯本求源的探究精神及一丝不苟的工匠精神。

6.1.1　模块拓扑

图 6-2 所示为由一台 AC1(型号为 AC6605)、一台交换机 LSW1(型号为 S3700)、

两台AP(型号为AP8030)、若干终端组成无线+有线的混合式局域网,AP与AC二层互通,AC为DHCP服务器,为AP、STA、Cellphone分配IP地址,无线终端通过AP接入网络并能相互通信。

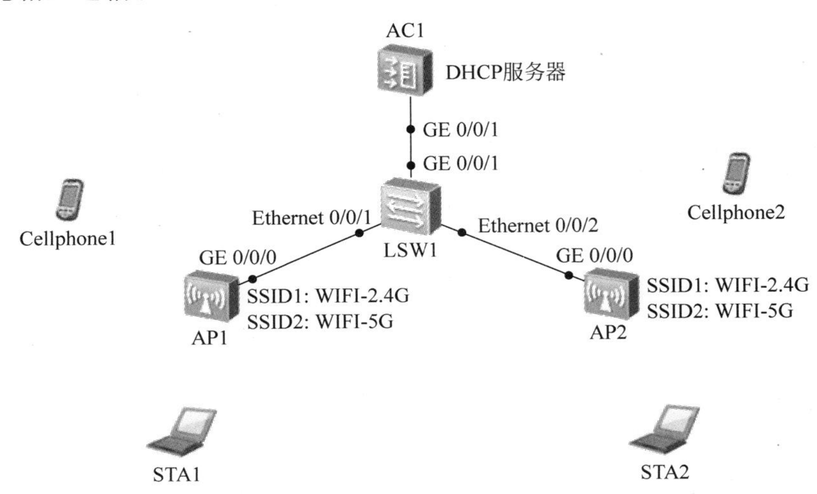

图 6-2 直连式二层 WLAN 示例

6.1.2 知识准备

1. WLAN 与 IEEE 802.11 标准

无线局域网(Wireless Local Area Network,WLAN)是指采用无线电波作为传输介质的局域网,它不再受线缆和端口位置的约束,可以提供随时随地的网络接入服务,具有可移动、组网灵活、安装便捷、扩展性好等特点。随处可见的WiFi构成的无线局域网实际上就是WLAN。

无线电波是频率介于3Hz和300GHz之间的电磁波,也叫射频电波。目前用于WLAN的射频电波有2.4GHz和5GHz两个频段。

WLAN基于IEEE 802.11标准体系,包括IEEE 802.11、IEEE 802.11a、IEEE 802.11b、IEEE 802.11e、IEEE 802.11g、IEEE 802.11i、IEEE 802.11n、IEEE 802.11ac等,不同的标准支持的射频电波的频段不同,如IEEE 802.11b/g/n/ax支持2.4GHz工作频段,IEEE 802.11a/n/ac/ax支持5GHz工作频段,其中IEEE 802.11n(第四代)和IEEE 802.11ax(第六代)可以同时支持2.4GHz和5GHz两个频段,是目前使用最多的。

2. WLAN 的基本概念

工作站(Station,STA):在WLAN中支持IEEE 802.11标准的终端设备,例如带无线网卡的计算机、智能手机等。STA通过无线接入点(Access Point,AP)接入网络。

无线接入点(AP)为STA提供网络接入的设备,AP在WLAN中有两种工作模式,一种是胖AP(Fat AP),另一种是瘦AP(Fit AP),可根据网络规划的需求选择其中一种。

Fat AP部署在规模较小的WLAN中,这种场景下有关WLAN的所有配置都在AP上完成,没有无线控制器(AC)加入,AP不仅负责无线和有线数据的相互转换,还要负责WiFi的定义、发布、用户认证及安全管控。对于胖AP完全可以用无线路由器代替,简化WLAN配置和管理。

Fit AP部署在较大型的WLAN中，这种场景由于AP数量较多，因此会部署无线控制器(AC)对AP进行统一管理，这时AP上几乎不需要任何配置，对AP的配置均在AC上按照相应型号配置完成后下发给AP。

无线控制器(Access Controller，AC)：在较大规模的网络中，AP数量较多，如果每台AP单独管理(胖AP)，不仅部署和维护工作量大，而且不能实现漫游。所以在大规模WLAN中，往往用AC来管理WLAN中所有AP，统一按照AP型号配置相应配置文件并下发给相应型号的AP，然后由AP按照配置文件对STA提供相应服务。

信道：无论是2.4GHz还是5GHz频段，在其频率范围内可以划分出多个数据传输通道，即信道。例如，我国2.4GHz频段划分了13个信道。

3. WLAN的组网架构

胖AP往往单独部署，通过交换机接入网络，组网结构非常简单，所以这里主要介绍AC+Fit AP模式的典型组网架构，包括直连式组网和旁挂式组网两种。

如图6-3所示，AP、AC和交换机、路由器是串联组网的，这种模式就称为直连式组网。

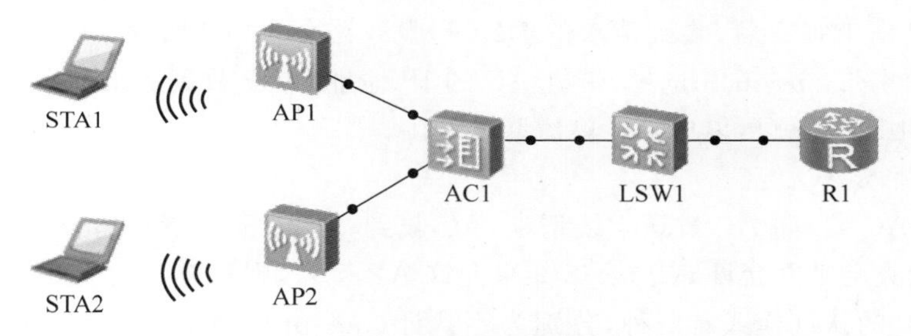

图6-3　直连式组网架构

如图6-4所示，AP和交换机、路由器是串联组网的，而AC是旁挂在串联链路之外的，这种模式就称为旁挂式组网。

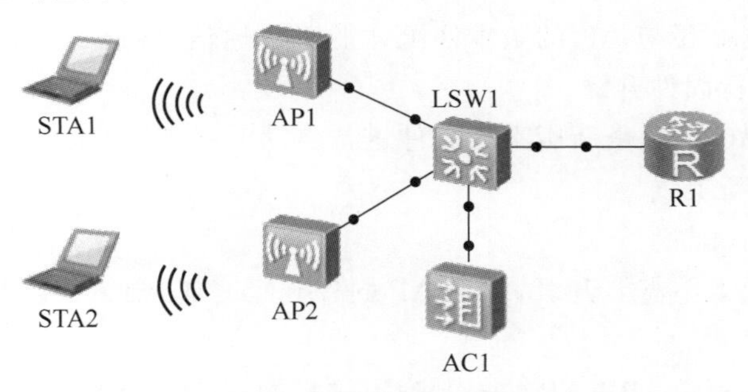

图6-4　旁挂式组网架构

根据AC与AP的通信方式，WLAN组网又可以分别分为直连式二层组网和直连式三层组网，旁挂式二层组网和旁挂式三层组网。

在AC+Fit AP的WLAN中，AC和AP之间的管理和控制信息以及一些数据信息(集中转发式)都是通过CAPWAP通道(包括控制通道和数据通道)传输的，AP的配置文件也是由AC统一配置并通过CAPWAP通道下发的，AP几乎是零配置。

4. CAPWAP 通道

CAPWAP(Control And Provisioning of Wireless Access Points)即无线接入点控制和规定,是大规模 WLAN 中 AC 和 AP 之间传输控制流和数据流遵循的协议,其建立和工作过程如下。

(1) AP 发现 AC(前提:路由互通)。

AP 要接受 AC 的统一管理,就要和 AC 取得联系。AP 发现 AC 的常用方式有两种:静态发现和动态发现。

- 静态发现:AP 上静态配置了 AC 的 IP 地址列表,AP 启动时就会向列表中的 AC 单播"发现请求"报文,然后在有回应的 AC 中选择优先级最高的 AC 准备连接,如果多个 AC 优先级相同,则选择负载较小的 AC 连接,如果多个 AC 优先级和负载都相同,则选择 IP 地址小的 AC 连接。
- 动态发现:在 AP 启动时,利用 DHCP、DNS 和广播方式发现 AC 的方式。其中通过 DHCP 方式获取 AC 地址是较常用的动态获取方式。这种方式首先在 DHCP 服务器定义地址池时通过 option43 选项将 AC 的 IP 地址定义在地址池中,当 AP 广播 DHCP 请求报文后,收到请求的 DHCP 服务器会向 AP 回复 ACK 报文,并在 ACK 报文中携带 option43 选项(带有 AC 的 IP 地址),AP 收到 option43 选项携带的 AC 的 IP 地址后,就可以向 AC 单播请求连接。

(2) AP 接入 AC。

AP 发现 AC 后,向 AC 发送上线请求,AC 收到 AP 的上线请求后,根据设定的黑白名单及认证模式决定是否允许 AP 接入,如果允许 AP 接入,则双方会建立 CAPWAP 通道。

AC 对 AP 的认证模式有三种,分别为不认证(no-auth)、MAC 地址认证(mac-auth)和 SN 认证(sn-auth)。MAC 地址认证是很常用的一种认证方式,即 AC 事先将 AP 的 MAC 地址记录下来,在收到 AP 上线请求后匹配其 MAC 地址,匹配成功则接受其上线。

(3) AP 与 AC 的版本匹配。

由于 AP 的版本需要与 AC 的版本匹配才能正常通信,因此 AP 上线后,如果其固件版本过低,则首先会进行固件升级。

通常 AP 会从 AC 下载最新版本的固件进行自动升级,升级完成后会自动重启,然后再次进入发现过程,重新上线。

(4) AC 下发 AP 配置。

如果 AP 固件版本不需要升级,或者 AP 固件升级完成,则 AC 会下发配置(需在 AC 上配置)给 AP。

以上工作都是通过 CAPWAP 的控制通道进行的。CAPWAP 的控制通道使 AC 与 AP 之间建立正常的通信后,就会进入以下数据通道的建立和使用阶段。

(5) 无线终端接入 AP。

AP 收到 AC 下发的配置文件后按照配置文件开始进行无线终端接入认证等工作,认证通过的无线终端 STA 就可以传送数据给 AP 了。这时,AP 再根据转发方式决定将数据转换为有线数据再进行转发(直接转发式)还是直接转发给 AC 后由 AC 进行数据转换后再转发(集中转发式)。

5. WLAN 的数据转发方式

WLAN 无论是直连式组网还是旁挂式组网都可以采用两种数据转发方式，即直接转发式或隧道转发式（也叫集中转发式）。

（1）直接转发式（直连式组网）。

如图 6-5 所示，AP 和 AC 采用直连式组网，且之间建立了 CAPWAP 通道，但 CAPWAP 通道主要用于传输控制信息，用户的数据传送到 AP 之后，AP 直接将无线数据转换为有线数据后通过有线网络进行转发，并没有经 CAPWAP 通道传送给 AC。

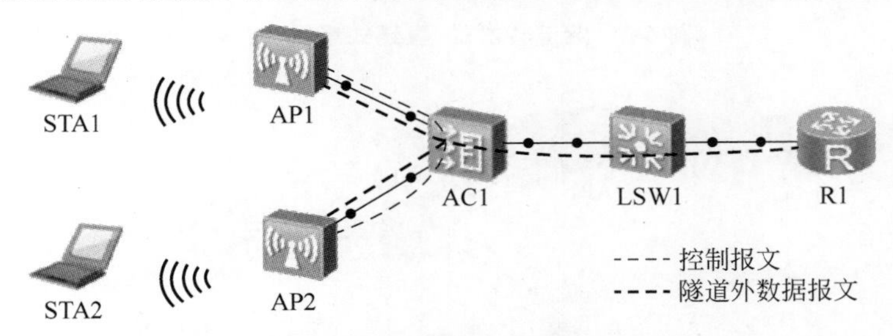

图 6-5　直接转发式（直连式组网）架构

（2）直接转发式（旁挂式组网）。

如图 6-6 所示，AC 采用旁挂式组网，AP 和 AC 之间建立了 CAPWAP 通道，但 CAPWAP 通道主要用于传输控制信息，用户的数据传送到 AP 之后，AP 直接将无线数据转换为有线数据后通过有线网络进行转发，并没有经 CAPWAP 通道传送给 AC。

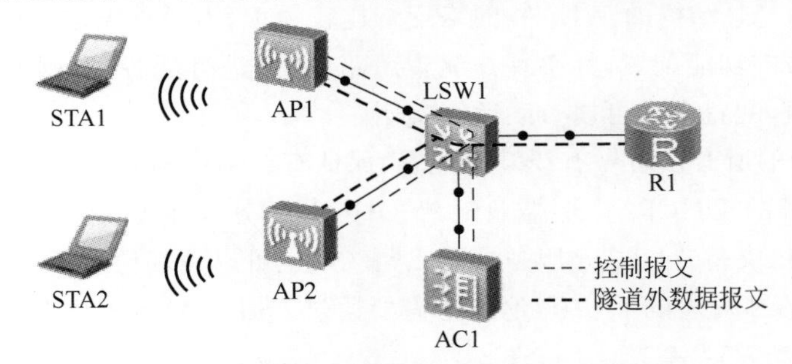

图 6-6　直接转发式（旁挂式组网）架构

（3）隧道转发式（直连式组网）。

如图 6-7 所示，AP 和 AC 采用直连式组网，且之间建立了 CAPWAP 通道，CAPWAP 通道不仅用于传输控制信息，用户的数据也全部经 AP 进入 CAPWAP 通道转发给 AC，再由 AC 交给有线网络进行转发。此种模式下用户数据流是由 CAPWAP 通道到达 AC，然后由 AC 统一进行转发的，所以叫隧道转发式（集中转发式）。

（4）隧道转发式（旁挂式组网）。

如图 6-8 所示，AC 采用旁挂式组网，且 AP 和 AC 之间建立了 CAPWAP 通道，CAPWAP 通道不仅用于传输控制信息，用户的数据到达 AP 后，也会被 CAPWAP 协议进行封装，并转发给 AC，再由 AC 交给有线网络进行转发。此种模式下用户数据流也是由 CAPWAP 通道送达 AC，然后由 AC 统一进行转发的。

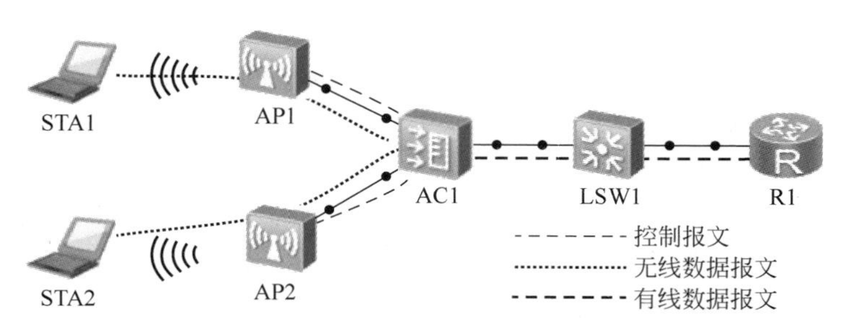

图 6-7　隧道转发式(直连式组网)架构

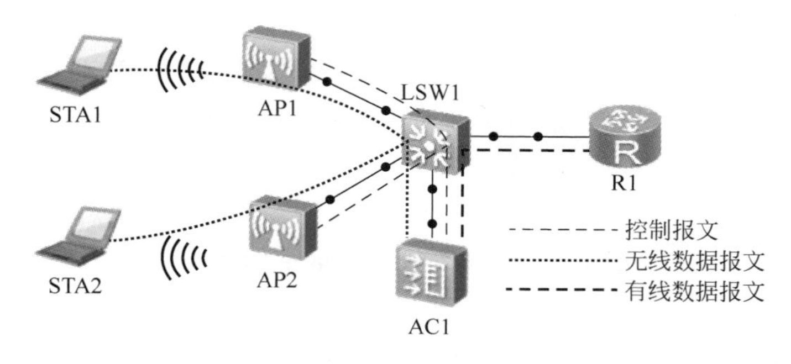

图 6-8　隧道转发式(旁挂式组网)架构

6. WLAN 的配置思路

存在 AC+Fit AP 结构的 WLAN 网络配置比较烦琐,需要首先按照欲实现的功能目标规划各设备需要做的功能配置,并整理好配置思路,然后进行配置,否则容易漏配错配。以下仅介绍配置思路,配置命令可以参照后续实例。

(1) 为网络中的所有设备做有线基本配置,保证有线网络畅通。

(2) 在规划好的 DHCP 服务器上配置 DHCP 服务及地址池,为 AP 及 STA 通过 DHCP 获取 IP 提供支持。DHCP 服务器可以是 AC 也可以是其他设备。需要注意的是,通常管理 AP 的 VLAN 对应的 DHCP 地址池需要通过 **option 43** 选项配置 AC 的静态 IP,供 AP 获取地址后主动发现 AC。

(3) 配置 CAPWAP 源接口,供 AP 获取地址后发现 AC 并与 AC 建立 CAPWAP 通道,以传输 AC 与 AP 之间的协商报文及 AC 对 AP 的控制报文。

(4) 配置 AP 上线。AP 发现 AC 有静态发现和动态发现几种方式(前面已介绍),在二层网络中往往通过广播发现,在三层网络中需要通过路由发现,所以需要事先配置路由,保障 AP 顺利发现 AC。AP 发现 AC 后发送认证请求,然后由 AC 对 AP 进行认证,认证通过后允许 AP 上线。本书采用 MAC 认证方式,所以本步骤应在 AC 上配置 AP 的 MAC 地址等信息,并对 AP 进行编组。

(5) 通过 AC 配置 AP,实现 WLAN 业务数据的转发。AP 与 AC 建立 CAPWAP 通道后由 AC 统一管理 AP 并给 AP 下发配置信息,AP 收到配置信息就可以按照其约定对 STA 收发的数据进行处理和转发了。AC 对 AP 的配置主要包括安全模板、SSID 模板、VAP 模板及射频信道、功率等的配置。

以下是对配置步骤中一些概念的解释。

- 域管理模板：用来确定 AP 的国家码。国家码是 AP 射频所在国家的标识，规定了在该国家区域内 AP 的射频特性，如支持的信道和发射功率等。通过国家码的配置使 AP 的射频特性符合相应国家的或区域的法律法规要求。
- AP 组：将 AP 按照型号及配置需求划分成相应的组，引用相应的域管理模板、VAP 模板，并绑定 VAP 相应的射频卡。
- SSID 模板：主要用来配置 SSID 名称及是否隐藏 SSID、VAP 的用户数量限制、STA 连接过期的时间等。
- 安全模板：主要用来配置 WLAN 的安全策略，用于对无线用户接入的身份认证，对用户报文进行加密等。可选择的认证方式有 WEP、WPA/WPA2-PSK、WPA/WPA2-802.1x 等。
- VAP 模板：在 AP 上可以创建多个 VAP（虚拟接入点），为 STA 的不同群体提供无线接入服务。针对不同的 VAP 可以设置不同的业务数据转发方式、业务 VLAN，也可以引用不同的 SSID 模板和安全模板。

6.1.3 配置与测试

视频讲解

预期目标：构建如图 6-2 所示拓扑，将两台 AP 射频 0（2.4GHz 频段）对应 SSID 设为 WiFi-2.4G，射频 1（5GHz 频段）对应 SSID 设为 WiFi-5G，两台 STA 和两台 Phone 通过 WiFi-2.4G 或 WiFi-5G 接入网络，实现终端之间相互通信。以下是依照图 6-2 所示拓扑的配置。

1. 基本配置

在 AC＋Fit AP 的 WLAN 网络中，DHCP 服务器可以由 AC 担任，也可以由其他三层设备担任，但必须保证 AP 与 DHCP 服务器路由可达。

该模块中由 AC 担任 DHCP 服务器，并采用接口地址池模式，把 VLAN 1 的 SVI 接口设置为 DHCP 源接口，为 AP 和无线客户端分配 IP 地址（该模块为简化配置，AP 和无线客户端使用同一个地址池，一般建议使用不同的地址池）。当 AC 接收到 AP 和无线客户端发送的 DHCP 请求报文时，会在 AC 的 VLAN 1 接口所在的地址池选取可用 IP 地址分配给 AP 或无线客户端。

```
< AC6605 > system - view
[AC6605]undo info - center enable
[AC6605]sysname AC1
[AC1]interface vlanif 1
[AC1 - vlanif1]ip address 192.168.10.1 24 //为 VLAN 1 配置 IP 地址,将其作为管理 AP 的 VLAN
[AC1 - vlanif1]quit
```

2. DHCP 服务配置

```
[AC1]dhcp enable                        //启用 DHCP 服务
[AC1]interface vlanif 1
[AC1 - vlanif1]dhcp select interface    //设置 vlanif 1 为 DHCP 接口地址池
[AC1 - vlanif1]dhcp server excluded - ip - address 192.168.10.1    //将 192.168.10.1 从 DHCP 地
//址池排除(做网关,不能对外分配)
[AC1 - vlanif1]quit
```

3. 设置CAPWAP隧道所用VLAN源接口

```
[AC1]capwap source interface vlanif 1 //配置 AC 的源接口
```

4. AP上线相关配置

```
[AC1]wlan                                          //进入 WLAN 视图
[AC1-wlan-view]ap auth-mode mac-auth               //配置 AP 认证模式为 MAC 认证
[AC1-wlan-view]ap-id 1 ap-mac 00e0-fccb-3d20       //AP1 的 MAC 地址注册
[AC1-wlan-ap-1]ap-name AP1                         //给 AP 命名
[AC1-wlan-ap-1]quit
[AC1-wlan-view]ap-id 2 ap-mac 00e0-fc10-43f0       //AP2 的 MAC 地址注册
[AC1-wlan-ap-2]ap-name AP2                         //给 AP 命名
[AC1-wlan-ap-2]quit
[AC1-wlan-view]quit
[AC1]display ap all                                //查看 AP 上线情况
```

如图6-9所示，两台AP已上线，状态(State)为nor(正常)。

```
[AC1]display ap all
Info: This operation may take a few seconds. Please wait for a moment.done.
Total AP information:
nor  : normal          [2]
---------------------------------------------------------------------------------
-----------
ID   MAC            Name Group   IP             Type            State STA Uptime
---------------------------------------------------------------------------------
-----------
1    00e0-fccb-3d20 AP1  default 192.168.10.128 AP3030DN        nor   0   2M:5S
2    00e0-fc10-43f0 AP2  default 192.168.10.27  AP3030DN        nor   0   33S
---------------------------------------------------------------------------------
-----------
Total: 2
```

图6-9 查看AP上线情况

特别提示：这里注册的MAC地址必须是当前拓扑中AP设备的MAC地址。在eNSP中，右击AP设备图标→"设置"→"配置"选项卡，可以查看AP设备的MAC地址。

5. 通过AC设置AP的各项配置

```
[AC1]wlan   //进入 WLAN 视图
```

1）创建安全模板

```
[AC1-wlan-view]security-profile name sec1     //创建安全模板并命名
[AC1-wlan-sec-prof-sec1]security wpa-wpa2 psk pass-phrase password123 aes
                          //配置安全策略 wpa-wpa2/psk，设置 WLAN 的接入密码 password123
[AC1-wlan-sec-prof-sec1]quit
[AC1-wlan-view]
```

2）创建SSID模板

创建对应2.4GHz频段的SSID模板和对应5GHz频段的SSID模板。

```
[AC1-wlan-view]ssid-profile name ssid1         //创建名称为 ssid1 的 SSID 模板
[AC1-wlan-ssid-prof-ssid1]ssid wifi-2.4G       //设模板 ssid1 的名称为 wifi-2.4G，对应
//2.4G 的射频信号(即射频 0)
[AC1-wlan-ssid-prof-ssid1]quit
[AC1-wlan-view]ssid-profile name ssid2         //创建名称为 ssid2 的 SSID 模板
[AC1-wlan-ssid-prof-ssid2]ssid wifi-5G         //设模板 ssid2 的名称为 wifi-5G，对应 5G
//的射频信号(即射频 1)
[AC1-wlan-ssid-prof-ssid2]quit
[AC1-wlan-view]
```

3）创建 VAP 模板

分别创建对应 2.4GHz 频段的 VAP 模板和对应 5GHz 频段的 VAP 模板，并分别在两个 VAP 模板视图下，配置业务数据转发模式、引用的安全模板（策略）、引用的 SSID 模板。

```
[AC1 - wlan - view]vap - profile name vap1 //创建名称为 vap1 的 VAP 模板,对应 2.4GHz 频段的射
//频信号(即射频 0)
[AC1 - wlan - vap - prof - vap1]forward - mode direct - forward //设置业务数据转发模式为 direct -
//forward(即直接转发)
[AC1 - wlan - vap - prof - vap1]security - profile sec1 //引用安全模板 sec1
[AC1 - wlan - vap - prof - vap1]ssid - profile ssid1     //引用对应 2.4GHz 频段的 SSID 模板 ssid1
[AC1 - wlan - vap - prof - vap1]quit
[AC1 - wlan - view]
[AC1 - wlan - view]vap - profile name vap2               //创建名为 vap2 的 VAP 模板,对应 5GHz 频
//段的射频信号(即射频 1)
[AC1 - wlan - vap - prof - vap2]forward - mode direct - forward   //设置业务数据转发模式为
//direct - forward(即直接转发)
[AC1 - wlan - vap - prof - vap2]security - profile sec1 //引用安全模板 sec1
[AC1 - wlan - vap - prof - vap2]ssid - profile ssid2     //引用对应 5GHz 频段的 SSID 模板 ssid2
[AC1 - wlan - vap - prof - vap2]quit
[AC1 - wlan - view]
```

4）配置 AP1 和 AP2 的射频参数

通过无线控制器 AC1 分别配置 AP1 和 AP2 的射频 0 引用 vap1 模板，射频 1 引用 vap2 模板。

```
[AC1 - wlan - view]ap - name AP1 //进入 AP1 视图
[AC1 - wlan - ap - 1]vap - profile vap1 wlan 1 radio 0   //AP1 引用 vap1 模板,映射射频 0(对应
//2.4GHz 频段的射频信号),wlan 参数用于设置 vap 号
[AC1 - wlan - ap - 1]vap - profile vap2 wlan 1 radio 1  //AP1 引用 vap2 模板,映射射频 1(对应 5GHz
//频段的射频信号)
[AC1 - wlan - ap - 1]quit
[AC1 - wlan - view]ap - name AP2 //进入 AP2 视图
[AC1 - wlan - ap - 2]vap - profile vap1 wlan 1 radio 0   //AP2 引用 vap1 模板,映射射频为 0(对应
//2.4GHz 频段的射频信号)
[AC1 - wlan - ap - 2]vap - profile vap2 wlan 1 radio 1   //AP2 引用 vap2 模板,映射射频为 1(对应
//5GHz 频段的射频信号)
[AC1 - wlan - ap - 2]quit
```

特别提示：VAP 号取值为整数 1～*N*，每个射频（0 或 1）可配置多个 VAP，不同设备的射频（0 或 1）支持的 VAP 数不同。

此时 AP1 和 AP2 周围出现圆形信号范围示意，如图 6-10 所示。

6. 测试

启动无线终端，例如 STA1，并双击 STA1 打开其设备管理对话框，然后在“Vap 列表”选项卡下方可以看到 STA1 已经发现的 SSID，如图 6-11 所示。

选中欲连接的 SSID，如名为 wifi-2.4G 的 SSID，然后单击右侧的“连接”按钮，则会弹出“账户”对话框，输入 AP1 中名为 wifi-2.4G 的 SSID 的接入密码 password123，然后单击“确定”按钮，可以看到，VAP 列表中该 SSID 的“状态”显示“已连接”，说明 STA1 已经接入 AP1。参照 STA1 的操作，将 STA2 和 Phone1、Phone2 接入无线局域网，最终拓扑图中 AP 与无线终端之间会显示无线信号辐射状态，如图 6-12 所示。

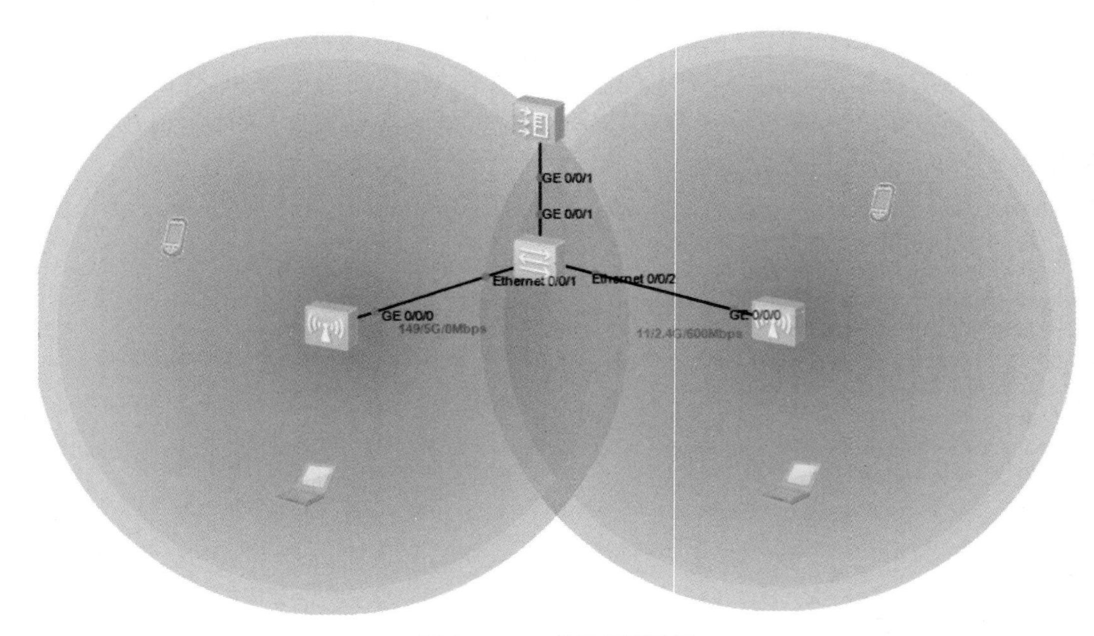

图 6-10　AP 信号范围显示

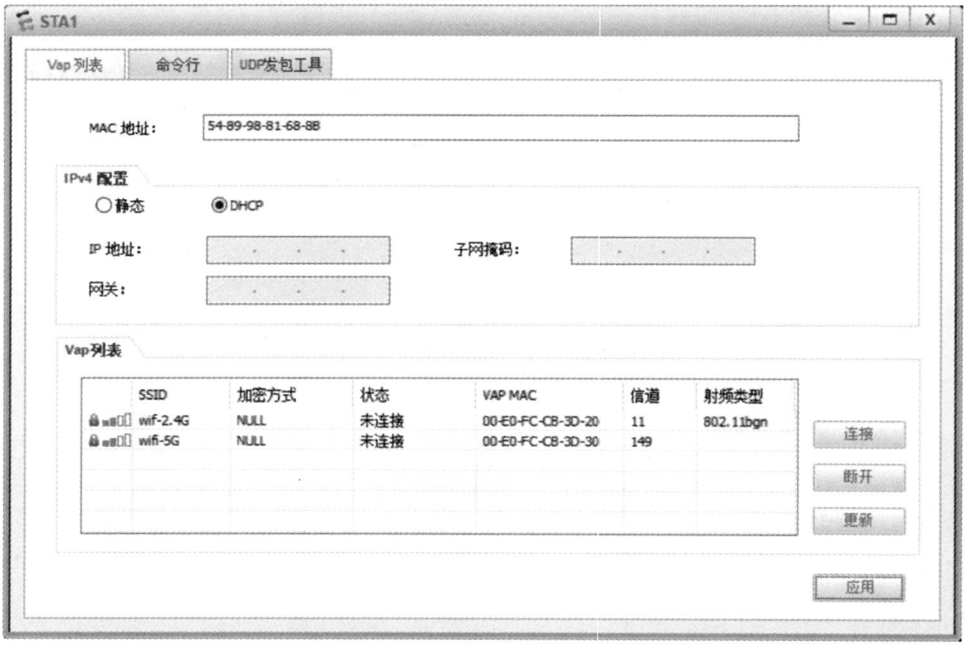

STA1

Vap 列表　命令行　UDP发包工具

MAC 地址：54-89-98-81-68-8B

IPv4 配置

○静态　◉DHCP

IP 地址：　子网掩码：

网关：

Vap列表

	SSID	加密方式	状态	VAP MAC	信道	射频类型
	wif-2.4G	NULL	未连接	00-E0-FC-CB-3D-20	11	802.11bgn
	wifi-5G	NULL	未连接	00-E0-FC-CB-3D-30	149	

连接　断开　更新

应用

图 6-11　VAP 列表及无线接入视图

用 ping 命令测试 STA 及 Phone 之间的通信状况，结果都能收到目标的应答报文，说明无线终端之间已经可以通信了。

6.1.4　知识拓展

胖 AP 只能运用于小型 WLAN 中，往往独立部署，在实际组网中胖 AP 通常由功能类

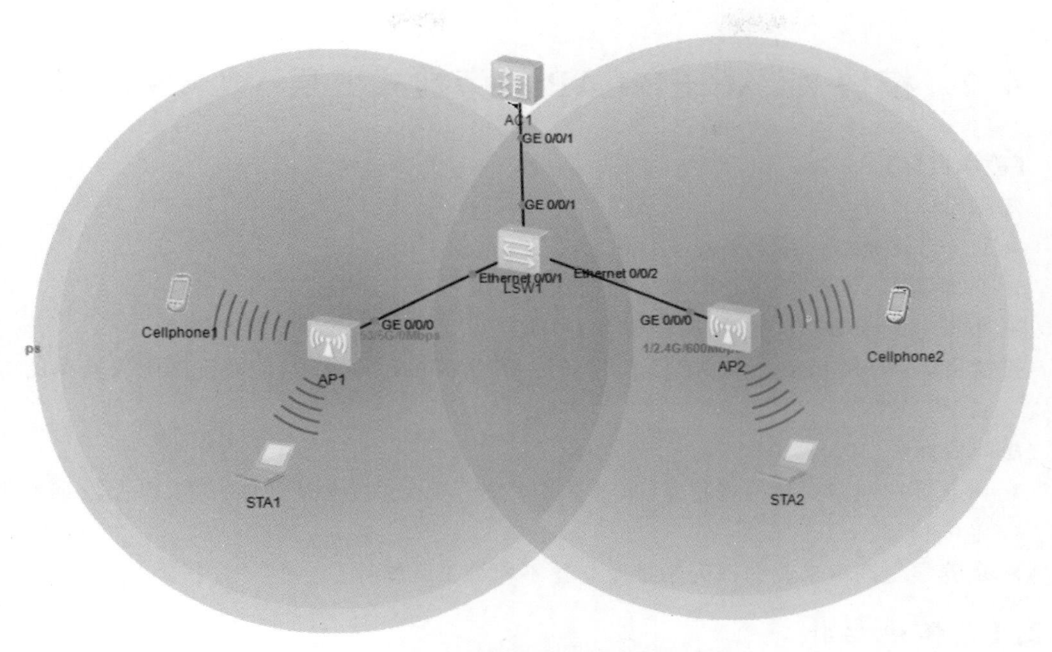

图 6-12　无线终端接入 AP 模拟视图

似配置简便(可以即插即用)的无线路由器代替。图 6-13 为家庭或小型企业的组网模式,这种场景中无线路由器除了 4 个有线接口(LAN 口)外,还带有无线接入功能(相当于胖 AP),各种 STA 首先通过基于 IEEE 802.11 标准的 2.4GHz 或 5GHz 频段的信号接入无线路由器,然后由无线路由器将基于 IEEE 802.11 标准的无线信号转换为基于 IEEE 802.3/EthernetⅡ标准的有线信号并经有线网络传送到 Internet,对由 Internet 返回的数据无线路由器又会进行有线数据到无线数据的转换最终转发给 STA。可以看出,无线路由器桥接无线局域网和有线局域网,担负着无线数据和有线数据的正向和反向转换的任务,功能上完全可以替代胖 AP,而且支持有线和无线混合接入,配置简单,甚至可以零配置即插即用,不过要想实现安全上网还需要做一些安全设置,具体设置可参阅无线路由器说明书及网络电子文档等。

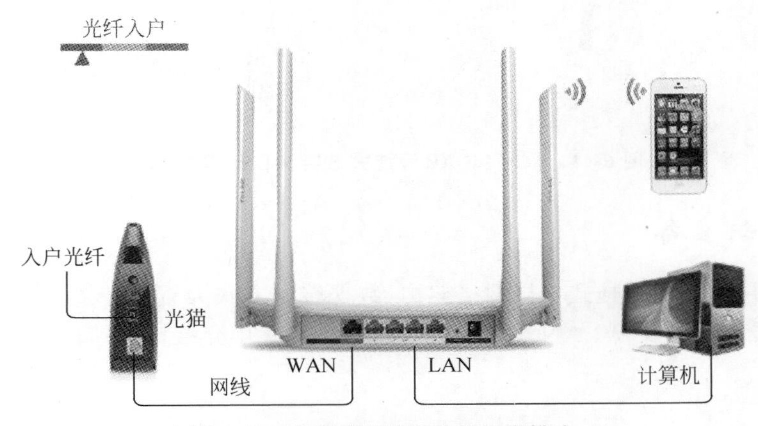

图 6-13　家庭或小型企业的组网模式

6.2 模块2：AC+Fit AP的旁挂式三层WLAN部署

【教学目标】

知识目标：

➢ 进一步熟悉WLAN相关基本概念。

➢ 掌握基于AC+Fit AP的常见旁挂式三层组网架构及数据转发方式。

➢ 掌握AC+Fit AP的旁挂式三层组网模式基本配置思路与配置方法。

技能目标：理解AC+Fit AP旁挂式三层WLAN的工作原理，能够正确配置简单的旁挂式三层WLAN。

思政目标：

➢ 树立维护网络安全的责任意识，选择安全的WLAN接入及认证方式，以保障企事业单位利益。

➢ 培养学生溯本求源的探究精神及一丝不苟的工匠精神。

6.2.1 模块拓扑

如图6-14所示，两台AP(型号为AP8030)接入交换机SW2(型号为S5700)，SW2、SW1(型号为S5700)和路由器R1(型号为AR2220)串行连接，一台AC(型号为AC6605)旁挂于SW1，若干STA(属于VLAN 11或VLAN 12)通过AP(属于VLAN 10)接入网络，实现对路由器R1的访问。所有STA和AP的网关均位于SW1。

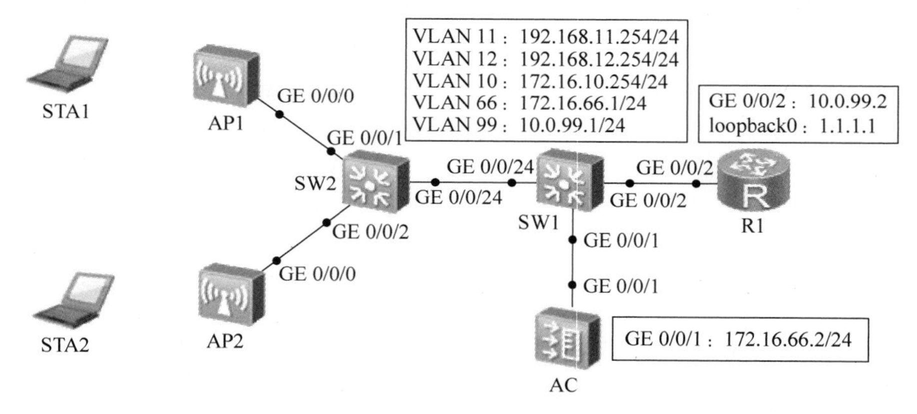

图6-14 AC+Fit AP旁挂式三层WLAN架构示例

6.2.2 知识准备

该模块采用典型的旁挂式三层网络架构，数据转发方式为直接转发。关于旁挂式组网的特点、数据转发方式及WLAN配置思路均已在模块1中介绍，请参阅。

视频讲解

6.2.3 配置与测试

预期目标：分别属于VLAN 11或VLAN 12的若干无线终端通过AP接入网络，网关位于SW1，实现对路由器R1(代表远程Internet)的访问。

这里 AP 单独属于 VLAN 10，AC 与 SW1 相连链路两端接口单独属于 VLAN 66，SW1 与 R1 相连接口属于 VLAN 99。相应配置如下。

1. 各网络设备的基本配置

1）SW1 的基本配置

这里 SW1 作为 VLAN 10、VLAN 11 和 VLAN 12 的网关。

```
<Huawei>system-view
[Huawei]undo info-center enable
[Huawei]sysname SW1
[SW1]vlan batch 10 11 12 66 99
[SW1]interface GigabitEthernet 0/0/24
[SW1-GigabitEthernet0/0/24]port link-type trunk
[SW1-GigabitEthernet0/0/24]port trunk allow-pass vlan 10 11 12 //允许 AP(VLAN 10)和无线用户
                                                               //(VLAN 11、VLAN 12)的数据帧通过
[SW1-GigabitEthernet0/0/24]quit
[SW1]interface GigabitEthernet 0/0/1
[SW1-GigabitEthernet0/0/1]port link-type access
[SW1-GigabitEthernet0/0/1]port default vlan 66
[SW1-GigabitEthernet0/0/1]quit
[SW1]interface GigabitEthernet 0/0/2
[SW1-GigabitEthernet0/0/2]port link-type access
[SW1-GigabitEthernet0/0/2]port default vlan 99
[SW1-GigabitEthernet0/0/2]quit
[SW1]interface vlanif 10
[SW1-Vlanif10]ip address 172.16.10.254 24      //配置 VLAN 10 的网关地址
[SW1-Vlanif10]quit
[SW1]interface vlanif 11
[SW1-Vlanif11]ip address 192.168.11.254 24     //配置 VLAN 11 的网关地址
[SW1-Vlanif11]quit
[SW1]interface vlanif 12
[SW1-Vlanif12]ip address 192.168.12.254 24     //配置 VLAN 12 的网关地址
[SW1-Vlanif12]quit
[SW1]interface vlanif 66
[SW1-Vlanif66]ip address 172.16.66.1 24
[SW1-Vlanif66]quit
[SW1]interface vlanif 99
[SW1-Vlanif99]ip address 10.0.99.1 24
[SW1-Vlanif99]quit
[SW1]ip route-static 0.0.0.0 0.0.0.0 10.0.99.2//配置数据流的默认路由
[SW1]quit
<SW1>save
```

2）SW2 的基本配置

这里需要注意必须将 AP 管理 VLAN 设为 PVID，使该 VLAN 的数据帧无须打标签。

```
<Huawei>system-view
[Huawei]sysname SW2
[SW2]undo info-center enable
[SW2]vlan batch 10 to 12
[SW2]interface GigabitEthernet 0/0/1
[SW2-GigabitEthernet0/0/1]port link-type trunk
[SW2-GigabitEthernet0/0/1]port trunk pvid vlan 10 //将 AP 管理 VLAN 设为 PVID
[SW2-GigabitEthernet0/0/1]port trunk allow-pass vlan 10 11 12
[SW2-GigabitEthernet0/0/1]quit
[SW2]interface GigabitEthernet 0/0/2
[SW2-GigabitEthernet0/0/2]port link-type trunk
[SW2-GigabitEthernet0/0/2]port trunk pvid vlan 10 //将 AP 管理 VLAN 设为 PVID
```

```
[SW2-GigabitEthernet0/0/2]port trunk allow-pass vlan 10 11 12
[SW2-GigabitEthernet0/0/2]quit
[SW2]interface GigabitEthernet 0/0/24
[SW2-GigabitEthernet0/0/24]port link-type trunk
[SW2-GigabitEthernet0/0/24]port trunk allow-pass vlan 10 11 12
[SW2-GigabitEthernet0/0/24]quit
[SW2]quit
<SW2>save
```

3）R1 的基本配置

```
<Huawei>system-view
[Huawei]undo info-center enable
[Huawei]sysname R1
[R1]
[R1]interface GigabitEthernet 0/0/2
[R1-GigabitEthernet0/0/2]ip address 10.0.99.2 24
[R1-GigabitEthernet0/0/2]quit
[R1]interface loopback 0
[R1-LoopBack0]ip address 1.1.1.1 32
[R1-LoopBack0]quit
[R1]ip route-static 192.168.0.0 24.10.0.99.1 //配置用户数据流回程路由
<R1>save
```

4）AC 的基本配置

```
<AC6605>system-view
[AC6605]sysname AC
[AC]vlan 66
[AC]interface GigabitEthernet 0/0/1
[AC-GigabitEthernet0/0/1]port link-type access
[AC-GigabitEthernet0/0/1]port default vlan 66
[AC-GigabitEthernet0/0/1]quit
[AC]interface vlanif 66
[AC-Vlanif66]ip address 172.16.66.2 24
[AC-Vlanif66]quit
[AC]ip route-static 0.0.0.0 0.0.0.0 172.16.66.1 //配置数据流的默认路由
[AC]
```

2. DHCP 服务配置

在该 WLAN 网络中，由 AC 担任 DHCP 服务器，并采用全局地址池模式，把 vlanif 66 设置为 DHCP 源接口，为 AP(VLAN 10)和无线客户端(VLAN 11 和 VLAN 12)分配 IP 地址。当 AC 接收到 AP 和无线客户端发送的 DHCP 请求报文时，会在 AC 的对应地址池选取可用 IP 地址分配给 AP 或无线客户端。

1）将 AC 配置为 DHCP 服务器，为 STA 和 AP 设置地址池

```
[AC]dhcp enable                              //启用 DHCP 服务
//定义 AP 管理 vlan(vlan10)的地址池
[AC]ip pool AP-pool
[AC-ip-pool-AP-pool]network 172.16.10.0 mask 24
[AC-ip-pool-AP-pool]gateway-list 172.16.10.254
[AC-ip-pool-AP-pool]option 43 sub-option 3 ascii 172.16.66.2
[AC-ip-pool-AP-pool]quit
//定义 vlan11 的地址池
[AC]ip pool STA-vlan11
[AC-ip-pool-STA-vlan11]network 192.168.11.0 mask 24
[AC-ip-pool-STA-vlan11]gateway-list 192.168.11.254
[AC-ip-pool-STA-vlan11]dns-list 8.8.8.8
```

```
[AC-ip-pool-STA-vlan11]quit
//定义 vlan12 的地址池
[AC]ip pool STA-vlan12
[AC-ip-pool-STA-vlan12]network 192.168.12.0 mask 24
[AC-ip-pool-STA-vlan12]gateway-list 192.168.12.254
[AC-ip-pool-STA-vlan12]dns-list 8.8.8.8
[AC-ip-pool-STA-vlan12]quit
[AC]interface vlanif 66
[AC-Vlanif66]dhcp select global     //设置 vlanif 66 为 DHCP 全局地址源接口
[AC-vlanif66]quit
```

2）配置 AC 的源接口为 VLAN 66

```
[AC1]capwap source interface vlanif 66
```

3）SW1 上 DHCP 中继配置

```
//配置 DHCP 中继
[SW1]dhcp enable                     //开启 DHCP 服务
//为 VLAN 10 配置 DHCP 中继
[SW1]interface vlanif 10
[SW1-Vlanif10]dhcp select relay
[SW1-Vlanif10]dhcp relay server-ip 172.16.66.2
[SW1-Vlanif10]quit
//为 VLAN 11 配置 DHCP 中继
[SW1]interface vlanif 11
[SW1-Vlanif11]dhcp select relay
[SW1-Vlanif11]dhcp relay server-ip 172.16.66.2
[SW1-Vlanif11]quit
//为 vlan12 配置 DHCP 中继
[SW1]interface vlanif 12
[SW1-Vlanif12]dhcp select relay
[SW1-Vlanif12]dhcp relay server-ip 172.16.66.2
[SW1-Vlanif12]quit
[SW1]
```

3. AP 上线相关配置

由于配置时需要用到 AP 的 MAC 地址，因此需要先查看其 MAC 地址。查看 MAC 地址的方式有两种：一种是通过 AP 的 CLI 视图查看；另一种是通过 AP 的设置视图查看，图 6-15 和图 6-16 所示分别为这两种方式查看 MAC 地址的截图，CLI 视图查看方式需在用户视图输入 display system-information 命令。

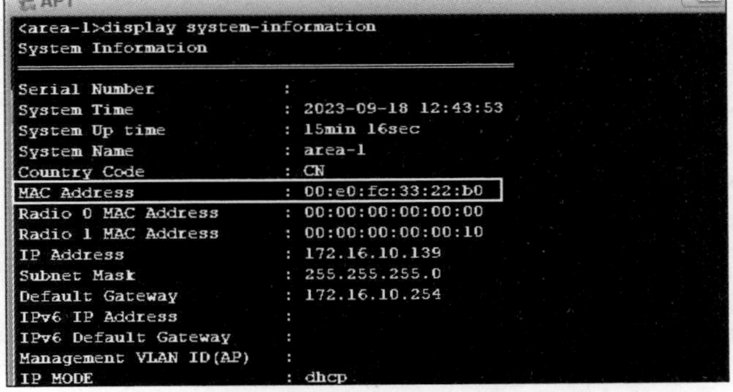

```
AP1
<area-1>display system-information
System Information
==========================================
Serial Number                : 
System Time                  : 2023-09-18 12:43:53
System Up time               : 15min 16sec
System Name                  : area-1
Country Code                 : CN
MAC Address                  : 00:e0:fc:33:22:b0
Radio 0 MAC Address          : 00:00:00:00:00:00
Radio 1 MAC Address          : 00:00:00:00:00:10
IP Address                   : 172.16.10.139
Subnet Mask                  : 255.255.255.0
Default Gateway              : 172.16.10.254
IPv6 IP Address              : 
IPv6 Default Gateway         : 
Management VLAN ID(AP)       : 
IP MODE                      : dhcp
```

图 6-15　查看 AP 的 MAC 地址方法一

图 6-16　查看 AP 的 MAC 地址方法二

```
//域管理模板和 AP 组的创建和映射
[AC]wlan
[AC-wlan-view] ap-group name ap-group1                                //创建 AP 组
[AC-wlan-view]regulatory-domain-profile name default                  //创建域管理模板
[AC-wlan-regulate-domain-default]country-code cn                      //设置国家码为 cn
[AC-wlan-regulate-domain-default]ap-group name ap-group1 //进入 AP 组
[AC-wlan-ap-group-ap-group1]regulatory-domain-profile default  //设置 AP 组引用定义
//好的域管理模板
Warning: Modifying the country code will clear channel, power and antenna gain
configurations of the radio and reset the AP. Continue?[Y/N]:y
[AC-wlan-ap-group-ap-group1]quit
//在 AC 上离线导入 AP1、AP2
[AC]wlan
[AC-wlan-view]ap auth-mode mac-auth                                   //定义 AP 认证类型为 MAC 认证
[AC-wlan-view]ap-id 0 ap-mac 00e0-fc33-22b0                           //将 AP 的 MAC 地址注册到 AC
[AC-wlan-ap-0]ap-name area-1                                          //给 AP 起名字
[AC-wlan-ap-0]ap-group ap-group1                                      //将 AP 加入 AP 组
[AC-wlan-ap-0]quit
[AC-wlan-view]ap-id 1 ap-mac 00e0-fc76-7d30
[AC-wlan-ap-1]ap-name area-2
[AC-wlan-ap-1]ap-group ap-group1
[AC-wlan-ap-1]quit
[AC-wlan-view]quit
[AC]display ap all                                                    //查看 AP 上线情况
```

如图 6-17 所示，两台 AP 已上线，状态(State)为 nor(正常)。

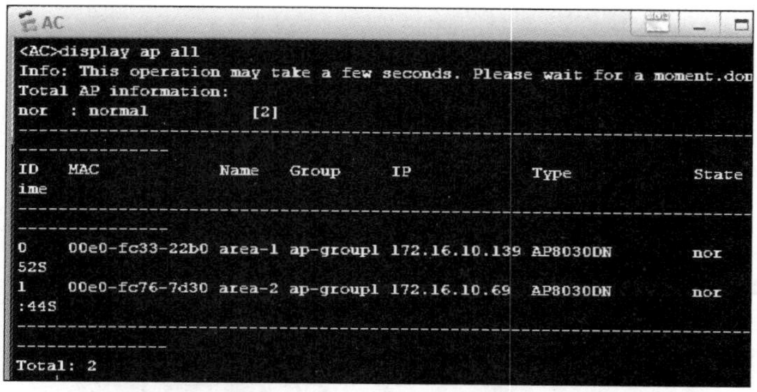

图 6-17　查看 AP 上线情况

特别提示：实验时由于每次构建拓扑时各种设备都会生成不同的 MAC 地址，因此这里注册的 MAC 地址一定要是实验者自己构建的拓扑中 AP 的 MAC 地址，与教材中的 MAC 地址不同，不能照搬教材中的 MAC 地址。

4. 通过 AC 设置 AP 的各项配置

```
[AC]wlan   //进入 WLAN 视图
```

1）创建安全模板 wlan-net1 和 wlan-net2

```
[AC-wlan-view]security-profile name wlan-net1      //创建安全模板 wlan-net1
[AC-wlan-sec-prof-wlan-net1]security wpa-wpa2 psk pass-phrase password123 aes
//设置 wlan-net1 的安全策略 wpa-wpa2/psk 及 WLAN 接入密码 password123
[AC-wlan-sec-prof-wlan-net1]quit
[AC-wlan-view]security-profile name wlan-net2      //创建安全模板 wlan-net2
[AC-wlan-sec-prof-wlan-net2]security wpa-wpa2 psk pass-phrase password456 aes
//设置 wlan-net2 的安全策略 wpa-wpa2/psk 及 WLAN 接入密码 password456
[AC-wlan-sec-prof-wlan-net1]quit
```

2）创建 SSID 模板

```
[AC-wlan-view]ssid-profile name wlan-net1           //创建名为 wlan-net1 的 SSID 模板
[AC-wlan-ssid-prof-wlan-net1]ssid vlan11            //设模板 wlan-net1 的名称为 vlan11
[AC-wlan-ssid-prof-wlan-net1]quit
[AC-wlan-view]ssid-profile name wlan-net2           //创建名为 wlan-net2 的 SSID 模板
[AC-wlan-ssid-prof-wlan-net2]ssid vlan12            //设模板 wlan-net2 的名称为 vlan12
[AC-wlan-ssid-prof-wlan-net2]quit
```

3）创建 VAP 模板

创建名为 wlan-net1 和 wlan-net2 的两个 VAP，并对其做相应配置。

```
[AC-wlan-view]vap-profile name wlan-net1 //创建名为 wlan-net1 的 VAP 模板
[AC-wlan-vap-prof-wlan-net1]forward-mode direct-forward //设置业务数据转发模式为
//direct-forward(即直接转发)
[AC-wlan-vap-prof-wlan-net1]service-vlan vlan-id 11      //映射 VLAN 11
[AC-wlan-vap-prof-wlan-net1]security-profile wlan-net1  //引用安全模板 wlan-net1
[AC-wlan-vap-prof-wlan-net1]ssid-profile wlan-net1      //引用 SSID 模板 wlan-net1
[AC-wlan-vap-prof-wlan-net1]quit
[AC-wlan-view]vap-profile name wlan-net2      //创建名为 wlan-net2 的 VAP 模板
[AC-wlan-vap-prof-wlan-net2]forward-mode direct-forward  //设置业务数据转发模式为
//direct-forward(即直接转发)
[AC-wlan-vap-prof-wlan-net2]service-vlan vlan-id 12       //映射 VLAN 12
[AC-wlan-vap-prof-wlan-net2]security-profile wlan-net2   //引用安全模板 wlan-net2
[AC-wlan-vap-prof-wlan-net2]ssid-profile wlan-net2       //引用 SSID 模板 wlan-net2
[AC-wlan-vap-prof-wlan-net2]quit
```

4）配置 AP1 和 AP2 的射频参数

通过无线控制器 AC 分别配置 AP1 和 AP2 的射频 0 和射频 1 引用的 VAP 模板及对应 WLAN。

```
[AC-wlan-view]ap-group name ap-group1 //进入 AP 组 ap-group1 视图
[AC-wlan-ap-group-ap-group1]vap-profile wlan-net1 wlan 1 radio 0 //设置 ap-group1 引
//用名为 wlan-net1 的 VAP 模板,映射 WLAN 1 及射频 0
[AC-wlan-ap-group-ap-group1]vap-profile wlan-net1 wlan 1 radio 1//设置 ap-group1 引
//用名为 wlan-net1 的 VAP 模板,映射 WLAN 1 及射频 1
[AC-wlan-ap-group-ap-group1]vap-profile wlan-net2 wlan 2 radio 0 //设置 ap-group1 引
//用名为 wlan-net2 的 VAP 模板,映射 WLAN 2 及射频 0
```

```
[AC-wlan-ap-group-ap-group1]vap-profile wlan-net2 wlan 2 radio 1 //设置ap-group1引
//用名为wlan-net2的VAP模板,映射WLAN 2及射频1
[AC-wlan-ap-group-ap-group1]quit
```

此时AP1和AP2周围出现圆形信号辐射范围表示,为保障信号质量、控制信号范围还可以设置射频的信道和功率。通常相邻AP应采用蜂窝模式设置不同信道,控制信号范围的重叠区。

5. 测试

在AC的用户视图输入display vap ssid vlan11命令可查看相应参数信息,类似地,可以输入display vap ssid vlan12命令查看相应参数信息,如图6-18所示。

```
<AC>display vap ssid vlan11
Info: This operation may take a few seconds, please wait.
WID : WLAN ID
--------------------------------------------------------------------------------
AP ID AP name RfID WID  BSSID          Status  Auth type     STA   SSID
--------------------------------------------------------------------------------
0     area-1  0    1    00E0-FC33-22B0 ON      WPA/WPA2-PSK  0     vlan11
0     area-1  1    1    00E0-FC33-22C0 ON      WPA/WPA2-PSK  0     vlan11
1     area-2  0    1    00E0-FC76-7D30 ON      WPA/WPA2-PSK  0     vlan11
1     area-2  1    1    00E0-FC76-7D40 ON      WPA/WPA2-PSK  0     vlan11
--------------------------------------------------------------------------------
Total: 4
<AC>display vap ssid vlan12
Info: This operation may take a few seconds, please wait.
WID : WLAN ID
--------------------------------------------------------------------------------
AP ID AP name RfID WID  BSSID          Status  Auth type     STA   SSID
--------------------------------------------------------------------------------
0     area-1  0    2    00E0-FC33-22B1 ON      WPA/WPA2-PSK  0     vlan12
0     area-1  1    2    00E0-FC33-22C1 ON      WPA/WPA2-PSK  0     vlan12
1     area-2  0    2    00E0-FC76-7D31 ON      WPA/WPA2-PSK  0     vlan12
1     area-2  1    2    00E0-FC76-7D41 ON      WPA/WPA2-PSK  0     vlan12
--------------------------------------------------------------------------------
Total: 4
<AC>

  Please check whether system data has been changed, and save data in time

  Configuration console time out, please press any key to log on
```

图6-18 查看VAP信息

1) 无线终端接入WLAN测试

启动无线终端,例如STA1,并双击STA1打开其设备管理窗口,如图6-19所示,然后在"Vap列表"选项卡下方可以看到STA1已经发现的SSID,选择名为vlan 11的SSID,单击"连接"按钮,然后输入登录密码,可以看到STA1已经连接到SSID为vlan11的WLAN。

类似地,可以打开STA2的设备管理窗口连接SSID为vlan12的WLAN,如图6-20所示。

这时可以看到,STA与AP之间出现无线连接的放射形标识,如图6-21所示,说明STA已经通过AP接入WLAN。

2) STA远程访问功能测试

用STA1和STA2持续ping R1的环回口loopback 0的地址(命令为ping 1.1.1.1-t),可以ping通,如图6-22和图6-23所示,说明无线终端可以接入WLAN进而通过有线网络实现了远程访问。

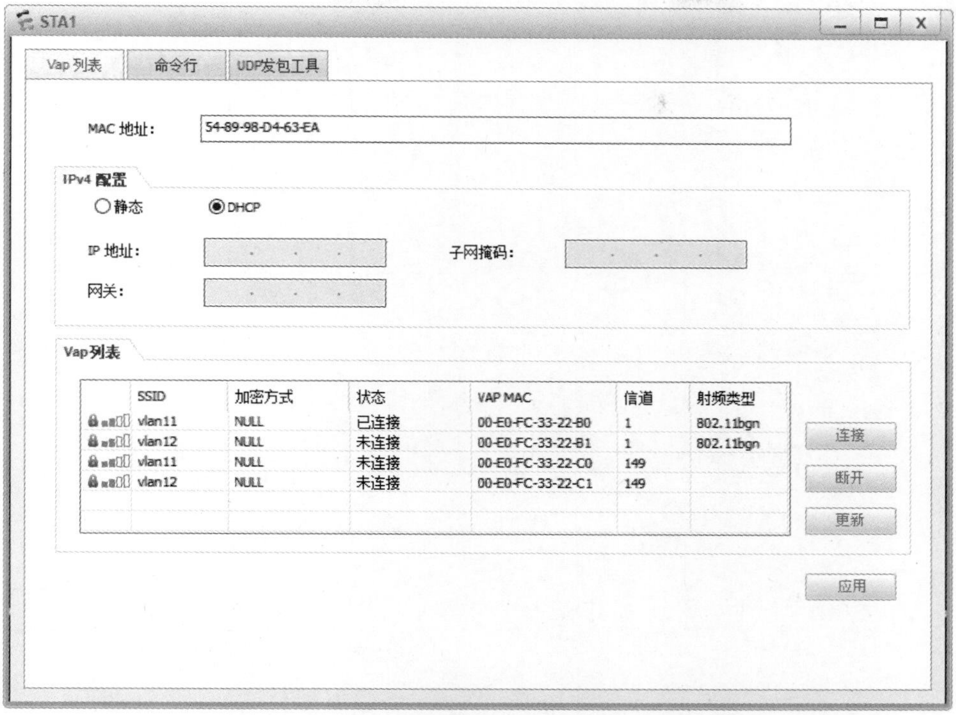

STA1

Vap 列表　命令行　UDP发包工具

MAC 地址：54-89-98-D4-63-EA

IPv4 配置

○静态　◉DHCP

IP 地址：　　子网掩码：

网关：

Vap列表

	SSID	加密方式	状态	VAP MAC	信道	射频类型
	vlan11	NULL	已连接	00-E0-FC-33-22-B0	1	802.11bgn
	vlan12	NULL	未连接	00-E0-FC-33-22-B1	1	802.11bgn
	vlan11	NULL	未连接	00-E0-FC-33-22-C0	149	
	vlan12	NULL	未连接	00-E0-FC-33-22-C1	149	

连接　断开　更新　应用

图 6-19　查看 STA1 的 VAP 信息

STA2

Vap 列表　命令行　UDP发包工具

MAC 地址：54-89-98-B9-1D-B9

IPv4 配置

○静态　◉DHCP

IP 地址：　　子网掩码：

网关：

Vap列表

	SSID	加密方式	状态	VAP MAC	信道	射频类型
	vlan11	NULL	未连接	00-E0-FC-76-7D-30	1	802.11bgn
	vlan12	NULL	已连接	00-E0-FC-76-7D-31	1	802.11bgn
	vlan11	NULL	未连接	00-E0-FC-76-7D-40	149	
	vlan12	NULL	未连接	00-E0-FC-76-7D-41	149	

连接　断开　更新　应用

图 6-20　查看 STA2 的 VAP 信息

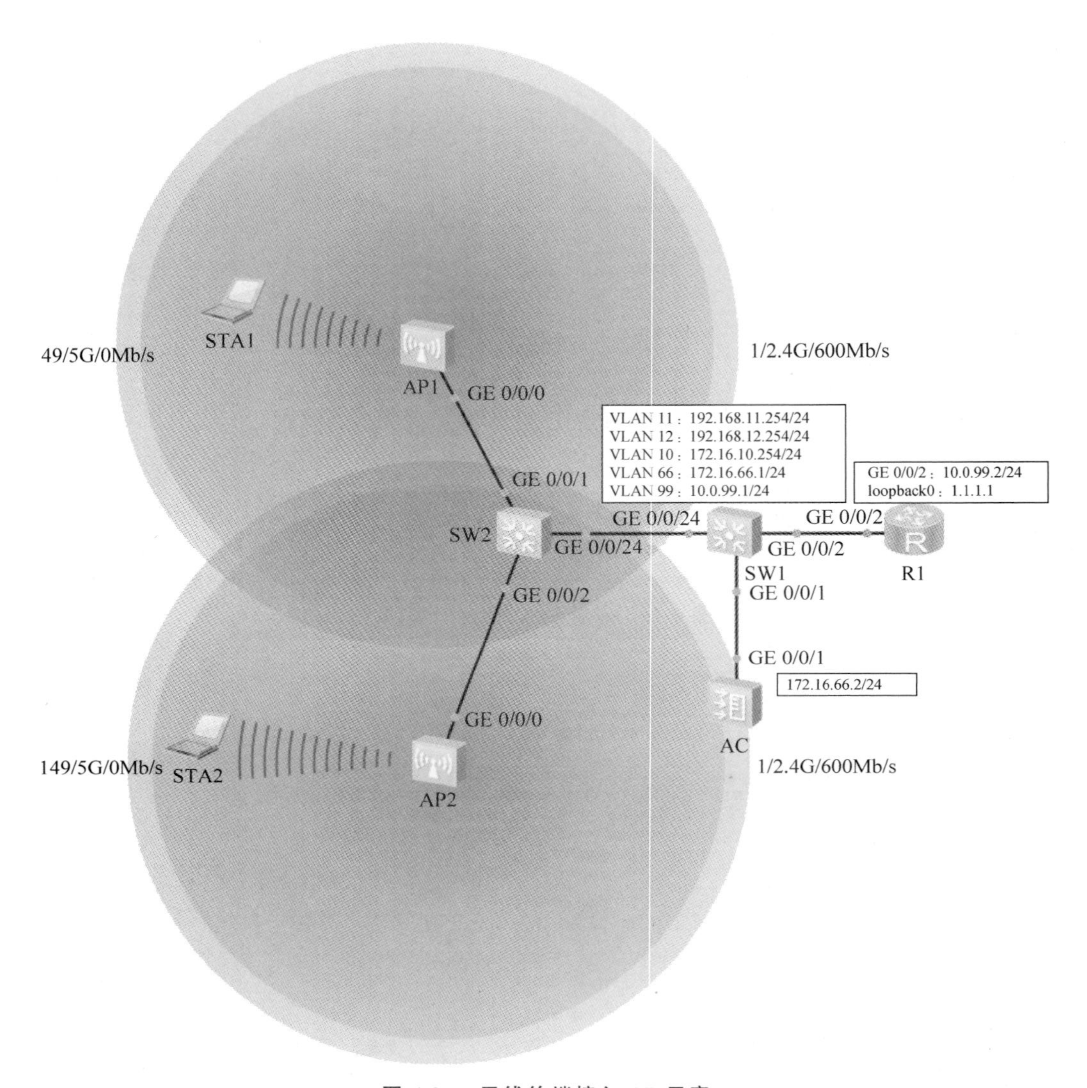

图 6-21　无线终端接入 AP 示意

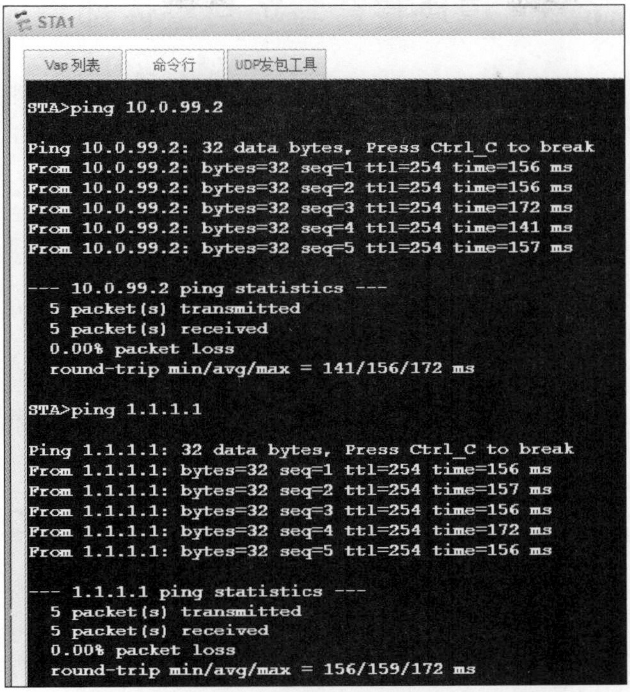

STA1

Vap 列表 | 命令行 | UDP发包工具

```
STA>ping 10.0.99.2

Ping 10.0.99.2: 32 data bytes, Press Ctrl_C to break
From 10.0.99.2: bytes=32 seq=1 ttl=254 time=156 ms
From 10.0.99.2: bytes=32 seq=2 ttl=254 time=156 ms
From 10.0.99.2: bytes=32 seq=3 ttl=254 time=172 ms
From 10.0.99.2: bytes=32 seq=4 ttl=254 time=141 ms
From 10.0.99.2: bytes=32 seq=5 ttl=254 time=157 ms

--- 10.0.99.2 ping statistics ---
  5 packet(s) transmitted
  5 packet(s) received
  0.00% packet loss
  round-trip min/avg/max = 141/156/172 ms

STA>ping 1.1.1.1

Ping 1.1.1.1: 32 data bytes, Press Ctrl_C to break
From 1.1.1.1: bytes=32 seq=1 ttl=254 time=156 ms
From 1.1.1.1: bytes=32 seq=2 ttl=254 time=157 ms
From 1.1.1.1: bytes=32 seq=3 ttl=254 time=156 ms
From 1.1.1.1: bytes=32 seq=4 ttl=254 time=172 ms
From 1.1.1.1: bytes=32 seq=5 ttl=254 time=156 ms

--- 1.1.1.1 ping statistics ---
  5 packet(s) transmitted
  5 packet(s) received
  0.00% packet loss
  round-trip min/avg/max = 156/159/172 ms
```

图 6-22　无线终端 STA1 对 R1 的 loopback 0 口 ping 测试结果

STA2

Vap 列表 | 命令行 | UDP发包工具

```
STA>ping 10.0.99.2

Ping 10.0.99.2: 32 data bytes, Press Ctrl_C to break
From 10.0.99.2: bytes=32 seq=1 ttl=254 time=172 ms
From 10.0.99.2: bytes=32 seq=2 ttl=254 time=172 ms
From 10.0.99.2: bytes=32 seq=3 ttl=254 time=156 ms
From 10.0.99.2: bytes=32 seq=4 ttl=254 time=157 ms
From 10.0.99.2: bytes=32 seq=5 ttl=254 time=157 ms

--- 10.0.99.2 ping statistics ---
  5 packet(s) transmitted
  5 packet(s) received
  0.00% packet loss
  round-trip min/avg/max = 156/162/172 ms

STA>ping 1.1.1.1

Ping 1.1.1.1: 32 data bytes, Press Ctrl_C to break
From 1.1.1.1: bytes=32 seq=1 ttl=254 time=157 ms
From 1.1.1.1: bytes=32 seq=2 ttl=254 time=156 ms
From 1.1.1.1: bytes=32 seq=3 ttl=254 time=156 ms
From 1.1.1.1: bytes=32 seq=4 ttl=254 time=172 ms
From 1.1.1.1: bytes=32 seq=5 ttl=254 time=140 ms

--- 1.1.1.1 ping statistics ---
  5 packet(s) transmitted
  5 packet(s) received
  0.00% packet loss
  round-trip min/avg/max = 140/156/172 ms
```

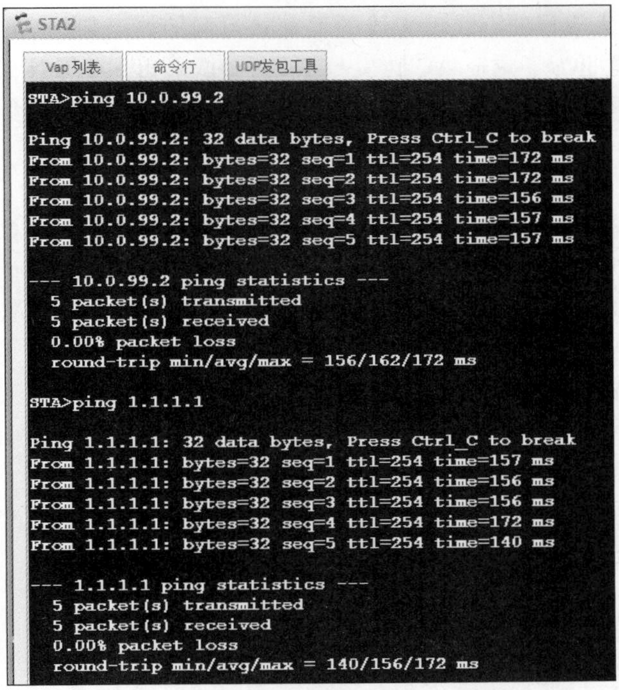

图 6-23　无线终端 STA2 对 R1 的 loopback 0 口 ping 测试结果

6.3 模块整合与项目整体部署

前文对WLAN的常用知识和最典型的二层组网方式与三层组网方式分别进行了介绍，这里在前文基础上通过有线+无线的混合式组网案例介绍AC+Fit AP架构在现在网络部署中的应用场景及配置思路，并进行整体部署和配置实施。

【教学目标】

知识目标：

- 进一步熟悉WLAN相关的常用知识。
- 掌握基于AC+Fit AP的常见组网架构及数据转发方式。
- 掌握AC+Fit AP典型架构的基本配置思路与配置方法。

技能目标：理解AC+Fit AP架构的WLAN的工作原理，能够正确配置简单的WLAN与有线网络的混合式网络。

思政目标：

- 树立维护网络安全的责任意识，选择安全的WLAN接入及认证方式，以保障企事业单位利益。
- 培养学生溯本求源的探究精神及一丝不苟的工匠精神。

6.3.1 模块拓扑

这里以适用于较大型局域网的AC旁挂式三层WLAN+可靠型有线局域网架构的混合组网案例，介绍较大规模的有线+无线的混合式组网的典型架构（拓扑见图6-1）的配置思路与配置方法。这里为了减轻AC转发数据的压力，采用AC旁挂式部署，WLAN数据采用直接转发方式，所有STA通过就近AP接入网络，而且可以在不同AP间实现漫游。

视频讲解

6.3.2 配置与测试

预期目标：所有有线和无线终端均可以实现对路由器R1（代表远程Internet）的访问。

该项目为有线无线混合式组网，其中无线终端通过AP1或AP2接入VLAN 11或VLAN 12，有线终端分别属于VLAN 21和VLAN 22，AP统一接受AC的配置与管理，其管理VLAN为VLAN 66。相应配置如下。

1. 有线网络配置

1）SW1配置

```
<Huawei>system-view
[Huawei]undo info-center enable
[Huawei]sysname SW1
[SW1]vlan batch 10 11 21 12 22 66 99 666
[SW1]interface GigabitEthernet 0/0/1
[SW1-GigabitEthernet0/0/1]port link-type trunk
[SW1-GigabitEthernet0/0/1]port trunk allow-pass vlan 10 11 12 21 66
[SW1-GigabitEthernet0/0/1]quit
[SW1]interface GigabitEthernet 0/0/2
[SW1-GigabitEthernet0/0/2]port link-type trunk
[SW1-GigabitEthernet0/0/2]port trunk allow-pass vlan 10 11 12 22 66
[SW1-GigabitEthernet0/0/2]quit
```

```
[SW1]interface GigabitEthernet 0/0/20
[SW1-GigabitEthernet0/0/20]port link-type access
[SW1-GigabitEthernet0/0/20]port default vlan 666
[SW1-GigabitEthernet0/0/20]quit
[SW1]interface GigabitEthernet 0/0/21
[SW1-GigabitEthernet0/0/21]port link-type access
[SW1-GigabitEthernet0/0/21]port default vlan 99
[SW1-GigabitEthernet0/0/21]quit
[SW1]interface Eth-Trunk1
[SW1-Eth-Trunk1]trunkport GigabitEthernet 0/0/22 to 0/0/24
[SW1-Eth-Trunk1]port link-type trunk
[SW1-Eth-Trunk1]port trunk allow-pass vlan all
[SW1-Eth-Trunk1]quit
[SW1]interface vlanif 10
[SW1-Vlanif10]ip address 192.168.10.1 24
[SW1-Vlanif10]quit
[SW1]interface vlanif 11
[SW1-Vlanif11]ip address 192.168.11.254 24
[SW1-Vlanif11]quit
[SW1]interface vlanif 12
[SW1-Vlanif12]ip address 192.168.12.254 24
[SW1-Vlanif12]quit
[SW1]interface vlanif 21
[SW1-Vlanif21]ip address 192.168.21.254 24
[SW1-Vlanif21]quit
[SW1]interface vlanif 22
[SW1-Vlanif22]ip address 192.168.22.254 24
[SW1-Vlanif22]quit
[SW1]interface vlanif 66
[SW1-Vlanif66]ip address 192.168.66.254 24
[SW1-Vlanif66]quit
[SW1]interface vlanif 99
[SW1-Vlanif99]ip address 172.16.99.1 24
[SW1-Vlanif99]quit
[SW1]interface vlanif 666
[SW1-Vlanif666]ip address 172.16.1.2 24
[SW1-Vlanif666]quit
//生成树配置
[SW1]stp mode mstp
[SW1]stp region-configuration
[SW1-mst-region]region-name WLAN
[SW1-mst-region]revision-level 1
[SW1-mst-region]instance 1 vlan 11 12 66
[SW1-mst-region]instance 2 vlan 21 22 10
[SW1-mst-region]active region-configuration
[SW1-mst-region]quit
[SW1]stp instance 1 priority 4096
[SW1]stp instance 2 priority 8192
[SW1]
//VRRP 配置
[SW1]interface vlanif 11
[SW1-Vlanif11]vrrp vrid 11 virtual-ip 192.168.11.252
[SW1-Vlanif11]vrrp vrid 11 priority 120
[SW1-Vlanif11]vrrp vrid 11 track interface GigabitEthernet 0/0/20 reduced 30
[SW1-Vlanif11]quit
[SW1]interface vlanif 12
[SW1-Vlanif12]vrrp vrid 12 virtual-ip 192.168.12.252
[SW1-Vlanif12]vrrp vrid 12 priority 120
[SW1-Vlanif12]vrrp vrid 12 track interface GigabitEthernet 0/0/20 reduced 30
```

```
[SW1 - Vlanif12]quit
[SW1]interface vlanif 21
[SW1 - Vlanif21]vrrp vrid 21 virtual - ip 192.168.21.252
[SW1 - Vlanif21]quit
[SW1]interface vlanif 22
[SW1 - Vlanif22]vrrp vrid 22 virtual - ip 192.168.22.252
[SW1 - Vlanif22]quit
[SW1]
//路由配置
[SW1]ospf 1 router - id 2.2.2.2
[SW1 - ospf - 1] area 0
[SW1 - ospf - 1 - area - 0.0.0.0]network 172.16.1.0 0.0.0.255
[SW1 - ospf - 1 - area - 0.0.0.0]network 192.168.11.0 0.0.0.255
[SW1 - ospf - 1 - area - 0.0.0.0]network 192.168.21.0 0.0.0.255
[SW1 - ospf - 1 - area - 0.0.0.0]network 192.168.12.0 0.0.0.255
[SW1 - ospf - 1 - area - 0.0.0.0]network 192.168.22.0 0.0.0.255
[SW1 - ospf - 1 - area - 0.0.0.0]network 192.168.66.0 0.0.0.255
[SW1 - ospf - 1 - area - 0.0.0.0]network 172.16.99.0 0.0.0.255
[SW1 - ospf - 1 - area - 0.0.0.0]quit
[SW1 - ospf - 1]quit
[SW1]ip route - static 0.0.0.0 0.0.0.0 172.16.1.1
[SW1]
```

2）SW2 配置

```
<Huawei> sys
[Huawei]undo info - center enable
[Huawei]sysname SW2
[SW2]vlan batch 10 11 21 12 22 66 99 666
[SW2]interface GigabitEthernet 0/0/1
[SW2 - GigabitEthernet0/0/1]port link - type trunk
[SW2 - GigabitEthernet0/0/1]port trunk allow - pass vlan 10 11 12 21 66
[SW2 - GigabitEthernet0/0/1]quit
[SW2]interface GigabitEthernet 0/0/2
[SW2 - GigabitEthernet0/0/2]port link - type trunk
[SW2 - GigabitEthernet0/0/2]port trunk allow - pass vlan 10 11 12 22 66
[SW2 - GigabitEthernet0/0/2]quit
[SW2]interface GigabitEthernet 0/0/20
[SW2 - GigabitEthernet0/0/20]port link - type access
[SW2 - GigabitEthernet0/0/20]port default vlan 666
[SW2 - GigabitEthernet0/0/20]quit
[SW2]interface Eth - Trunk1
[SW2 - Eth - Trunk1]trunkport GigabitEthernet 0/0/22 to 0/0/24
Info: This operation may take a few seconds. Please wait for a moment...done.
[SW2 - Eth - Trunk1]port link - type trunk
[SW2 - Eth - Trunk1]port trunk allow - pass vlan all
[SW2 - Eth - Trunk1]quit
[SW2]interface vlanif 10
[SW2 - Vlanif10]ip address 192.168.10.2 24
[SW2 - Vlanif10]quit
[SW2]interface vlanif 11
[SW2 - Vlanif11]ip address 192.168.11.253 24
[SW2 - Vlanif11]quit
[SW2]interface vlanif 12
[SW2 - Vlanif12]ip address 192.168.12.253 24
[SW2 - Vlanif12]quit
[SW2]interface vlanif 21
[SW2 - Vlanif21]ip address 192.168.21.253 24
[SW2 - Vlanif21]quit
```

```
[SW2]interface vlanif 22
[SW2 - Vlanif22]ip address 192.168.22.253 24
[SW2 - Vlanif22]quit
[SW2]interface vlanif 66
[SW2 - Vlanif66]ip address 192.168.66.253 24
[SW2 - Vlanif66]quit
[SW2]interface vlanif 666
[SW2 - Vlanif666]ip address 172.16.2.2 24
[SW2 - Vlanif666]quit
[SW2]
//生成树配置
[SW2]stp mode mstp
[SW2]stp region - configuration
[SW2 - mst - region]region - name WLAN
[SW2 - mst - region]revision - level 1
[SW2 - mst - region]instance 1 vlan 11 12 66
[SW2 - mst - region]instance 2 vlan 21 22 10
[SW2 - mst - region]active region - configuration
Info: This operation may take a few seconds. Please wait for a moment...done.
[SW2 - mst - region]quit
[SW2]stp instance 1 priority 8192
[SW2]stp instance 2 priority 4096
[SW2]
//VRRP 配置
[SW2]interface vlanif 11
[SW2 - Vlanif11]vrrp vrid 11 virtual - ip 192.168.11.252
[SW2 - Vlanif11]quit
[SW2]interface vlanif 12
[SW2 - Vlanif12]vrrp vrid 12 virtual - ip 192.168.12.252
[SW2 - Vlanif12]quit
[SW2]interface vlanif 21
[SW2 - Vlanif21]vrrp vrid 21 virtual - ip 192.168.21.252
[SW2 - Vlanif21]vrrp vrid 21 priority 120
[SW2 - Vlanif21]vrrp vrid 21 track interface GigabitEthernet 0/0/20 reduced 30
[SW2 - Vlanif21]quit
[SW2]interface vlanif 22
[SW2 - Vlanif22]vrrp vrid 22 virtual - ip 192.168.22.252
[SW2 - Vlanif22]vrrp vrid 22 priority 120
[SW2 - Vlanif22]vrrp vrid 22 track interface GigabitEthernet 0/0/20 reduced 30
[SW2 - Vlanif22]quit
//路由配置
[SW2]ip route - static 0.0.0.0.0.0:0.0 172.16.2.1
[SW2]ospf 1 router - id 3.3.3.3
[SW2 - ospf - 1]area 0
[SW2 - ospf - 1 - area - 0.0.0.0]network 172.16.2.0 0.0.0.255
[SW2 - ospf - 1 - area - 0.0.0.0]network 192.168.11.0 0.0.0.255
[SW2 - ospf - 1 - area - 0.0.0.0]network 192.168.21.0 0.0.0.255
[SW2 - ospf - 1 - area - 0.0.0.0]network 192.168.12.0 0.0.0.255
[SW2 - ospf - 1 - area - 0.0.0.0]network 192.168.22.0 0.0.0.255
[SW2 - ospf - 1 - area - 0.0.0.0]network 192.168.66.0 0.0.0.255
[SW2 - ospf - 1 - area - 0.0.0.0]quit
[SW2 - ospf - 1]quit
[SW2]
```

3）SW3 配置

```
<Huawei>system - view
[Huawei]undo info - center enable
[Huawei]sysname SW3
```

```
[SW3]vlan batch 10 11 12 21 66
[SW3]interface GigabitEthernet 0/0/24
[SW3-GigabitEthernet0/0/24]port link-type trunk
[SW3-GigabitEthernet0/0/24]port trunk pvid vlan 66
[SW3-GigabitEthernet0/0/24]port trunk allow-pass vlan 11 12 66
[SW3-GigabitEthernet0/0/24]quit
[SW3]interface GigabitEthernet 0/0/3
[SW3-GigabitEthernet0/0/3]port link-type access
[SW3-GigabitEthernet0/0/3]port default vlan 21
[SW3-GigabitEthernet0/0/3]quit
[SW3]interface GigabitEthernet 0/0/1
[SW3-GigabitEthernet0/0/1]port link-type trunk
[SW3-GigabitEthernet0/0/1]port trunk allow-pass vlan 10 11 12 21 66
[SW3-GigabitEthernet0/0/1]quit
[SW3]interface GigabitEthernet 0/0/2
[SW3-GigabitEthernet0/0/2]port link-type trunk
[SW3-GigabitEthernet0/0/2]port trunk allow-pass vlan 10 11 12 21 66
[SW3-GigabitEthernet0/0/2]quit
//生成树配置
[SW3]stp mode mstp
[SW3]stp region-configuration
[SW3-mst-region]region-name WLAN
[SW3-mst-region]revision-level 1
[SW3-mst-region]instance 1 vlan 11 12 66
[SW3-mst-region]instance 2 vlan 21 22 10
[SW3-mst-region]quit
[SW3]
```

4）SW4 配置

```
<Huawei>system-view
[Huawei]undo info-center enable
[Huawei]sysname SW4
[SW4]vlan batch 10 11 12 22 66
[SW4]interface GigabitEthernet 0/0/24
[SW4-GigabitEthernet0/0/24]port link-type trunk
[SW4-GigabitEthernet0/0/24]port trunk pvid vlan 66
[SW4-GigabitEthernet0/0/24]port trunk allow-pass vlan 11 12 66
[SW4-GigabitEthernet0/0/24]quit
[SW4]interface GigabitEthernet 0/0/1
[SW4-GigabitEthernet0/0/1]port link-type trunk
[SW4-GigabitEthernet0/0/1]port trunk allow-pass vlan 10 11 12 22 66
[SW4-GigabitEthernet0/0/1]quit
[SW4]interface GigabitEthernet 0/0/2
[SW4-GigabitEthernet0/0/2]port link-type trunk
[SW4-GigabitEthernet0/0/2]port trunk allow-pass vlan 10 11 12 22 66
[SW4-GigabitEthernet0/0/2]quit
[SW4]interface GigabitEthernet 0/0/3
[SW4-GigabitEthernet0/0/3]port link-type access
[SW4-GigabitEthernet0/0/3]port default vlan 22
[SW4-GigabitEthernet0/0/3]quit
//生成树配置
[SW4]stp mode mstp
[SW4]stp region-configuration
[SW4-mst-region]region-name WLAN
[SW4-mst-region]revision-level 1
[SW4-mst-region]instance 1 vlan 11 12 66
[SW4-mst-region]instance 2 vlan 21 22 10
[SW4-mst-region]active region-configuration
```

```
[SW4 - mst - region]quit
[SW4]quit
< SW4 > save
```

5）R1 配置

```
< Huawei > sys
[Huawei]sysname R1
[R1]undo info - center enable
[R1]interface GigabitEthernet 0/0/1
[R1 - GigabitEthernet0/0/1]ip address 172.16.1.1 24
[R1 - GigabitEthernet0/0/1]quit
[R1]interface GigabitEthernet 0/0/2
[R1 - GigabitEthernet0/0/2]ip address 172.16.2.1 24
[R1 - GigabitEthernet0/0/2]quit
[R1]interface loopback 0
[R1 - LoopBack0]ip address 1.1.1.1 32
[R1 - LoopBack0]quit
//路由配置
[R1]ip route - static 0.0.0.0 0.0.0.0 GigabitEthernet 0/0/0
[R1]ospf 1 router - id 1.1.1.1
[R1 - ospf - 1] area 0
[R1 - ospf - 1 - area - 0.0.0.0]network 1.1.1.1 0.0.0.0
[R1 - ospf - 1 - area - 0.0.0.0]network 172.16.1.0 0.0.0.255
[R1 - ospf - 1 - area - 0.0.0.0]network 172.16.2.0 0.0.0.255
[R1 - ospf - 1 - area - 0.0.0.0]quit
[R1 - ospf - 1]default - route - advertise always
[R1 - ospf - 1]quit
[R1]
```

6）AC 配置

```
< AC6605 > system - view
[AC6605]sysname AC
[AC]vlan 99
[AC]interface GigabitEthernet 0/0/1
[AC - GigabitEthernet0/0/1]port link - type access
[AC - GigabitEthernet0/0/1]port default vlan 99
[AC - GigabitEthernet0/0/1]quit
[AC]interface vlanif 99
[AC - Vlanif99]ip address 172.16.99.2 24
[AC - Vlanif99]quit
[AC]ip route - static 0.0.0.0 0.0.0.0 172.16.99.1
[AC]
```

2. DHCP 服务及源接口配置

在该网络中，由 AC 担任为 AP 分配地址的 DHCP 服务器，并采用全局地址池模式，当 AC 接收到 AP 发送的 DHCP 请求报文时，会在对应地址池选取可用 IP 分配给 AP。SW1 和 SW2 担任为无线和有线终端分配地址的 DHCP 服务器，也采用全局地址池模式，当 SW1 或 SW2 接收到终端发送的 DHCP 请求报文时，会在对应地址池选取可用 IP 分配给终端。这里 AC 的 vlanif 99 为源接口。

1）在 AC 上配置为 AP 分配地址的地址池

```
[AC]dhcp enable    //启用 DHCP 服务
//定义 AP 的管理 VLAN(VLAN 66)的地址池
[AC]ip pool AP - pool
```

```
[AC - ip - pool - AP - pool]network 192.168.66.0 mask 24
[AC - ip - pool - AP - pool]gateway - list 192.168.66.254
[AC - ip - pool - AP - pool]option 43 sub - option 3 ascii 172.16.99.2
[AC - ip - pool - AP - pool]quit
[AC]interface vlanif 99
[AC - Vlanif99]dhcp select global //设置 vlanif 99 为 DHCP 全局地址池
[AC - vlanif99]quit
```

2）配置 AC 的源接口为 vlanif 99

```
[AC]capwap source interface vlanif 99
```

3）配置地址池和地址池中继

该项目的有线终端可以按照规划表 6-1 设置固定 IP 地址，也可以通过 DHCP 动态获取 IP 地址。无线终端全部通过 DHCP 获取地址。以下为在 SW1 上配置为各有线或无线终端分配 IP 地址的地址池及 AP 地址池中继。

```
[SW1]dhcp enable
//定义 VLAN 11 的地址池
[SW1]ip pool STA - vlan11
[SW1 - ip - pool - STA - vlan11]network 192.168.11.0 mask 24
[SW1 - ip - pool - STA - vlan11]gateway - list 192.168.11.252
[SW1 - ip - pool - STA - vlan11]dns - list 8.8.8.8
[SW1 - ip - pool - STA - vlan11]quit
//定义 VLAN 12 的地址池
[SW1]ip pool STA - vlan12
[SW1 - ip - pool - STA - vlan12]network 192.168.12.0 mask 24
[SW1 - ip - pool - STA - vlan12]gateway - list 192.168.12.252
[SW1 - ip - pool - STA - vlan12]dns - list 8.8.8.8
[SW1 - ip - pool - STA - vlan12]quit
//定义 VLAN 21 的地址池
[SW1]ip pool STA - vlan21
[SW1 - ip - pool - STA - vlan21]network 192.168.21.0 mask 24
[SW1 - ip - pool - STA - vlan21]gateway - list 192.168.21.252
[SW1 - ip - pool - STA - vlan21]dns - list 8.8.8.8
[SW1 - ip - pool - STA - vlan21]quit
//定义 VLAN 22 的地址池
[SW1]ip pool STA - vlan22
[SW1 - ip - pool - STA - vlan22]network 192.168.22.0 mask 24
[SW1 - ip - pool - STA - vlan22]gateway - list 192.168.22.252
[SW1 - ip - pool - STA - vlan22]dns - list 8.8.8.8
[SW1 - ip - pool - STA - vlan22]quit
//为 VLAN 66 配置 DHCP 中继
[SW1]interface vlanif 66
[SW1 - Vlanif66]dhcp select relay
[SW1 - Vlanif66]dhcp relay server - ip 172.16.99.2
```

4）在 SW2 上配置为终端分配地址的地址池，与 SW1 互为备份

```
[SW2]dhcp enable
//定义 VLAN 11 的地址池
[SW2]ip pool STA - vlan11
[SW2 - ip - pool - STA - vlan11]network 192.168.11.0 mask 24
[SW2 - ip - pool - STA - vlan11]gateway - list 192.168.11.252
[SW2 - ip - pool - STA - vlan11]dns - list 8.8.8.8
```

```
[SW2-ip-pool-STA-vlan11]quit
//定义 VLAN 12 的地址池
[SW2]ip pool STA-vlan12
[SW2-ip-pool-STA-vlan12]network 192.168.12.0 mask 24
[SW2-ip-pool-STA-vlan12]gateway-list 192.168.12.252
[SW2-ip-pool-STA-vlan12]dns-list 8.8.8.8
[SW2-ip-pool-STA-vlan12]quit
//定义 VLAN 21 的地址池
[SW2]ip pool STA-vlan21
[SW2-ip-pool-STA-vlan21]network 192.168.21.0 mask 24
[SW2-ip-pool-STA-vlan21]gateway-list 192.168.21.252
[SW2-ip-pool-STA-vlan21]dns-list 8.8.8.8
[SW2-ip-pool-STA-vlan21]quit
//定义 VLAN 22 的地址池
[SW2]ip pool STA-vlan22
[SW2-ip-pool-STA-vlan22]network 192.168.22.0 mask 24
[SW2-ip-pool-STA-vlan22]gateway-list 192.168.22.252
[SW2-ip-pool-STA-vlan22]dns-list 8.8.8.8
[SW2-ip-pool-STA-vlan22]quit
```

3. AP 上线相关配置

由于配置时需要用到 AP 的 MAC 地址,因此需要先查看其 MAC 地址。具体方法参见本章模块 2,这里不再赘述。

```
//域管理模板和 AP 组的创建和映射
[AC]wlan
[AC-wlan-view] ap-group name ap-group1                       //创建 AP 组
[AC-wlan-view]regulatory-domain-profile name default         //创建域管理模板
[AC-wlan-regulate-domain-default]country-code cn             //设置国家码为 cn
[AC-wlan-regulate-domain-default]ap-group name ap-group1     //进入 AP 组
[AC-wlan-ap-group-ap-group1]regulatory-domain-profile default   //设置 AP 组引用定
//义好的域管理模板
Warning: Modifying the country code will clear channel, power and antenna gain
configurations of the radio and reset the AP. Continue?[Y/N]:y
[AC-wlan-ap-group-ap-group1]quit
//在 AC 上离线导入 AP1、AP2
[AC]wlan
[AC-wlan-view]ap auth-mode mac-auth                          //定义 AP 认证类型为 MAC 认证
[AC-wlan-view]ap-id 0 ap-mac 00e0-fc33-22b0                  //将 AP 的 MAC 地址注册到 AC
[AC-wlan-ap-0]ap-name area-1                                 //给 AP 起名字
[AC-wlan-ap-0]ap-group ap-group1                             //将 AP 加入 AP 组
[AC-wlan-ap-0]quit
[AC-wlan-view]ap-id 1 ap-mac 00e0-fc76-7d30
[AC-wlan-ap-1]ap-name area-2
[AC-wlan-ap-1]ap-group ap-group1
[AC-wlan-ap-1]quit
[AC-wlan-view]quit
[AC]display ap all                                           //查看 AP 上线情况
```

如图 6-24 所示,两台 AP 已上线,状态(State)为 nor(正常)。

特别提示:实验时由于每次构建拓扑时各种设备都会生成不同的 MAC 地址,因此这里注册的 MAC 地址一定要是实验者自己构建的拓扑中 AP 的 MAC 地址,与教材中的 MAC 地址不同,不能照搬教材中的 MAC 地址。

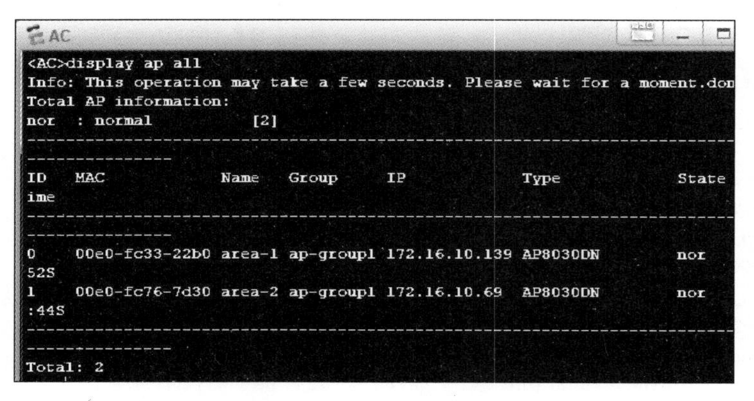

图 6-24 查看AP是否上线

4. 通过AC设置AP的各项配置

```
[AC]wlan    //进入WLAN视图
```

1）创建安全模板 wlan-net1

```
[AC - wlan - view]security - profile name wlan - net1    //创建安全模板 wlan - net1
[AC - wlan - sec - prof - wlan - net1]security wpa - wpa2 psk pass - phrase password123 aes //设置
//wlan - net1 的安全策略 wpa - wpa2/psk 及 WLAN 接入密码 password123
[AC - wlan - sec - prof - wlan - net1]quit
[AC - wlan - view]security - profile name wlan - net2    //创建安全模板 wlan - net2
[AC - wlan - sec - prof - wlan - net2]security wpa - wpa2 psk pass - phrase password456 aes //设置
//wlan - net2 的安全策略 wpa - wpa2/psk 及 WLAN 接入密码 password456
[AC - wlan - sec - prof - wlan - net1]quit
```

2）创建SSID模板

```
[AC - wlan - view]ssid - profile name wlan - net1    //创建名为 wlan - net1 的 SSID 模板
[AC - wlan - ssid - prof - wlan - net1]ssid vlan11    //设模板 wlan - net1 的 SSID 为 vlan11
[AC - wlan - ssid - prof - wlan - net1]quit
[AC - wlan - view]ssid - profile name wlan - net2    //创建名为 wlan - net2 的 SSID 模板
[AC - wlan - ssid - prof - wlan - net2]ssid vlan12    //设模板 wlan - net2 的 SSID 为 vlan12
[AC - wlan - ssid - prof - wlan - net2]quit
```

3）创建VAP模板

创建名为 wlan-net1 和 wlan-net2 的两个 VAP，并对其进行相应配置。

```
[AC - wlan - view]vap - profile name wlan - net1    //创建名为 wlan - net1 的 VAP 模板
[AC - wlan - vap - prof - wlan - net1]forward - mode direct - forward    //设置业务数据转发模式为
//direct - forward(即直接转发)
[AC - wlan - vap - prof - wlan - net1]service - vlan vlan - id 11 //映射 VLAN 11
[AC - wlan - vap - prof - wlan - net1]security - profile wlan - net1 //引用安全模板 wlan - net1
[AC - wlan - vap - prof - wlan - net1]ssid - profile wlan - net1  //引用 SSID 模板 wlan - net1
[AC - wlan - vap - prof - wlan - net1]quit
[AC - wlan - view]vap - profile name wlan - net2    //创建名为 wlan - net2 的 VAP 模板
[AC - wlan - vap - prof - wlan - net2]forward - mode direct - forward //设置业务数据转发模式为
direct - forward(即直接转发)
[AC - wlan - vap - prof - wlan - net2]service - vlan vlan - id 12  //映射 VLAN 12
[AC - wlan - vap - prof - wlan - net2]security - profile wlan - net2  //引用安全模板 wlan - net2
[AC - wlan - vap - prof - wlan - net2]ssid - profile wlan - net2  //引用 SSID 模板 wlan - net2
[AC - wlan - vap - prof - wlan - net2]quit
```

4）配置 AP1 和 AP2 的射频参数

通过无线控制器 AC 分别配置 AP1、AP2 的射频 0 和射频 1 引用的 VAP 模板及对应 WLAN。

```
[AC - wlan - view]ap - group name ap - group1 //进入 AP 组 ap - group1 视图
[AC - wlan - ap - group - ap - group1]vap - profile wlan - net1 wlan 1 radio 0 //设置 ap - group1 引
//用名为 wlan - net1 的 VAP 模板,映射 WLAN 1 及射频 0
[AC - wlan - ap - group - ap - group1]vap - profile wlan - net1 wlan 1 radio 1//设置 ap - group1 引
//用名为 wlan - net1 的 VAP 模板,映射 WLAN 1 及射频 1
[AC - wlan - ap - group - ap - group1]vap - profile wlan - net2 wlan 2 radio 0 //设置 ap - group1 引
//用名为 wlan - net2 的 VAP 模板,映射 WLAN 2 及射频 0
[AC - wlan - ap - group - ap - group1]vap - profile wlan - net2 wlan 2 radio 1 //设置 ap - group1 引
//用名为 wlan - net2 的 VAP 模板,映射 WLAN 2 及射频 1
[AC - wlan - ap - group - ap - group1]quit
```

此时 AP1 和 AP2 周围出现表示信号辐射范围的圆形区域。

5. 测试

在 AC 的用户视图输入 display vap ssid vlan11 命令可查看相应参数信息，如图 6-25 所示。类似地，可以输入 display vap ssid vlan12 命令查看相应参数信息。

```
<AC>display vap ssid vlan11
Info: This operation may take a few seconds, please wait.
WID : WLAN ID
------------------------------------------------------------------------------
AP ID AP name RfID WID  BSSID          Status  Auth type      STA   SSID
------------------------------------------------------------------------------
0     area-1  0    1    00E0-FC33-22B0 ON      WPA/WPA2-PSK   0     vlan11
0     area-1  1    1    00E0-FC33-22C0 ON      WPA/WPA2-PSK   0     vlan11
1     area-2  0    1    00E0-FC76-7D30 ON      WPA/WPA2-PSK   0     vlan11
1     area-2  1    1    00E0-FC76-7D40 ON      WPA/WPA2-PSK   0     vlan11
------------------------------------------------------------------------------
Total: 4
<AC>display vap ssid vlan12
Info: This operation may take a few seconds, please wait.
WID : WLAN ID
------------------------------------------------------------------------------
AP ID AP name RfID WID  BSSID          Status  Auth type      STA   SSID
------------------------------------------------------------------------------
0     area-1  0    2    00E0-FC33-22B1 ON      WPA/WPA2-PSK   0     vlan12
0     area-1  1    2    00E0-FC33-22C1 ON      WPA/WPA2-PSK   0     vlan12
1     area-2  0    2    00E0-FC76-7D31 ON      WPA/WPA2-PSK   0     vlan12
1     area-2  1    2    00E0-FC76-7D41 ON      WPA/WPA2-PSK   0     vlan12
------------------------------------------------------------------------------
Total: 4
<AC>

  Please check whether system data has been changed, and save data in time

  Configuration console time out, please press any key to log on
```

图 6-25　查看 VAP 信息

1）无线终端接入 WLAN 测试

启动无线终端，例如 STA1，并双击 STA1 打开其设备管理对话框，然后在"Vap 列表"选项卡下方可以看到 STA 已经发现的 SSID，选择名为 vlan11 的 SSID，单击"连接"按钮，然后输入登录密码，结果如图 6-26 所示，可以看到 STA1 已经连接到 SSID 为 vlan11 的 WLAN。

类似地，可以打开 STA2 的设备管理窗口连接 SSID 为 vlan12 的 WLAN。

这时可以看到，如图 6-27 所示，STA 与 AP 之间出现无线连接的放射形标识，说明 STA 已经通过 AP 接入 WLAN。

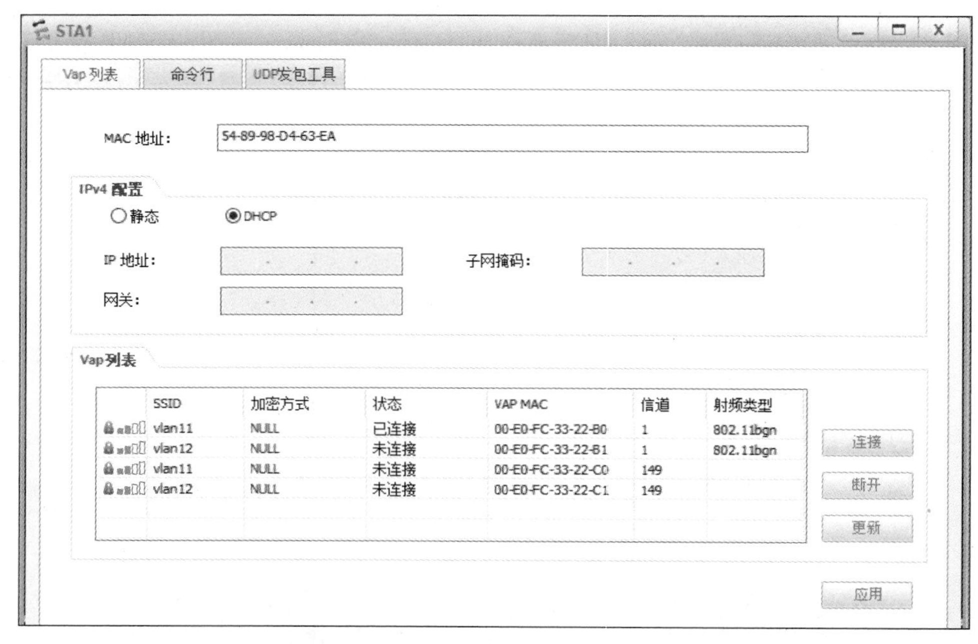

图 6-26 STA1 接入 VAP 状态信息

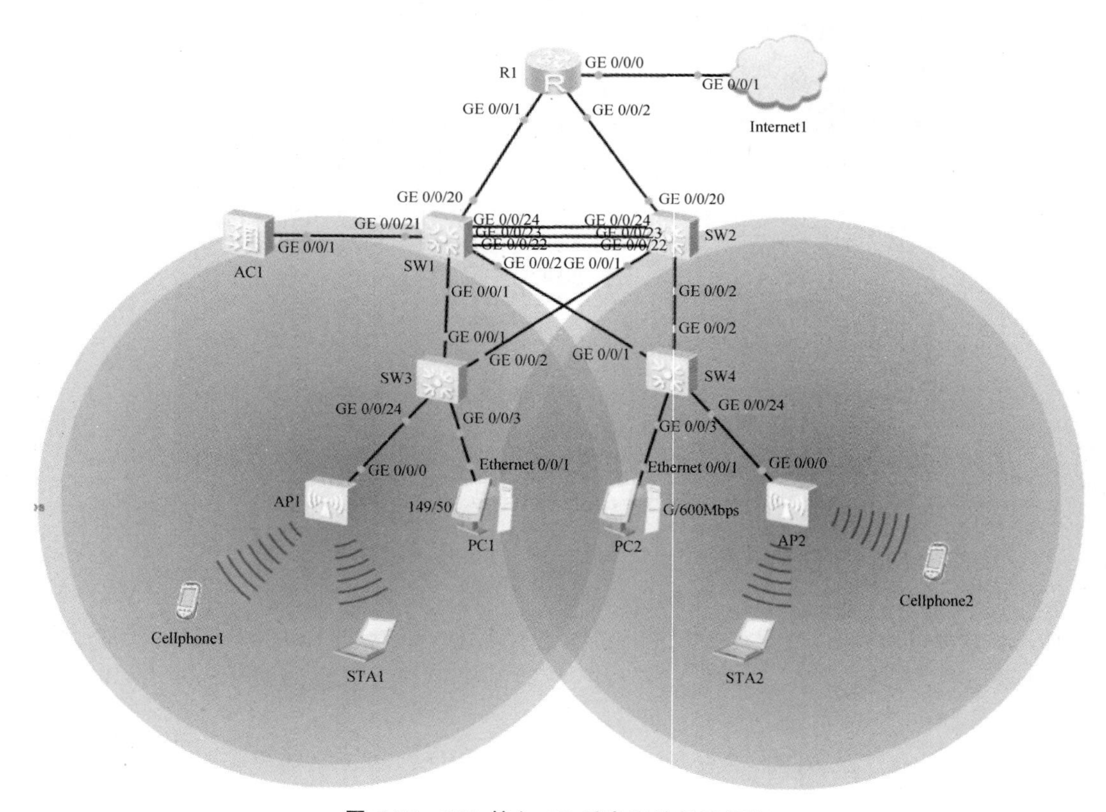

图 6-27 STA 接入 AP 后出现放射形标识

2）STA 远程访问功能测试

用 STA1 或 STA2 持续 ping R1 的环回口 loopback0 的地址（命令为 ping 1.1.1.1），可以 ping 通，如图 6-28 所示，说明无线终端可以接入 WLAN 进而通过有线网络实现了远程访问。

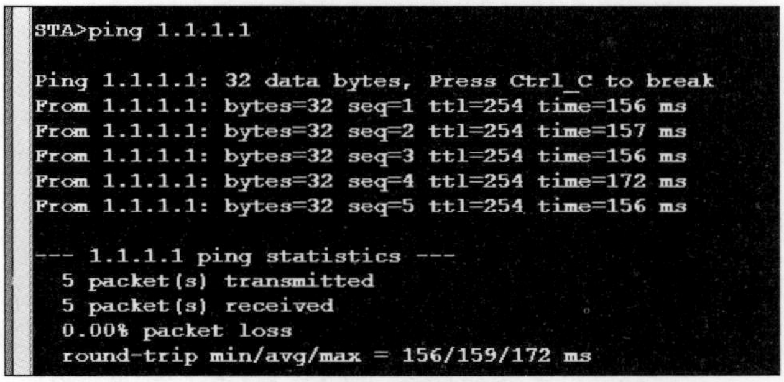

```
STA>ping 1.1.1.1

Ping 1.1.1.1: 32 data bytes, Press Ctrl_C to break
From 1.1.1.1: bytes=32 seq=1 ttl=254 time=156 ms
From 1.1.1.1: bytes=32 seq=2 ttl=254 time=157 ms
From 1.1.1.1: bytes=32 seq=3 ttl=254 time=156 ms
From 1.1.1.1: bytes=32 seq=4 ttl=254 time=172 ms
From 1.1.1.1: bytes=32 seq=5 ttl=254 time=156 ms

--- 1.1.1.1 ping statistics ---
  5 packet(s) transmitted
  5 packet(s) received
  0.00% packet loss
  round-trip min/avg/max = 156/159/172 ms
```

图 6-28　STA 对 AC 和路由器 R1 ping 测试结果

项目 7　防火墙技术

项目介绍

在网络安全问题频发的今天，防火墙成为通信领域最常用的一种安全设备。它可以通过安全策略控制出入网络的数据流，也可以屏蔽内网的网络结构，常部署于企业网络出口用于管控来自外网的非授权访问，也可以部署于内网的区域边界，如数据中心边界、企业内部业务边界，用于保护一个网络区域免受来自别的网络区域的攻击和入侵。该项目将通过防火墙最典型的部署方式——边界防火墙介绍防火墙的基本功能及配置方法。

项目模块分析

本项目主要目标是通过在网络出口部署防火墙，使内网用户能够上网，实现对 Internet 中 Web Server 的访问，同时使内外网用户均可访问 DMZ(隔离区域)的 Web Server 和 FTP Server。本项目分为两个模块：模块 1 介绍防火墙的管理方式；模块 2 通过小型企业网典型案例，给出了出口防火墙部署示例，实现既定目标，为中小型企业单出口防火墙部署提供了借鉴。

7.1　模块 1：防火墙的管理方式

【教学目标】

知识目标：

➢ 了解防火墙的基础知识。

➢ 掌握防火墙的管理方式与方法。

技能目标：能够正确进行防火墙基本管理。

思政目标：要树立维护网络安全的责任意识，通过强密码及加密认证等方式保障企事业单位网络安全。

7.1.1　模块拓扑

防火墙有多种管理方式，最基本的管理方式如图 7-1(a)所示，PC 直连防火墙的管理接口(默认为 GE 0/0/0)进行登录管理。由于 eNSP 中 PC 的模拟器功能不能满足管理防火墙需要，因此这里通过如图 7-1(b)所示的 Cloud1 将物理主机(也可以是虚拟机)与 FW1 的 GE 0/0/0 接口进行桥接，用物理主机登录防火墙并对其实施管理，所以可以把这里的 Cloud1 看作物理主机。

图 7-1 管理防火墙拓扑

7.1.2 知识准备

1. 防火墙概述

防火墙(Firewall)是由硬件和软件组成的一个系统,常部署于内外网边界,通过设定的规则控制外网用户对内网的访问,以过滤和隔离外网的攻击和入侵,成为保障内部网络及数据安全的一道屏障。防火墙也可用于网络之间流量的管控,如数据中心、专用网络与公共网络之间的流量控制。

华为 eNSP 模拟器中提供了两个版本的防火墙,分别为 USG5500 和 USG6000V,由于 USG5500 不能提供 Web 管理方式,且属于 UTM(统一威胁管理),而 USG6000V 属于 NGFW(下一代防火墙),因此 USG5500 功能上也逊于 USG6000V,所以该项目所有实例均以 USG6000V 为依据进行介绍。

2. 防火墙安全区域、接口与所连接的网络的关系

防火墙主要通过管控安全区域(Security Zone)之间的数据流实现对相应数据流的保护或过滤。华为防火墙默认有 4 个安全区域,分别是受信任区域(即 trust 区域,通常指内网)、非授信区域(即 untrust 区域,通常指外网)、非军事化区域(即 DMZ,一般指独立的服务器区域)和本地区域(即 local,指防火墙本身,每个接口都属于 local 区域),其安全级别分别为 85、5、50 和 100,这 4 个区域是默认存在的,不能删除,也不能修改其安全级别。

防火墙的安全区域(简称区域)实际上代表其相应接口所连接的网络区域。图 7-2 所示为华为 USG6000V 防火墙的区域划分示例。trust、untrust、DMZ 和 local 是防火墙默认存在的 4 个安全区域,虽然 4 个区域名称存在于防火墙,但除 local 区域代表防火墙本身(即各接口自身属于 local 区域)之外,其他区域均表示防火墙相应接口所连接的网络,所以防火墙的接口应按照所连接的网络划分到相应安全区域。例如,此例中用 trust 区域表示 GE 0/0/0 和 GE 1/0/1 接口连接的安全威胁较小的内部局域网,就应当将这两个接口添加到 trust 区

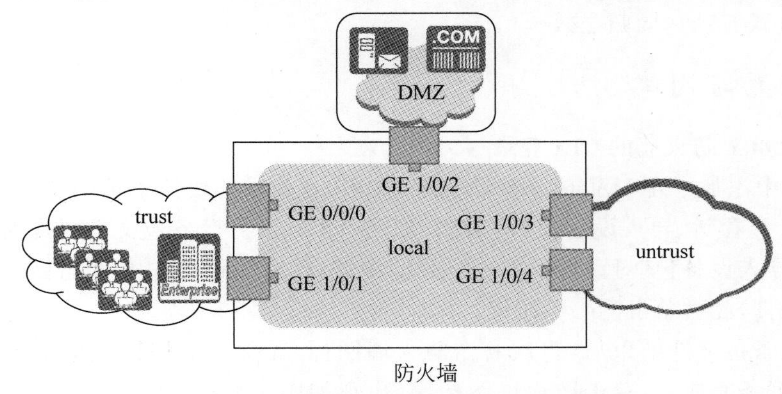

图 7-2 防火墙安全区域、接口与网络的关系

域；DMZ 表示用 GE 1/0/2 接口连接的服务器区域，就应当将接口 GE 1/0/2 添加到 DMZ；untrust 表示用 GE 1/0/3 和 GE 1/0/4 接口连接的安全威胁较大的外部网络(通常指 Internet)，就应当将这两个接口添加到 untrust 区域。

需要特别指出的是，eNSP 中 USG6000V 防火墙的 GE 0/0/0 接口是防火墙的默认管理接口，其默认 IP 地址为 192.168.0.1/24(可以根据实际需要修改)，GE 0/0/0 默认属于 trust 区域，其他接口均未划分所属区域。

在部署有防火墙的网络时，需要将整个网络按照安全属性的级别划分相应的区域，有相同安全属性的用户划分成同一个区域(可以添加新的安全区域)。如对于内网用户来说，都需要防范来自外网的各种攻击和入侵，就需要划分为一个区域(通常为 trust 区域，默认已存在)，也可以根据不同的用户群进一步细分。防火墙会根据所连接的各网络区域安全威胁的级别设置区域安全级别(即优先级)，安全级别的取值范围为 1～100，并通过将连接特定网络区域的接口添加到相应安全区域使得防火墙相应安全区域和相应的网络区域对应起来，如上例中 GE 1/0/3 和 GE 1/0/4 接口均连接外网，安全级别相似，所以都划分到了 untrust 区域。划分相应的安全区域并把连接相应网络区域的接口添加到相应安全区域之后，才可以对区域之间的数据流执行"允许"或"拒绝"的动作行为实现流量的管控。

默认情况下，防火墙的任何两个安全级别之间均不能通信(即默认安全策略为拒绝所有)，如果两个区域需要通信，就需要配置区域间安全策略。

数据流在通过防火墙时如果是由安全级别较高的安全区域流向安全级别较低的安全区域，则认为是 outbound 方向，如 trust 区域安全级别为 85，untrust 区域安全级别为 5，所以从 trust 区域流向 untrust 区域方向为 outbound 方向；反之，数据流由安全级别较低的安全区域流向安全级别较高的安全区域，则认为是 inbound 方向，如数据流从 untrust 区域流向 trust 区域方向为 inbound 方向。

3. 防火墙的管理方式

防火墙的管理方式有 Console 口登录方式，还有 SSH、Telnet、HTTPS/HTTP 多种管理方式，其中只有 HTTPS/HTTP 方式为 Web 页面的管理方式，其他均为命令行(CLI)的管理方式。本模块介绍华为 USG6000V 防火墙在 eNSP 中的 CLI 登录方式和 Web (HTTPS)登录方式。Web 登录方式要求用物理主机(以 Windows 系统为例)桥接 eNSP 防火墙并通过浏览器登录并管理防火墙。通过两种管理方式效果比较，并明确 Web 管理方式与 CLI 管理方式有殊途同归之效。

视频讲解

7.1.3 配置与测试

1. USG6000V 防火墙的 CLI 登录

在 eNSP 中添加一台 USG6000V 防火墙，右击，在弹出的快捷菜单中选择"启动"命令，第一次启动时会看到"导入设备包"对话框，如图 7-3 所示。设备包文件可提前通过华为网站获取。在"导入设备包"对话框中单击"浏览"按钮，在存放设备包文件的目录中选择准备好的设备包文件，然后单击"导入"按钮。

待导入设备包文件结束后，再次右击防火墙图标，在弹出的快捷菜单中选择"启动"命令，待启动进度条完成后，双击防火墙图标，会出现如图 7-4 所示的 CLI 命令行配置窗口。启动过程中会显示若干行 # 号，需要等待一些时间，等待时长决定于主机性能，通常显示三

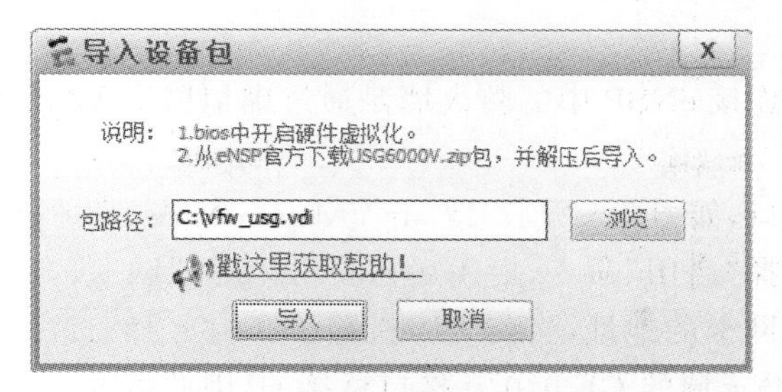

图 7-3 “导入设备包”对话框

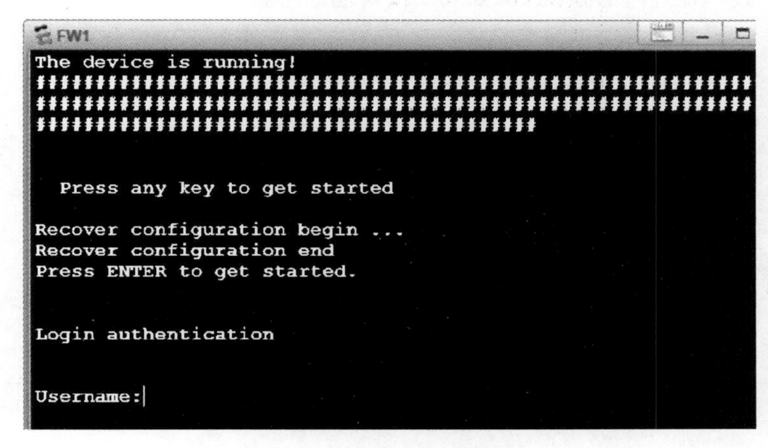

图 7-4 防火墙 CLI 配置窗口

五行＃号即可出现登录提示，性能差或安装存在问题的主机可能会在显示更多行＃后才会出现登录提示，甚至一直显示＃号而不能正常登录。

启动成功后会提示输入用户名并修改初始密码，如图 7-4 所示。默认用户名为 admin，默认密码为 Admin@123，密码修改要符合一定复杂度，否则不能通过，本书均改为 admin@1234。

修改密码过程如下：

```
Username:admin                    //输入用户名 admin
Password:                         //输入默认密码 Admin@123 后按 Enter 键,这里不会显示输入信息
The password needs to be changed. Change now? [Y/N]: y   //这里问是否现在修改密码,必须选 Y
Please enter old password:        //再次输入初始密码 Admin@123 后按 Enter 键
Please enter new password:        //输入新密码 admin@1234
Please confirm new password:      //再次输入新密码 admin@1234

Info: Your password has been changed. Save the change to survive a reboot. //提示密码修改成功
*************************************************************************
*          Copyright (C) 2014 - 2018 Huawei Technologies Co., Ltd.      *
*                                   All rights reserved.
*
*              Without the owner's prior written consent,                *
*        no decompiling or reverse - engineering shall be allowed.       *
*************************************************************************


<USG6000V1>                       //出现该防火墙提示符说明登录成功
```

2. 启用虚拟网卡

该模块中物理PC连接eNSP中的防火墙是通过虚拟网卡VMnet1实现的，所以须启用该虚拟网卡。

打开“网络连接”窗口，如图7-5所示。右击VMware Network Adapter VMnet1虚拟网卡，在弹出的快捷菜单中选择“启用”命令，启用后再右击该虚拟网卡，在弹出的快捷菜单中选择“状态”命令查看该虚拟网卡的地址，当前实验机是192.168.182.1，由于这里是通过VMnet1虚拟网卡与eNSP中的防火墙的GE 0/0/0接口桥接的，因此需要记住该地址，后续配置防火墙的GE 0/0/0接口地址时必须使GE 0/0/0接口地址与虚拟网卡VMnet1的网段保持一致。

图7-5 启用VMnet1虚拟网卡

模拟环境中，为方便起见，通常是修改eNSP防火墙的GE 0/0/0接口地址使其与VMnet1虚拟网卡地址网段相同，如这里将防火墙的GE 0/0/0接口地址改为192.168.182.2，这样才能使主机能够访问防火墙。

真实环境中，往往修改主机以太网卡地址使其与防火墙的管理IP 192.168.0.1属于同一网段，如修改主机IP为192.168.0.2/24。

如果用户的实验机地址与该物理机VMnet1的IP不同，则按用户VMnet1的IP地址设置防火墙GE 0/0/0接口的IP地址。对VMware软件熟悉的读者也可选择其他虚拟网卡，否则建议与这里保持一致选择VMnet1。

3. 桥接物理主机与eNSP中防火墙

在eNSP中添加桥接云Cloud1，右击Cloud1，在弹出的快捷菜单中选择“设置”命令，出现如图7-6所示的对话框，选择“端口类型”为GE，在“绑定信息”列表中选择UDP，单击“增加”按钮，可以看到添加了一个UDP端口，这个端口用于和eNSP中防火墙的GE 0/0/0连接；再次选择“端口类型”为GE，在“绑定信息”列表中选择VMware Network Adapter VMnet1，单击右部“增加”按钮，可以看到又添加了一个端口：VMware Network Adapter VMnet1(IP地址为192.168.182.1)，这个端口代表物理主机的VMnet1虚拟网卡。然后在“端口映射设置”选项卡选择“入端口编号”和“出端口编号”分别为“1”和“2”，并选择“双向通道”，然后单击下部“增加”按钮，在“端口映射表”中可以看到两个端口，然后关闭该对话框。

在eNSP中将Cloud1的GE 0/0/1接口和防火墙的GE 0/0/0接口相连，如图7-7所示。

回到如图7-4所示防火墙命令行(CLI)配置界面，设置管理接口GE 0/0/0的地址与管理PC网段一致。这里设置为192.168.182.2，配置命令如下：

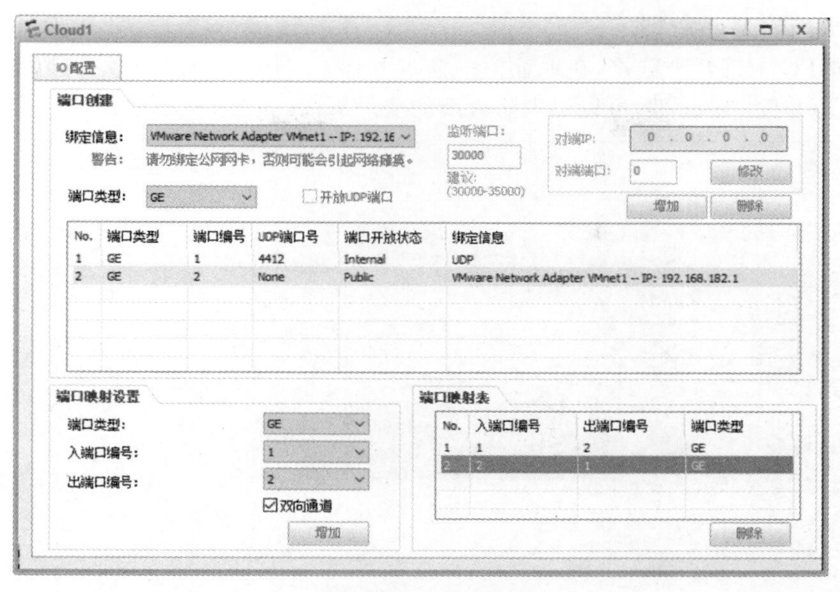

图 7-6 Cloud1 设置

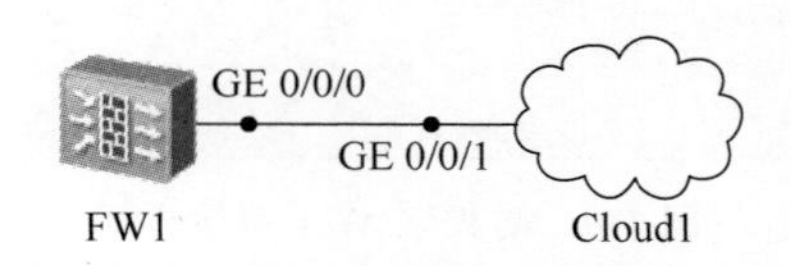

图 7-7 物理机桥接 eNSP 防火墙拓扑

```
<USG6000V1>system-view
[USG6000V1]undo info-center enable
[USG6000V1]sysname FW1
[FW1]interface GigabitEthernet 0/0/0
[FW1-GigabitEthernet0/0/0]ip address 192.168.182.2 24 //设置管理 IP
```

为测试方便，开启 GE 0/0/0 接口的相应服务：

```
[FW1-GigabitEthernet0/0/0]service-manage all permit      //开启接口所有服务
[FW1-GigabitEthernet0/0/0]dis this              //查看接口当前配置
2023-02-05 03:19:18.350
#
interface GigabitEthernet0/0/0
undo shutdown
ip binding vpn-instance default
ip address 192.168.182.2 255.255.255.0
alias GE0/METH
service-manage http permit            //允许提供 HTTP 服务
service-manage https permit           //允许提供 HTTPS 服务
service-manage ping permit            //允许提供 ping 服务
service-manage ssh permit             //允许提供 SSH 服务
service-manage snmp permit            //允许提供 SNMP 服务
service-manage telnet permit          //允许提供 Telnet 服务
#
return
[FW1-GigabitEthernet0/0/0]quit
[FW1]
```

4. 防火墙的 Web 管理

在物理 PC 中打开浏览器，在地址栏中输入 https://192.168.182.2(可以加上":8443"默认端口号)并按 Enter 键，可以出现防火墙的登录页面，如图 7-8 所示。

图 7-8 防火墙 Web 登录界面

输入用户名和密码，默认用户名为 admin、密码为 Admin@123，单击"登录"按钮，即可进入防火墙 Web 管理界面，如图 7-9 所示。在此可以对防火墙做各种设置，其设置与 CLI 方式保持同步。实际工作中常常使用 Web 管理方式来管理防火墙。

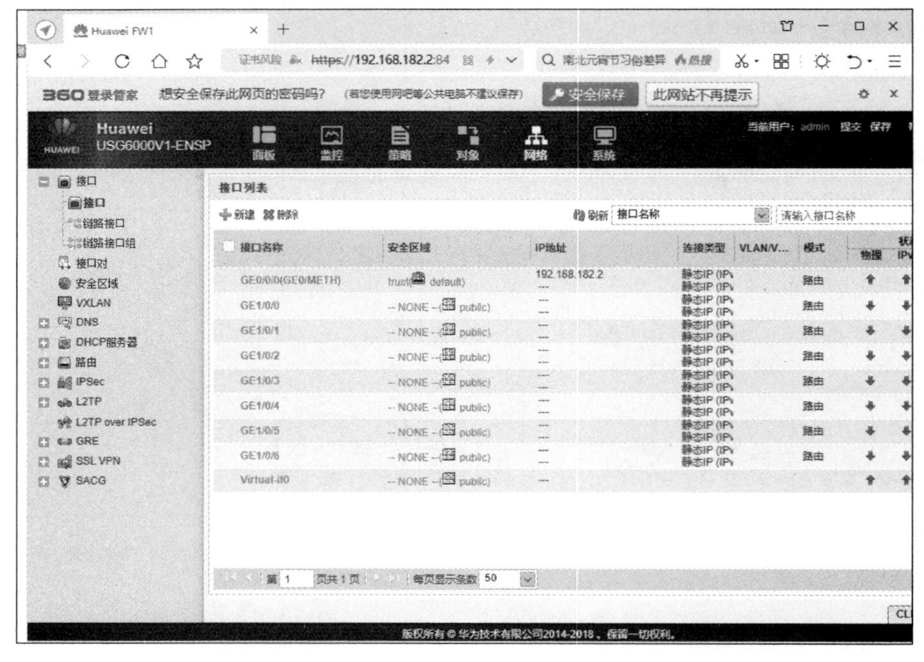

图 7-9 防火墙 Web 管理界面

7.2　模块 2：中小型企业网出口防火墙部署

【教学目标】

知识目标：

➢ 掌握防火墙的基础知识。

➢ 掌握出口防火墙的常规配置思路与方法。

技能目标：能够正确进行出口防火墙常规配置。

思政目标：要树立维护网络安全的责任意识，综合运用防火墙策略及 OSPF 认证等保障企事业单位信息安全。

7.2.1　模块拓扑

如图 7-10 所示，防火墙 FW 的接口 GE 0/0/0 桥接管理防火墙的物理 PC；接口 GE 1/0/1 与网络服务商的路由器 ISP-R 相连，ISP-R 连接了互联网（untrust 区域）中的一台 Web Server；接口 GE 1/0/2 与服务器区（DMZ）的接入交换机 DMZ-S 相连，DMZ-S 上连接了一

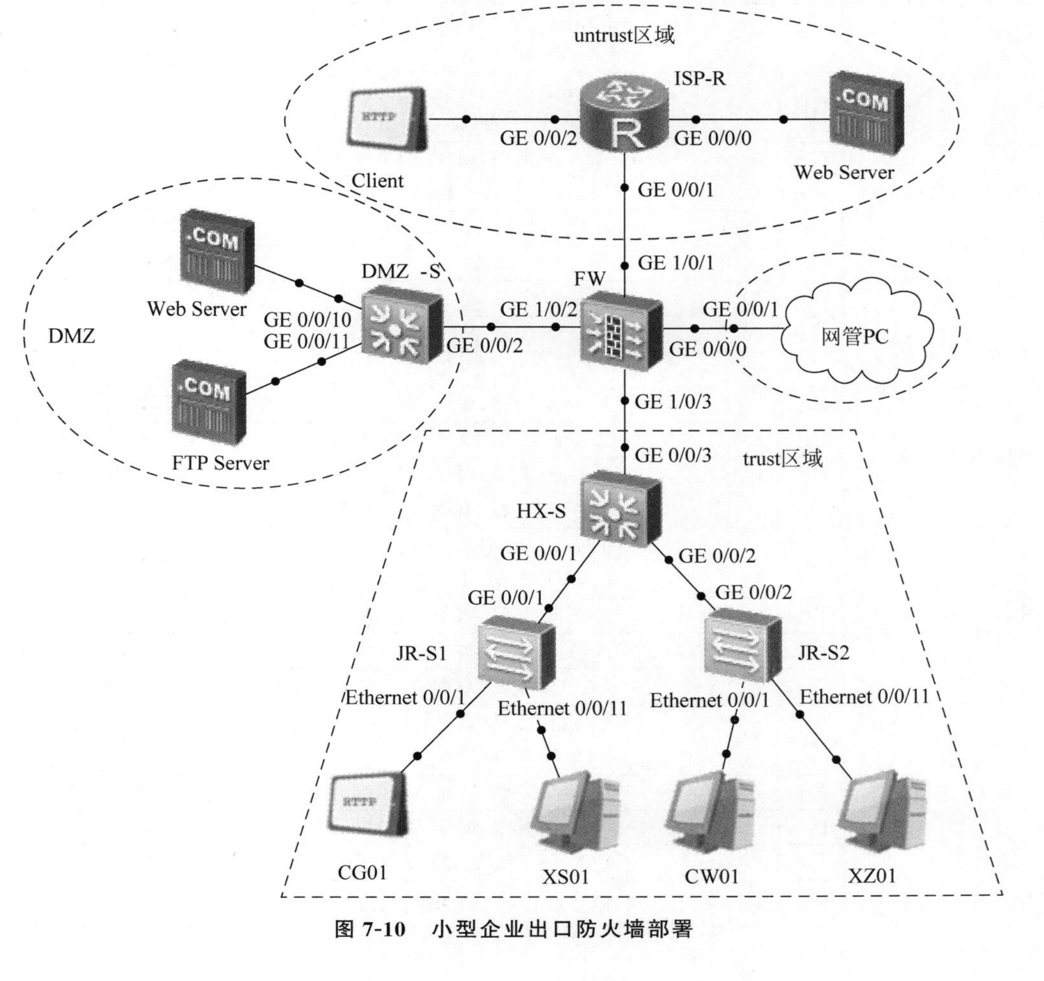

图 7-10　小型企业出口防火墙部署

台 Web Server 和一台 FTP Server，便于内外网用户访问 DMZ；接口 GE 1/0/3 与局域网区域(trust 区域)的核心交换机 HX-S 相连，HX-S 向下连接两台接入交换机从而汇聚内网用户上网流量并转发给防火墙。

7.2.2 模块规划

对于如图 7-10 所示拓扑，要求能够实现局域网内网用户访问 Internet，同时内外网用户均能够访问 DMZ 的服务器。拓扑中各设备接口规划如表 7-1 所示。

表 7-1 设备接口规划

设备	接口	接口类型/IP 地址	备注
ISP-R(Router)	GE 0/0/0	111.1.1.1/24	连接外网 Server
	GE 0/0/1	222.1.1.1/30	连接 FW
	GE 0/0/2	100.1.1.1/24	连接 HttpClient
FW(USG6000V)	GE 0/0/0	192.168.182.2/24	默认管理接口
	GE 1/0/1	222.1.1.2/30	连接 ISP-R
	GE 1/0/2	172.16.1.1/24	连接 DMZ，为该区域网关
	GE 1/0/3	192.168.100.1/24	连接 HX-S
HX-S(S5700)	GE 0/0/1	Trunk 类型，允许 VLAN 10、VLAN 20 通过	连接 JR-S1
	GE 0/0/2	Trunk 类型，允许 VLAN 30、VLAN 40 通过	连接 JR-S2
	GE 0/0/3	Access 类型，属于 VLAN 100	连接 FW
	vlanif 1	192.168.1.1/24	管理 IP
	vlanif 10	192.168.10.254/24	采购部网关
	vlanif 20	192.168.20.254/24	销售部网关
	vlanif 30	192.168.30.254/24	财务部网关
	vlanif 40	192.168.40.254/24	行政部网关
	vlanif 100	192.168.100.2/24	GE 0/0/3 对应逻辑接口
DMZ-S(S5700)	GE 0/0/2	Access 类型，属于 VLAN 1	连接 FW
	GE 0/0/10	Access 类型，属于 VLAN 1	连接 Web Server
	GE 0/0/11	Access 类型，属于 VLAN 1	连接 FTP Server
	vlanif 1	172.16.1.2/24(网关：172.16.1.1)	
JR-S1(S3700)	GE 0/0/1	Trunk 类型，允许 VLAN 10、VLAN 20 通过	连接 HX-S
	Ethernet 0/0/1	Access 类型，属于 VLAN 10	连接采购部用户 CG01
	Ethernet 0/0/11	Access 类型，属于 VLAN 20	连接销售部用户 XS01
	vlanif 1	192.168.1.2/24(网关：192.168.1.1)	管理 IP 地址
JR-S2(S3700)	GE 0/0/2	Trunk 类型，允许 VLAN 30、VLAN 40 通过	连接 HX-S
	Ethernet 0/0/1	Access 类型，属于 VLAN 30	连接财务部用户 CW01
	Ethernet 0/0/11	Access 类型，属于 VLAN 40	连接行政部用户 XZ01
	vlanif 1	192.168.1.3/24(网关：192.168.1.1)	管理 IP 地址
Web Server(untrust)	Ethernet 0/0/1	111.1.1.2/24(网关：111.1.1.1)	

续表

设　　备	接　　口	接口类型/IP 地址	备　　注
Web Server(DMZ)	Ethernet 0/0/1	172.16.1.3/24(网关：172.16.1.1)	
FTP Server(DMZ)	Ethernet 0/0/1	172.16.1.4/24(网关：172.16.1.1)	
CG01	Ethernet 0/0/1	192.168.10.1/24(网关：192.168.10.254)	采购部用户
XS01	Ethernet 0/0/1	192.168.20.1/24(网关：192.168.20.254)	销售部用户
CW01	Ethernet 0/0/1	192.168.30.1/24(网关：192.168.30.254)	财务部用户
XZ01	Ethernet 0/0/1	192.168.40.1/24(网关：192.168.40.254)	行政部用户

7.2.3 知识准备

1. 防火墙部署方式

防火墙的部署非常灵活，可以是直连式组网，如图 7-10 所示；也可以是旁挂式组网，如图 7-11 所示。

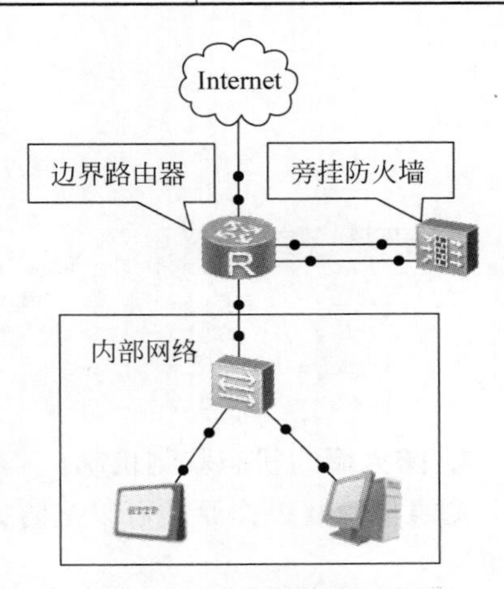

图 7-11　防火墙旁挂式部署

直连式组网又分为如下三种模式。

(1) 路由模式：各物理接口为三层接口，需要给各接口配置 IP 地址，防火墙像路由器一样承担着路由功能，并通过各种策略对流量进行管控。新建项目建议采用这种模式部署。

(2) 透明模式：各物理接口为二层接口，无须配置 IP 地址，防火墙实现交换机桥接功能，对旧网改造添加防火墙的工程来说，无须重新规划网络地址，实施便捷。

(3) 混合模式：路由模式和透明模式的综合使用，有些物理接口为三层接口，需配置 IP 地址，有些物理接口为二层接口，无须配置 IP 地址，但往往需要配置 SVI 地址。

2. 防火墙最典型的部署方式

防火墙的部署方式很灵活，但最典型的部署方式如图 7-12 所示。其中 trust 区域连接内部局域网或管理区域；untrust 区域连接 Internet 或外部网络；DMZ 连接服务器区。DMZ 虽处于内网，但由于要对外网提供服务，因此为了保障内网安全，通常将其与内网隔离，单独设置一个区域，也称非军事化区域。

3. 防火墙的安全策略

防火墙的安全策略是其实现流量管控的主要工具，主要通过对不同安全区域之间的流量控制实现数据流的保护和过滤。例如，要允许内网用户访问外网，在内网为 trust 区域、外网为 untrust 区域的情况下，则需要对源区域为 trust、目的区域为 untrust 的流量执行“允许”动作。安全策略也可以对源 IP 和目的 IP 及服务类型进行限定。以下为由内网(trust 区域)访问外网(untrust 区域)的安全策略配置示例：

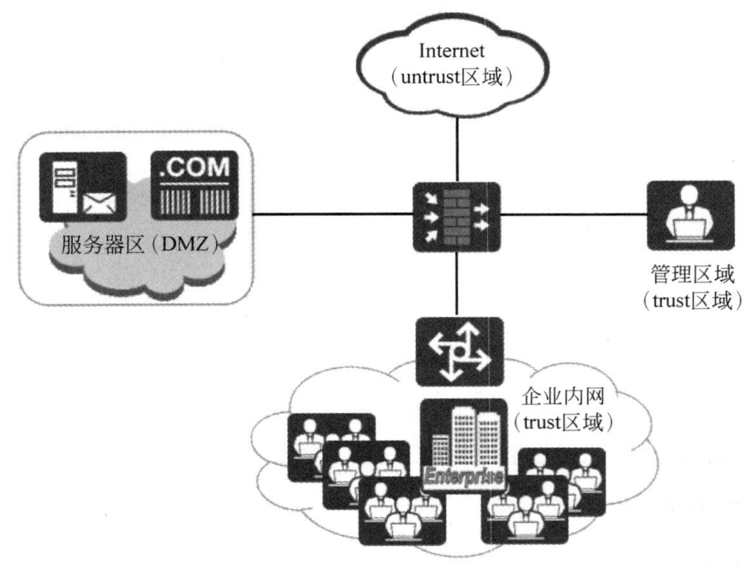

图 7-12　防火墙典型部署架构

```
[FW]security-policy                                                //进入安全策略配置视图
[FW-policy-security]rule name trust_to_untrust                     //定义安全策略规则名称
[FW-policy-security-trust_to_untrust]source-zone trust             //定义源区域
[FW-policy-security-trust_to_untrust]destination-zone untrust      //定义目的区域
[FW-policy-security-trust_to_untrust]service http                  //定义匹配的服务类型
[FW-policy-security-trust_to_untrust]action permit                 //定义执行动作为允许
```

4. 防火墙的状态监测机制

按照功能及工作原理可以把防火墙分为包过滤防火墙、状态监测防火墙和应用代理防火墙。

包过滤防火墙即可以按照数据包的源目地址、源目端口及协议类型进行流量控制的防火墙，其实现机制类似路由器的访问控制列表。

状态监测防火墙默认采用状态监测机制，内网某终端访问外网，在路由可达、内网(trust 区域)到外网(untrust 区域)安全策略动作为允许(permit)的情况下，首包到达防火墙时，防火墙先后检查路由表和安全策略，如果都允许放行，则会转发数据包并建立会话表。会话表包含五个元素，分别是协议名称、源 IP 地址、目的 IP 地址、源端口、目的端口，所以也叫五元素表。会话表的主要作用就是供回程报文匹配五元素的，如果是对源包的应答报文，则匹配五元素成功，于是会放行该报文；如果是外网用户主动发往内网的报文，则没有相应会话表与其匹配，防火墙则会丢弃该报文，这样就可以防御来自外网的非授权访问，保障内网的安全。

可以看出，状态检测防火墙其实首先也是运用了包过滤技术对报文按照源目地址、源目端口及协议类型进行控制，不同的是，状态检测防火墙针对不同的数据流，在转发首包后会建立会话表(五元素表)，回程报文由于可以匹配会话表而顺利抵达源节点，而源节点为外网终端时则会因匹配不上会话表而被防火墙拦截，提高了内网安全性。

应用代理防火墙功能更加细化，更加强大，可以针对应用层流量进行控制，如控制游戏、QQ 报文等。

7.2.4 配置与测试

如图 7-13 所示，防火墙 FW 的 GE 1/0/1 接口连接 untrust 区域的 ISP-R，故应将其划分到 untrust 区域；GE 1/0/2 接口连接 DMZ，故应其划分到 DMZ；GE 1/0/3 接口连接 trust 区域，故应将其划分到 trust 区域；GE 0/0/0 接口桥接物理 PC。

视频讲解

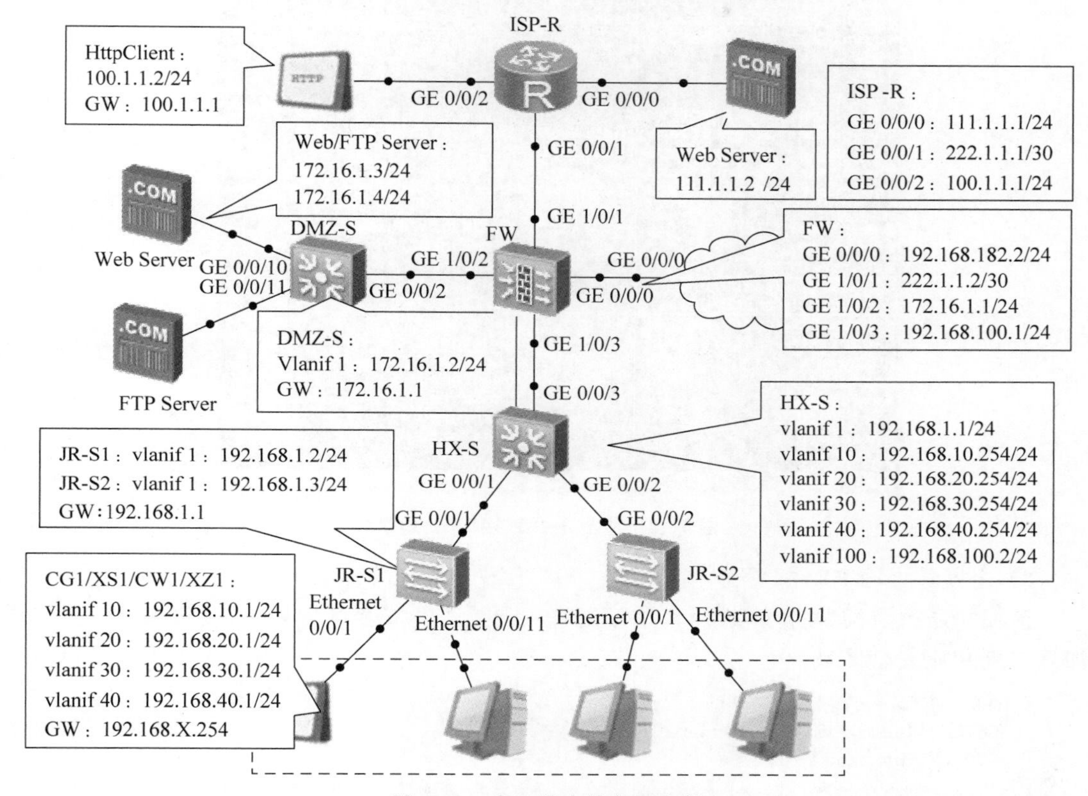

图 7-13 出口防火墙部署实例

该模块要求能够实现内网用户访问 Internet，同时内外网用户均能够访问 DMZ 的服务器，这样就涉及跨区域访问的问题。需要将相应接口添加到相应区域。以下分阶段对各设备进行配置。

1. 基础配置

说明：各终端按照表 7-1 规划配置，这里不再赘述。

1）网络运营商 ISP-R 配置

```
<Huawei>sys
[Huawei]undo info-center enable
[Huawei]sysname ISP-R
[ISP-R]interface GigabitEthernet 0/0/0
[ISP-R-GigabitEthernet0/0/0]ip address 111.1.1.1 24      //连接外网服务器接口 IP 地址
[ISP-R-GigabitEthernet0/0/0]quit
[ISP-R]interface GigabitEthernet 0/0/1                   //进入接口配置视图
[ISP-R-GigabitEthernet0/0/1]ip address 222.1.1.1 30      //连接防火墙接口 IP 地址
[ISP-R-GigabitEthernet0/0/1]quit
[ISP-R]interface GigabitEthernet 0/0/2                   //进入接口配置视图
```

```
[ISP-R-GigabitEthernet0/0/1]ip address 100.1.1.1 24     //连接 HttpClient
[ISP-R-GigabitEthernet0/0/1]quit
[ISP-R]quit
<ISP-R>display ip interface brief                      //查看接口 IP 地址简要配置信息,结
//果如图 7-14 所示
```

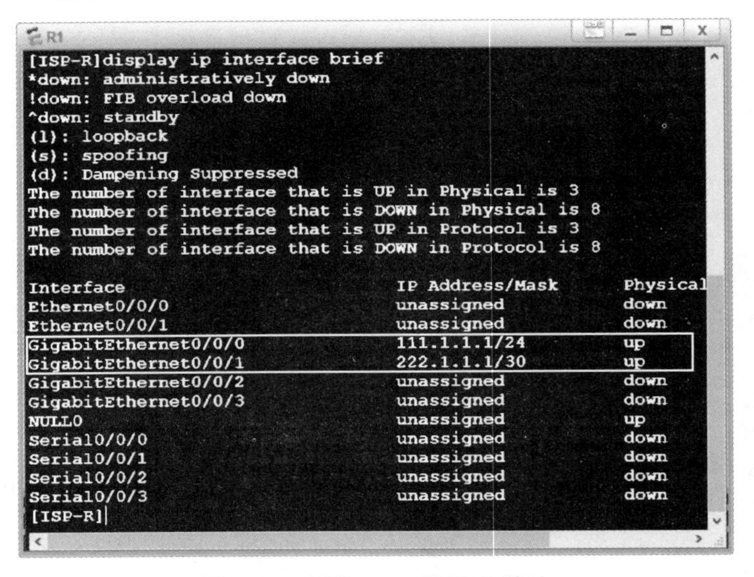

图 7-14　查看 ISP-R 接口 IP 地址

2）边界防火墙 FW 配置

该模块防火墙配置分阶段进行，基础配置主要是进行安全区域划分、接口地址配置并添加接口到相应安全区域。

```
<USG6000V1>sys
[USG6000V1]undo info-center enable
[USG6000V1]sysname FW
[FW]interface GigabitEthernet 0/0/0                 //进入防火墙的 GE 0/0/0 接口配置视图
[FW-GigabitEthernet0/0/0]ip address 192.168.182.2 24 //给接口配置 IP 地址
[FW-GigabitEthernet0/0/0]service-manage ping permit //开启接口 ping 服务
[FW-GigabitEthernet0/0/0]quit
//trust 区域基础配置
[FW]firewall zone trust                              //进入防火墙的 trust 区域配置视图
[FW-zone-trust]add interface GigabitEthernet 1/0/3   //将接口 GE 1/0/3 添加到 trust 区域
[FW-zone-trust]dis this
2023-02-05 09:10:31.250
#
firewall zone trust
set priority 85
add interface GigabitEthernet0/0/0           //GE 0/0/0 接口默认属于 trust 区域,无须添加
add interface GigabitEthernet1/0/3
#
return
[FW-zone-trust]
[FW-zone-trust]quit
[FW]interface GigabitEthernet 1/0/3                   //进入防火墙的 GE 1/0/3 接口配置视图
[FW-GigabitEthernet1/0/3]ip address 192.168.100.1 24 //给接口配置 IP 地址
[FW-GigabitEthernet1/0/3]service-manage ping permit //开启接口 ping 服务
```

```
[FW-GigabitEthernet1/0/3]quit
//untrust 区域基础配置
[FW]firewall zone untrust                                  //进入防火墙的 untrust 区域配置视图
[FW-zone-untrust]add interface GigabitEthernet 1/0/1 //将接口 GE 1/0/1 添加到 untrust 区域
[FW-zone-untrust]quit
[FW]interface GigabitEthernet 1/0/1                        //进入防火墙的 GE 1/0/1 接口配置视图
[FW-GigabitEthernet1/0/1]ip address 222.1.1.2 30           //给接口配置 IP 地址
[FW-GigabitEthernet1/0/1]service-manage ping permit //开启接口 ping 服务
[FW-GigabitEthernet1/0/1]quit
//dmz 区域基础配置
[FW]firewall zone dmz                                      //进入防火墙的 DMZ 配置视图
[FW-zone-dmz]add interface GigabitEthernet 1/0/2           //将接口 GE 1/0/2 添加到 DMZ
[FW-zone-dmz]quit
[FW]interface GigabitEthernet 1/0/2                        //进入防火墙的 GE 1/0/2 接口配置视图
[FW-GigabitEthernet1/0/2]ip address 172.16.1.1 24          //给接口配置 IP 地址
[FW-GigabitEthernet1/0/2]service-manage ping permit //开启接口 ping 服务
[FW-GigabitEthernet1/0/2]quit
[FW]dis security-policy rule all                           //查看防火墙的安全策略规则
2023-02-02 23:47:29.800
Total:1
RULE ID  RULE NAME          STATE         ACTION       HITS
-------------------------------------------------------------
0        default            enable        deny         0
```

这里显示了一条默认安全策略规则：动作 deny，即拒绝所有。

需要注意，由于华为 USG6000V 防火墙默认任何两个安全区域都不能互相访问，因此，即使所有三层设备路由互通，内网用户也不能访问 Internet 的任何节点和 DMZ 的服务器，也不能访问 local 区域（即防火墙的接口本身），不利于调试和排障。所以，在工程实施过程中，为了方便测试路由，可以先将防火墙默认的安全策略规则改为允许所有，待实现网络互通的目标后，再恢复默认安全策略（拒绝所有）。

```
//修改防火墙默认的安全策略规则为允许所有
[FW]security-policy                                        //进入安全策略配置视图
[FW-policy-security]default action permit                  //将默认安全策略动作配置为 permit,
//按 Enter 键后会有以下提示
Warning:Setting the default packet filtering to permit poses security risks. You
are advised to configure the security policy based on the actual data flows. Are
you sure you want to continue?[Y/N]y                       //输入 Y 后按 Enter 键
[FW]dis security-policy rule all                           //查看防火墙的安全策略规则
2023-02-12 14:38:22.080
Total:1
RULE ID  RULE NAME          STATE        ACTION       HITS
-------------------------------------------------------------
0        default            enable       permit       0
-------------------------------------------------------------
```

再次查看防火墙的安全策略规则，发现其动作已经被改成 permit，即允许所有。

```
[FW]quit
<FW>display zone                                           //查看区域设置
2023-02-12 14:44:06.500
local
priority is 100
interface of the zone is (0):
```

```
#
trust
  priority is 85
  interface of the zone is (2):
      GigabitEthernet0/0/0
      GigabitEthernet1/0/3
#
untrust
  priority is 5
  interface of the zone is (1):
      GigabitEthernet1/0/1
#
dmz
  priority is 50
  interface of the zone is (1):
      GigabitEthernet1/0/2
#
<FW>dis ip interface brief    //查看接口 IP 地址及状态
2023-02-12 14:46:07.050
*down: administratively down
^down: standby
(l): loopback
(s): spoofing
(d): Dampening Suppressed
(E): E-Trunk down
The number of interface that is UP in Physical is 6
The number of interface that is DOWN in Physical is 4
The number of interface that is UP in Protocol is 6
The number of interface that is DOWN in Protocol is 4

Interface                  IP Address/Mask        Physical      Protocol
GigabitEthernet0/0/0       192.168.0.1/24         up            up
GigabitEthernet1/0/0       unassigned             down          down
GigabitEthernet1/0/1       222.1.1.2/30           up            up
GigabitEthernet1/0/2       172.16.1.1/24          up            up
GigabitEthernet1/0/3       192.168.100.1/24       up            up
GigabitEthernet1/0/4       unassigned             down          down
GigabitEthernet1/0/5       unassigned             down          down
GigabitEthernet1/0/6       unassigned             down          down
NULL0                      unassigned             up            up(s)
Virtual-if0                unassigned             up            up(s)
<FW>save
```

通过物理PC的浏览器以Web方式登录防火墙(IP地址为192.168.182.2),查看防火墙各接口状态,发现Web界面的接口配置与CLI界面配置进行了同步更新,如图7-15所示。

在不影响项目功能的情况下,读者可以尝试修改接口的安全区域、IP地址等,然后在CLI界面查看配置结果,发现在Web界面所做的配置同样可以同步到CLI界面的配置。此现象可以自行测试,这里不做赘述。

3) 核心交换机HX-S(型号为S5700)配置

```
<Huawei>sys
[Huawei]undo info-center enable
[Huawei]sysname HX-S
//划 VLAN
[HX-S]vlan batch 10 20 30 40 100
```

```
//归端口
[HX - S]interface GigabitEthernet 0/0/1
[HX - S - GigabitEthernet0/0/1]port link - type trunk
[HX - S - GigabitEthernet0/0/1]port trunk allow - pass vlan 10 20
[HX - S - GigabitEthernet0/0/1]quit
[HX - S]interface GigabitEthernet 0/0/2
[HX - S - GigabitEthernet0/0/2]port link - type trunk
[HX - S - GigabitEthernet0/0/2]port trunk allow - pass vlan 30 40
[HX - S - GigabitEthernet0/0/2]quit
[HX - S]interface GigabitEthernet 0/0/3
[HX - S - GigabitEthernet0/0/3]port link - type access
[HX - S - GigabitEthernet0/0/3]port default vlan 100
[HX - S - GigabitEthernet0/0/3]quit
//启路由,配网关
[HX - S]interface vlanif 1
[HX - S - Vlanif1]ip address 192.168.1.1 24          //配置管理 VLAN 1 的网关
[HX - S - Vlanif1]quit
[HX - S]interface vlanif 10
[HX - S - Vlanif10]ip address 192.168.10.254 24    //配置 VLAN 10 的网关
[HX - S - Vlanif10]quit
[HX - S]interface vlanif 20
[HX - S - Vlanif20]ip address 192.168.20.254 24    //配置 VLAN 20 的网关
[HX - S - Vlanif20]quit
[HX - S]interface vlanif 30
[HX - S - Vlanif30]ip address 192.168.30.254 24    //配置 VLAN 30 的网关
[HX - S - Vlanif30]quit
[HX - S]interface vlanif 40
[HX - S - Vlanif40]ip address 192.168.40.254 24    //配置 VLAN 40 的网关
[HX - S - Vlanif40]quit
[HX - S]interface vlanif 100
[HX - S - Vlanif100]ip address 192.168.100.2 24    //配置 GE 0/0/3 对应 SVI 地址
[HX - S - Vlanif100]quit
[HX - S]display vlan                    //查看 VLAN 信息,结果如图 7 - 16 所示
[HX - S]display ip interface brief      //查看接口 IP 地址,如图 7 - 17 所示
[HX - S]quit
<HX - S> save
```

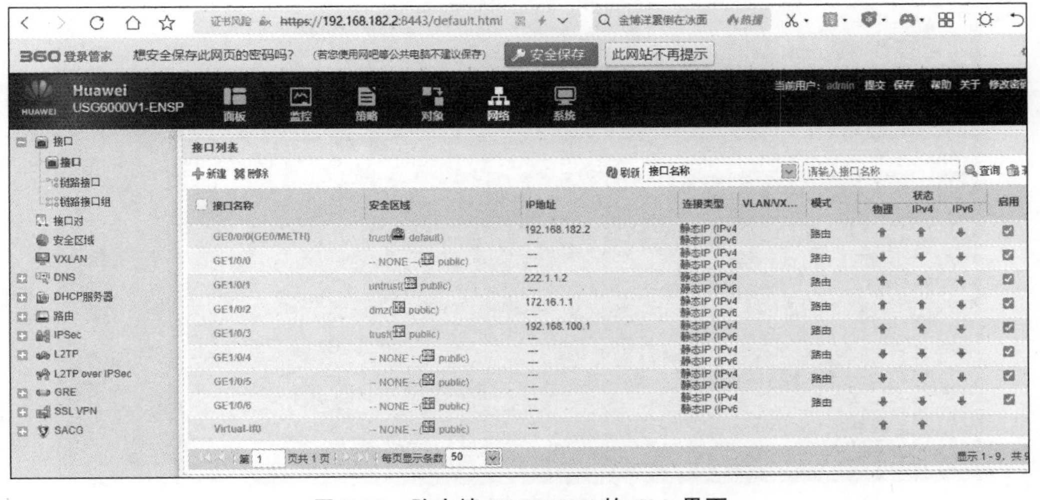

图 7-15　防火墙 USG6000V 的 Web 界面

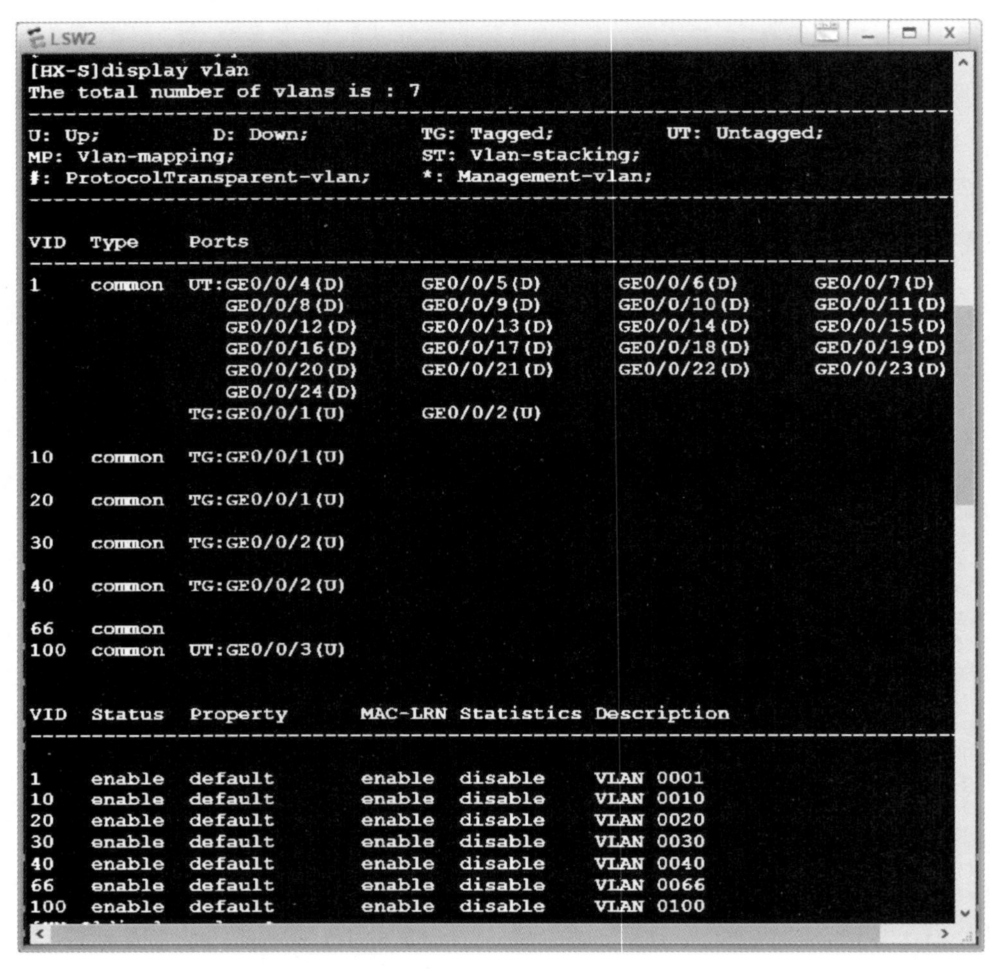

图 7-16　VLAN 与接口信息

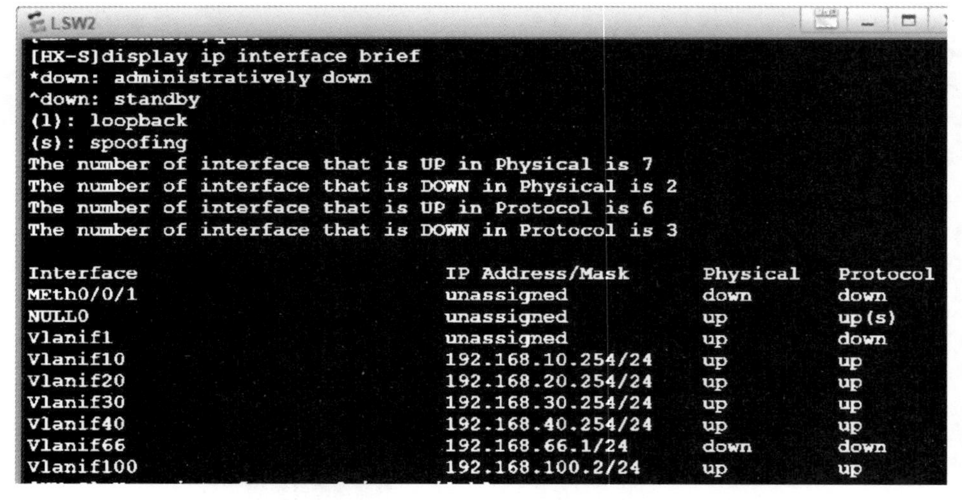

图 7-17　查看接口 IP 地址信息

4）接入交换机 JR-S1（型号为 S3700）配置

```
<Huawei>sys
[Huawei]undo info-center enable
[Huawei]sysname JR-S1
//划 VLAN
[JR-S1]vlan batch 10 20
//归端口
[JR-S1]interface GigabitEthernet 0/0/1
[JR-S1-GigabitEthernet0/0/1]port link-type trunk
[JR-S1-GigabitEthernet0/0/1]port trunk allow-pass vlan 10 20
[JR-S1-GigabitEthernet0/0/1]quit
[JR-S1]interface Ethernet 0/0/1
[JR-S1-Ethernet0/0/1]port link-type access
[JR-S1-Ethernet0/0/1]port default vlan 10
[JR-S1-Ethernet0/0/1]quit
[JR-S1]interface Ethernet 0/0/11
[JR-S1-Ethernet0/0/11]port link-type access
[JR-S1-Ethernet0/0/11]port default vlan 20
[JR-S1-Ethernet0/0/11]quit
[JR-S1]interface vlanif 1
[JR-S1-Vlanif1]ip address 192.168.1.2 24
[JR-S1-Vlanif1]quit
[JR-S1]ip route-static 0.0.0.0 0.0.0.0 192.168.1.1 //默认路由,相当于配置网关
[JR-S1]display vlan                                 //查看 VLAN 信息,结果如图 7-18 所示
[JR-S1]quit
<JR-S1>save
```

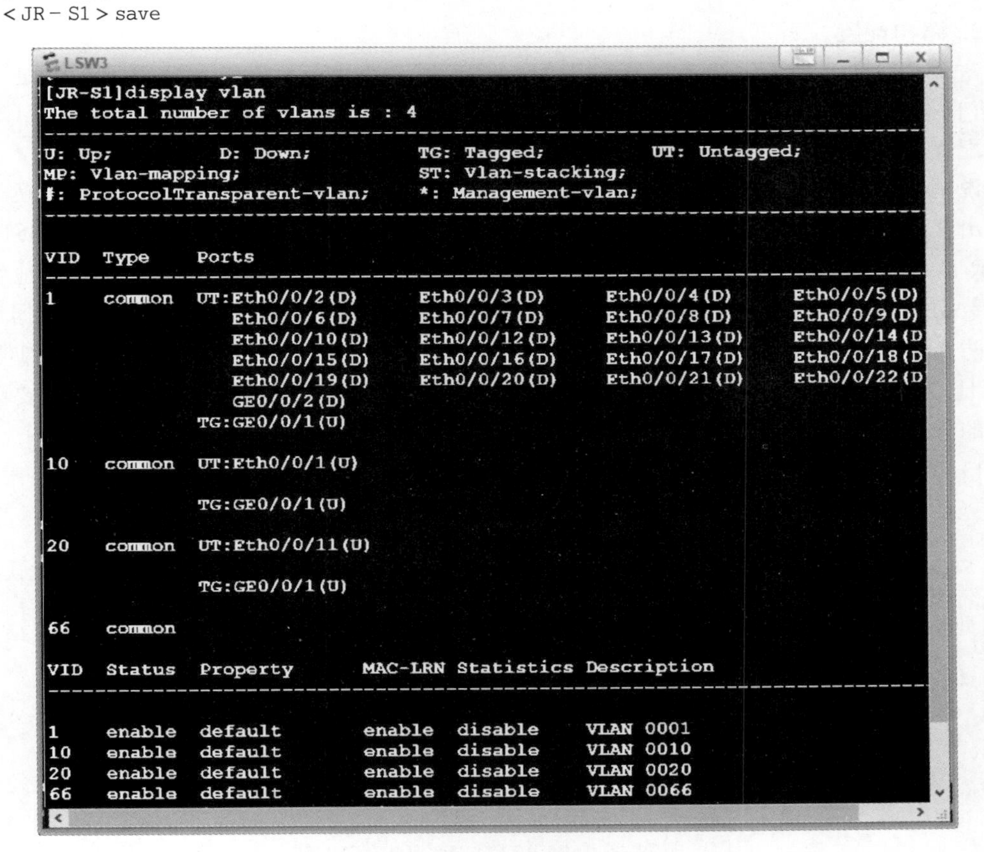

图 7-18　VLAN 和接口信息

5）接入交换机JR-S2(型号为S3700)配置

```
<Huawei>sys
[Huawei]undo info-center enable
[Huawei]sysname JR-S2
//划 VLAN
[JR-S2]vlan batch 30 40
//归端口
[JR-S2]interface GigabitEthernet 0/0/2
[JR-S2-GigabitEthernet0/0/2]port link-type trunk
[JR-S2-GigabitEthernet0/0/2]port trunk allow-pass vlan 30 40
[JR-S2-GigabitEthernet0/0/2]quit
[JR-S2]interface Ethernet 0/0/1
[JR-S2-Ethernet0/0/1]port link-type access
[JR-S2-Ethernet0/0/1]port default vlan 30
[JR-S2-Ethernet0/0/1]quit
[JR-S2]interface Ethernet 0/0/11
[JR-S2-Ethernet0/0/11]port link-type access
[JR-S2-Ethernet0/0/11]port default vlan 40
[JR-S2-Ethernet0/0/11]quit
[JR-S2]interface vlanif 1
[JR-S2-Vlanif1]ip address 192.168.1.3 24
[JR-S2-Vlanif1]quit
[JR-S2]ip route-static 0.0.0.0 0.0.0.0 192.168.1.1
[JR-S2]display vlan //查看 VLAN 信息
[JR-S2]quit
<JR-S2>save
```

2. 路由配置

这个阶段主要是通过给三层设备添加OSPF动态路由及默认路由实现全网互通。所以，所有参与路由的三层设备(包括防火墙和核心交换机)均应做相应配置，而且对OSPF还应配置MD5认证，以防御非授权访问的风险。

说明：按照模块规划，防火墙通过Easy-IP的NAT技术将内网私有IP地址转换为防火墙出接口公有IP地址，然后通过默认路由将数据包转发给网络运营商路由器ISP-R，ISP-R通过与防火墙和Internet中Web Server的直连路由可以将来自内网并经过地址转换的数据包发给Internet中Web Server，也可以将Internet中Web Server返回的数据包转发给防火墙出接口，防火墙出接口可以通过NAT会话表将出接口IP地址转换为对应私有IP地址，然后将数据包发往内网。所以，这里ISP-R上不需要再配置路由。这里需要配置路由的只有防火墙和核心交换机。

1）边界防火墙FW(USG6000V)配置

```
<FW>sys
[FW]undo info-center enable
[FW]ip route-static 0.0.0.0 0.0.0.0 GigabitEthernet1/0/1 222.1.1.1          //配置默认路由
//配置 OSPF,目的是使全网互通
[FW]ospf 1 router-id 1.1.1.1
[FW-ospf-1]area 0
[FW-ospf-1-area-0.0.0.0]import-route static                    //将默认路由导入 OSPF
[FW-ospf-1-area-0.0.0.0]default-route-advertise always //下发默认路由,使核心交换机
//自动生成指向防火墙的默认路由
[FW-ospf-1-area-0.0.0.0]network 192.168.182.0 0.0.0.255  //宣告直连的管理网段
[FW-ospf-1-area-0.0.0.0]network 172.16.1.0 0.0.0.255     //宣告直连 DMZ 的网段
[FW-ospf-1-area-0.0.0.0]network 192.168.100.0 0.0.0.255  //宣告直连核心交换机的网段
[FW-ospf-1-area-0.0.0.0]authentication-mode md5 1 cipher huawei123   //配置 OSPF 认证
```

```
[FW-ospf-1-area-0.0.0.0]quit
[FW-ospf-1]quit
[FW]quit
<FW>save
```

登录防火墙 Web 管理界面，查看路由表，发现 Web 界面的路由项与 CLI 界面的配置进行了同步，如图 7-19 所示。

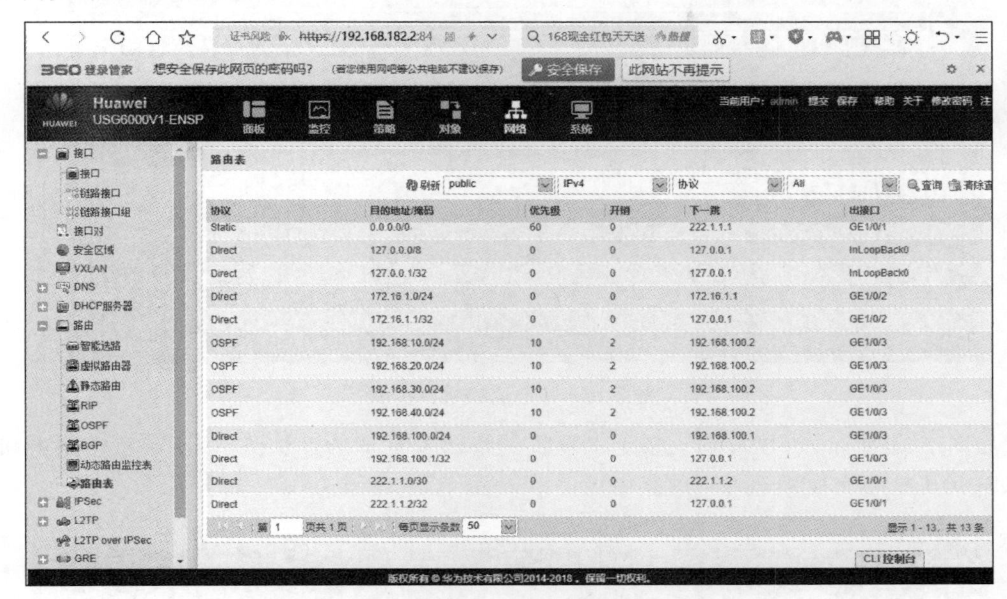

协议	目的地址/掩码	优先级	开销	下一跳	出接口
Static	0.0.0.0/0	60	0	222.1.1.1	GE1/0/1
Direct	127.0.0.0/8	0	0	127.0.0.1	InLoopBack0
Direct	127.0.0.1/32	0	0	127.0.0.1	InLoopBack0
Direct	172.16.1.0/24	0	0	172.16.1.1	GE1/0/2
Direct	172.16.1.1/32	0	0	127.0.0.1	GE1/0/2
OSPF	192.168.10.0/24	10	2	192.168.100.2	GE1/0/3
OSPF	192.168.20.0/24	10	2	192.168.100.2	GE1/0/3
OSPF	192.168.30.0/24	10	2	192.168.100.2	GE1/0/3
OSPF	192.168.40.0/24	10	2	192.168.100.2	GE1/0/3
Direct	192.168.100.0/24	0	0	192.168.100.1	GE1/0/3
Direct	192.168.100.1/32	0	0	127.0.0.1	GE1/0/3
Direct	222.1.1.0/30	0	0	222.1.1.2	GE1/0/1
Direct	222.1.1.2/32	0	0	127.0.0.1	GE1/0/1

图 7-19　Web 配置界面路由表

2）核心交换机 HX-S(型号为 S5700)配置

```
<HX-S>sys
[HX-S]undo info-center enable
//配置 OSPF,目的是使全网互通
[HX-S]ospf 1 router-id 2.2.2.2
[HX-S-ospf-1]area 0
[HX-S-ospf-1-area-0.0.0.0]network 192.168.10.0 0.0.0.255
[HX-S-ospf-1-area-0.0.0.0]network 192.168.20.0 0.0.0.255
[HX-S-ospf-1-area-0.0.0.0]network 192.168.30.0 0.0.0.255
[HX-S-ospf-1-area-0.0.0.0]network 192.168.40.0 0.0.0.255
[HX-S-ospf-1-area-0.0.0.0]network 192.168.100.0 0.0.0.255
[HX-S-ospf-1-area-0.0.0.0]authentication-mode md5 1 cipher huawei123
[HX-S-ospf-1-area-0.0.0.0]quit
[HX-S-ospf-1]quit
[HX-S]display ip routing-table //查看路由表,如图 7-20 所示
[HX-S]quit
<HX-S>save
```

核心交换机路由表如图 7-20 所示，可以看到核心交换机 HX-S 上产生了一条外部(O_ASE)默认路由，这是由防火墙下发默认路由而自动产生的，下一跳指向连接的防火墙接口。HX-S 还通过 OSPF 学习到了去往 DMZ 的路由。

再查看防火墙路由表命令如下：

```
[FW]display ip routing-table    //查看防火墙路由表,如图 7-21 所示
```

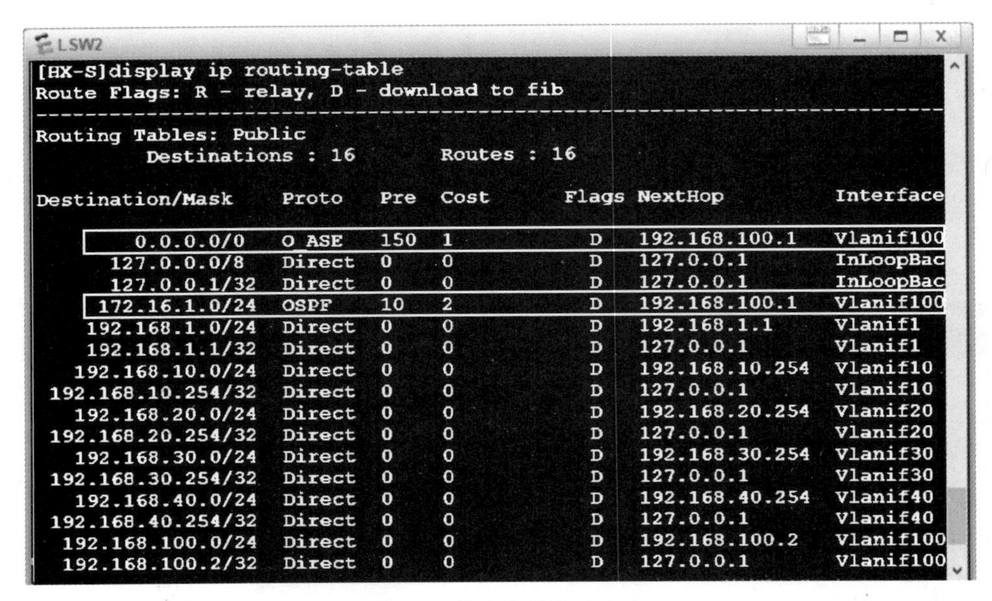

```
[HX-S]display ip routing-table
Route Flags: R - relay, D - download to fib
------------------------------------------------------------------------------
Routing Tables: Public
         Destinations : 16       Routes : 16

Destination/Mask    Proto   Pre  Cost      Flags NextHop         Interface

        0.0.0.0/0   O_ASE   150  1           D   192.168.100.1   Vlanif100
      127.0.0.0/8   Direct  0    0           D   127.0.0.1       InLoopBac
     127.0.0.1/32   Direct  0    0           D   127.0.0.1       InLoopBac
    172.16.1.0/24   OSPF    10   2           D   192.168.100.1   Vlanif100
   192.168.1.0/24   Direct  0    0           D   192.168.1.1     Vlanif1
   192.168.1.1/32   Direct  0    0           D   127.0.0.1       Vlanif1
  192.168.10.0/24   Direct  0    0           D   192.168.10.254  Vlanif10
192.168.10.254/32   Direct  0    0           D   127.0.0.1       Vlanif10
  192.168.20.0/24   Direct  0    0           D   192.168.20.254  Vlanif20
192.168.20.254/32   Direct  0    0           D   127.0.0.1       Vlanif20
  192.168.30.0/24   Direct  0    0           D   192.168.30.254  Vlanif30
192.168.30.254/32   Direct  0    0           D   127.0.0.1       Vlanif30
  192.168.40.0/24   Direct  0    0           D   192.168.40.254  Vlanif40
192.168.40.254/32   Direct  0    0           D   127.0.0.1       Vlanif40
 192.168.100.0/24   Direct  0    0           D   192.168.100.2   Vlanif100
 192.168.100.2/32   Direct  0    0           D   127.0.0.1       Vlanif100
```

图 7-20　核心交换机路由表

如图7-21所示，可以看到一条手工配置的指向ISP-R的默认路由，还有直连路由和通过OSPF从核心交换机学习到的路由。

```
<FW>display ip routing-table
2023-02-13 12:39:06.000
Route Flags: R - relay, D - download to fib
------------------------------------------------------------------------------
Routing Tables: Public
         Destinations : 13       Routes : 13

Destination/Mask    Proto   Pre  Cost      Flags NextHop         Interface

        0.0.0.0/0   Static  60   0           D   222.1.1.1       GigabitEtherne
1/0/1
      127.0.0.0/8   Direct  0    0           D   127.0.0.1       InLoopBack0
     127.0.0.1/32   Direct  0    0           D   127.0.0.1       InLoopBack0
    172.16.1.0/24   Direct  0    0           D   172.16.1.1      GigabitEtherne
1/0/2
    172.16.1.1/32   Direct  0    0           D   127.0.0.1       GigabitEtherne
1/0/2
  192.168.10.0/24   OSPF    10   2           D   192.168.100.2   GigabitEtherne
1/0/3
  192.168.20.0/24   OSPF    10   2           D   192.168.100.2   GigabitEtherne
1/0/3
  192.168.30.0/24   OSPF    10   2           D   192.168.100.2   GigabitEtherne
1/0/3
  192.168.40.0/24   OSPF    10   2           D   192.168.100.2   GigabitEtherne
1/0/3
 192.168.100.0/24   Direct  0    0           D   192.168.100.1   GigabitEtherne
1/0/3
 192.168.100.1/32   Direct  0    0           D   127.0.0.1       GigabitEtherne
1/0/3
     222.1.1.0/30   Direct  0    0           D   222.1.1.2       GigabitEtherne
1/0/1
     222.1.1.2/32   Direct  0    0           D   127.0.0.1       GigabitEtherne
1/0/1

<FW>
```

图 7-21　防火墙路由表

3. 防火墙安全策略和 NAT 策略配置

在实现全网路由互通后，就可以在防火墙上配置安全策略进行流量的控制了。该阶段的主要任务就是实现内网访问外网及内外网均能访问 DMZ 的功能需求，这就需要创建区域间的安全策略。同时，防火墙作为网络出口设备，应配置相应 NAT 技术(这里采用 Easy-IP)使内网用户的私有 IP 地址能转换为公有 IP 地址实现对互联网的访问。

```
<FW>sys
[FW]undo info-center enable
//恢复防火墙的默认安全策略，不允许任意两个区域通信
[FW]security-policy
[FW-policy-security]default action deny
Warning: Setting the default interzone packet filtering to deny may affect actu
al data traffic. You are advised to configure the security policy based on the a
ctual services. Are you sure you want to continue? [Y/N]y
```

1) 配置内网用户访问外网

```
//建立 trust 区域到 untrust 区域的域间安全策略，动作允许
[FW]security-policy
[FW-policy-security]rule name trust_to_untrust
[FW-policy-security-trust_to_untrust]source-zone trust
[FW-policy-security-trust_to_untrust]destination-zone untrust
[FW-policy-security-trust_to_untrust]action permit
[FW-policy-security]quit
//建立 trust 区域到 untrust 区域的 NAT 安全策略，采用源 NAT 的 Easy-IP 方式
[FW]nat-policy
[FW-policy-security]rule name nat_policy
[FW-policy-security-nat_policy]source-zone trust
[FW-policy-security-nat_policy]destination-zone untrust
[FW-policy-security-nat_policy]action source-nat easy-ip
[FW-policy-security-nat_policy]quit
[FW]quit
```

测试如下。

首先进行由内往外连通性测试。用内网终端 ping 外网服务器 Web Server，可以 ping 通，如图 7-22 所示。如果不能 ping 通，可由近及远逐步 ping 或用 tracert 命令追踪整个路径判断故障点。

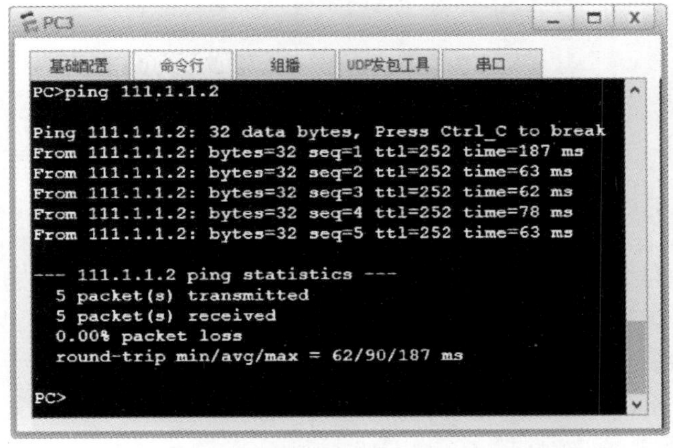

图 7-22　使用内网终端 ping 外网 Web Server

然后测试内网对外网 Web 服务的访问。首先在外网 Web Server 上设置 Web 服务的根目录(可自行设置,不必同这里保持一致),并单击“启用”按钮开启 HttpServer 服务,如图 7-23 所示。

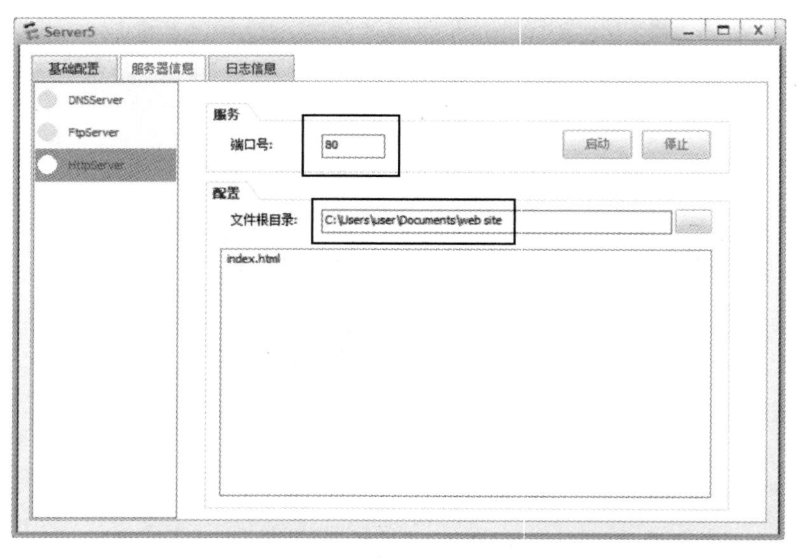

图 7-23　开启 HttpServer 服务

用内网终端 Client1 访问外网 Web Server。如图 7-24 所示,在 Client1 的“客户端信息”选项卡的“地址”栏输入外网 Web Server 的地址 111.1.1.2,单击“获取”按钮,如图 7-24 所示,弹出是否保存文件的对话框,说明外网 Web Server 已正常提供 Web 服务。

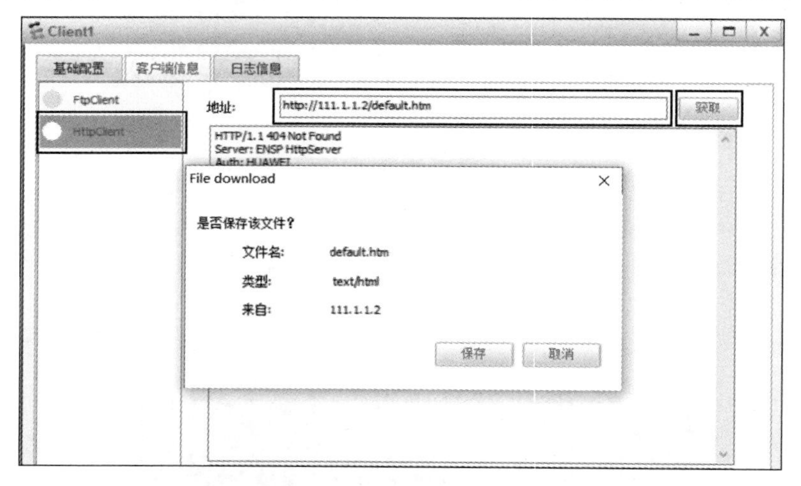

图 7-24　内网 Client1 访问外网 Web Server 效果

测试 NAT 功能。在防火墙出接口开启抓包,然后进行以上 Client1 访问外网 Web Server 的测试,抓包结果如图 7-25 所示。可以看到该接口发出的数据包源 IP 地址为公有 IP 地址 222.1.1.2,说明已完成由私有 IP 地址到防火墙出接口公有 IP 地址转换,可以判断防火墙出接口成功进行了 NAT。

2）配置内网用户访问 DMZ

```
//建立 trust 区域到 DMZ 的域间安全策略,动作允许
[FW]security-policy
```

```
[FW-policy-security]rule name trust_to_dmz
[FW-policy-security-rule-trust_to_dmz]source-zone trust
[FW-policy-security-rule-trust_to_dmz]destination-zone dmz
[FW-policy-security-rule-trust_to_dmz]action permit
[FW-policy-security-rule-trust_to_dmz]quit
```

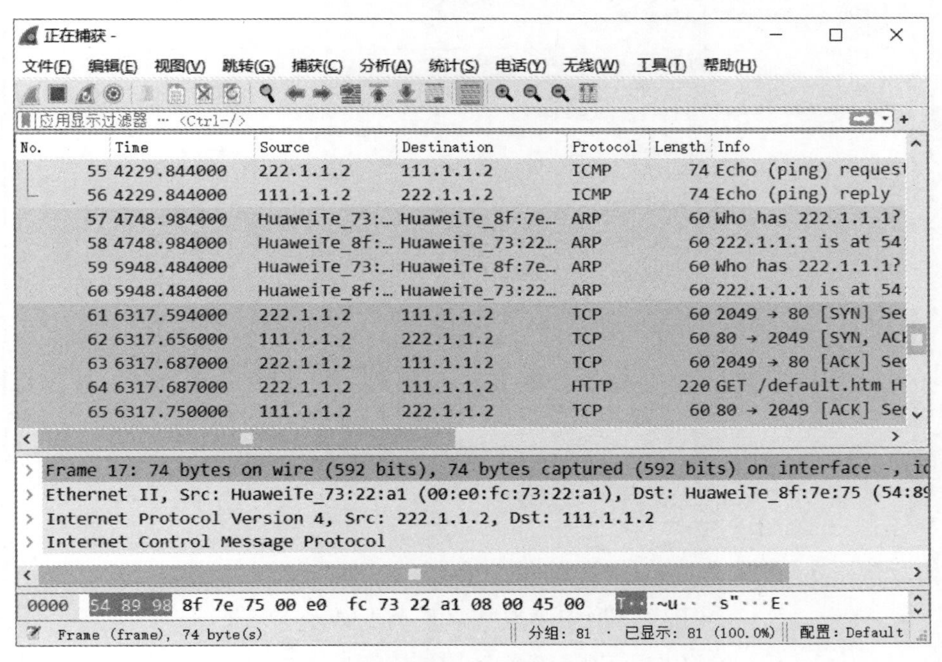

图 7-25　NAT 功能测试

测试如下。

参照图 7-23 开启 DMZ 的 Web Server 的 HttpServer 服务,参照图 7-26 开启 DMZ 的 FTP Server 的 FtpServer 服务。

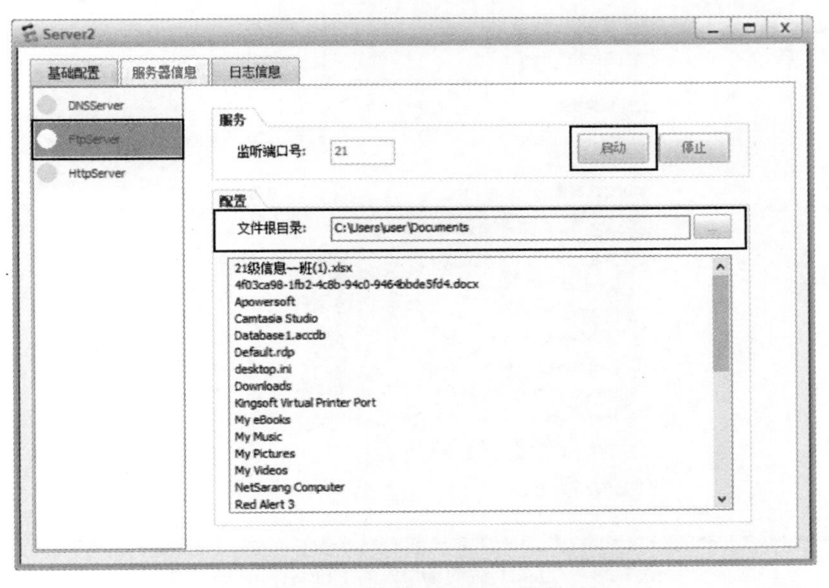

图 7-26　开启 FtpServer 服务

用 Client1 访问 DMZ 的 Web Server，如图 7-27 所示，弹出是否保存文件的对话框，说明 DMZ 的 Web Server 已正常提供 Web 服务。

图 7-27　Client1 访问 DMZ 的 Web Server 的结果

再用 Client1 访问 DMZ 的 FTP Server，如图 7-28 所示，"服务器文件列表"列示了 FTP 服务器共享文件列表，说明可以正常访问 DMZ 的 FTP Server 的 FtpServer 服务。

图 7-28　Client1 访问 DMZ 的 FTP Server 的结果

3）配置外网用户访问 DMZ

```
//建立 untrust 区域到 DMZ 的域间安全策略,动作允许
[FW]security-policy
[FW-policy-security]rule name untrust_to_dmz
[FW-policy-security-rule-untrust_to_dmz]source-zone untrust
[FW-policy-security-rule-untrust_to_dmz]destination-zone dmz
[FW-policy-security-rule-untrust_to_dmz]action permit
[FW-policy-security-rule-untrust_to_dmz]quit
//发布 DMZ 的服务器使外网用户能够访问
[FW]nat server web-serv protocol tcp global 222.1.1.2 80 inside 172.16.1.3 80 no-reverse
[FW]nat server ftp-serv protocol tcp global 222.1.1.2 21 inside 172.16.1.4 21 no-reverse
[FW]
<FW>save
```

测试如下。

参照图 7-27 用外网 Client1 访问 DMZ 的 Web Server(注意地址为 222.1.1.2)，弹出是否保存文件的对话框，说明 DMZ 区域的 Web Server 已能正常为外网提供 Web 服务。

参照图 7-28 用外网 Client1 访问 DMZ 的 FTP Server(注意地址为 222.1.1.2)，“服务器文件列表”列示了 FTP 服务器共享文件列表，说明外网用户可以正常访问 DMZ 的 FTP Server 的 Ftp Server 服务。

用物理 PC 登录防火墙的 Web 管理界面，可以看到 CLI 界面配置的区域间安全策略及 NAT 策略已同步至 Web 管理界面，如图 7-29 和图 7-30 所示。

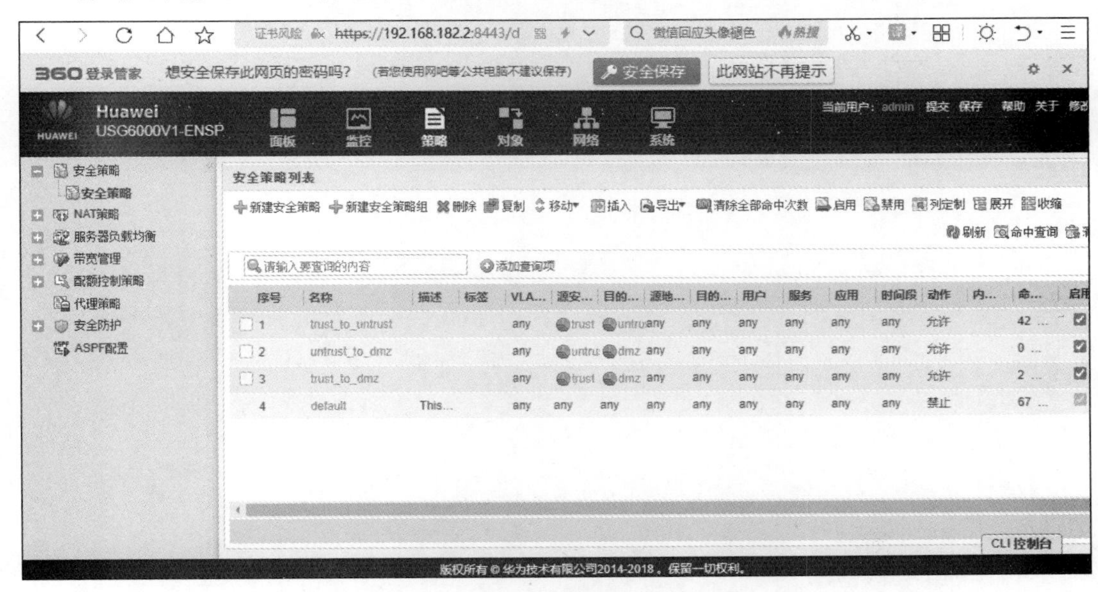

图 7-29　Web 管理界面安全策略已更新

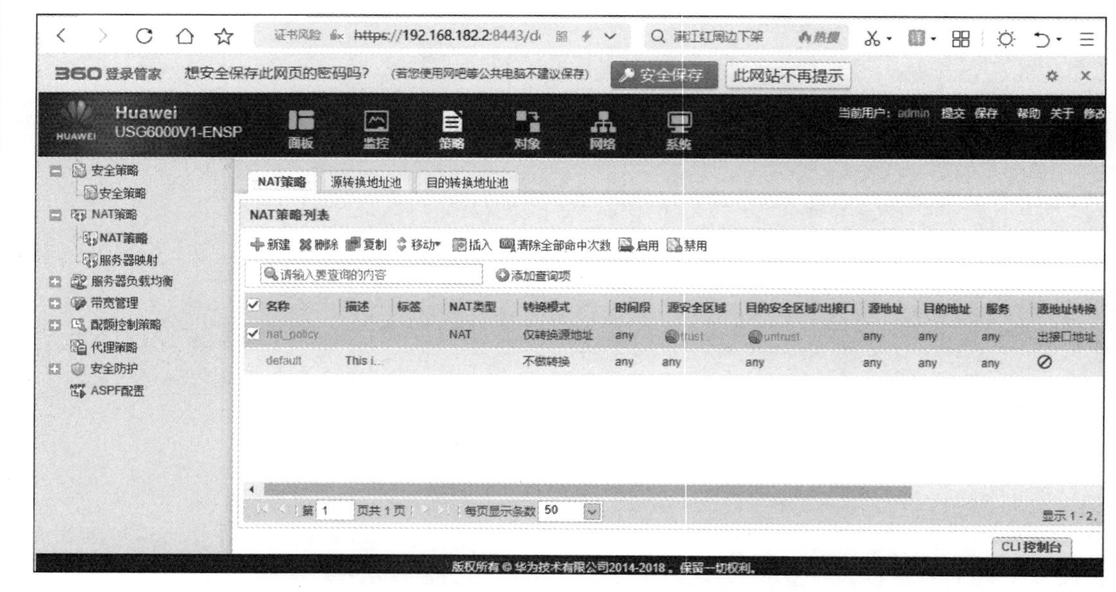

图 7-30　Web 管理界面 NAT 策略已更新